高职高专“十二五”规划教材

电工电子技术

（第3版）

主　编　季忠华　李　哲
副主编　赵维范　邢迎春

北京航空航天大学出版社

内 容 简 介

本书是在《电工电子技术(第2版)》(北京航空航天大学出版社2010年7月出版)的基础上修订编写的。本书主要内容包括电工技术、电子技术和数字电路三部分。其中电工技术部分有直流电路(包括一些复杂电路的分析方法)、正弦交流电路(单相和三相)、磁路及铁芯线圈电路、电动机(交流电动机为主,直流与特种电动机作简介)、供电系统简介与安全用电常识。电子技术部分有常用半导体器件、放大电路基础、集成运算放大器及其基本应用和直流稳压电源。数字电路部分有数字电路基础和组合逻辑电路,触发器与时序逻辑电路。另外,还编有现代电工电子技术典型应用简介,内容包括555定时器及其应用、D/A转换器与A/D转换器、可编程控制器和传感器简介。每章后有与教学内容相应的单元小结、思考题与习题以及实验内容等,书后还配有部分思考题与习题的参考答案。

本书难度适中,解说清楚,便于学生学习,适用于高职高专院校电工电子技术课程的教学。本书中带“※”的章节,可供精减学时,具体由任课教师选择。本书也可作为普通中专或职业高中的教材。

图书在版编目(CIP)数据

电工电子技术 / 季忠华,李哲主编. -- 3版. -- 北京 : 北京航空航天大学出版社,2015.2

ISBN 978-7-5124-1669-7

Ⅰ. ①电… Ⅱ. ①季… ②李… Ⅲ. ①电工技术②电子技术 Ⅳ. ①TM②TN

中国版本图书馆CIP数据核字(2015)第011377号

电工电子技术(第3版)

主　编　季忠华　李　哲

副主编　赵维范　邢迎春

责任编辑　金友泉

*

北京航空航天大学出版社出版发行

北京市海淀区学院路37号(邮编100191)　http://www.buaapress.com.cn

发行部电话:(010)82317024　传真:(010)82328026

读者信箱:goodtextbook@126.com　邮购电话:(010)82316936

北京时代华都印刷有限公司印装　各地书店经销

*

开本:787 mm×1 092 mm　1/16　印张:15.75　字数:403千字

2015年2月第3版　2018年8月第4次印刷　印数:7 001～9 000册

ISBN 978-7-5124-1669-7　定价:35.00元

若本书有倒页、脱页、缺页等印装质量问题,请与本社发行部联系调换。联系电话:(010)82317024

前　　言

“电工电子技术”是高职高专工程类非电专业的一门重要的技术课程。本书参照了一些较成熟教材的传统内容，并在《电工电子技术（第 2 版）》（北京航空航天大学出版社 2010 年 7 月出版）的基础上，结合编者多年的教学经验和生产实践修订编写的。在编写中，为了使教材内容更符合“必须、实用、够用”的原则，力求做到“简明、易懂、适度、能用”的要求。

第 3 版与第 2 版相比，主要做了以下一些修改或调整：

(1) 在基本概念和基础理论方面做了必要的加强，如电流、电压的正方向，电阻及阻抗的星形、三角形连接，阻抗变换概念和应用等。

(2) 在基础应用技术方面做了必要的补充，如交流发电机的构造原理，等效电路变化概念和基尔霍夫定律的应用等。

(3) 半导体三极管在光电耦合技术，视频与音频信号接收、转化与放大技术等方面，反映了科技新成就，并增加了一些实例，以提高教材的实用性。

(4) 全书的图形符号和文字符号使用国家标准——GB 4728《电气图用图形符号》和 GB 7159《电气技术中的文字符号制订通则》。

(5) 全书各理论章节新增典型例题和实用题，以进一步加强教材的实用性。

书中带有※号的内容，可根据专业需要选用。

参加本书编写的有大连水产学院职业技术学院邢迎春（第 1、2 章），南通农业职业技术学院季忠华（前言、绪论、第 3、4、5、12 章，第 7 章 7.1、7.2、7.3 节和实验 1～6），大连水产学院职业技术学院李哲（第 6、8、9 章，第 7 章 7.4、7.5、7.6、7.7 和实验 7～12），黑龙江农业职业技术学院赵维范（第 10、11 章）。全书由南通农业职业技术学院季忠华和大连水产学院职业技术学院李哲主编，季忠华还完成了全书的统稿和校核工作。

由于编者理论水平和实践经验所限，错误和不足之处望读者不吝指正，以便再版修订时改正。

编　者

2014 年 10 月

目　　录

绪 论

电工技术是基于电磁场理论的一门成熟技术。1831 年法拉第发现了电磁感应定律，1864 年麦克斯韦创立了经典电磁学理论体系，1867 年西门子研制成功世界第一台自激式发电机，开创了发电机广泛使用的新纪元。恩格斯曾在 1883 年高度评价“电工技术革命”是一次巨大的革命，指出：“蒸汽机教我们把热变成机械运动，而电的利用将为我们开辟一条道路，使一切形式的能——热、机械、电、磁、光——互相转化，并在工业中加以利用”。一百多年过去了，电工技术对人类文明的进步做出了突出的贡献，人类社会生产力的进步在极大程度上依赖于电工技术的进步，今天人类的生活、生产活动须臾离不开她。

电工技术是研究物质的电磁客观规律并用于实践的科学技术。它既是具有悠久历史的学科，又是具有强大生命力的学科。从几百年前人们对磁现象的观察开始，到电学的诞生，到电能的大规模应用，电工技术谱写了辉煌的历史。电作为一种特殊的能量存在形态，在物质、能量、信息的相互转化过程中起着重要的作用，大多数的能量转换过程都以电或磁作为中间能量形态进行调控，信息表达也越来越多地以电或磁作为特殊介质来实现。电工技术已经渗透到了人类活动的所有方面，电工技术重大进步对整个人类的生活方式、社会生产方式产生的影响是其他很多技术不可比拟的。

现代电工技术的发展是从以低频技术处理问题为主的传统电力电子技术，向以高频技术处理问题为主的现代电力电子技术方向转变。电力电子技术作为电工技术一个重要发展分支，起始于 20 世纪 50 年代末 60 年代初的硅整流器件，其发展先后经历了整流器时代、逆变器时代和变频器时代，并促进了电力电子技术在许多新领域的应用。20 世纪 80 年代末期和 90 年代初期发展起来的、以功率 MOSFET 和 IGBT 为代表的集高频、高压和大电流于一体的功率半导体复合器件，表明传统电力电子技术已经进入现代电力电子时代。

整流器时代，大功率的工业用电由工频(50 Hz)交流发电机提供，但是大约 20%的电能是以直流形式消费的，其中最典型的是电解(有色金属和化工原料需要直流电解)、动力牵引(电气机车、电传动的内燃机车、地铁机车、城市无轨电车等)和直流传动(轧钢、造纸等)三大领域。大功率硅整流器能够高效率地把工频交流电转变为直流电，因此在 20 世纪 60 年代和 70 年代，大功率硅整流管和晶闸管的开发与应用得以很大发展。当时国内曾经掀起了一股各地大办硅整流器厂的热潮，目前全国大大小小的制造硅整流器的半导体厂家就是那时的产物。

逆变器时代，20 世纪 70 年代出现了世界范围的能源危机，交流电机变频调速因节能效果显著而迅速发展。变频调速的关键技术是将直流电逆变为 0～100 Hz 的交流电。在 20 世纪 70 年代到 80 年代，随着变频调速装置的普及，大功率逆变用的晶闸管、巨型功率晶体管(GTR)和门极可关断晶闸管(GT0)成为当时电力电子器件的主角。类似的应用还包括高压直流输出、静止式无功功率动态补偿等。这时的电力电子技术已经能够实现整流和逆变，但工作频率较低，仅局限在中低频范围内。

变频器时代，进入 20 世纪 80 年代，大规模和超大规模集成电路技术的迅猛发展为现代电力电子技术的发展奠定了基础。将集成电路技术的精细加工技术和高压大电流技术有机结合,出现了一批全新的全控型功率器件。首先是功率MOSFET的问世,导致了中小功率电源向高频化发展,而后绝缘门极双极晶体管(IGBT)的出现,又为大中型功率电源向高频发展带来机遇。MOSFET和IGBT的相继问世,是传统的电力电子向现代电力电子转化的标志。据统计,1995年底,功率MOSFET和GTR在功率半导体器件市场上已达到平分秋色的地步,而用IGBT代替GTR在电力电子领域已成定论。新型器件的发展不仅为交流电机变频调速提供了较高的频率,使其性能更加完善可靠,而且使现代电子技术不断向高频化方向发展,为用电设备的高效节材节能、实现小型轻量化、机电一体化和智能化提供了重要的技术基础。

例如现代电工技术中,开关电源系统的发展已迈向高频化、模块化、数字化和绿色化的方向。

高频化,理论分析和实践经验表明,电气产品的变压器、电感和电容的体积重量与供电频率的平方根成反比。所以当把频率从工频50 Hz提高到20 kHz,提高400倍的话,用电设备的体积重量大体下降至工频设计的5%～10%。无论是逆变式整流焊机,还是通讯电源用的开关式整流器,都是基于这一原理;同样,传统“整流行业”的电镀、电解、电加工、充电、浮充电、电力合闸用等各种直流电源也可以根据这一原理进行改造,成为“开关变换类电源”,其主要材料可以节约90%或更高,还可节电30%或更多。由于功率电子器件工作频率上限的逐步提高,促使许多原来采用电子管的传统高频设备固态化,带来显著节能、节水、节约材料的经济效益,更可体现技术含量的价值。

模块化,首先是指功率器件的模块化;其二是指电源单元的模块化。常见的器件模块含有一单元、两单元、六单元直至七单元,包括开关器件和与之反并联的续流二极管,实质上都属于“标准”功率模块(SPM)。近年来,有些公司把开关器件的驱动保护电路也装到功率模块中去,构成了“智能化”功率模块(IPM),不但缩小了整机的体积,更方便了整机的设计制造。实际上,由于频率的不断提高,致使引线寄生电感、寄生电容的影响愈加严重,对器件造成更大的电应力(表现为过电压、过电流毛刺)。为了提高系统的可靠性,有些制造商开发了“用户专用”功率模块(ASPM),它把一台整机的几乎所有硬件都以芯片的形式安装到一个模块中,使元器件之间不再有传统的引线连接,这样的模块经过严格、合理的热、电、机械方面的设计,达到优化完美的境地。它类似于微电子中的用户专用集成电路(ASIC)。只要把控制软件写入该模块中的微处理器芯片,再把整个模块固定在相应的散热器上,就构成一台新型的开关电源装置。由此可见,模块化的目的不仅在于使用方便,缩小整机体积,更重要的是取消传统连线,把寄生参数降到最小,从而把器件承受的电应力降至最低,提高系统的可靠性。这样,不但提高了功率容量,在有限的器件容量的情况下满足了大电流输出的要求,而且通过增加相对整个系统来说功率很小的冗余电源模块,极大地提高系统可靠性,即使万一出现单模块故障,也不会影响系统的正常工作,而且为修复提供充分的时间。

数字化,在传统功率电子技术中,控制部分是按模拟信号来设计和工作的。在六七十年代,电力电子技术是建立在模拟电路基础上;但现在数字式信号、数字电路显得越来越重要,数字信号处理技术日趋完善成熟,显示出越来越多的优点:便于计算机处理控制、避免模拟信号的畸变失真、减小杂散信号的干扰(提高抗干扰能力)、便于软件包调试和遥感遥测遥调,也便于自诊断、容错等技术的植入。所以,在八九十年代,对于各类电路和系统的设计来说,模拟技术还是有用的,特别是诸如印制版的布图、电磁兼容(EMC)问题以及功率因数修正(PFC)等问题的解决,离不开模拟技术,但是对于智能化的开关电源,需要用计算机控制时,数字化技术就离不开了。

绿色化，电源系统的绿色化有两层含义：首先是显著节电，这意味着发电容量的节约，而发电是造成环境污染的重要原因，所以节电就可以减少对环境的污染；其次这些电源不能（或少）对电网产生污染，国际电工委员会（IEC）对此制定了一系列标准，如 IEC555、IEC917、IECl000 等。事实上，许多功率电子节电设备，往往会变成对电网的污染源：向电网注入严重的高次谐波电流，使总功率因数下降，使电网电压耦合后出现许多毛刺尖峰，甚至出现缺角和畸变。20 世纪末，各种有源滤波器和有源补偿器的方案诞生，有了多种修正功率因数的方法。

综上所述，电工电子技术在工农业生产、日常生活和突飞猛进的电力电子技术领域等方面都得到极其广泛的应用，这是因为电能有便于转换、便于传输与分配、便于储存与控制等多方面的优点。在工业生产中，几乎一切机械设备或动力负载都需要用电力（或电动机）来拖动。如各种金属加工机床、起重机、轧钢机、鼓风机、压缩机以及各种水泵等；在农业生产中，电力排灌设备、电力收割机、粮食与食品电力加工装置等；在交通运输方面，电力机车、电动车、电车都是靠电力来牵引工作的。其他如轮船、飞机和汽车也都装有许多电气设备；在机械制造工艺方面，电的应用更广泛，电焊、电镀、电解、高频淬火、电蚀（电火花钻孔、切削与磨削）加工；数控（数控车、数控铣、加工中心、电火化、线切割）技术加工等。随着有中国特色社会主义四个现代化建设的高速发展，各个技术领域（或部门）将朝着电气自动化、信息化和机电一体化的嵌入式技术方向奋进。因此，无论从事何种技术工作，还是学习何种专业技术，对电工电子技术的掌握也日趋重要。

电工电子技术是研究电磁理论、半导体与微电子理论及其在工程技术方面应用的一门科学。对非电专业的工程技术人员而言，由于许多工程技术问题，如物理量的检测，模拟量、数字量与检测量三者之间的变换与控制，数据的运算和处理，电能的变换与控制，电子计算机应用等，都与电工电子技术有着密切的联系。所以，既要认真学习电工电子技术方面的知识，又要掌握一定程度的运用能力。否则，很难适应新科学、新技术的迅速发展和实际工作的需要。

《电工电子技术》教材是电工、电子和数字电路三门课程的整合，它涵盖的内容很广，理论性和系统性也很强，而非电专业学生接触电类课程的时间又较少。因此，在学习中有时感到对内容的理解不深刻、甚至前后混淆。为了学好本课程，下面对学习方法提几点建议：

（1）上课前要认真预习教学内容，做到搞清教师讲授的基本内容、理清看不懂的基本内容，提高听课内容的针对性，培养自学能力。对贯穿全课程的基本概念和基本定律，如电流、电压的正方向，等效的概念，基尔霍夫定律，基本电路元器件的伏安特性等更要深入研究，达到充分理解和熟练掌握的程度。对每一个新概念或新定律（定理）都要从其定义或解释、定义式或表达式（公式）、使用单位或单位量纲、大小与方向、应用范围或使用注意事项（条件）等五方面理解掌握。这对学好课程内容具有重要作用。

（2）上课时要认真听讲，做到全神贯注不分心，全力跟踪教学内容和教师的授课思路走。把课前预习时没有理清的内容仔细听、详细记、反复思考、深入探索。学习各种电机和电器时，要注意进行总结对比，找出它们在基本结构和工作原理上的异同之处，认清它们各自的特点和本质区别，防止混淆不清。

（3）课后要及时复习并整理课堂笔记，在复习和整理过程中会发现不理解或不清楚的问题，可再次阅读教材和有关参考资料，及时消化疑难概念，有必要时向教师请教或开展研讨，研讨学习思路和方法，消化难点，掌握重点，决不能使问题越积越多，以致最后提不出任何问题。

要在搞清“新概念”、“新知识点”物理意义及其应用条件的基础上再去完成作业,切忌死记概念,盲目套用公式;对学习中暴露出来的问题,要认真对待,不应草率从事,要从根本上解决问题,学活用活新知识、新概念;不断提高自身的综合学习能力和专业素质。

另外,还必须认真进行课堂实验,通过实验可以使学到的理论得到验证和巩固,熟悉电子电气设备的使用和操作方法,掌握实验基本方法和操作技能,为培养分析问题和解决问题的能力打下坚实的基础。只要认真学习,不断进取,注意改进学习方法,提高学习效果,一定会创造性地完成学习任务,达到预期的满意结果。

第 1 章　直流电路

直流电路的分析方法是电路分析的基础，对于交流电路及其他一些电路的分析也适用。

1.1　电路基本概念及欧姆定律

由若干电气设备或元器件按一定方式连接起来组成的电流通路称为电路，通常由电源、负载及中间环节组成。

1.1.1　电路模型、理想电路元件

在分析和研究电路时，把构成电路的实际元器件抽象成一些理想化的模型，这些理想化的模型称为理想电路元件。实际元器件可用一种或几种理想电路元件的组合来近似地表示。

由理想电路元件构成的电路，称为电路模型，如图 1－1 所示为手电筒电路模型。

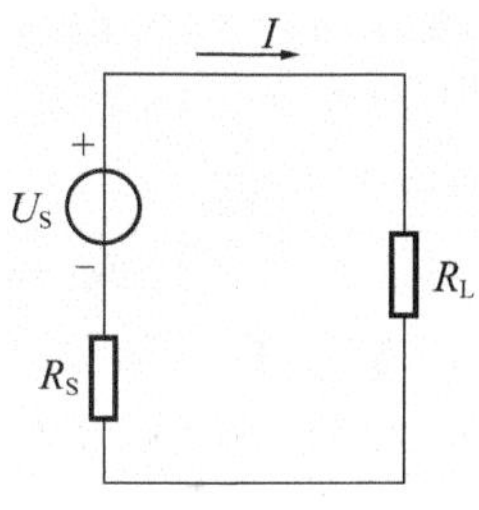

图 1－1　手电筒电路模型

1.1.2　电流、电压、电位、电功率的物理意义及计算

1. 电　流

电流是由电荷有规律的定向运动而形成的。单位时间内通过导体截面的电荷量定义为电流，即

$$I=\frac{\mathrm{d}q}{\mathrm{d}t}$$

国际单位制中，电流单位为安［培］(A)，有时还用千安(kA)、毫安(mA)和微安(μA)等单位。

当电流的大小和方向不随时间变化时，称为直流电流。

电流的实际方向为正电荷运动的方向，在图 1－2 中用带箭头的虚线段表示。

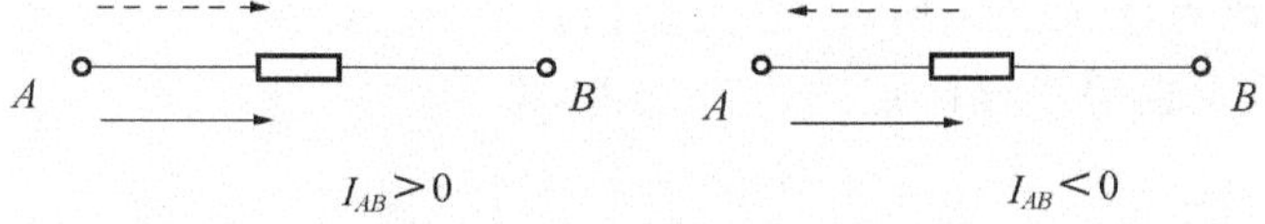

图 1－2　电流的实际方向与参考方向

在电路分析中，当电路比较复杂时，电路中电流实际方向很难判断出来。为了分析计算方便，任意选定一个方向作为电流的方向，这个方向就称为电流的参考方向，也称为电流的正方向。电流的参考方向是任意指定的，在电路中一般用带箭头的实线段表示；也可用带双下标的字母表示，如 I_{AB}，表示其参考方向是由 A 指向 B。

在图 1－2 中，选定其中某一方向作为电流的参考方向。电流是一个代数量，当电流的参

考方向与实际方向一致时,电流为正值;如果电流的参考方向与实际方向相反,则电流为负值。电流的正负反映了电流的实际方向与参考方向的关系。

2. 电　压

电场力把单位正电荷从A点移到B点所做的功,称为A点到B点间的电压,即

$$U_{AB}=\frac{\mathrm{d}W_{AB}}{\mathrm{d}q}$$

国际单位制中,电压的单位为伏[特](V),常用的单位还有千伏(kV)、毫伏(mV)和微伏(μV)等。

大小和方向都不随时间变化的电压称为恒定电压,也称直流电压。

为分析计算方便,任意选定一个方向作为电压的方向,这个方向称为电压的参考方向。电压的参考方向可以用正、负极性表示,还可以用双下标表示,例如U_{AB},表示A、B两点间电压的参考方向是从A指向B。

引入参考方向后,电压也是一个代数量,其正负反映了电压的参考方向与实际方向的关系。

对于一个元件或一段电路上的电压和电流的参考方向,习惯上将电压和电流的参考方向选同一方向,称其为关联参考方向,如图1-3所示电路。如果电压和电流的参考方向选择不是同一方向,称为非关联参考方向,如图1-4所示电路。

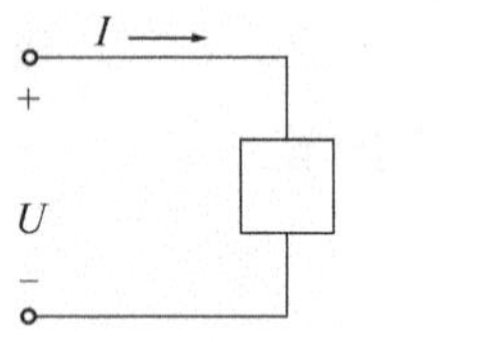

图1-3　关联参考方向

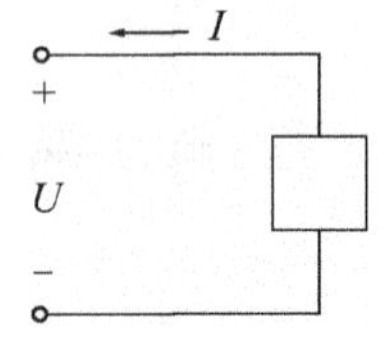

图1-4　非关联参考方向

3. 电　位

在电路中任选一点作为参考点,则电路中某点的电位就是该点到参考点的电压,用φ表示。

若选择电路中O点为参考点,则电路中A点电位为

$$\varphi_A=U_{AO}$$

电路中参考点电位为零,参考点也称零电位点。参考点常用符号"⊥"表示。电路中某点电位比参考点高,则该点电位是正值,反之为负值。

电路中两点的电压也等于该两点的电位之差,即

$$U_{AB}=\varphi_A-\varphi_B$$

因此,电压也称电位差。

【例1-1】　如图1-5所示电路,$U_1=7$ V,$U_2=-4$ V,$U_3=2$ V,$U_4=-5$ V,$U_5=-9$ V,若分别以D点或B点作参考点,求φ_A、φ_B、φ_C及U_{AC}。

解　以D点为电位的参考点,即

$$\varphi_D=0$$

有

$$\varphi_A=U_{AD}=U_3=2\ \text{V}$$

$$\varphi_B=U_{BD}=U_4=-5\ \text{V}$$

$\varphi_C = U_{CD} = U_5 = -9\ \text{V}$

则　$U_{AC} = \varphi_A - \varphi_C = 2\ \text{V} - (-9\ \text{V}) = 11\ \text{V}$

以 B 点为电位的参考点，即

$$\varphi_B = 0$$

有

$$\varphi_A = U_{AB} = U_1 = 7\ \text{V}$$
$$\varphi_C = U_{CB} = U_2 = -4\ \text{V}$$
$$\varphi_D = U_{DB} = -U_4 = 5\ \text{V}$$

则　$U_{AC} = \varphi_A - \varphi_C = 7\ \text{V} - (-4\ \text{V}) = 11\ \text{V}$

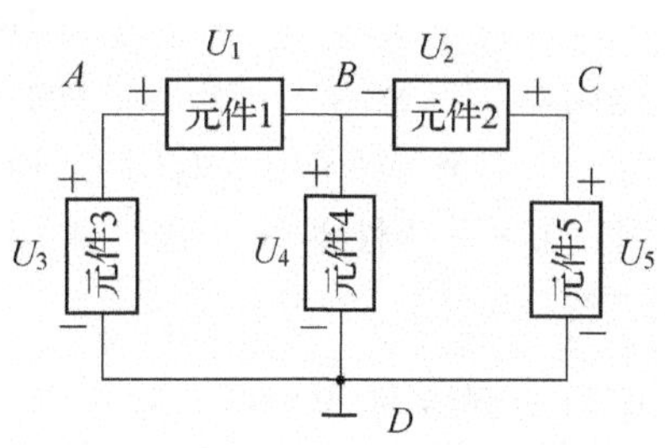

图 1-5　例 1-1 图

电路中参考点是可以任意选定的，一经选定，电路中其他各点的电位也就确定了。参考点选择的不同，电路中同一点的电位会随之改变，但两点之间的电压(即电位差)保持不变。

在一个电路中只能选一个参考点，参考点的选择要根据电路及分析问题是否方便来确定。

4. 电功率

单位时间内电路消耗或发出的电能称为该电路的功率，即

$$P = \frac{\mathrm{d}W}{\mathrm{d}t} = UI$$

在关联参考方向下，当 $P>0$ 时表示这部分电路吸收功率，而 $P<0$ 时则表示这部分电路发出功率；若电压和电流为非关联参考方向，$P>0$ 表示发出功率，而 $P<0$ 表示吸收功率。该公式不仅适用于一段电路，而且也适用于一个元件。

国际单位制中，功率的单位为瓦[特]，符号为 W，常用的还有千瓦(kW)和毫瓦(mW)等单位。

电能等于电场力所做的功，用 W 表示，则

$$W = Pt$$

国际单位制中，电能的单位是焦[耳](J)，实际中还常采用千瓦小时(kW·h)，1 kW·h 称为 1 度电，即

$$1\ \text{kW}\cdot\text{h} = 3.6\times10^6\ \text{J} = 3.6\ \text{MJ}$$

【例 1-2】 如图 1-6 所示电路，三个元件流过相同的电流 $I=2\ \text{A}$，$U_1=2\ \text{V}$，$U_2=3\ \text{V}$，$U_3=-4\ \text{V}$，求各元件的功率并说明是消耗还是发出功率？

解　元件 1：电压与电流为关联参考方向，则 $P_1=U_1\cdot I=2\ \text{V}\times 2\ \text{A}=4\ \text{W}$，元件吸收功率。

元件 2：电压与电流为非关联参考方向，则 $P_2=U_2\cdot I=3\ \text{V}\times 2\ \text{A}=6\ \text{W}$，元件发出功率。

元件 3：电压与电流为关联参考方向，则 $P_3=U_3\cdot I=-4\ \text{V}\times 2\ \text{A}=-8\ \text{W}$，元件发出功率。

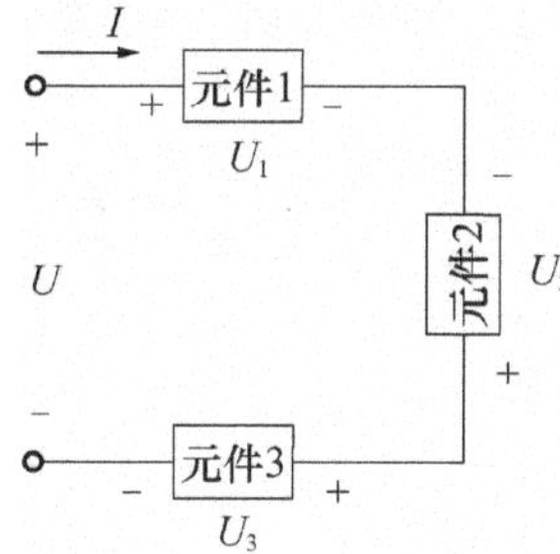

图 1-6　例 1-2 图

1.1.3　欧姆定律

电阻元件是反映电路元件消耗电能这一物理性能的理想元件。其电压与电流之间的关系服从欧姆定律，在关联参考方向下，U、I 的关系为

$$U=IR$$

如果电阻元件上电压和电流为非关联参考方向，欧姆定律表达式为

$$U=-IR$$

电阻单位有欧[姆](Ω),常用的还有千欧(kΩ)和兆欧(MΩ)等单位。

在 $U-I$ 坐标平面上,电阻元件的电压与电流的关系曲线称为电阻元件的伏-安特性曲线。线性电阻的伏-安特性曲线是一条通过原点的直线,如图1-7所示。

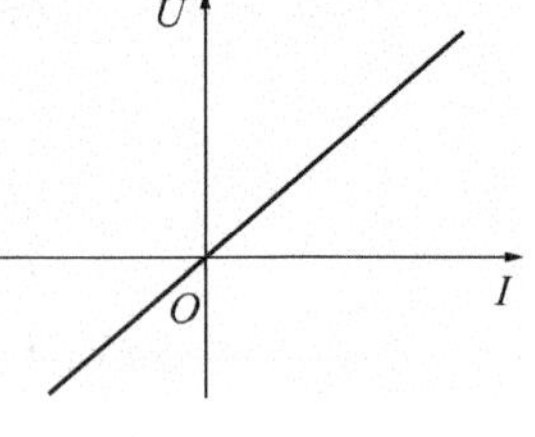

图1-7 线性电阻元件伏-安特性曲线

电阻的倒数称为电导,用 G 表示,$G=\frac{1}{R}$,电导的单位为西[门子],简称西,用字母S表示。

欧姆定律又可写成

$$I=\pm GU$$

电阻元件是无记忆元件,因为任一时刻电阻元件的电压仅与该时刻的电流有关,而与该时刻以前的电流值无关。

任何时刻电阻元件吸收的功率为

$$P=UI=I^2R=\frac{U^2}{R}=GU^2$$

电阻元件功率恒为非负值,因此,电阻元件是耗能元件。

※1.2 独立电源与受控电源

电源是电路中重要的器件,电路中的电源分独立电源和受控电源。

1.2.1 独立电源

独立电源包括独立电压源和独立电流源。

1. 电压源

独立电压源简称电压源,其端电压恒定不变或者按照某一固有的函数规律随时间变化,其流过的电流由与之相连的外电路决定。

电压源的符号如图1-8所示。电压源在电压恒定时的伏-安特性是一条不通过原点且与电流轴平行的直线,如图1-9所示。

图1-8 电压源符号　　图1-9 电压恒定时的伏-安特性

实际电压源内部总有一定的电阻,可以用电压源与一个电阻串联来表示。

2. 电流源

独立电流源简称电流源(亦称理想电流源),其电流恒定不变或者按照某一固有的函数规律随时间变化,其端电压由与之相连的外电路决定。

电流源的符号如图 1－10 所示。电流源在电流恒定时的伏-安特性是一条与电压轴平行的直线，如图 1－11 所示。

实际电流源可用一个电流源与电阻并联来表示。

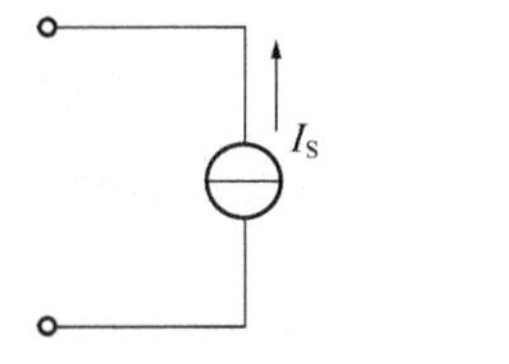

图 1－10　电流源符号

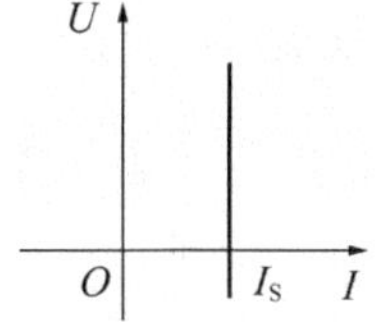

图 1－11　电流恒定时的伏-安特性

1.2.2　受控电源

独立电压源的电压和独立电流源的电流是不受外电路的影响独立存在的，在一些电路中还存在另一类型的电源，它们的电压和电流是受其他支路的电压或电流控制的，这类电源称为受控电源，又称非独立电源。

根据受控电源在电路中的作用是电压源还是电流源，以及这个电压源或电流源是受电路中的电压控制还是电流控制，受控电源可分为四种类型，即电压控制电压源(VCVS)、电压控制电流源(VCCS)、电流控制电压源(CCVS)和电流控制电流源(CCCS)，如图 1－12 所示。

受控电源有两条支路，其中一条是控制支路，另一条是受控支路。

独立电源和受控电源的特性完全不同。

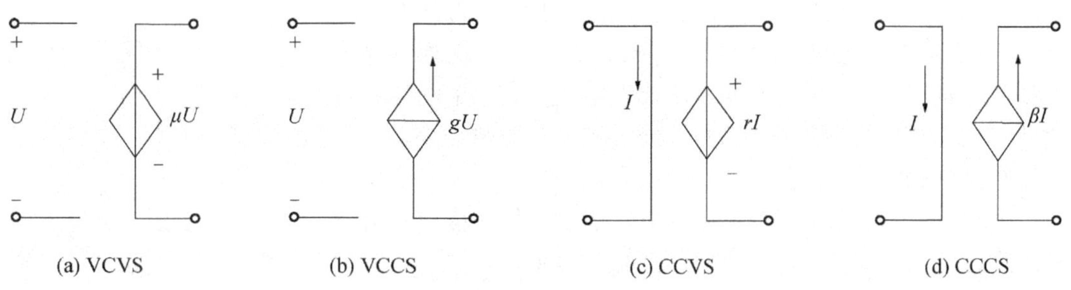

图 1－12　受控电源

1.3　基尔霍夫定律

基尔霍夫定律和欧姆定律都是电路的基本定律，欧姆定律反映了线性电阻元件上电流与电压的约束关系，基尔霍夫定律则是从电路结构上反映了电路中电流之间或电压之间的约束关系。

下面介绍几个与电路有关的名词。

支路：一个二端元件就是电路的一条支路。但为了分析和计算方便，把某些二端元件的串联组合看做一条支路。如图 1－13 中 ACB、AB、ADB 三条支路。ACB、ADB 支路中含有电源，称为含源支路；支路 AB 中没有电源，则称为无源支路。

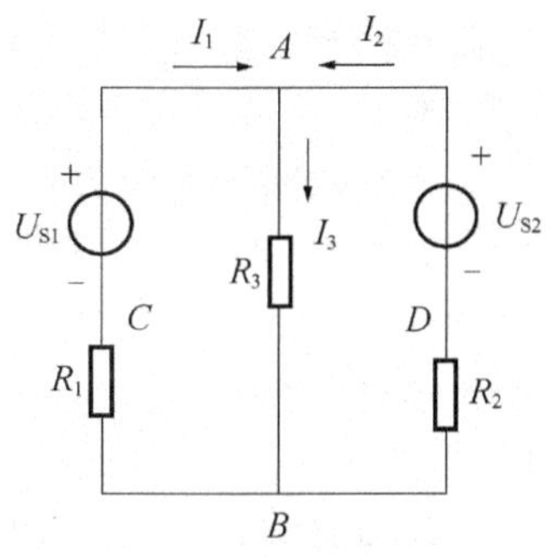

图 1－13　基尔霍夫定律

节点：电路中三条或三条以上支路的连接点称为节点，如

图1-13中的A、B是节点。

回路:电路中,任何一条闭合路径就称为一个回路,如图1-13中的$ACBA$、$ADBA$、$ADBCA$都是回路。

1.3.1 基尔霍夫电压定律

基尔霍夫电压定律内容:在集中参数电路中,任一时刻,沿任一闭合回路绕行一周,所有元器件电压的代数和恒等于零,即

$$\sum U=0$$

应用上式时,首先要选定回路绕行方向,可以是顺时针方向,也可以是逆时针方向。凡是元件上电压参考方向与回路绕行方向一致时,该电压前面取"+"号;而电压参考方向与回路绕行方向相反时,电压前面取"-"号。

例如,图1-13中的$ADBCA$回路,回路绕行方向选择顺时针方向,有

$$U_{AD}+U_{DB}+U_{BC}+U_{CA}=0$$

根据所示电压、电流的参考方向,有

$$U_{S2}-I_2R_2+I_1R_1-U_{S1}=0$$

整理后得

$$-I_2R_2+I_1R_1=-U_{S2}+U_{S1}$$

可写成

$$\sum I_KR_K=\sum U_{SK}$$

即沿任一回路,电阻元件上电压的代数和等于电压源电压的代数和,这是基尔霍夫电压定律的另一种形式。其中,凡是电阻电流的参考方向与回路的绕行方向一致者,电阻元件电压前取"+"号,相反则取"-"号;电压源电压的参考方向与回路绕行方向一致者,电压源电压前取"-"号,相反取"+"号。

基尔霍夫电压定律不仅适用于实际回路,也可推广应用于假想回路。例如对图1-14中的假想回路$ADCBA$,有

$$U_{AD}+U_{DC}+U_{CB}+U_{BA}=0$$

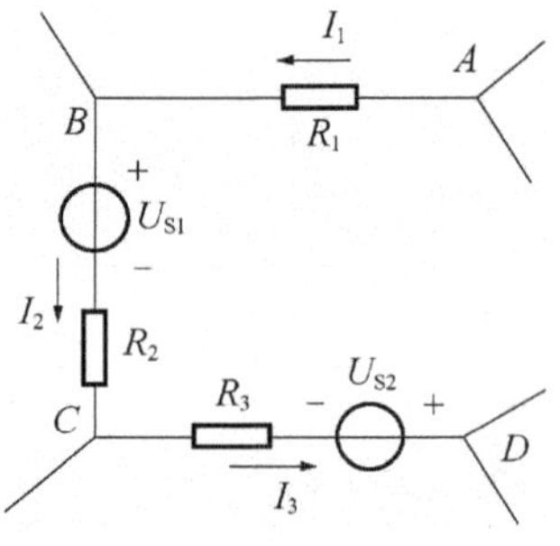

图1-14 基尔霍夫电压定律

1.3.2 基尔霍夫电流定律

基尔霍夫电流定律内容:在集中参数电路中,任一时刻,流经任一节点的所有支路电流的代数和恒等于零,即

$$\sum I=0$$

列基尔霍夫电流方程时,若规定流入节点的电流取"+"号,则流出节点的电流就取"-"号。如图1-13电路中的节点A,有

$$I_1+I_2-I_3=0$$

上式还可以写成

$$I_1+I_2=I_3$$

即

$$\sum I_{入}=\sum I_{出}$$

任何时刻,流入任一节点的电流总和等于从这个节点流出的电流总和。这是基尔霍夫电流定律的另一种形式。

基尔霍夫电流定律不仅适用于节点，也适用于电路中任一假设的封闭面（广义节点）。如图 1-15 所示的电路，有

$$I_1+I_2+I_3=0$$

【例 1-3】 如图 1-16 所示，根据图中给定条件，求电路电流 I_1、I_2。

解 对 A 点有

$$-3\ \text{A}+4\ \text{A}-I_1=0$$

得

$$I_1=1\ \text{A}$$

对 B 点有

$$I_1-5\ \text{A}-I_2=0$$

得

$$I_2=-5\ \text{A}+I_1=-4\ \text{A}$$

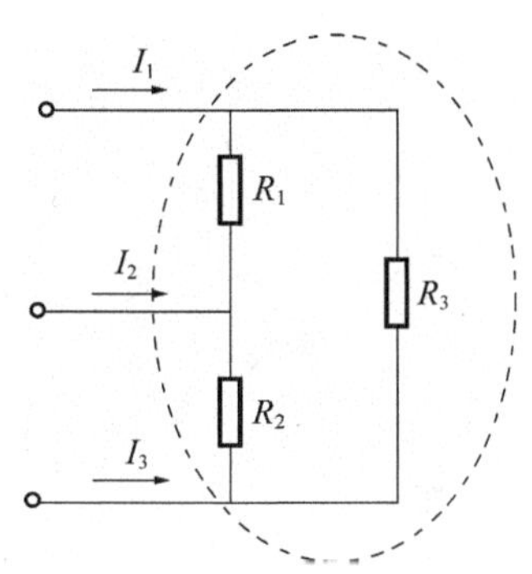

图 1-15　基尔霍夫电流定律

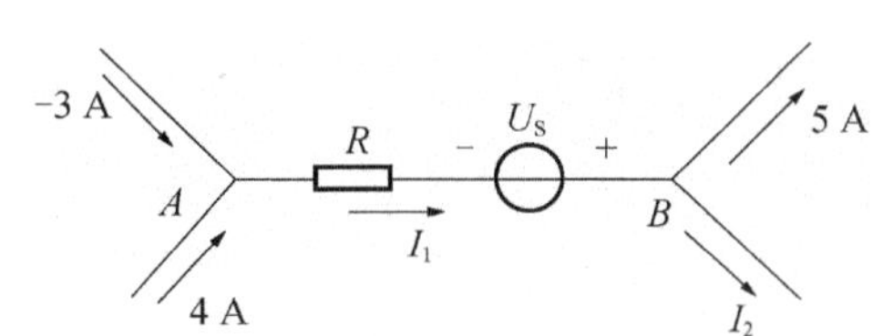

图 1-16　例 1-3 图

1.3.3　基尔霍夫定律解题方法

对于一般电路，在不改变电路结构的前提下可根据基尔霍夫定律及元件的伏-安关系求解电路。

【例 1-4】 如图 1-17 所示，已知 $U_S=3\ \text{V}$，$I_S=2\ \text{A}$，$R_1=1\ \Omega$，$R_2=2\ \Omega$，求电路中电压源的电流 I 和电流源的电压 U。

解 各支路电流参考方向如图 1-17 所示。

$$I_1=-\frac{U_S}{R_1}=-\frac{3\ \text{V}}{1\ \Omega}=-3\ \text{A}$$

根据基尔霍夫电流定律，节点 A 有

$$I_1+I-I_S=0$$

得

$$I=I_S-I_1=2\ \text{A}-(-3\ \text{A})=5\ \text{A}$$

根据基尔霍夫电压定律，回路 $ABCDA$ 有

$$U+I_SR_2-U_S=0$$

得

$$U=U_S-I_SR_2=3\ \text{V}-2\ \text{A}\cdot 2\ \Omega=-1\ \text{V}$$

【例 1-5】 如图 1-18 所示，已知 $U_{S1}=4\ \text{V}$，$U_{S2}=6\ \text{V}$，$U_{S3}=2\ \text{V}$，$R_1=R_2=2\ \Omega$，求各支路电流。

解 各支路电流参考方向如图 1-18 所示。

根据基尔霍夫电压定律，回路 $ABEFA$ 有

$$U_{S3}+I_1R_1-U_{S1}=0$$

代入已知数据后得

$$I_1=1\ \text{A}$$

根据基尔霍夫电压定律,回路 $BCDEB$ 有

$$U_{S2}-I_2R_2-U_{S3}=0$$

代入已知值后得

$$I_2=2\ \text{A}$$

根据基尔霍夫电流定律,节点 B 有

$$I_1+I_2-I_3=0$$

代入已知值后得

$$I_3=3\ \text{A}$$

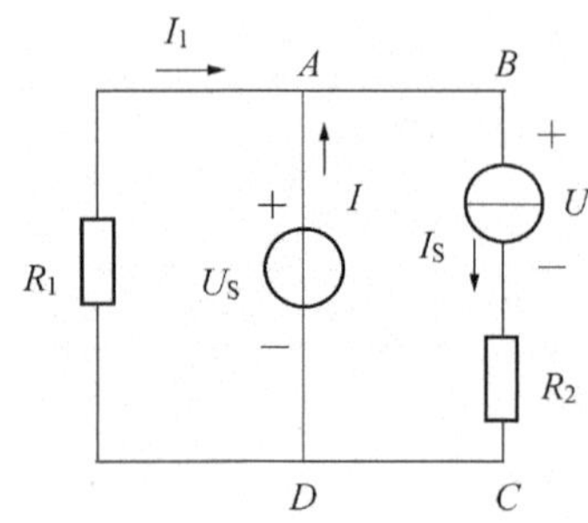

图 1-17　例 1-4 图

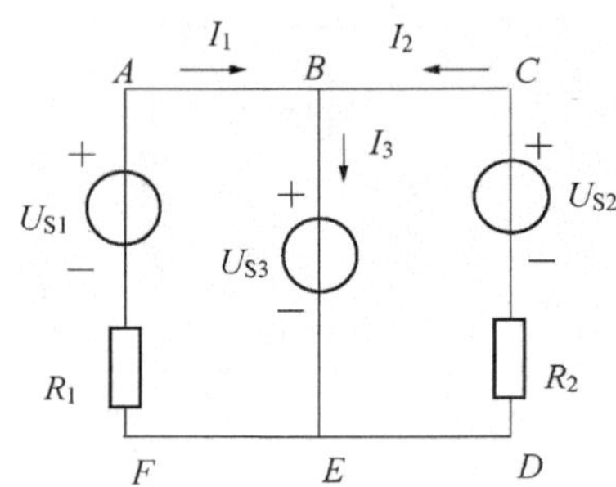

图 1-18　例 1-5 图

1.3.4　基尔霍夫定律应用实例

基尔霍夫定律在实际应用时可灵活运用。

支路电流法是以支路电流为未知量,应用基尔霍夫定律,列出与未知量数目相等的独立方程,从而解出各未知的支路电流。

用支路电流法求解电路时,首先选取各支路电流的参考方向,并以各支路电流为待求的未知量,然后按基尔霍夫电流定律列出(n−1)个独立的节点电流方程(n 为电路节点数),再选取独立回路,并选定回路的绕行方向,按基尔霍夫电压定律列出 $b-(n-1)$ 个独立的回路电压方程(b 为电路支路数),最后联立求解方程,并计算各支路电流。

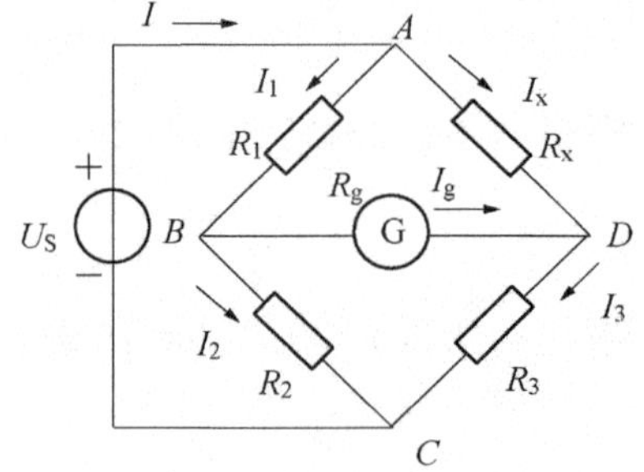

图 1-19　例 1-6 图

【例 1-6】 如图 1-19 所示电桥电路,已知 $U_S=3\ \text{V}$,$R_1=50\ \Omega$,$R_2=115\ \Omega$,$R_3=36\ \Omega$,$R_x=40\ \Omega$,$R_g=10\ \Omega$,计算电路中各支路电流。

解　该电路有 6 条支路,各支路电流参考方向如图 1-19 所示。

用支路电流法求解电路时,按基尔霍夫电流定律列出 3 个独立的节点电流方程,按基尔霍夫电压定律列 3 个独立的回路电压方程,即

节点 A 有　　$I-I_1-I_x=0$

节点 B 有　　$I_1-I_2-I_g=0$

节点 C 有　　　　$I_2 + I_3 - I = 0$

回路 $ADBA$ 有　　　　$I_x R_x - I_g R_g - I_1 R_1 = 0$

回路 $BDCB$ 有　　　　$I_g R_g + I_3 R_3 - I_2 R_2 = 0$

回路 $ABCA$ 有　　　　$I_1 R_1 + I_2 R_2 - U_S = 0$

代入已知数据,联立求解方程,得

$$I = 60\ \text{mA},\quad I_1 = 25.5\ \text{mA},\quad I_2 = 15\ \text{mA}$$

$$I_3 = 45\ \text{mA},\quad I_x = 34.5\ \text{mA},\quad I_g = 10.5\ \text{mA}$$

I_g 电流为正,则流过检流计的电流方向为从 B 到 D,若 I_g 电流为负,则流过检流计的电流方向为从 D 到 B。

电桥平衡时,检流计支路的电流为零。其平衡条件为 $R_1 R_3 = R_2 R_x$。由于 R_g 中电流为零,则 B 和 D 电位相等,可以按串并联进行分析计算。

【例 1-7】　如图 1-20 所示,电阻星形和三角形连接电路,已知 $U_{AC} = -20$ V,$I_A = 1$ A,$R_A = 10\ \Omega$,$R_B = 6\ \Omega$,$R_C = 15\ \Omega$,$R_{AB} = 20\ \Omega$,$R_{BC} = 30\ \Omega$,$R_{CA} = 50\ \Omega$,计算电路中各电流及电压 U_{AB} 和 U_{BC}。

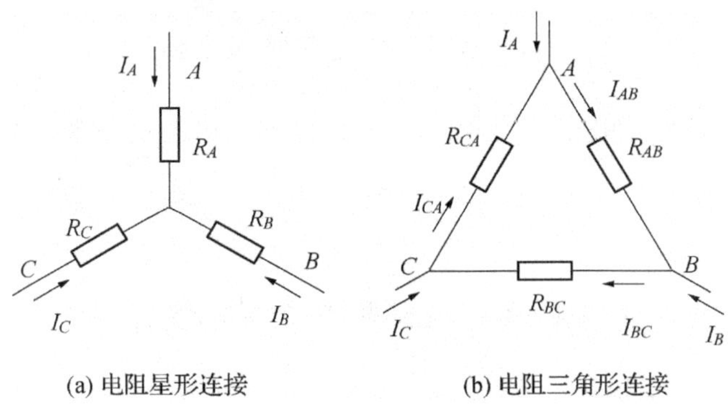

图 1-20　例 1-7 图

解　图 1-20(a)

根据基尔霍夫电压定律,有

$$U_{AC} + I_C R_C - I_A R_A = 0$$

代入已知数据,得　　　　$I_C = 2$ A

根据基尔霍夫电流定律,有

$$I_A + I_B + I_C = 0$$

得　　　　$I_B = -3$ A

则　　　　$U_{AB} = I_A R_A - I_B R_B,\quad U_{BC} = I_B R_B - I_C R_C$

代入已知数据,得　　　　$U_{AB} = 28$ V,　$U_{BC} = -48$ V

图 1-20(b)

$$I_{CA} = \frac{U_{CA}}{R_{CA}} = \frac{-(-20\ \text{V})}{50} = 0.4\ \text{A}$$

根据基尔霍夫电流定律,有

$$I_A + I_{CA} - I_{AB} = 0$$

代入已知数据,得　　　　$I_{AB} = 1.4$ A

根据基尔霍夫电压定律,有

$$I_{AB}R_{AB}+I_{BC}R_{BC}+I_{CA}R_{CA}=0$$

得 $$I_{BC}=-1.6\ \text{A}$$

则 $$U_{AB}=I_{AB}R_{AB}=28\ \text{V},\quad U_{BC}=I_{BC}R_{BC}=-48\ \text{V}$$

根据基尔霍夫电流定律,有

$$I_{AB}+I_B-I_{BC}=0,\quad I_{BC}+I_C-I_{CA}=0$$

代入已知数据,得 $$I_B=-3\ \text{A},\quad I_C=2\ \text{A}$$

图 1-20(a)中 R_A、R_B、R_C 三个电阻的一端连接在一起,另一端分别为网络的三个端钮 1、2、3,这种连接法称为电阻的星形连接,用符号“Y”表示。图 1-20(b)中 R_{AB}、R_{BC}、R_{CA} 三个电阻依次接成一个回路,三个连接点是网络的三个端钮 1、2、3,这种连接法称为电阻的三角形连接,用符号“△”表示。

在保证对外电路等效的条件下,电阻星形连接和三角形连接可以进行等效变换,变换的规律为

$$R_{\text{Y}}=\frac{\triangle\ \text{连接相邻两个电阻的乘积}}{\triangle\ \text{连接各电阻之和}}$$

$$R_{\triangle}=\frac{\text{Y 连接两两电阻乘积之和}}{\text{Y 连接对面电阻}}$$

若星形电路的三个电阻相等,则等效的三角形电路的电阻也相等。有

$$R_{\triangle}=3R_{\text{Y}}\quad \text{或}\quad R_{\text{Y}}=\frac{1}{3}R_{\triangle}$$

1.4 电路运行状态

电路有断路、短路及负载 3 种工作状态。

1.4.1 断路状态、短路状态

1. 断路状态

电路处于断(开)路状态是指电路开关未闭合或由于电路某个地方接触不良、导线断开等一些原因切断了电源与负载之间的电路,如图 1-21 所示。电路处于断路状态时,负载上的电流 I_{L}、电压 U_{L} 和功率 P_{L} 都为零,电源电流也为零,但电源两端电压不为零,即

$$I_{\text{L}}=0,\quad U_{\text{L}}=0,\quad P_{\text{L}}=0,\quad U=U_{\text{S}}$$

2. 短路状态

电路处于短路状态是指由于接线不正确或导线绝缘破损等原因使电流不流过负载、电源经电阻值近似为零的导线直接连通,如图 1-22 所示。电路处于短路状态时,负载上的电压为零,电流和功率也为零;但通过电源的电流很大,即

$$I_{\text{L}}=0,\quad U_{\text{L}}=0,\quad P_{\text{L}}=0,\quad U=0,\quad I_{\text{S}}=\frac{U_{\text{S}}}{R_{\text{S}}}$$

电源短路时若不采取防范措施,将会使电源设备烧毁。最简单的方法是在电路中接入熔断器进行保护。一旦出现短路,熔断器将迅速切断故障电路,保证设备的安全及其他用电设备的正常工作。

1.4.2　负载工作状态、负载匹配

如图 1-23 所示，负载处于工作状态，此时负载电流和功率分别为

$$I=\frac{U_S}{R_S+R_L}$$

$$P=I^2R_L=\left(\frac{U_S}{R_S+R_L}\right)^2R_L$$

当负载电阻等于电源内阻时，负载功率最大，即

$$R_L=R_S,\quad P_{L,\max}=\frac{U_S^2}{4R_S}$$

满足 $R_L=R_S$ 这个条件时称为负载与电源匹配。

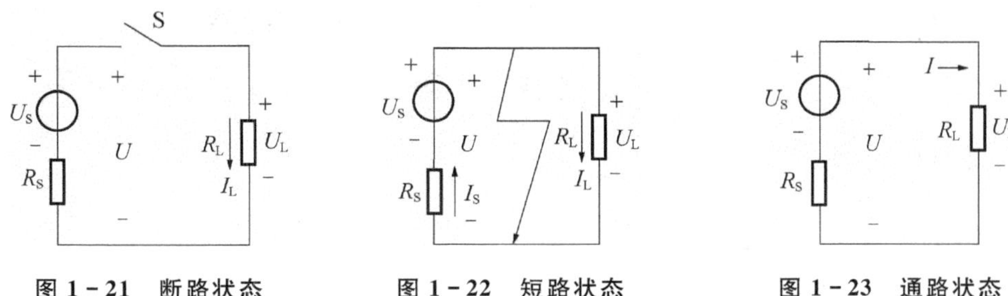

图 1-21　断路状态　　图 1-22　短路状态　　图 1-23　通路状态

电气设备的额定值是指导用户正确使用电气设备的技术数据，通常标在设备的铭牌上或写在产品说明书中。电气设备必须按电气设备的额定值要求来使用，如果使用不当，会使电源或电气设备损坏。

电气设备的额定值有额定电压、额定电流、额定功率等。如灯泡上通常标示的额定功率 100 W，额定电压 220 V，表明该灯泡在 220 V 电压下使用时，消耗的功率为 100 W。如果电源电压超过额定值，灯泡过亮，会烧坏灯泡；如果电源电压低于额定值，灯泡将不能正常发光。

1.5　叠加定理和戴维南定理

叠加定理和戴维南定理在电路分析中占有重要的地位。

1.5.1　叠加定理

叠加定理的内容是：线性电路中，当几个电源同时作用时，任何一支路的电流或电压等于电路中每个独立源单独作用时在此支路产生的电流或电压的代数和。

所谓每个独立源单独作用是指其他的独立源不起作用，不起作用的电压源可用短路代替，不起作用的电流源用开路代替。

叠加定理可以直接用来分析计算电路，但在电路独立源较多的情况下并不方便。注意叠加定理只适用于线性电路，并且只适用于电路中的电压、电流，对功率不适用。

【例 1-8】　利用叠加定理求图 1-24(a)电路中的 I 和 U。已知 $U_S=8$ V，$I_S=6$ A，$R_1=12$ Ω，$R_2=4$ Ω。

解　根据叠加定理，电路可以分成电流源单独作用的电路和电压源单独作用的电路相

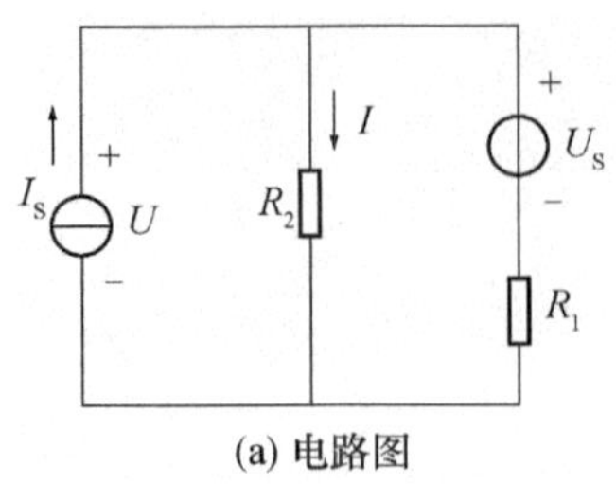

(a) 电路图

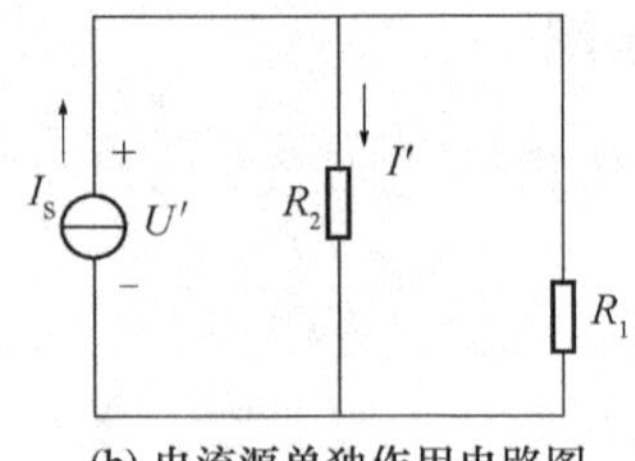

(b) 电流源单独作用电路图

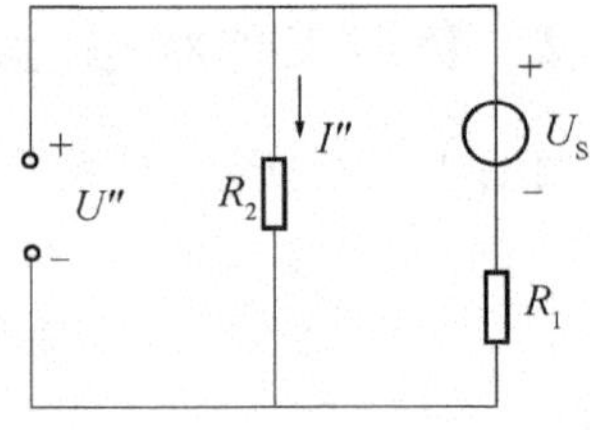

(c) 电压源单独作用电路图

图 1-24 例 1-8 图

叠加。

电流源单独作用(见图(b))

$$I' = \frac{R_1}{R_1 + R_2} I_S = \frac{12\ \Omega}{12\ \Omega + 4\ \Omega} \times 6\ \text{A} = 4.5\ \text{A}$$

$$U' = \frac{R_1 R_2}{R_1 + R_2} I_S = \frac{12\ \Omega \times 4\ \Omega}{12\ \Omega + 4\ \Omega} \times 6\ \text{A} = 18\ \text{V}$$

电压源单独作用(见图(c))

$$I'' = \frac{U_S}{R_1 + R_2} = \frac{8\ \text{V}}{12\ \Omega + 4\ \Omega} = 0.5\ \text{A}$$

$$U'' = \frac{U_S}{R_1 + R_2} R_2 = \frac{8\ \text{V}}{12\ \Omega + 4\ \Omega} \times 4\ \Omega = 2\ \text{V}$$

进行叠加得

$$I = I' + I'' = 4.5\ \text{A} + 0.5\ \text{A} = 5\ \text{A}$$
$$U = U' + U'' = 18\ \text{V} + 2\ \text{V} = 20\ \text{V}$$

1.5.2 戴维南定理

戴维南定理的内容是:任何一个有源线性二端网络,对其外部电路而言,都可以用电压源与电阻串联组合等效代替;该电压源的电压等于二端网络的开路电压,该电阻等于二端网络内部所有独立源作用为零时的等效电阻。

二端网络是指只有两个端钮与外电路或其他电路相连的网络。

独立源作用为零是指网络内的独立源不起作用,不起作用的电压源可用短路代替,不起作用的电流源用开路代替。

电压源与电阻串联组合也称戴维南等效电路。

应用戴维南定理求解电路时首先把待求支路从电路中移去,其他部分看成一个有源二端网络,求这个有源二端网络的开路电压及等效电阻,最后将有源二端网络的等效电路与待求支路连接,计算待求支路中的电流或电压。

戴维南定理计算电路中某一支路的电流或电压非常方便。

【例 1-9】 用戴维南定理求图 1-25(a)电路中的电流 I。已知 $I_S = 4\ \text{A}$,$U_S = 25\ \text{V}$,$R_1 = 5\ \Omega$,$R_2 = 20\ \Omega$,$R_3 = 3\ \Omega$,$R_L = 1\ \Omega$。

将 R_L 支路断开,得到一含源二端网络,网络的开路电压为

$$u_{OC} = -I_S R_3 + \frac{R_2}{R_1 + R_2} \cdot U_S = -4\ \text{A} \times 3\ \Omega + \frac{20\ \Omega}{5\ \Omega + 20\ \Omega} \times 25\ \text{V} = 8\ \text{V}$$

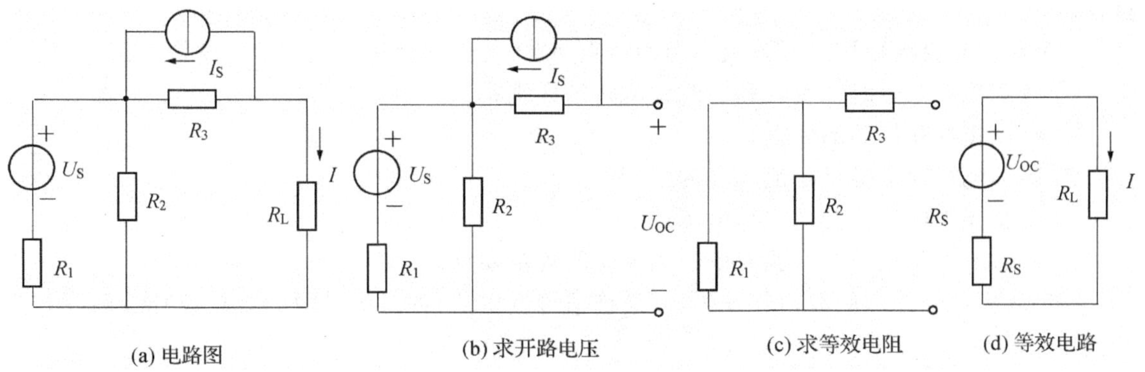

(a) 电路图　(b) 求开路电压　(c) 求等效电阻　(d) 等效电路

图 1-25　例 1-9 图

二端网络内所有独立源作用为零的等效电阻为

$$R_S = \frac{R_1 \cdot R_2}{R_1 + R_2} + R_3 = \frac{20\ \Omega \times 5\ \Omega}{20\ \Omega + 5\ \Omega} + 3\ \Omega = 7\ \Omega$$

画出戴维南等效电路(见图 1-25(d)),并与待求支路连接,可求得电流为

$$I = \frac{U_{OC}}{R_S + R_L} = \frac{8\ \text{V}}{7\ \Omega + 1\ \Omega} = 1\ \text{A}$$

实验 1　电工电子测量仪器仪表的使用

实验目的与要求

(1) 认识实验(或实训)室电源设备、电工电子仪器仪表和常用工具;学习实验室规章制度,培养安全用电习惯。

(2) 认识并掌握通用电学实验台(或下列仪器仪表的总称:交直流稳压电源,函数信号发生器,交直流电流表和电压表等)的结构及其使用操作方法。

(3) 了解常用电工电子仪器仪表的分类、符号、精度等级和测量误差等方面的基本知识。

(4) 正确使用直流电压表和电流表、万用表、晶体管毫伏表等仪器仪表并进行测量和读数。

(5) 学会运用电学实验台连接电路、测试有关参量:

① 测绘线性电阻元件和非线性电阻元件的伏安特性;

② 用晶体管毫伏表测量函数信号发生器的输出电压。

实验仪器与设备

通用电学实验台一套;MF-500 或 MF-30 型万用电表一只;DA-16 型晶体管毫伏表一只;常用电工工具一套。

实验简介

1. 认识通用电学实验台的结构、功能,掌握操作方法

认识通用电学实验台的结构、功能和掌握操作方法,其实验方法采用教师边讲边指导学生

操作。

(1) 认识交直流稳压电源各组电源的特点、调压范围和使用注意事项。掌握:

① 各调节旋钮顺时针旋转和逆时针旋转的区别;

② 电压粗调和细调的区别;

③ 各挡电源额定输出电流大小的区别;

④ 实验操作中怎样合理选择电源;

⑤ 开启或关闭电源及实验完毕整理复位的规范要求。

(2) 认识信号源即函数信号发生器(简称信号发生器)各组信号源的特点、功能、调节方法和使用注意事项。掌握:

① 信号源输出强弱和频率高低的调节方法;

② 实验实习中怎样合理选择信号源。

(3) 电压表与电流表的使用。

① 表的并接与串接　电压表内阻极大,使用时必须并接于待测电路的两端,测量时可以固定地接入电路,也可以用测试棒与电路中的待测点接通,以使一只电压表能测量多处电压;电流表内阻很小,使用时必须串接于待测电路的支路中,而且必须固定接入电路,不允许使用测试棒,应特别注意。

② 量程的选择　仪表的量程选大了将会增大测量误差,选小了则有可能损坏仪表。如实验前无法估计量程,则应先用仪表的最高量程试测,然后根据测试结果改接适当的量程进行准确测量。

③ 直流电压表、直流电流表在使用时,应注意它的极性,即仪表的"+"极接电路的高电位端;"-"极接低电位端,不能接反;否则将引起指针反偏而烧坏电表。图1-26为电阻的并联电路与0~50 mA的直流电流表相串联接于6 V的电源上,可以看出直流电流表正负极性和接法。

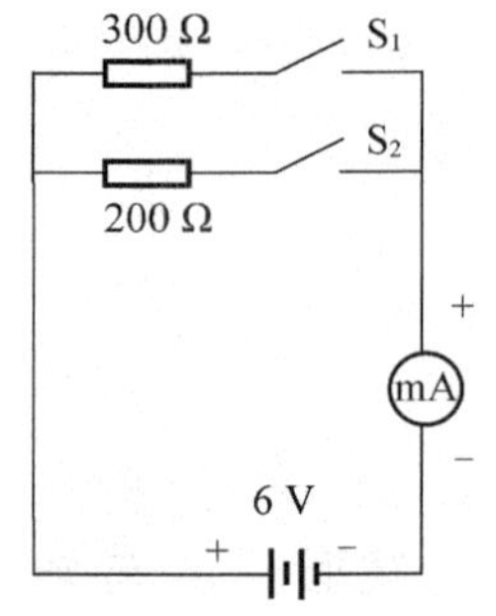

图1-26　电流表的连接

2. 万用电表的使用

《物理》课堂实验初步学过,这里提醒大家注意复习:

(1) 构造原理;

(2) 读数(有效数字位数)方法;

(3) 使用操作及注意事项。

3. 滑线变阻器(电位器)的使用

滑线变阻器有三种接法,如图1-27和图1-28所示。

掌握三种接法的区别与联系,懂得错误接法的危害。

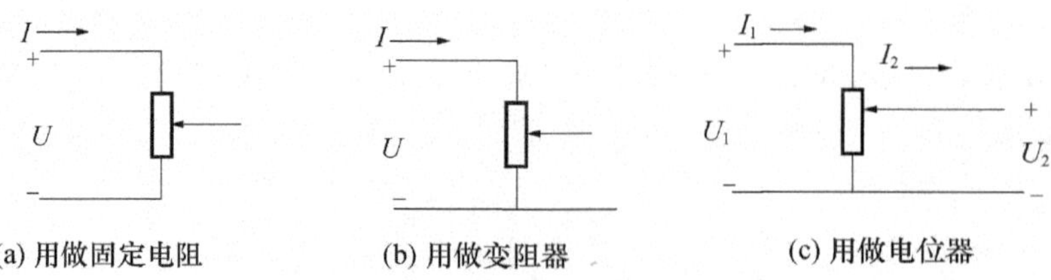

(a) 用做固定电阻　(b) 用做变阻器　(c) 用做电位器

图1-27　变阻器的三种使用方法

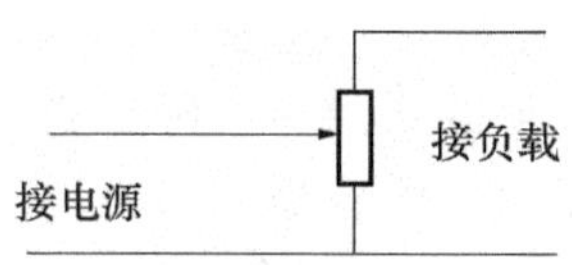

图 1－28　电位器的错误接法

4. 认识常用电工工具的结构和掌握其使用方法

测电笔；一字、十字螺丝刀（起子）的握法及其用途；尖嘴钳的握法及做接线头的方法；剥皮钳的握法及操作规范。

实验内容建议

1. 非线性电阻伏-安特性的测定

（1）测量待测白炽灯 R_L 的冷态电阻阻值；

（2）按图 1－29 所示接线，测量白炽灯的电流和灯两端的电压数据，绘出伏-安特性曲线，求出通过白炽灯额定电流时的热态电阻。

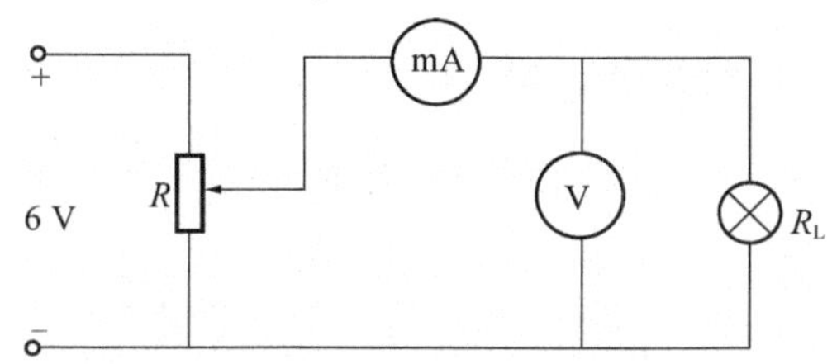

图 1－29　线性电阻伏-安特性的测试电路

2. 用晶体管毫伏表测量低频信号发生器的输出电压

（1）按图 1－30 所示电路连接信号发生器和毫伏表；

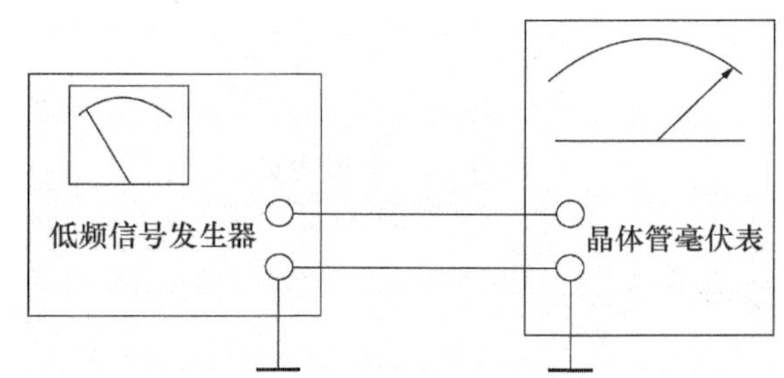

图 1－30　用晶体管毫伏表测量低频信号发生器的输出电压

（2）观测信号发生器的输出“衰减量”对输出电压的影响；

（3）观测信号发生器的频率对输出电压的影响。

实验问题讨论

（1）通用电学实验台（或交直流稳压电源）共有几组电源？分别说明其测量范围、操作要求和注意事项？实验完毕时，各部位怎样复位，应注意什么？

（2）电位器电路是直流电路实验中经常使用的调压电路。为什么它不能错接成图 1－28

所示的电路?这样接将会造成什么后果?

(3) 为什么在做电学实验时,必须得到指导教师检查无误后才能接通电源?

(4) 测量信号电压时,为什么要用晶体管毫伏表?

(5) 晶体管毫伏表与万用表的交流电压挡有何区别联系?

实验2 线性电路中电压与电位关系的研究

实验目的与要求

(1) 了解线性电路的概念,明确在线性电路中测量电压与电位的方法。

(2) 认识并掌握线性电路中电压与电位的区别与联系。

(3) 学会在给定条件下设计线性电路并研究电压与电位的关系。

实验仪器与设备

(1) 通用交直流稳压电源一台;

(2) MF-500或MF-30型万用电表一只;

(3) $\frac{1}{4}$ W定值电阻5只,即R_1、R_2、R_3、R_4、R_5阻值如图1-31所示;

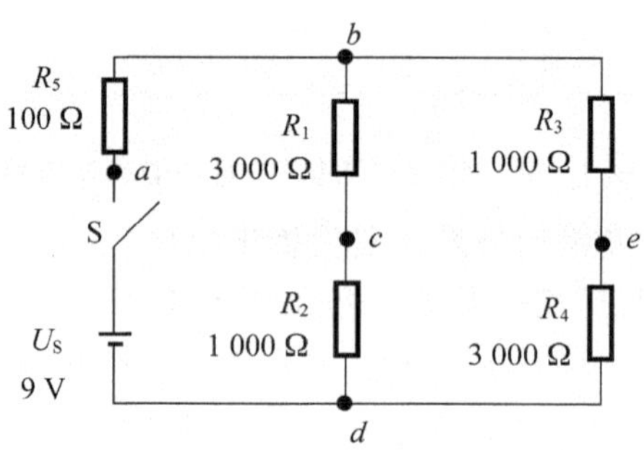

图1-31 实验电路

(4) 电键(开关)S;

(5) 接插电路板、导线或电线板。

实验简介

根据下列要求完成相关设计并进行实验:

(1) 根据所给实验仪器设备及图1-31所示电压源U_S和电阻$R_1 \sim R_5$的阻值,绘出通过(bcd)、(bed)支路电流的最大或最小的电路图?

(2) 根据所给实验仪器设备及图1-31所示电压源U_S和电阻R的阻值,绘出c、e两点电位V_c与V_e在$V_c>V_e$、$V_c=V_e$和$V_c<V_e$的电路图?

实验内容建议(在三项中,任选两项实验)

(1) 按图1-31所示电路连接实验电路,并根据表1.1要求测定相关电位和电压。

表 1.1　相关各点对 a、d 点的电位和电压实验数据

参考点	测试参数									
	电位/V					电压/V				
	V_a	V_b	V_c	V_d	V_e	U_{ab}	U_{bc}	U_{cd}	U_{eb}	U_{ed}
a 点										
d 点										

(2) 试根据所给实验仪器设备条件及图 1－31 所示电压源 U_S和电阻 $R_1 \sim R_4$ 的阻值，绘出通过 bcd、bed 支路电流最大(或最小)的电路图连接实验电路，并根据表 1.2 要求测定相关电位和电压。

表 1.2　相关各点对 c、b 点的电位和电压实验数据

参考点	测试参数									
	电位/V					电压/V				
	V_a	V_b	V_c	V_d	V_e	U_{ab}	U_{bc}	U_{cd}	U_{eb}	U_{ed}
c 点										
b 点										

(3) 试根据所给实验仪器设备及图 1－31 所示电压源 U_S和电阻 $R_1 \sim R_4$ 的阻值，绘出 c、e 两点电位 V_c与 V_e在 $V_c > V_e$、$V_c = V_e$和 $V_c < V_e$电路图连接实验电路，并根据表 1.3 要求测定相关电位和电压。

表 1.3　相关各点对 e、c 点的电位和电压实验数据

参考点	测试参数									
	电位/V					电压/V				
	V_a	V_b	V_c	V_d	V_e	U_{ab}	U_{bc}	U_{cd}	U_{eb}	U_{ed}
e 点										
c 点										

实验问题讨论

(1) 什么是线性电路？什么是非线性电路？它们有何区别与联系？

(2) 怎样合理选择万用表直流电压挡？为什么在实验实习中加同一电压值，而选用不同电压挡，其测量结果不同？

(3) 图 1－32 是用 MF－500 型模拟式万用表，测量某电路直流电压时度盘指示，请问：

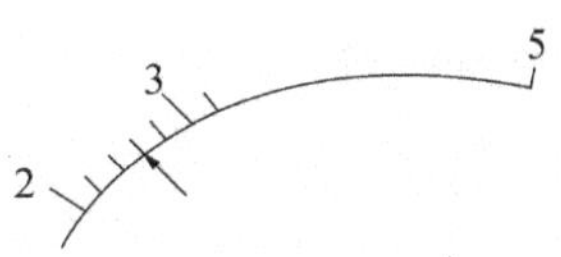

图 1－32　实验问题讨论(3)图

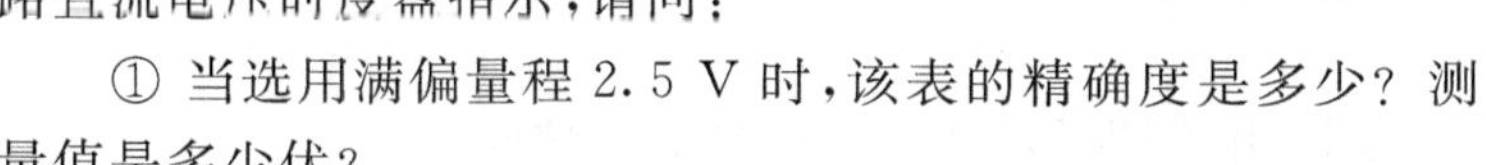

① 当选用满偏量程 2.5 V 时，该表的精确度是多少？测量值是多少伏？

② 当选用满偏量程 100 V 时,该表的精确度是多少?测量值是多少伏?

(4) 为什么说,电路中各点的电位实质上就是各点对参考点的电压?

单元小结

1. 电路的基本物理量

电路的基本物理量有电流、电压和功率等。

参考方向是为分析计算方便在电路上假设的电压或电流方向。

元件或某一支路上电压和电流的参考方向一致为关联参考方向,否则为非关联参考方向。

2. 欧姆定律

电阻元件上电压电流关系为 $U=\pm IR$。

电阻元件功率为 $P=UI=I^2R=\dfrac{U^2}{R}=GU^2$。

3. 独立源

独立源包括独立电压源和独立电流源。

独立电压源两端电压恒定,流过的电流由与之相连的外电路决定。

独立电流源输出的电流恒定,两端的电压由与之相连的外电路决定。

受控源是一种非独立电源,其电压或电流受电路中某一条支路的电压或电流控制。

4. 基尔霍夫定律

基尔霍夫电压定律:$\sum U=0$。

基尔霍夫电流定律:$\sum I=0$。

5. 支路电流法

支路电流法是以支路电流为未知量,应用基尔霍夫电流定律列出$(n-1)$个独立的电流方程,应用基尔霍夫电压定律列出 $b-(n-1)$个独立的电压方程,从而解出各未知的支路电流。

6. 电路的运行状态

电路的运行状态有断路、短路及负载运行三种。

电气设备必须按电气设备的额定值或额定参数要求来使用。

7. 叠加定理

线性电路中,当几个电源同时作用时,任何一支路的电流或电压等于电路中每个独立源单独作用下在此支路产生的电流或电压的代数和。

8. 戴维南定理

任何一个有源线性二端网络,对其外部电路而言,都可以用电压源与电阻串联组合等效代替;该电压源的电压等于二端网络的开路电压;该电阻等于二端网络内部所有独立源作用为零时的等效电阻。

思考题与习题

1-1 求图 1-33 所示电路的功率,并说明是消耗功率还是发出功率?

1-2 功率为 40 W、电压为 220 V 的灯泡,每天使用 5 h,一个月消耗的电能是多少(一个

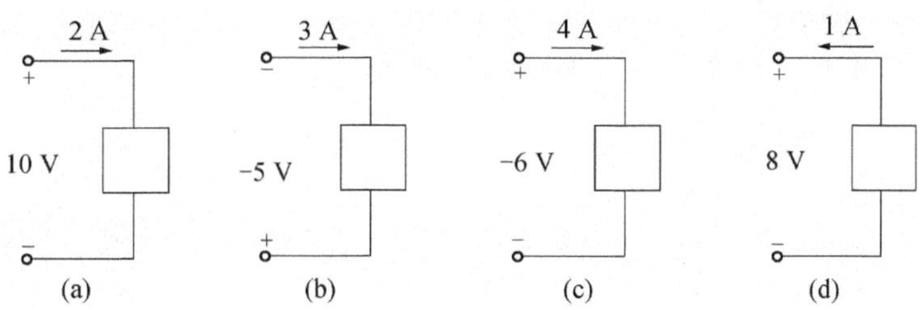

图 1-33　题 1-1 图

月按 30 天计算)?

1-3　电阻上标有 10 kΩ、100 W 的参数,在使用该电阻时,允许承受的电压及流过的电流不得超过多少?

1-4　如图 1-34 所示电路,已知 $\varphi_A=12$ V,$\varphi_B=5$ V,计算电路电流 I。

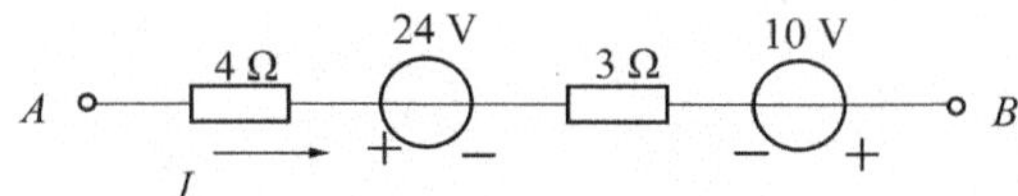

图 1-34　题 1-4 图

1-5　求图 1-35 电路中各元件的功率。

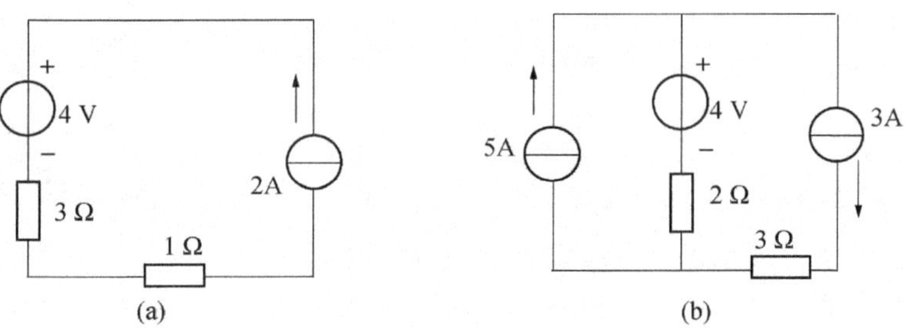

图 1-35　题 1-5 图

1-6　用支路电流法求图 1-36 所示电路各支路电流。

1-7　用支路电流法求图 1-37 所示电路中的电流 I 和电压 U。

1-8　电路如图 1-38 所示,电源电压 U_S 为 20 V,电源内阻 R_S 为 1 Ω,负载电阻 R_L 在 0.1~5 Ω 之间可调,求开路状态下电源端电压 U,电源短路状态下的电流及负载接通后负载为何值时获得最大功率,最大功率是多少?

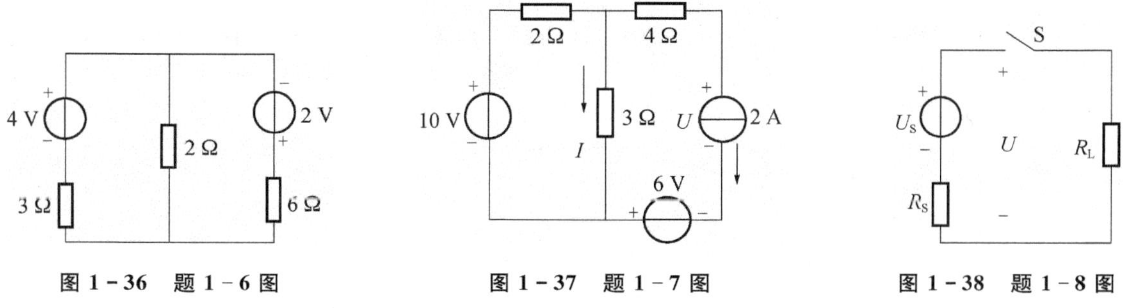

图 1-36　题 1-6 图　　图 1-37　题 1-7 图　　图 1-38　题 1-8 图

1-9　用叠加定理求图1-39电路中各支路的电流。

1-10　用叠加定理求图1-40电路中的电流 I。

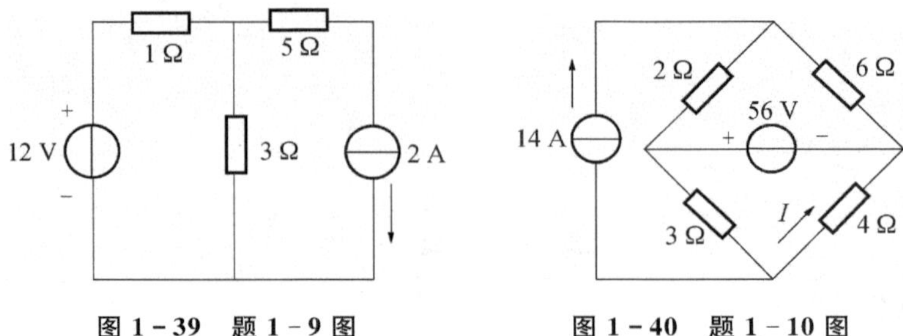

图1-39　题1-9图　　图1-40　题1-10图

1-11　求图1-41电路中的开路电压。

1-12　求图1-42电路中的开路电压及等效电阻。

1-13　用戴维南定理求图1-43电路中的电流 I。

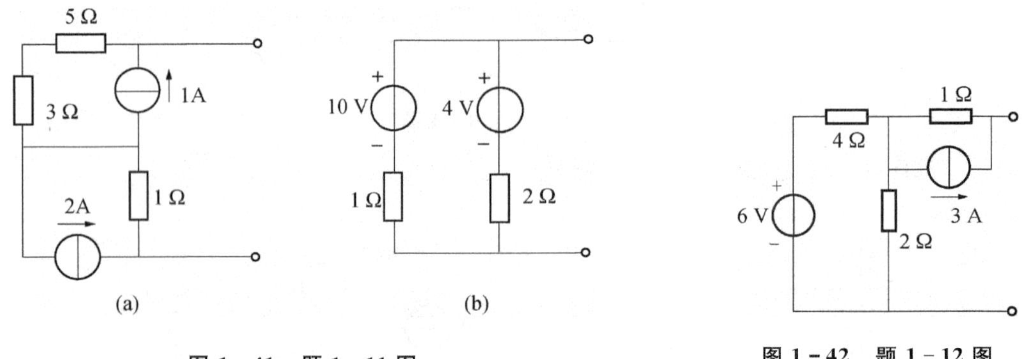

图1-41　题1-11图　　图1-42　题1-12图

1-14　用戴维南定理求图1-44电路中的电压 U。

1-15　电路如图1-45所示，计算 R_L 为何值时获得最大功率，最大功率是多少？

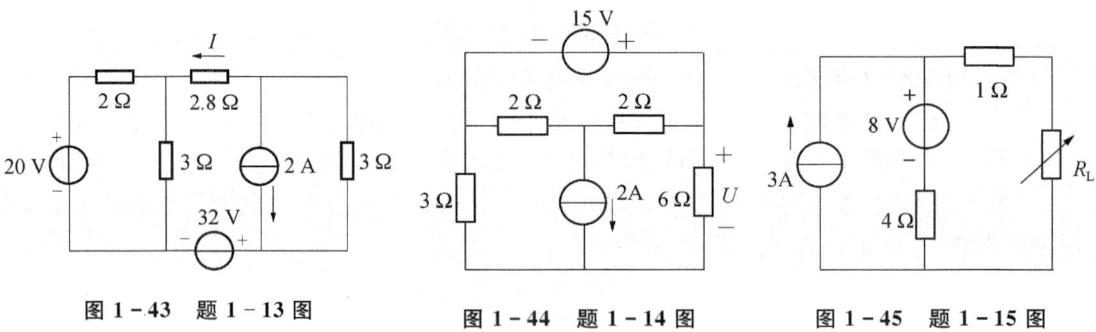

图1-43　题1-13图　　图1-44　题1-14图　　图1-45　题1-15图

第 2 章　正弦交流电路

随时间按正弦规律变化的电流和电压统称正弦交流电，在电路分析中简称正弦量。生产和日常生活中常用的就是正弦交流电。

2.1　正弦交流电压的产生

交流发电机能产生正弦交流电动势。

2.1.1　交流发电机结构原理

图 2－1 是旋转电枢式发电机的结构原理图。不动的机座上有一对磁极(N 极和 S 极)，是发电机的定子部分；磁极之间的旋转部分是转子，转子有一个由硅钢片叠成的圆柱形电枢铁心，铁心上的槽中嵌放导体线圈，铁心和线圈合起来称为电枢，电枢绕转轴转动。图 2－1 中导体线圈只画一匝，导体线圈两端 a 和 d 分别接到两个互相绝缘并和电枢固定在一个转轴上的铜环(滑环)上，铜环通过电刷与外电路(小灯泡)相连通。

磁极与铁心之间空气隙中的磁力线总是与铁心表面垂直，制造的磁极形状使电枢表面上的磁感应强度沿电枢表面按正弦规律分布，如图 2－2 所示。电枢表面上任一点的磁感应强度为

$$B = B_{\mathrm{m}} \sin \alpha'$$

式中，B_{m} 是磁极中心处的磁感应强度，α'是电枢表面上任一点与中性面之间的角度(机械角)。

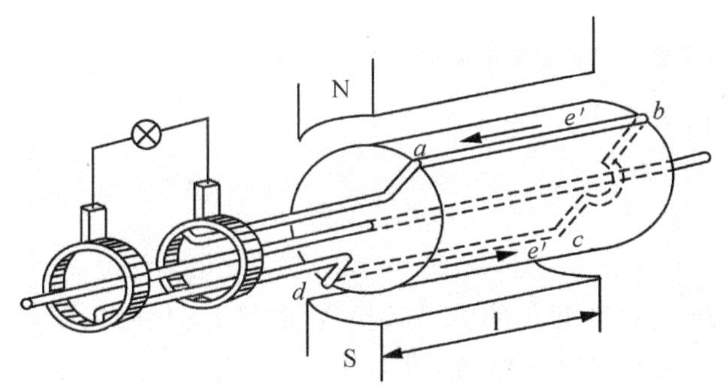

图 2－1　发电机的简单原理图

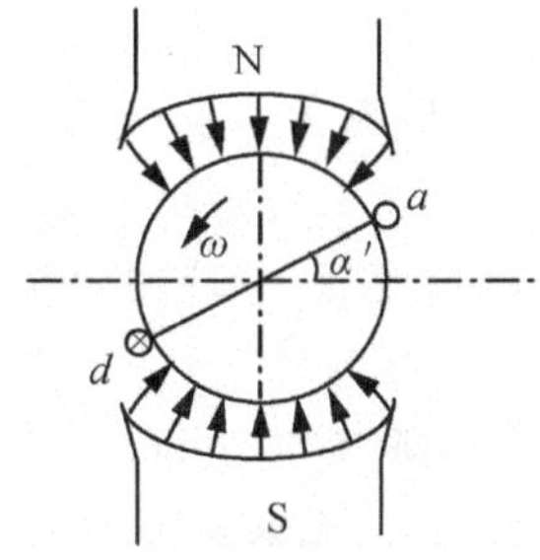

图 2－2　电枢表面磁感应强度分布图

2.1.2　感应电动势

转子以匀角速度逆时针方向旋转，电枢线圈两个边 ab 和 cd 以其线速度切割磁力线，则线圈产生感应电动势。ab 和 cd 边导体感应电动势均为 e'，$e'=Blv=B_{\mathrm{m}}lv\sin\alpha'$，方向如图 2－1 所示。线圈中的感应电动势为 e''，有

$$e'' = 2e' = 2Blv = 2B_{\mathrm{m}}lv\sin\alpha'$$

如果线圈有 N 匝，则感应电动势为

$$e = Ne'' = 2NB_m lv\sin\alpha' = E_m\sin\alpha'$$

式中，E_m 是感应电动势的最大值。对于一定的发电机来说，E_m 是常数。

图 2-3 是感应电动势随电枢转过的角度变化的曲线。由感应电动势的公式和曲线可以看出，感应电动势的大小和方向随着线圈转过的机械角按正弦规律变化。α'在 0°～180°时，$e>0$，实际方向与参考方向相同；α'在 180°～360°时，$e<0$，实际方向与参考方向相反。转子每转一周，电动势的大小和方向完成一周变化。

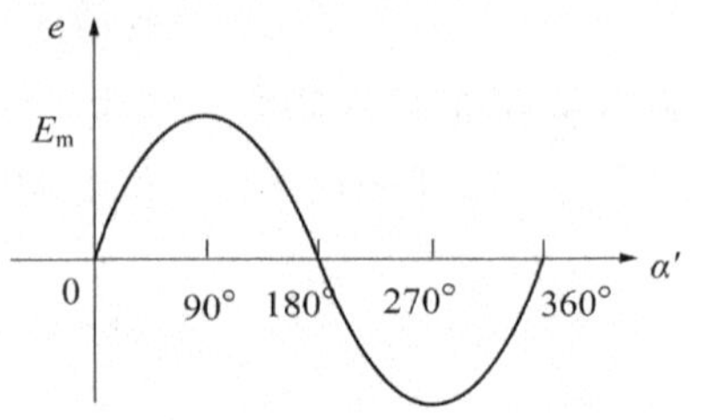

图 2-3　感应电动势随电枢转过的角度变化的曲线

实际中，正弦量的表示、交流电路的分析计算及交流电机所用的角度不是机械角，而是电角度。如图 2-4(a)是两对磁极的发电机，两对磁极的发电机有两个中性面，每一对磁极下磁感应强度仍按正弦规律分布。当电枢导体转过 90°时，感应电动势变化 180°；当电枢导体转过 180°时，感应电动势变化 360°，即感应电动势变化了一个循环，如图 2-4(b)所示。把与感应电动势变化对应的角度称为电角度。

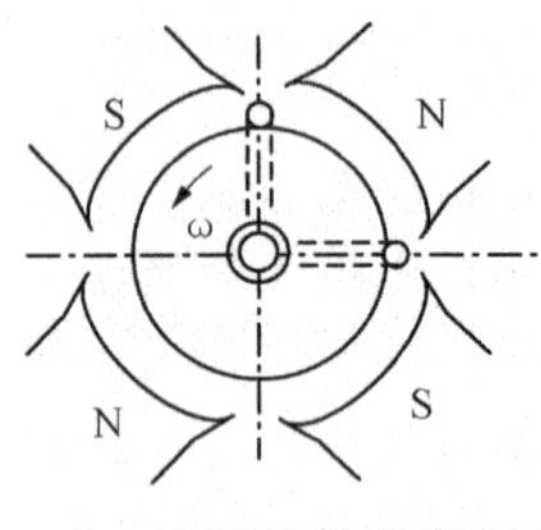

(a) 两对磁极的发电机

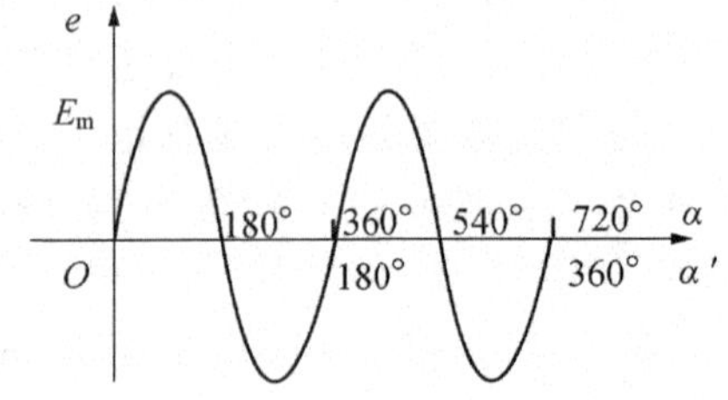

(b) 感应电动势随电角度变化的曲线

图 2-4　两对磁极发电机及感应电动势

电角度、机械角和发电机磁极对数之间的关系为

$$\alpha = p\alpha'$$

引入电角度后，感应电动势可写为

$$e = E_m\sin\alpha$$

为分析和研究正弦量时，把感应电动势随电角度变化的关系转换为随时间变化的关系，为此引入角频率 ω，角频率是交流电在单位时间内电角度的增量，即

$$\omega = \frac{\alpha}{t}$$

则感应电动势为

$$e = E_m\sin\omega t$$

角频率 ω 的单位是弧度/秒(rad/s)。上式也称为感应电动势的瞬时表达式。

2.1.3　交流电压及交流电流

电动势 $e=E_m\sin\omega t$ 是按线圈从中性面开始转动得出的表达式，零点为计时起点。在分

析正弦量时，计时起点的选择是任意的，常以 φ 为计时起点，经过时间 t 后，感应电动势瞬时表达式为

$$e = E_m \sin(\omega t + \varphi)$$

电枢线圈通过铜环、电刷与外电路(小灯泡)相连通，则外电路(小灯泡)上将有电压、电流，该电压、电流随时间按正弦规律变化，可表示为

$$u = U_m \sin(\omega t + \varphi)$$
$$i = I_m \sin(\omega t + \varphi)$$

2.2　正弦交流电的“三要素”

以正弦交流电流为例，在选定参考方向下瞬时表达式为

$$i = I_m \sin(\omega t + \varphi)$$

正弦交流电流的波形如图 2-5 所示。

2.2.1　交流电的周期和频率

周期、频率和角频率表示正弦量变化的快慢。

交流电变化一个循环所需要的时间称为周期，用字母 T 表示。图 2-5 中 a 到 b 所需的时间就是一个周期，周期单位是秒(s)。

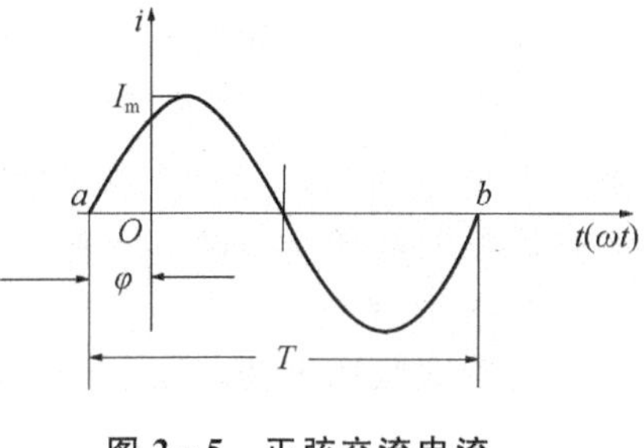

图 2-5　正弦交流电流

每秒内完成的循环数称为频率，用字母 f 表示。频率的单位是赫兹(Hz)，常用的单位还有千赫(kHz)、兆赫(MHz)。

周期与频率的关系为

$$f = \frac{1}{T}$$

我国和大多数国家都采用 50 Hz 作为动力电的标准频率，习惯上称为工频。

周期、频率和角频率的关系为

$$\omega = \frac{2\pi}{T} = 2\pi f$$

2.2.2　交流电的瞬时值、最大值和有效值

正弦交流电在某一瞬间的数值称为瞬时值，用小写字母表示；i、u 分别表示电流、电压的瞬时值。瞬时值有正、有负，也可能为零。

最大值是正弦交流电在整个变化过程中所能达到的最大数值，用带下标 m 的字母表示。

实际工程中，常用有效值衡量交流电的大小。如果交流电流通过一个电阻在一个周期内消耗的电能与某直流电流通过同一个电阻在同样的时间内消耗的电能相等的话，就把这一直流电流的数值称为交流电流的有效值。有效值一般用大写字母表示。

理论和实践证明，正弦交流电的最大值和有效值之间的关系为

$$I=\frac{\sqrt{2}I_m}{2},\qquad U=\frac{\sqrt{2}U_m}{2}$$

引入有效值后，正弦交流电流、正弦交流电压的瞬时表达式可写成

$$i=\sqrt{2}I\sin(\omega t+\varphi)$$

$$u=\sqrt{2}U\sin(\omega t+\varphi)$$

一般来说，正弦电压、电流的大小指的是有效值；交流电路中所有仪器仪表指示的数值、电气设备的额定电压、额定电流也都是有效值。

2.2.3 交流电的相位、初相位和相位差

1. 交流电的相位和初相位

$(\omega t+\varphi)$反映了正弦交流电变化的进程，称为正弦交流电的相位。$t=0$ 时的相位称为初相位，反映了正弦交流电起始时刻的状态。初相位可正、可负或为零；但规定初相位绝对值不能超过 π。图 2－6 中 i_1、i_2 和 i_3 分别表示初相位为＋60°、0°及－45°的三个正弦电流的波形。

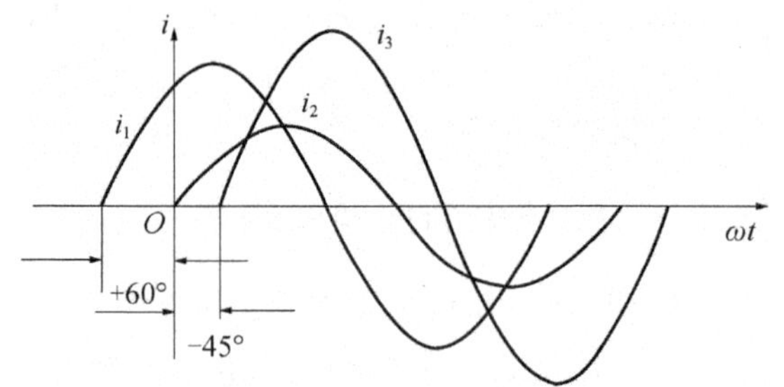

图 2－6 交流电的初相位

最大值、频率和初相位称为正弦量的三要素。如果已知某正弦交流电的三要素，则该正弦交流电就被唯一地确定下来。

2. 相位差

已知同频率正弦电压 $u=U_m\sin(\omega t+\varphi_u)$，电流 $i=I_m\sin(\omega t+\varphi_i)$，电压 u 和电流 i 的相位差为

$$\varphi=(\omega t+\varphi_u)-(\omega t+\varphi_i)=\varphi_u-\varphi_i$$

即两个同频率正弦交流电的相位差等于初相位之差。

如果 $\varphi=0$，称电压 u 与电流 i 同相，即电压 u 与电流 i 同时达到最大值，或到零点，如图 2－7所示。

如果 $\varphi=\pm\pi$，称电压 u 与电流 i 反相，即当电压 u 为正最大值时，电流 i 是负最大值；当电流 i 为正最大值时，电压 u 是负最大值，如图 2－8 所示。

如果 $\varphi=\pm\frac{\pi}{2}$，称电压 u 与电流 i 正交，如图 2－9 所示。

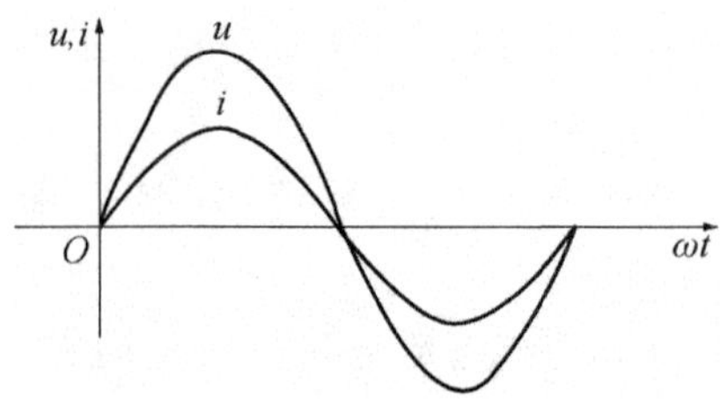

图 2－7 电压 u 与电流 i 同相

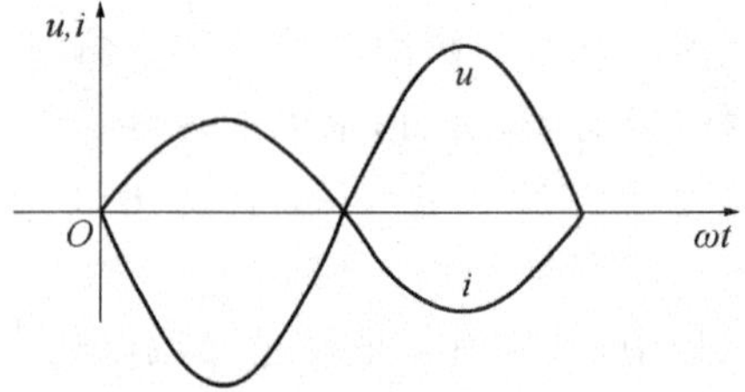

图 2－8 电压 u 与电流 i 反相

如果 $\varphi>0$，即 $\varphi_u>\varphi_i$，则电压 u 比电流 i 先到达正的最大值，在相位上电压 u 比电流 i 超

前 φ 角；或者说电流 i 比电压 u 滞后 φ 角，如图 2－10 所示。

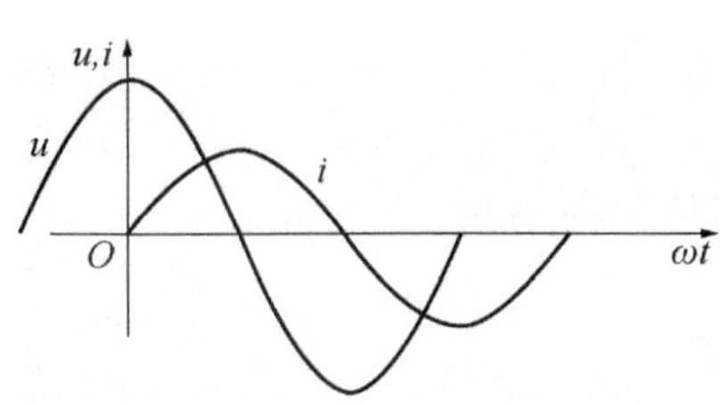

图 2－9　电压 u 与电流 i 正交

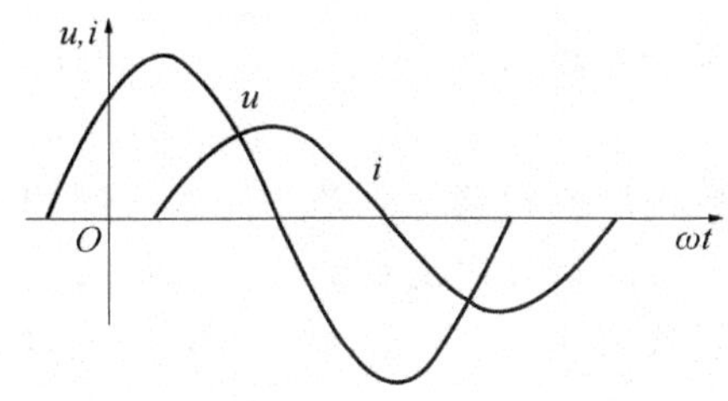

图 2－10　电压 u 比电流 i 超前 φ 角

【例 2－1】　已知两个正弦电流频率均为 50 Hz，i_1 的最大值为 5 A，初相位为 30°，i_2 的最大值为 10 A，初相位为 60°。试求：两个正弦电流的瞬时表达式；两个正弦电流的相位差。

解　i_1 的瞬时表达式为

$$i_1 = 5\sin(314t/\mathrm{s} + 30°)\mathrm{A}$$

i_2 的瞬时表达式为

$$i_2 = 10\sin(314t/\mathrm{s} + 60°)\mathrm{A}$$

i_1 与 i_2 的相位差为

$$\varphi_{12} = \varphi_1 - \varphi_2 = 30° - 60° = -30°$$

电流 i_1 相位滞后电流 i_2 相位 30°；也可以说电流 i_2 相位超前电流 i_1 相位 30°。

2.3　正弦量的相量表示法

瞬时表达式和波形图是正弦量最基本的表示方法，可以全面反映正弦量的三要素；但是用这两种表示方法对正弦交流电路进行分析计算比较麻烦。正弦量的相量表示法是用复数表示正弦交流电的有效值（或最大值）及初相位，使正弦交流电路的计算转变为复数的运算，使电路分析大大简化。

2.3.1　复数简介

1. 复数的表示形式

复数用代数形式表示，有

$$A = a + \mathrm{j}b$$

式中，a、b 分别代表复数的实部和虚部。复数还可用复平面上的向量表示，如图 2－11 所示，$|A|$ 为复数 A 的模，φ 为复数 A 的辐角。

复数的三角形式为

$$A = a + \mathrm{j}b = |A|\cos\varphi + \mathrm{j}|A|\sin\varphi$$

复数的指数形式为

$$A = |A|\mathrm{e}^{\mathrm{j}\varphi}$$

复数的极坐标形式为

$$A = |A|\angle\varphi$$

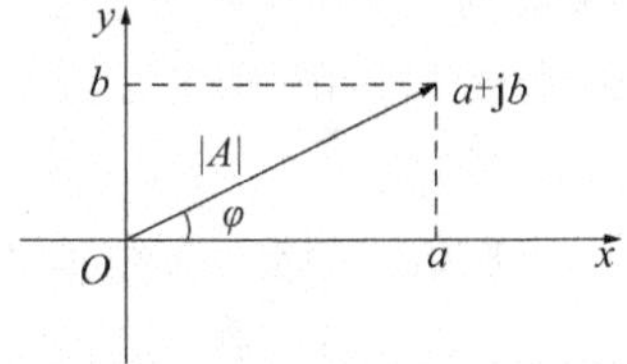

图 2－11　复　数

2. 复数的四则运算

复数的加减运算采用复数的代数形式比较方便。

设有两个复数 $A=a_1+\mathrm{j}b_1$，$B=a_2+\mathrm{j}b_2$，则

$$A\pm B=(a_1\pm a_2)+\mathrm{j}(b_1\pm b_2)$$

即几个复数相加或相减就是把它们的实部和虚部分别相加或相减。

复数的乘除运算用复数的极坐标形式比较方便。

设有复数 $A=|A|\angle\varphi_A$，$B=|B|\angle\varphi_B$，则

$$AB=|A||B|\angle(\varphi_A+\varphi_B)$$

$$\frac{A}{B}=\frac{|A|}{|B|}\angle(\varphi_A-\varphi_B)$$

即复数相乘时，二模数相乘，两个辐角相加；相除时，二模数相除，两个辐角相减。

3. 复数四则运算例题

【例 2-2】 已知复数 $A=3-\mathrm{j}8$，$B=10\angle 30°$，求 $A+B$，$A-B$，AB，$\frac{A}{B}$。

解 $A=3-\mathrm{j}8=8.54\angle 69.4°$，$B=10\angle 30°=8.66+\mathrm{j}5$

则

$$A+B=3-\mathrm{j}8+8.66+\mathrm{j}5=11.66-\mathrm{j}3$$

$$A-B=3-\mathrm{j}8-8.66-\mathrm{j}5=-5.66-\mathrm{j}13$$

$$AB=8.54\angle 69.4°\cdot 10\angle 30°=85.4\angle 99.4°$$

$$\frac{A}{B}=\frac{8.54\angle 69.4°}{10\angle 30°}=0.854\angle 39.4°$$

2.3.2 正弦量的相量表示法

用复数的模和辐角表示正弦交流电的有效值(或最大值)和初相位，称为正弦量的相量表示法。该复数称为正弦量相量，在大写字母上标“·”表示。

正弦电流 $i=I_\mathrm{m}\sin(\omega t+\varphi)$ 的相量表示为

$$\dot{I}_\mathrm{m}=I_\mathrm{m}\angle\varphi$$

或

$$\dot{I}=I\angle\varphi$$

$\dot{I}_\mathrm{m}$ 称为最大值相量，$\dot{I}$ 称为有效值相量。

正弦量用相量表示后，同频率正弦量的相加或相减的运算可以变换为相应相量的相加或相减的运算。

在复平面上用向量来表示正弦量的相量，向量的长短反映正弦量的大小，向量与正实轴的夹角反映正弦量的相位，这种表示正弦量相量的图称为相量图。相量图中也可以不画出复平面的坐标轴。

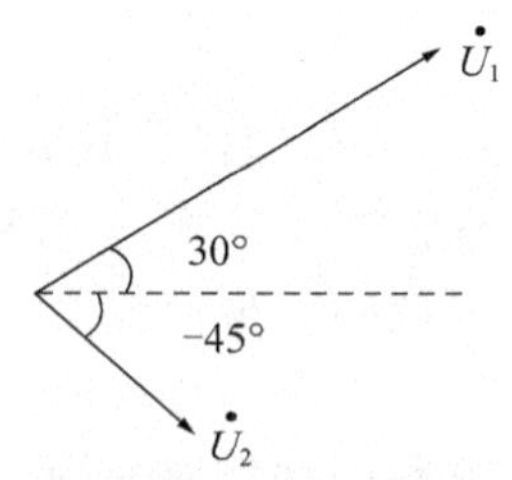

图 2-12 例 2-3 图

【例 2-3】 已知正弦电压 $u_1=220\sqrt{2}\sin(314\ t/\mathrm{s}+30°)$ V，$u_2=110\sqrt{2}\sin(314\ t/\mathrm{s}-45°)$ V，写出电压的相量并画出相量图。

解 $\dot{U}_1=220\angle 30°$ V，$\dot{U}_2=110\angle -45°$ V，相量图如图 2-12 所示。

2.4　单一参数的正弦交流电路

单一参数的正弦交流电路是最简单的交流电路。

2.4.1　纯电阻电路

1. 电压与电流关系

电阻上电流和电压的参考方向如图 2-13 所示，设流过电阻的电流为

$$i_R = I_{Rm}\sin\omega t$$

则电阻电压为

$$u_R = i_R R = RI_{Rm}\sin\omega t = U_{Rm}\sin\omega t$$

比较电压和电流的表达式，可以看出电压和电流为同频率正弦量，并且电压和电流同相。

电压和电流的最大值关系为

$$U_{Rm} = RI_{Rm}$$

则电压和电流的有效值关系为

$$U_R = RI_R$$

电压相量、电流相量为

$$\dot{U}_R = U_R\angle 0°,\quad \dot{I}_R = I_R\angle 0°$$

则电压、电流相量关系为

$$\dot{U}_R = \dot{I}_R R$$

电阻上电压、电流的波形如图 2-14 所示，其相量图如图 2-15 所示。

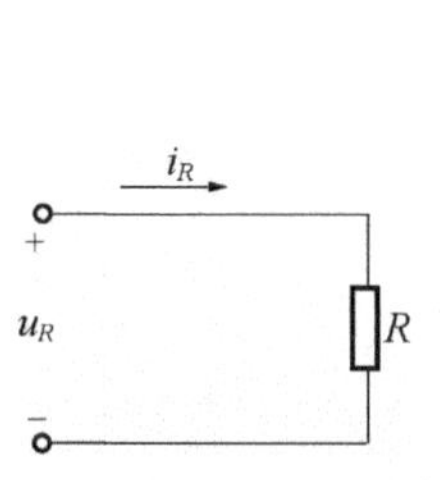

图 2-13　纯电阻电路

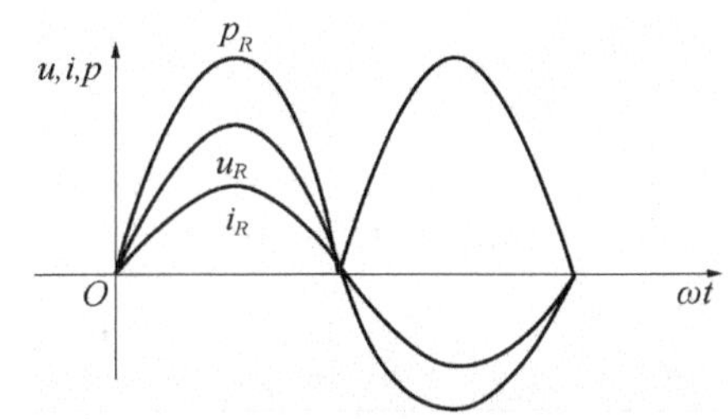

图 2-14　纯电阻电路波形图

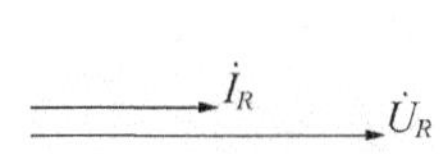

图 2-15　纯电阻电路相量图

2. 功　率

交流电路中每一瞬时的电压和电流的乘积称为电路的瞬时功率，用小写字母 p 表示。关联参考方向下电阻元件接受的瞬时功率为

$$p_R = u_R i_R = U_{Rm}I_{Rm}\sin^2\omega t = U_R I_R(1-\cos 2\omega t)$$

电阻元件瞬时功率的波形如图 2-14 所示。

瞬时功率在一个周期内的平均值称为平均功率，用大写字母 P 表示，平均功率又称有功功率。

电阻元件平均功率为

$$p_R = \frac{1}{T}\int_0^T p_R\,\mathrm{d}t = \frac{1}{T}\int_0^T U_R I_R(1-\cos 2\omega t)\,\mathrm{d}t = U_R I_R = I_R^2 R = \frac{U_R^2}{R}$$

式中,电压、电流是正弦交流电的有效值。平均功率的单位是瓦(W)或千瓦(kW)。

【例2-4】 已知图2-13所示电路中,$u_R=311\sin(\omega t+30^\circ)$ V,$R=20\ \Omega$,求电路中的电流和有功功率。

解

$$U_R=\frac{U_{Rm}}{\sqrt{2}}=\frac{311\ \text{V}}{\sqrt{2}}\approx 220\ \text{V}$$

$$I_R=\frac{U_R}{R}=\frac{220\ \text{V}}{20\ \Omega}=11\ \text{A}$$

$$p_R=U_RI_R=220\ \text{V}\times 11\ \text{A}=2\ 420\ \text{W}$$

2.4.2 纯电感电路

1. 电压与电流关系

电感上电流和电压的参考方向如图2-16所示,设电感上流过的电流为

$$i_L=I_{Lm}\sin\omega t$$

则电感电压为

$$u_L=L\frac{\mathrm{d}i_L}{\mathrm{d}t}=\omega LI_{Lm}\cos\omega t=\omega LI_{Lm}\sin(\omega t+90^\circ)=U_{Lm}\sin(\omega t+90^\circ)$$

比较电压和电流的表达式,可以看出电感两端电压和电流是同频率的正弦量,电感上电压的相位超前电流90°。

电压和电流的最大值关系为

$$U_{Lm}=\omega LI_{Lm}$$

令$X_L=\omega L=2\pi fL$,则X_L称为感抗,单位是欧[姆](Ω)。X_L由电感及电路中的频率决定,在直流电路中,电感元件相当于短路。

电感元件电压和电流的有效值关系为

$$U_L=\omega LI_L=X_LI_L$$

电压相量、电流相量为

$$\dot{U}_L=U_L\angle 90^\circ,\quad \dot{I}_L=I_L\angle 0^\circ$$

则电压、电流相量关系为

$$\dot{U}_L=U_L\angle 90^\circ=X_LI_L\angle 90^\circ=\mathrm{j}X_L\dot{I}_L=\mathrm{j}\omega L\dot{I}_L$$

电感元件中的电压、电流波形如图2-17所示,其相量图如图2-18所示。

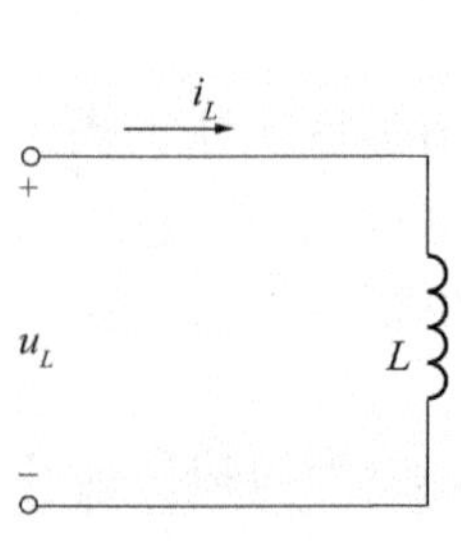

图2-16 纯电感电路

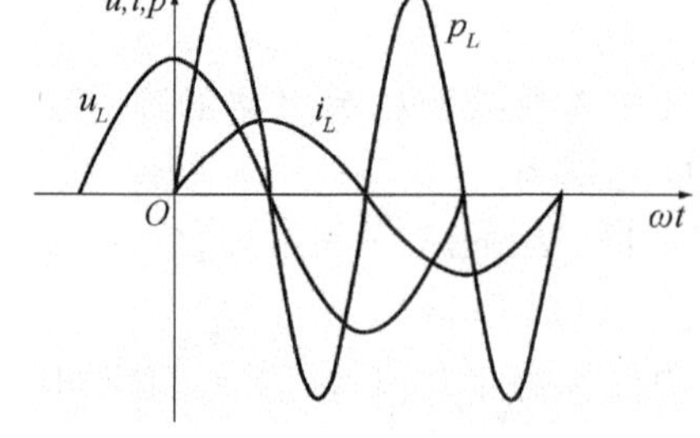

图2-17 纯电感电路波形图

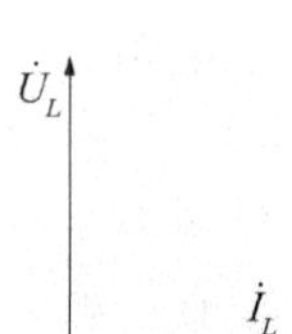

图2-18 纯电感电路相量图

2. 功 率

电感元件的瞬时功率为

$$p_L = u_L i_L = U_{Lm}\sin(\omega t + 90°) I_{Lm}\sin\omega t = U_L I_L \sin 2\omega t$$

瞬时功率的波形如图 2-17 所示。瞬时功率也是随时间按正弦规律变化，其频率是电压或电流频率的两倍。从图中可以看到，在第一个和第三个 1/4 周期内，电压和电流方向相同，$p_L>0$，则电感从电源取用电能；在第二个和第四个 1/4 周期内，电压和电流方向相反，$p_L<0$，则电感释放出原先储存的能量。瞬时功率的这一特性，反映了电感元件不消耗电能，它是一种储能元件，其平均功率为零。

电感虽不消耗电能，但时而从电源取用电能，时而向电源返回电能，这种能量交换的方式用无功功率来衡量，并规定无功功率等于瞬时功率的最大值。无功功率用大写字母 Q 表示，即

$$Q_L = U_L I_L = I_L^2 X_L = \frac{U_L^2}{X_L}$$

在 GB3102.5—93 中也曾指出，IEC 采用乏(var)作为无功功率的单位名称和符号。但国际计量大会并未通过 var 作为 SI 单位。故也有用无功功率单位伏安(V·A)或千伏安(kV·A)作为无功功率的单位。为了便于区分，同时考虑历史原因，本书仍采用乏(var)或千乏(kvar)为无功功率单位名称和符号。

【例 2-5】 已知图 2-16 电路中，$u_L=100\sqrt{2}\sin(1\,000\ t/\mathrm{s}+30°)$ V，$L=50$ mH，求电路中的电流、有功功率及无功功率。

解

$$U_L = \frac{U_{Lm}}{\sqrt{2}} = \frac{100\sqrt{2}}{\sqrt{2}} = 100\ \mathrm{V}$$

$$X_L = \omega L = 1\,000 \times 50 \times 10^{-3} = 50\ \Omega$$

$$I_L = \frac{U_L}{X_L} = \frac{100\ \mathrm{V}}{50\ \Omega} = 2\ \mathrm{A}$$

$$P_L = 0$$

$$Q_L = U_L I_L = 100\ \mathrm{V} \times 2\ \mathrm{A} = 200\ \mathrm{var}$$

2.4.3 纯电容电路

1. 电压与电流关系

电容上电流和电压的参考方向如图 2-19 所示，设电容两端的电压为

$$u_C = U_{Cm}\sin\omega t$$

则电容电流为

$$i_C = C\frac{\mathrm{d}u_C}{\mathrm{d}t} = \omega C U_{Cm}\cos\omega t = \omega C U_{Cm}\sin(\omega t + 90°) = I_{Cm}\sin(\omega t + 90°)$$

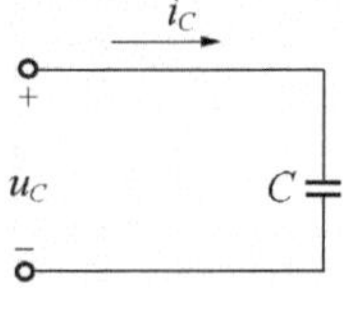

图 2-19　纯电容电路

比较电压和电流的表达式，可以看出电容两端电压和电流是同频率的正弦量；电容上电流的相位超前电压 90°，或者说电压的相位滞后电流 90°。

电压和电流的最大值关系为

$$I_{Cm} = \omega C U_{Cm}$$

令 $X_C=1/\omega C=1/2\pi fC$，X_C 称为容抗，单位是欧[姆](Ω)。X_C 由电容及电路中的频率决

定,在直流电路中,电容元件相当于断路。

电容元件电压和电流的有效值关系为

$$I_C = \omega C U_C = \frac{U_C}{X_C}$$

或

$$U_C = I_C X_C$$

电压相量、电流相量为

$$\dot{U}_C = U_C \angle 0°, \quad \dot{I}_C = I_C \angle 90°$$

则电压、电流相量关系为

$$\dot{I}_C = I_C \angle 90° = \frac{U_C}{X_C} \angle 90° = \mathrm{j}\,\frac{1}{X_C}\dot{U}_C$$

则

$$\dot{U}_C = -\mathrm{j} X_C \dot{I}_C = -\mathrm{j}\,\frac{\dot{I}_C}{\omega C}$$

电压、电流波形如图 2-20 所示,其相量图如图 2-21 所示。

2. 功　率

电容元件的瞬时功率为

$$p_C = u_C i_C = I_{Cm} \sin(\omega t + 90°) U_{Cm} \sin \omega t = U_C I_C \sin 2\omega t$$

纯电容瞬时功率的波形如图 2-20 所示。瞬时功率也是随时间按正弦规律变化的,其频率是电压或电流频率的两倍。从图中可以看到,在第一个和第三个 1/4 周期内,电压和电流方向相同,$p_C>0$,则电容从电源取用电能;在第二个和第四个 1/4 周期内,电压和电流方向相反,$p_C<0$,则电容释放出原先储存的能量,因此,电容元件也是储能元件。电容无功功率为

$$Q_C = U_C I_C = I_C^2 X_C = \frac{U_C^2}{X_C}$$

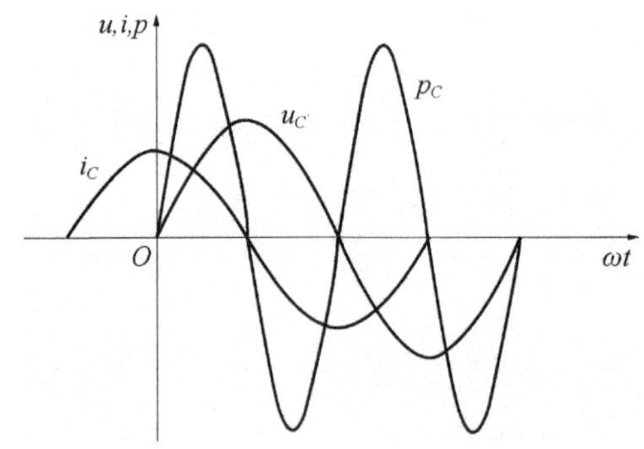

图 2-20　纯电容电路波形图

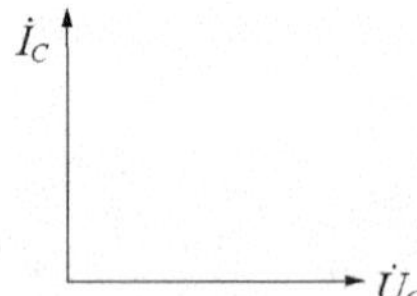

图 2-21　纯电容电路相量图

【例 2-6】 将一只 20 μF 电容接到电压 $u=100\sqrt{2}\sin(100\ t/\mathrm{s}+60°)\mathrm{V}$ 的电源上,则电路中的电流为多少?

解

$$U_C=\frac{U_m}{\sqrt{2}}=\frac{100\sqrt{2}}{\sqrt{2}}=100\ \mathrm{V}$$

$$X_C=1/\omega C=\frac{1}{100\times 20\times 10^{-6}}=500\ \Omega$$

$$I_C=\frac{U_C}{X_C}=\frac{100\ \text{V}}{500\ \Omega}=0.2\ \text{A}$$

表 2.1 是 R、L、C 三个单一元件参数电路比较。

表 2.1　R、L、C 电路比较

电　路	Z	相量图	U 和 I 关系	$\dot{U}$ 和 $\dot{I}$ 关系	功　率
R	R	$\dot{I}$ $\dot{U}$	$U=IR$	$\dot{U}=R\dot{I}$	$P=UI=I^2R=\frac{U^2}{R}$ $Q=0$
L	$\mathrm{j}X_L$	$\dot{U}$ $\dot{I}$	$U=IX_L$	$\dot{U}=\mathrm{j}X_L\dot{I}$	$P=0$ $Q=UI=I^2X_L=\frac{U^2}{X_L}$
C	$-\mathrm{j}X_C$	$\dot{I}$ $\dot{U}$	$U=IX_C$	$\dot{U}=-\mathrm{j}X_C\dot{I}$	$P=0$ $Q=UI=I^2X_C=\frac{U^2}{X_C}$

2.5　交流串联电路

具有代表性的电子电气设备大多都是由电阻元件 R、电感元件 L、电容元件 C 串联组成的电路。

2.5.1　电阻、电感和电容串联电路

1. 电压与电流关系

图 2-22 为 RLC 串联电路，电流、电压参考方向如图所示，流过各元件的电流为同一电流。

根据基尔霍夫电压定律有

$$\dot{U}=\dot{U}_R+\dot{U}_L+\dot{U}_C$$

图 2-23 为 RLC 串联电路相量图。由 $\dot{U}$、$\dot{U}_R$、$\dot{U}_L+\dot{U}_C$ 组成的三角形称为电压三角形，由电压三角形可得出

$$U=\sqrt{U_R^2+(U_L-U_C)^2}$$

电压与电流的相量关系(见图 2-23)为

$$\dot{U}=\dot{U}_R+\dot{U}_L+\dot{U}_C=R\dot{I}+\mathrm{j}X_L\dot{I}-\mathrm{j}X_C\dot{I}=[R+\mathrm{j}(X_L-X_C)]\dot{I}=(R+\mathrm{j}X)\dot{I}=Z\dot{I}$$

式中，$Z=R+\mathrm{j}X$，Z 称为复阻抗；$X=X_L-X_C$，X 称为电抗。

$$Z=R+\mathrm{j}X=R+\mathrm{j}(X_L-X_C)=|Z|\angle\varphi$$

式中，$|Z|=\sqrt{R^2+(X_L-X_C)^2}$，$|Z|$ 称为阻抗模。φ 称为阻抗角，为

$$\varphi=\arctan\frac{X_L-X_C}{R}$$

复阻抗、电抗、阻抗单位都是欧[姆](Ω)。

$|Z|$、R、(X_L-X_C) 三者之间的关系可用阻抗三角形来表示，如图 2-24 所示。阻抗三角形与电压三角形是相似三角形。

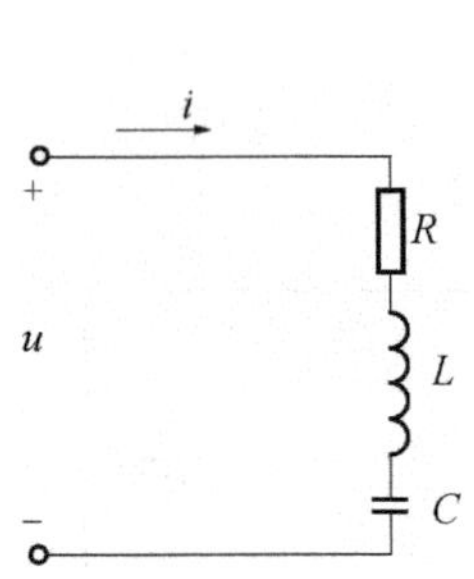

图 2-22　RLC 串联电路

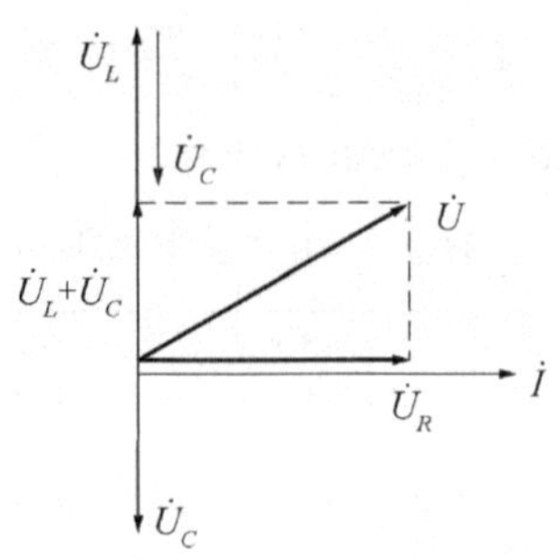

图 2-23　RLC 串联电路相量图

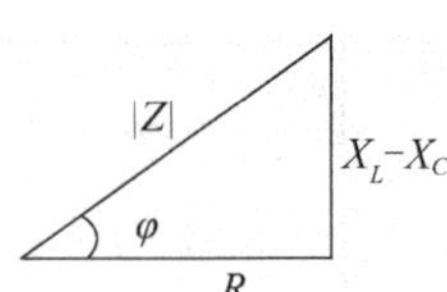

图 2-24　阻抗三角形

2. 功　率

如图 2-22 所示,若电路的电流为 $i=I_m\sin\omega t$,电压为 $u=U_m\sin(\omega t+\varphi)$,则电路的瞬时功率为

$$p=ui=U_m\sin(\omega t+\varphi)I_m\sin\omega t=UI\cos\varphi-UI\cos(2\omega t+\varphi)$$

瞬时功率在一个周期内的平均值为平均功率(有功功率),即

$$P=\frac{1}{T}\int_0^T p\mathrm{d}t=\frac{1}{T}\int_0^T[UI\cos\varphi-UI\cos(2\omega t+\varphi)]\mathrm{d}t=UI\cos\varphi$$

式中,$\cos\varphi$ 称为电路的功率因数,φ 称为功率因数角。

电路中的电感元件、电容元件与电源之间进行能量交换,无功功率为

$$Q=UI\sin\varphi$$

电路中电压与电流有效值的乘积称为视在功率,有

$$S=UI$$

视在功率的单位为伏安(V·A)或千伏安(kV·A),视在功率表示电源可能提供的或负载可能获得的最大功率,常用视在功率表示电气设备的容量。

P、Q、S 组成一个与电压三角形及阻抗三角形相似的直角三角形,称为功率三角形,如图 2-25 所示。

由功率三角形可知

$$P=S\cos\varphi$$

$$Q=S\sin\varphi$$

$$S=\sqrt{P^2+Q^2}$$

$$\varphi=\arctan\frac{Q}{P}$$

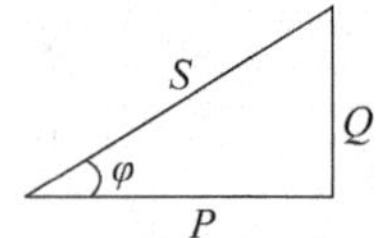

图 2-25　功率三角形

【例 2-7】 已知 $R=30\ \Omega$, $L=120$ mH, $C=12.5\ \mu$F,串联后接到电压 $u=100\sqrt{2}\sin 1\,000t$ V 的电源上。求电路的电流、电阻电压、电感电压和电容电压的相量及电路的有功功率、无功功率和视在功率,画出相量图。

解　$Z=R+\mathrm{j}(X_L-X_C)=30\ \Omega+\mathrm{j}\left(1\,000\times120\times10^{-3}-\dfrac{1}{1\,000\times12.5\times10^{-6}}\right)\ \Omega=$

$30\ \Omega+\mathrm{j}(120-80)\ \Omega=(30+\mathrm{j}40)\ \Omega=50\angle53.1°\ \Omega$

$$\dot{U}=100\angle0°\ \mathrm{V}$$

$\dot{I}=\dfrac{\dot{U}}{Z}=\dfrac{100\angle 0^\circ \text{V}}{50\angle 53.1^\circ \Omega}=2\angle -53.1^\circ\ \text{A}$

$\dot{U}_R=R\dot{I}=30\ \Omega\times 2\angle -53.1^\circ \text{A}=60\angle -53.1^\circ\ \text{V}$

$\dot{U}_L=\text{j}X_L\dot{I}=\text{j}120\ \Omega\times 2\angle -53.1^\circ \text{A}=240\angle 36.9^\circ\ \text{V}$

$\dot{U}_C=-\text{j}X_C\dot{I}_C=-\text{j}80\ \Omega\times 2\angle -53.1^\circ \text{A}=160\angle -143.1^\circ\ \text{V}=160\angle 216.9^\circ \text{V}$

$P=UI\cos\varphi=100\ \text{V}\times 2\ \text{A}\times\cos 53.1^\circ=120\ \text{W}$

$Q=UI\sin\varphi=100\ \text{V}\times 2\ \text{A}\times\sin 53.1^\circ=160\ \text{V}\cdot\text{A}=160\ \text{var}$

$S=UI=100\ \text{V}\times 2\ \text{A}=200\ \text{V}\cdot\text{A}$

相量图如图 2－26 所示。

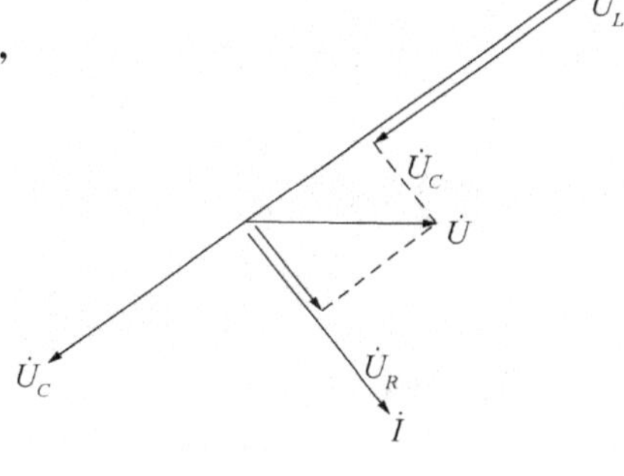

图 2－26　例 2－7 相量图

【例 2－8】 已知 40 W 的荧光灯，接在 220 V 电源上，电路电流为 0.38 A，求荧光灯电路的功率因数和无功功率。

解　根据 $P=UI\cos\varphi$，有

$$\cos\varphi=\frac{P}{UI}=\frac{40\ \text{W}}{220\ \text{V}\times 0.38\ \text{A}}=0.48$$

得

$$\varphi=61.45^\circ$$

则

$$Q=UI\sin\varphi=220\ \text{V}\times 0.38\ \text{A}\times\sin 61.45^\circ=73.4\ \text{var}$$

3. 电路呈现的三种性能

电阻、电感和电容串联电路，当

$X_L>X_C$ 时，$\varphi>0$，电路中电流滞后于电压 φ 角，电路呈感性，相量关系如图 2－23 所示。

$X_L<X_C$ 时，$\varphi<0$，电路中电压滞后于电流 φ 角，电路呈容性，相量关系如图 2－27 所示。

$X_L=X_C$ 时，$\varphi=0$，电路中电流与电压同相，电路呈阻性，相量关系如图 2－28 所示。此时电路处于串联谐振状态。

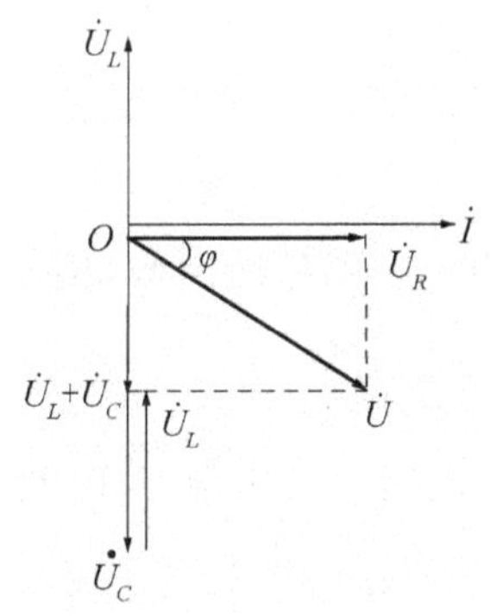

图 2－27　电路呈容性相量图

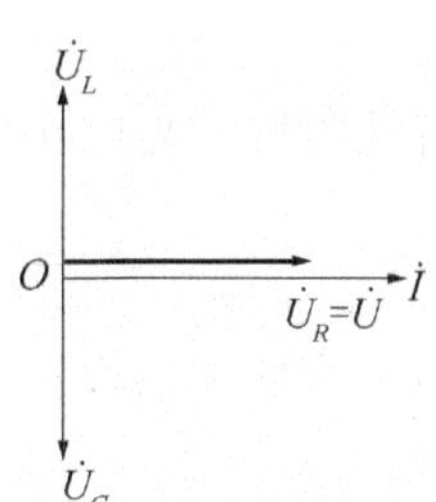

图 2－28　电路呈阻性相量图

※2.5.2　串联谐振

1. 谐振时的阻抗

在交流电路中，当满足一定条件时，电路总电压与总电流的相位相同，整个电路呈阻性的现象称为谐振。谐振一方面在工业生产中有着广泛的应用；另一方面，谐振时会在电路的某些

元件中产生较大的电压或电流,致使元件受损,在这种情况下应注意避免工作在谐振状态。

如图2-22所示的RLC串联电路,复阻抗为

$$Z=R+\mathrm{j}\omega L-\mathrm{j}\frac{1}{\omega C}=R+\mathrm{j}(X_L-X_C)=R+\mathrm{j}X$$

当ω为某一值时,感抗和容抗相等,此时电路中的电流和电压同相位,在RLC串联电路中发生的这种谐振称为串联谐振。

RLC串联电路谐振条件为

$$\omega L-\frac{1}{\omega C}=0$$

或

$$\omega L=\frac{1}{\omega C}$$

谐振时角频率为

$$\omega_0=\frac{1}{\sqrt{LC}}$$

谐振频率为

$$f_0=\frac{1}{2\pi\sqrt{LC}}$$

调节电源频率或电路中的电感及电容参数,都可以使电路谐振。

谐振时,电路中的感抗和容抗相等,电抗为零,阻抗最小,在一定的电源电压作用下,电路中的电流达到最大值,为

$$I_0=\frac{U}{R}$$

2. 品质因数

谐振时的感抗或容抗称为谐振电路的特性阻抗,用ρ表示,有

$$\rho=\omega_0 L=\frac{1}{\omega_0 C}=\sqrt{\frac{L}{C}}$$

特性阻抗的单位为欧[姆](Ω)。

谐振电路的特性阻抗ρ与电路中电阻R的比值称为电路的品质因数,用Q表示,有

$$Q=\frac{\rho}{R}=\frac{\omega_0 L}{R}=\frac{1}{\omega_0 CR}=\frac{1}{R}\sqrt{\frac{L}{C}}$$

谐振时电感与电容两端的电压大小相等,相位相反,电阻上的电压等于电源电压。即

谐振时电感电压为

$$U_L=X_L I=X_L\frac{U}{R}=QU$$

谐振时电容电压为

$$U_C=X_C I=X_C\frac{U}{R}=QU$$

相量图如图2-28所示。

如果感抗和容抗远大于电阻,则电感和电容上电压就可能远大于电源电压,所以串联谐振也称电压谐振。

在 RLC 串联电路中，电流为

$$I = U/\sqrt{R^2 + \left(\omega L - \frac{1}{\omega C}\right)^2}$$

当电压一定，电流 I 随频率变化的关系曲线称为谐振曲线，如图 2-29 所示。

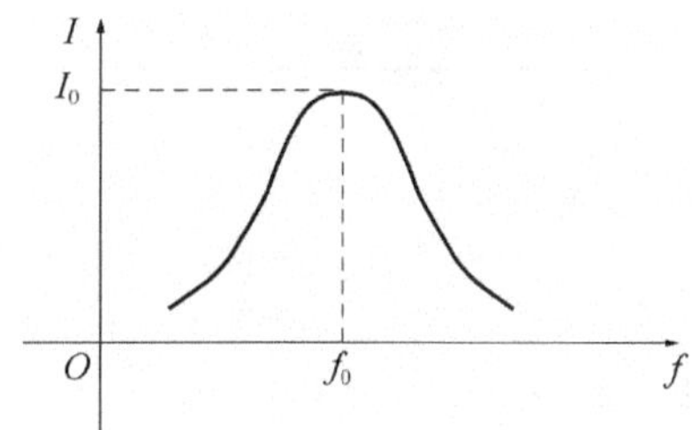

图 2-29　谐振曲线

【例 2-9】 在电阻、电感、电容串联谐振电路中，$L=0.1\ \text{mH}$，$C=100\ \mu\text{F}$，品质因数 $Q=100$，交流电压的有效值 $U=10\ \text{mV}$。求电路的谐振频率 f_0；谐振时电路中的电流 I 和电容、电感上的电压。

解　电路的谐振频率

$$f_0 = \frac{1}{2\pi\sqrt{LC}} = \frac{1}{2\times 3.14\times\sqrt{0.1\times 10^{-3}\ \text{mH}\times 100\times 10^{-6}\ \mu\text{F}}} \approx 1.59\ \text{kHz}$$

$$Q = \frac{1}{R}\sqrt{\frac{L}{C}} = \frac{1}{R}\sqrt{\frac{0.1\times 10^{-3}\ \text{mH}}{100\times 10^{-6}\ \mu\text{F}}} = 100$$

故电阻为

$$R=0.01\ \Omega$$

则电路电流为

$$I_0=\frac{U}{R}=\frac{10\times 10^{-3}\ \text{V}}{0.01\ \Omega}=1\ \text{A}$$

电容、电感上的电压为

$$U_C=U_L=QU=100\times 10\times 10^{-3}\ \text{V}=1\ \text{V}$$

2.6　交流并联电路

交流电路不仅有串联电路，还有由 RLC 构成的并联电路。

2.6.1　RLC 并联电路

RLC 并联电路的参数、电压电流关系、电路性质等可与 RLC 串联电路比较进行分析。表 2.2 列出了 RLC 串联电路与并联电路的参数、电压与电流关系、相量图及性质。

表 2.2　RLC 串并联电路比较

电　路	参　数	电压与电流关系	相量图	性　质
RLC 串联电路 $+$ i R u L $-$ C	$Z=R+\text{j}(X_L-X_C)=\|Z\|\angle\varphi$ $\|Z\|=\sqrt{R^2+(X_L-X_C)^2}$ $\varphi=\arctan\dfrac{X_L-X_C}{R}$	$\dot{U}=Z\dot{I}$ $U=\|Z\|I$	$U=\sqrt{U_R^2+(U_L-U_C)^2}$ $\dot{U}_L$ $\dot{U}_C$ $\dot{U}$ φ $\dot{I}$ $\dot{U}_R$	$X_L>X_C$、 $\varphi>0$ 感性； $X_L<X_C$、 $\varphi<0$ 容性； $X_L=X_C$、 $\varphi=0$ 阻性

续表 2.2

电　路	参　数	电压与电流关系	相量图	性　质
RLC 并联电路	$Y=G+\mathrm{j}(B_C-B_L)=\|Y\|\angle\varphi'$ $B_C=1/X_L\quad B_L=1/X_C$ $\|Y\|=\sqrt{G^2+(B_C-B_L)^2}$ $\varphi'=\arctan\dfrac{B_C-B_L}{G}$	$\dot{I}=Y\dot{U}$ $I=\|Y\|U$	$I=\sqrt{I_R^2+(I_C-I_L)^2}$	$B_L>B_C$， $\varphi'<0$ 感性； $B_L<B_C$， $\varphi'>0$ 容性； $B_L=B_C$， $\varphi'=0$ 阻性

2.6.2　功率因数的提高

日常生活中使用的电动机及供电系统的负载大多属于感性负载，功率因数一般在 0.7～0.85 之间，这就意味着从电源吸收的能量有一部分用于交换，如果功率因数太低，会对供电系统产生一些不良影响。

有功功率 $P=S\cos\varphi$，$\cos\varphi$ 越低，P 越小，电源设备越得不到充分的利用，降低了供电设备的利用率。另外，在一定的电压和有功功率下，负载从电源取用的电流为 $I=\dfrac{P}{U\cos\varphi}$，若 $\cos\varphi$越低，则流过导线的电流越大，输电线路上的功率损耗就越大。为了提高发电及供电设备的利用率，减少输电线路上的功率损耗，应提高负载的功率因数。提高功率因数的方法很多，通常采用在负载两端并联电容器的方法来提高电路的功率因数。

如图 2-30 所示电路为一个感性负载并联电容器时的电路图，图 2-31 是它的相量图。感性负载未并联电容器时，电路中的电流为 $\dot{I}=\dot{I}_1$，电路的功率因数为 $\cos\varphi_1$；并联电容器后，感性负载中的电流 $\dot{I}=\dot{I}_1$ 与 $\dot{I}_C$ 的相量叠加，电路中的功率因数 $\cos\varphi_2$；总电压与总电流的相位由 φ_1 减小到 φ_2，提高了整个电路的功率因数。

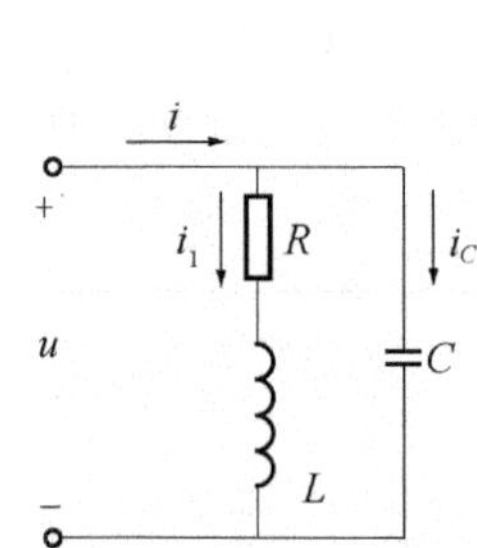

图 2-30　感性负载并联电容器电路图

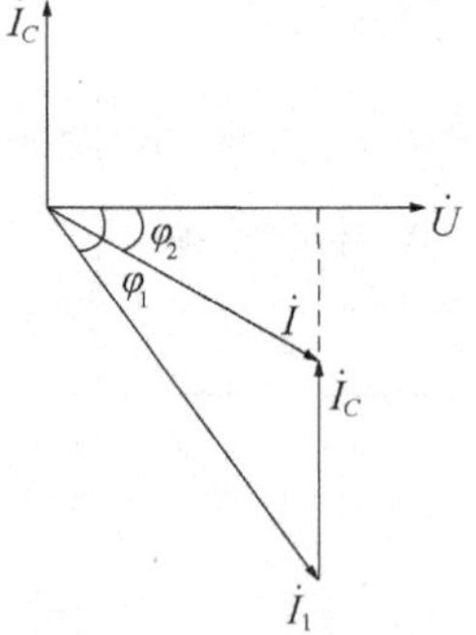

图 2-31　感性负载并联电容器电路相量图

根据相量图，有

$$I_C=I_1\sin\varphi_1-I\sin\varphi_2$$

并联电容前

$$I_1=\frac{P}{U\cos\varphi_1}$$

并联电容后

$$I=\frac{P}{U\cos\varphi_2}$$

电容电流为

$$I_C=\frac{U}{X_C}=\omega CU$$

则
$$\omega CU=I_1\sin\varphi_1-I\sin\varphi_2=\frac{P}{U}(\tan\varphi_1-\tan\varphi_2)$$

即
$$C=\frac{P}{\omega U^2}(\tan\varphi_1-\tan\varphi_2)$$

在实际应用中，用并联电容器来提高电路的功率因数，一般只能补偿到 0.9 左右。但 21 世纪以来，随着新能源、新材料的开发和利用，我国城乡电网改造工程全面启动，对电路功率因数补偿要求也更高，均要求电路运行的功率因数达到 0.98～1。只有将电路功率因数补偿到 1，才能使电路运行更稳定。输配电线路损耗最小，电能的利用率最高，这便是电路功率因数补偿的意义所在。

【例 2-10】 有一感应电动机，功率 2 kW，功率因数 0.6，接在电压 380 V 的电源上，电源频率 $f=50$ Hz。若要将功率因数提高到 0.9，试求负载应并联多大的电容量？并联电容器前后的电流各为多少？

解 $\cos\varphi_1=0.6$，$\varphi_1=53.1°$；$\cos\varphi_2=0.9$，$\varphi_2=25.84°$

$$C=\frac{P}{\omega U^2}(\tan\varphi_1-\tan\varphi_2)=$$

$$\frac{2\times10^3\ \text{W}}{314\times(380\ \text{V})^2}(\tan 53.1°-\tan 25.84°)(\text{F})=37.39\ \mu\text{F}$$

并联电容器前的电路电流为

$$I_1=\frac{P}{U\cos\varphi_1}=\frac{2\times10^3\ \text{W}}{380\ \text{V}\times0.6}=8.77\ \text{A}$$

并联电容器后的电路电流为

$$I=\frac{P}{U\cos\varphi_2}=\frac{2\times10^3\ \text{W}}{380\ \text{V}\times0.9}=5.85\ \text{A}$$

※2.6.3　并联谐振

在实际电路中，最常见的谐振电路是由电感线圈和电容并联组成的，如图 2-30 所示。该电路电流为

$$\dot{I}=\dot{I}_1+\dot{I}_C=\frac{\dot{U}}{R+\text{j}\omega L}+\text{j}\omega C\dot{U}=\dot{U}\left[\frac{R}{R^2+(\omega L)^2}+\text{j}\left(\omega C-\frac{\omega L}{R^2+(\omega L)^2}\right)\right]$$

电路发生谐振的条件是电路呈阻性，即

$$\omega C=\frac{\omega L}{R^2+(\omega L)^2}$$

谐振时

$$\omega_0=\sqrt{\frac{1}{LC}-\left(\frac{R}{L}\right)^2}=\frac{1}{\sqrt{LC}}\sqrt{1-\frac{CR^2}{L}}$$

则
$$f_0=\frac{1}{2\pi\sqrt{LC}}\sqrt{1-\frac{CR^2}{L}}$$

当电路电阻很小时,有
$$f_0\approx\frac{1}{2\pi\sqrt{LC}}$$

并联谐振时,电路为阻性,总阻抗最大,电路的总电流最小,电感线圈支路和电容支路的电流大小近似相等、相位相反,远大于电路总电流,因此,并联谐振又称为电流谐振。

2.7 三相交流电路

三相交流电路是生产、生活中广泛应用的动力供电电路之一。三相交流电在发电、输电、用电方面具有单相交流电所没有的优点。

2.7.1 三相交流电路的基本概念

三相交流电路是由三相交流电源组成的电路。三相交流电源产生三个频率相同、幅值相同、相位上互差120°的三个正弦电压,这三个电压称为三相对称电压,三相对称电压的解析式(瞬时表达式)为
$$u_U=U_m\sin\omega t,\quad u_V=U_m\sin(\omega t-120°)$$
$$u_W=U_m\sin(\omega t-240°)=U_m\sin(\omega t+120°)$$

用相量表示为
$$\dot{U}_U=U\angle 0°$$
$$\dot{U}_V=U\angle -120°$$
$$\dot{U}_W=U\angle +120°$$

三相对称电压的波形图见图2-32,相量图见图2-33。由波形图和相量图分析得出,三相电压瞬时值的和及相量和均为零,即
$$u_U+u_V+u_W=0,\quad \dot{U}_U+\dot{U}_V+\dot{U}_W=0$$

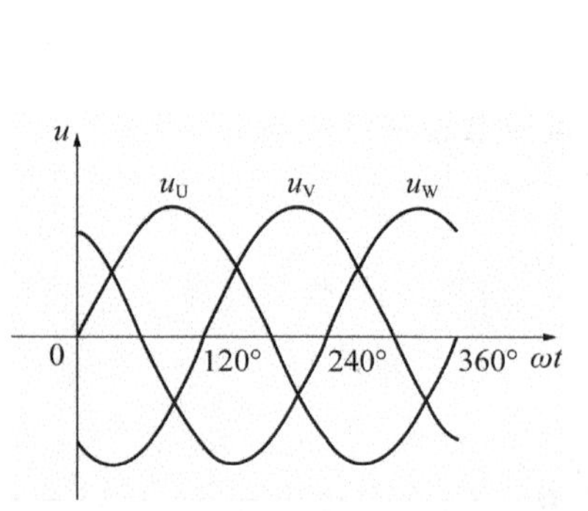

图2-32 三相对称电压波形

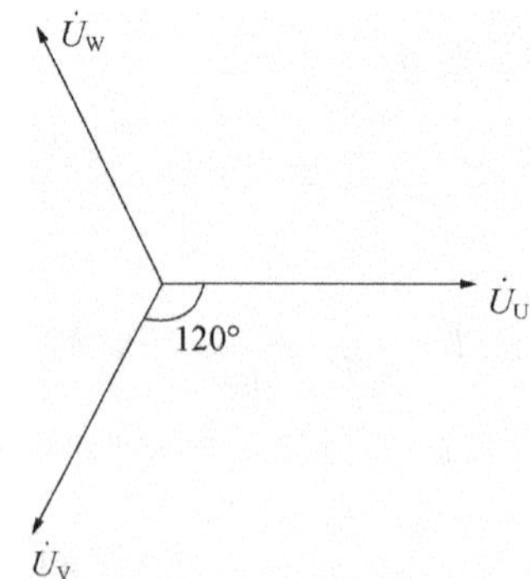

图2-33 三相对称电压相量图

三相电压到达最大值的先后次序称为相序。U—V—W称为正相序,简称正序;V—U—W称为负相序,简称负序。如无特殊说明,工程上常用的相序是正序。

2.7.2　三相电源

三相电源有星形和三角形两种接法。

1. 三相电源星形接法

将三相电源的负极接在一起，形成一公共点 N，三个电源正极各引出一条线，这种接法称为星形接法，如图 2－34 所示。公共点 N 称为电源的中性点，由中性点引出的导线称为中线，俗称零线。由三个电源正极引出的导线称为相线，俗称火线。

每根相线与中线之间的电压称为相电压，用 $\dot{U}_U$、$\dot{U}_V$、$\dot{U}_W$ 表示。相线与相线之间的电压称为线电压，用 $\dot{U}_{UV}$、$\dot{U}_{VW}$和 $\dot{U}_{WU}$表示，线电压是两个相应的相电压之差，有

$$\dot{U}_{UV} = \dot{U}_U - \dot{U}_V = \sqrt{3}\dot{U}_U\angle 30^\circ$$

$$\dot{U}_{VW} = \dot{U}_V - \dot{U}_W = \sqrt{3}\dot{U}_V\angle 30^\circ$$

$$\dot{U}_{WU} = \dot{U}_W - \dot{U}_U = \sqrt{3}\dot{U}_W\angle 30^\circ$$

即三相电路中线电压的大小是相电压的$\sqrt{3}$倍，且每一个线电压超前对应的相电压 30°。

线电压和相电压数值关系也可以用公式表示为

$$U_L = \sqrt{3}U_P$$

三相电源星形接法时的电压相量图如图 2－35 所示。

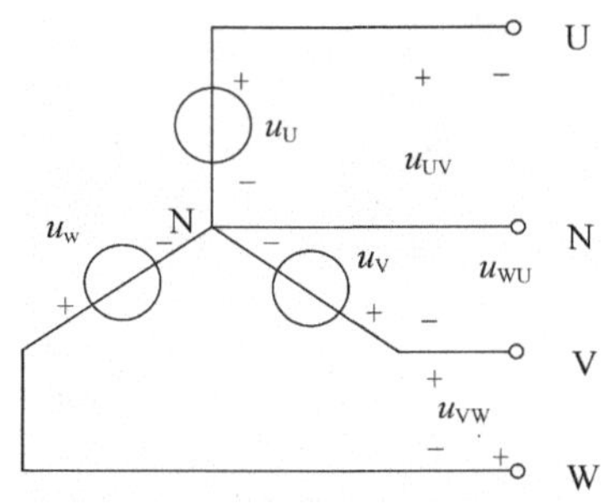

图 2－34　三相电源星形接法

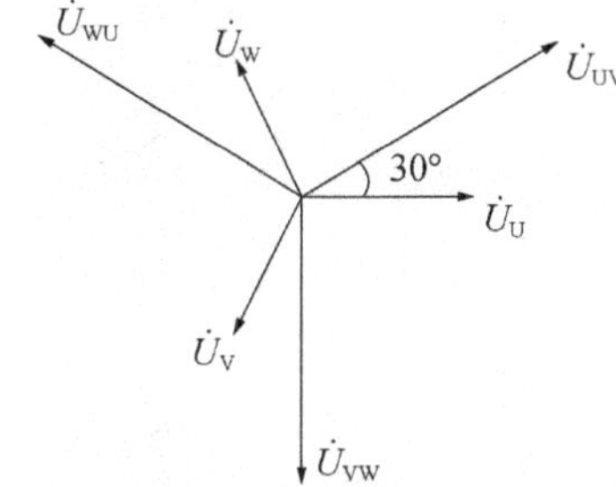

图 2－35　三相电源星形接法相量图

2. 三相电源三角形接法

三相电源的三角形接法是按相序依次将每相电源的正负极相连，形成一个回路，最后由三个连接点引出三根导线，如图 2－36 所示。

三相电源三角形接法时，线电压等于对应的相电压，即

$$\dot{U}_{UV} = \dot{U}_U,\quad \dot{U}_{VW} = \dot{U}_V,\quad \dot{U}_{WU} = \dot{U}_W$$

线电压和相电压的数值关系可表示为

$$U_L = U_P$$

三相电源三角形接法时的电压相量图如图 2－37 所示。

三相电源三角形接法时内部不会产生环流，因为有

$$\dot{U}_U + \dot{U}_V + \dot{U}_W = 0$$

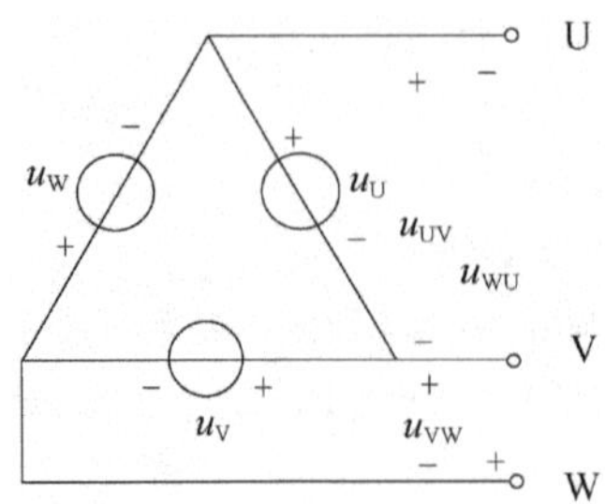

图 2-36　三相电源三角形接法

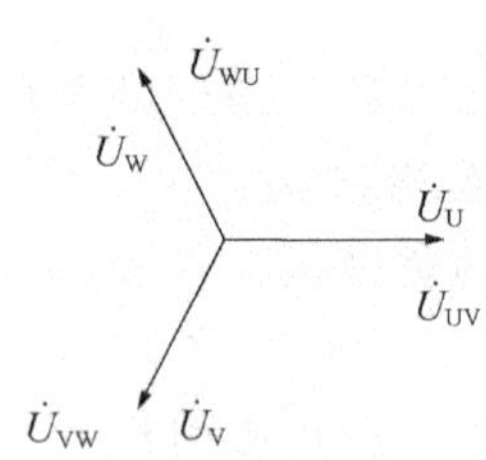

图 2-37　三相电源三角形接法相量图

2.7.3　三相负载

如果每相负载电阻相等，电抗相等，阻抗的性质也相同，这种负载为三相对称负载，否则为三相不对称负载。负载和电源一样可以采用星形接法和三角形接法。

1. 三相负载星形接法及中线的作用

三相负载星形接法如图 2-38 所示。在三相电路中，流过每相负载的电流称为相电流，流过相线的电流称为线电流，用 $\dot{I}_U$、$\dot{I}_V$、$\dot{I}_W$ 表示，流过中线的电流称为中线电流，用 $\dot{I}_N$ 表示。三相负载星形接法时，线电流等于相电流（$I_L=I_P$）。图 2-38 的接法也称为三相四线制接线。

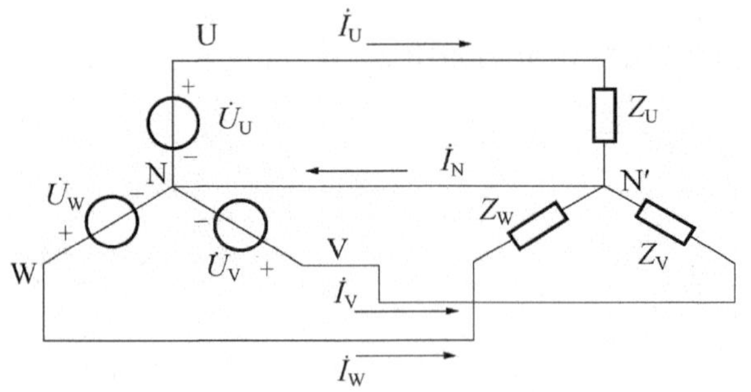

图 2-38　三相负载星形接法

三相四线制接法时，有

$$\dot{I}_U=\frac{\dot{U}_U}{Z_U},\quad \dot{I}_V=\frac{\dot{U}_V}{Z_V},\quad \dot{I}_W=\frac{\dot{U}_W}{Z_W}$$

流过中线的电流 $\dot{I}_N$ 为

$$\dot{I}_N=\dot{I}_U+\dot{I}_V+\dot{I}_W$$

若负载对称，则 $\dot{I}_U$、$\dot{I}_V$、$\dot{I}_W$ 大小相等，相位互差 120°，是三相对称电流，流过中线的电流等于零。因此在三相对称电路中，当负载采用星形接法时，三相四线制可以变成三相三线制供电。

若负载不对称，则 $\dot{I}_U$、$\dot{I}_V$、$\dot{I}_W$ 不相等，流过中线的电流不等于零。若中线的阻抗不为零或中线断路，则每相负载上的电压不再是三相对称电压，可能导致比较严重的后果。因此，在三相四线制电路中，为了保证负载的正常工作，除了要求中线的阻抗尽可能小，还必须要保证中线可靠的接入电路中。中线上不允许安装开关或熔断器，中线应当使用机械强度较高的导线。

【例 2-11】 有一台三相异步电动机，绕组采用星形接法，已知电源线电压为 380 V，电动机每相绕组复阻抗 $Z=6+\mathrm{j}8\ \Omega$，求每相电流并画出相量图。

解　设 $\dot{U}_{UV}=380\angle 30^\circ$ V，则 $\dot{U}_U=220\angle 0^\circ$ V。

$$\dot{I}_U=\frac{\dot{U}_U}{Z}=\frac{220\angle 0^\circ\ \text{V}}{6+\text{j}8\ \Omega}=22\angle -53.1^\circ\ \text{A}$$

$$\dot{I}_V=22\angle -173.1^\circ\ \text{A}$$

$$\dot{I}_W=22\angle 66.9^\circ\ \text{A}$$

图 2－39 为例 2－11 所示的相量图。

【例 2－12】　如图 2－40 所示为一组三相照明负载，电源线电压为 380 V，U、V、W 三相均为额定功率 100 W、额定电压 220 V 的白炽灯，U 相接 5 只、V 相接 10 只、W 相接 8 只。求各相电流及中线电流。若 U 相断线，则各相白炽灯能否正常工作？若 U 相和中线同时断线（中线在 N 处断），则各相白炽灯能否正常工作？

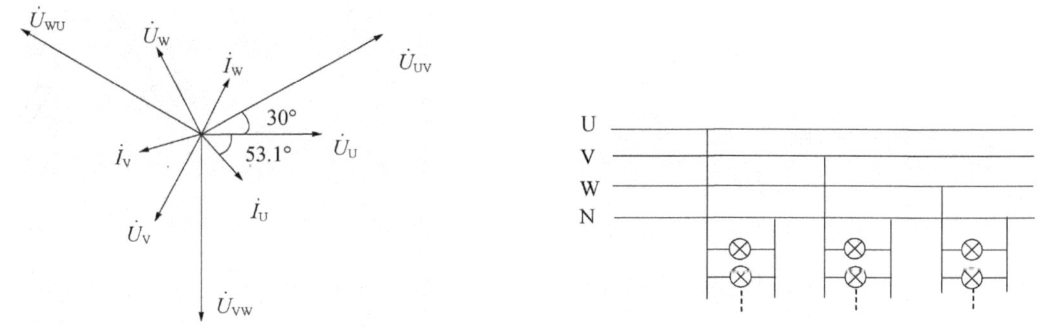

图 2－39　例 2－11 相量图　　**图 2－40　例 2－12 图**

解　电源线电压为 380 V，则相电压为 220 V。设 $\dot{U}_U=220\angle 0^\circ$V，各相负载为

$$R_U=\frac{U^2}{5P}=\frac{(220\ \text{V})^2}{5\times 100\ \text{W}}=96.8\ \Omega$$

$$R_V=\frac{U^2}{10P}=\frac{(220\ \text{V})^2}{10\times 100\ \text{W}}=48.4\ \Omega$$

$$R_W=\frac{U^2}{8P}=\frac{(220\ \text{V})^2}{8\times 100\ \text{W}}=60.5\ \Omega$$

各相电流为

$$\dot{I}_U=\frac{\dot{U}_U}{R_U}=\frac{220\angle 0^\circ\text{V}}{96.8\ \Omega}=2.27\angle 0^\circ\ \text{A}$$

$$\dot{I}_V=\frac{\dot{U}_V}{R_V}=\frac{220\angle -120^\circ\text{V}}{48.4\ \Omega}=4.55\angle -120^\circ\ \text{A}$$

$$\dot{I}_W=\frac{\dot{U}_W}{R_W}=\frac{220\angle 120^\circ\text{V}}{60.5\ \Omega}=3.64\angle 120^\circ\ \text{A}$$

中线电流为

$$\dot{I}_N=\dot{I}_U+\dot{I}_V+\dot{I}_W=1.99\angle -156.6^\circ\ \text{A}$$

若 U 相断线，U 相白炽灯不亮，V 相及 W 相仍承受对应的电源相电压，V 相及 W 相白炽灯正常工作。

若 U 相和中线同时断线（中线在 N 处断），U 相白炽灯不亮，V 相及 W 相串联承受电源线电压 U_{VW}，则 V 相及 W 相上的电压为

$$U_V=\frac{U_{VW}}{R_V+R_W}R_V=\frac{380\ \text{V}}{48.4\ \Omega+60.5\ \Omega}\times 48.4\ \Omega=168.9\ \text{V}$$

$$U_W = \frac{U_{VW}}{R_V + R_W} R_W = \frac{380\ \text{V}}{48.4\ \Omega + 60.5\ \Omega} \times 60.5\ \Omega = 211.1\ \text{V}$$

V相及W相白炽灯不能正常工作。

2. 三相对称负载的三角形接法

如图2-41所示为三相对称负载的三角形接法。

三个相电流为

$$\dot{I}_{UV} = \frac{\dot{U}_{UV}}{Z_U}, \quad \dot{I}_{VW} = \frac{\dot{U}_{VW}}{Z_V}, \quad \dot{I}_{WU} = \frac{\dot{U}_{WU}}{Z_W}$$

三相负载对称,则三个相电流大小相等,相位互差120°。

三个线电流为

$$\dot{I}_U = \dot{I}_{UV} - \dot{I}_{WU}$$
$$\dot{I}_V = \dot{I}_{VW} - \dot{I}_{UV}$$
$$\dot{I}_W = \dot{I}_{WU} - \dot{I}_{VW}$$

若三相负载对称,则三个线电流为

$$\dot{I}_U = \sqrt{3}\dot{I}_{UV}\angle -30^\circ$$
$$\dot{I}_V = \sqrt{3}\dot{I}_{VW}\angle -30^\circ$$
$$\dot{I}_W = \sqrt{3}\dot{I}_{WU}\angle -30^\circ$$

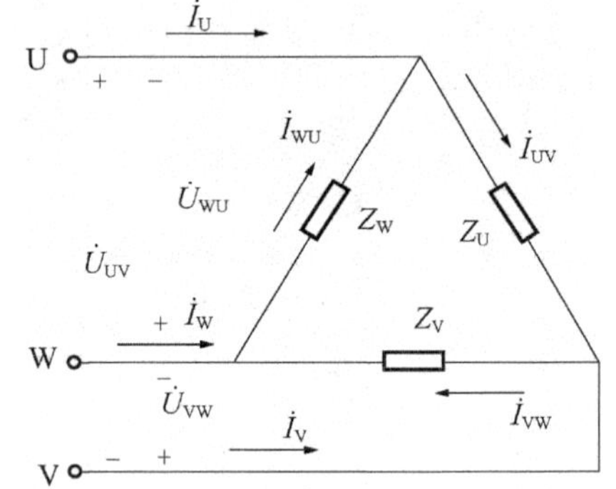

图2-41 三相对称负载的三角形接法

三个线电流大小相等,相位互差120°,线电流大小是相电流的$\sqrt{3}$倍($I_L = \sqrt{3}I_P$),且线电流滞后对应的相电流30°。

【例2-13】 一台三相异步电动机,绕组采用三角形接法,每相绕组等效电阻为6 Ω,等效电抗为8 Ω,电源线电压为380 V,求相电流、线电流并画出相量图。

解 三相异步电动机每相负载为$Z=6+\text{j}8\Omega$。设$\dot{U}_{UV}=380\angle 30^\circ$ V,则相电流为

$$\dot{I}_{UV} = \frac{\dot{U}_{UV}}{Z} = \frac{380\angle 30^\circ\ \text{V}}{6+\text{j}8\ \Omega} = 38\angle -23.1^\circ\ \text{A}$$

$$\dot{I}_{VW} = 38\angle -143.1^\circ\ \text{A}$$

$$\dot{I}_{WU} = 38\angle 96.9^\circ\ \text{A}$$

线电流为

$$\dot{I}_U = \sqrt{3}\dot{I}_{UV}\angle -30^\circ = 65.8\angle -53.1^\circ\ \text{A}$$
$$\dot{I}_V = 65.8\angle -173.1^\circ\ \text{A}$$
$$\dot{I}_W = 65.8\angle -66.9^\circ\ \text{A}$$

所以,相量图如图2-42所示。

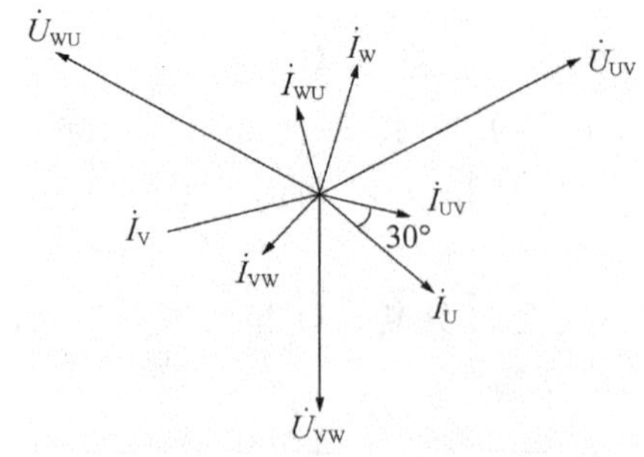

图2-42 例2-13相量图

2.7.4　三相功率

三相电路中，三相有功功率等于各相有功功率的总和，三相无功功率等于各相无功功率的总和。

三相有功功率为

$$P=P_U+P_V+P_W=U_U I_U\cos\varphi_U+U_V I_V\cos\varphi_V+U_W I_W\cos\varphi_W$$

三相无功功率为

$$Q=Q_U+Q_V+Q_W=U_U I_U\sin\varphi_U+U_V I_V\sin\varphi_V+U_W I_W\sin\varphi_W$$

若三相负载对称，有

$$P=3U_P I_P\cos\varphi=\sqrt{3}U_L I_L\cos\varphi$$

$$Q=3U_P I_P\sin\varphi=\sqrt{3}U_L I_L\sin\varphi$$

三相视在功率为

$$S=\sqrt{P^2+Q^2}=\sqrt{3}U_L I_L$$

另外，对称三相电路总功率的瞬时值，是一个不随时间变化的常量，等于三相电路的有功功率。

【例 2－14】　一台三相异步电动机，每相绕组等效复阻抗为 $Z=32+\mathrm{j}24\ \Omega$，电源电压为 380 V，绕组采用星形接法，计算线电流及有功功率；若绕组采用三角形接法，则线电流及有功功率又为多少？

解

$$Z=32+\mathrm{j}24\Omega=40\angle 37^\circ\Omega$$

星形接法时

$$I_L=\frac{U_P}{|Z|}=\frac{\frac{380}{\sqrt{3}}\ \mathrm{V}}{\sqrt{32^2+24^2}\ \Omega}=5.5\ \mathrm{A}$$

$$P=\sqrt{3}U_L I_L\cos\varphi=\sqrt{3}\times 380\ \mathrm{V}\times 5.5\ \mathrm{A}\times\cos 37^\circ=2\ 896\ \mathrm{W}$$

三角形接法时

$$I_L=\sqrt{3}I_P=\sqrt{3}\ \frac{U_L}{|Z|}=\sqrt{3}\times\frac{380\ \mathrm{V}}{\sqrt{32^2+24^2}\ \Omega}=16.5\ \mathrm{A}$$

$$P=\sqrt{3}U_L I_L\cos\varphi=\sqrt{3}\times 380\ \mathrm{V}\times 16.5\ \mathrm{A}\times\cos 37^\circ=8\ 688\ \mathrm{W}$$

在相同的电源电压下，三相异步电动机采用星形接法时的线电流和有功功率是采用三角形接法时的 1/3。因此，对于正常运行时绕组为三角形接法的电动机，启动时换为星形接法可降低启动电流。

实验 3　电感性负载和电容器并联电路应用

实验目的与要求

（1）进一步理解单相交流串并联电路的基本原理；

（2）加深理解电感性负载电路并联电容器后提高功率因数的原理；

(3) 练习荧光灯的安装。

实验仪器与设备

8 W荧光灯一套(灯座、灯管、启辉器和镇流器);1 μF和2 μF电容器各一只;0～300 mA交流电流表三只;单刀单掷开关三只;MF－500(或30)型万用表一只和低功率因数功率表一只。

实验简介

1. 本实验是用荧光灯电路模拟R、L串联电路

因为荧光灯管在工作时可视为纯电阻性负载,而整流器具有很大电感的铁芯线圈,它的感抗值远大于其电阻值,因此可近似地认为是纯电感负载。则荧光灯电路就成为一个电阻与电感串联的电路。由于镇流器的电感很大,因此,荧光灯电路的功率因数仅有0.5～0.6。为了提高荧光灯电路的功率因数,一般采用并联电容器的办法来实现。

荧光灯点燃后的等效电路如图2－43所示,灯管相当于电阻负载R,镇流器可用内阻r和电感L等效代替。只要测出电路的功率P、电流I_1、总电压U以及灯管电压U_2,就能算出灯管消耗的功率$P_2=I_1U_2$,镇流器消耗的功率$P_1=P-P_2$以及电路功率因数$\cos\varphi_1=P/I_1U$。

荧光灯并联电容器后的等效电路和矢量图。如图2－44所示。由于电容器支路的电流$\dot{I}_C$超前于电压($\dot{U}$)π/2,抵消了荧光灯支路电流中的一部分无功分量,使总电流$\dot{I}$与总电压$\dot{U}$位相差角由原来的φ_1减少为φ,即$\varphi<\varphi_1$,从而提高了电路的功率因数。

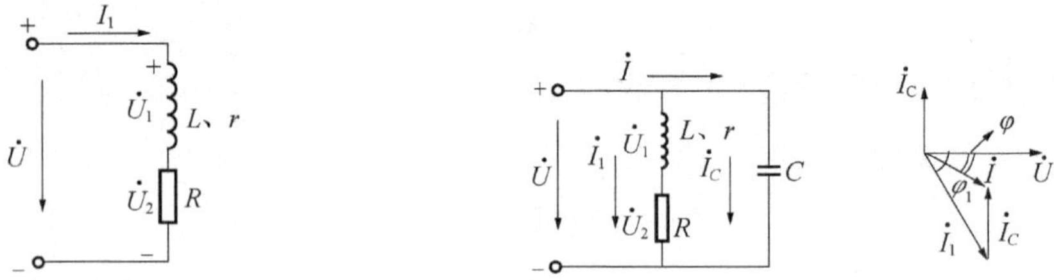

图2－43 荧光灯等效电路

图2－44 荧光灯并联电器后的等效电路和矢量图

2. 单相功率表读数原理及使用

单相功率表是一种电动式仪表,可用来测量交流电路的平均功率。它的接线和读数方法如下:

(1) 接线方法 单相功率表共有两个线圈:固定线圈为电流线圈,在电路中的连接方式与普通电流表相同,应和被测电路串联;活动线圈为电压线圈(与附加电阻一起),在电路中的连接方式与普通电压表一样,应跨接在待测负载的两端。线圈的一端标有符号"·"或"*"的称为电源端,应接到电源的高电位端(相线),如图2－45所示。由于电流线圈分成两部分,引出四个接线端,因此把两组电流线圈接成串联或并联可得到两种电流量程,即并联连接的是高量程,串联连接的是低量程。

(2) 读数原理 从图2－45可知,单相功率表的电流线圈有两挡量程,电压线圈有三挡量程;众多的量程仅有一条刻度,如何读数?通常可按下列公式进行读数

$$P=\frac{U_N I_N}{W_M}\alpha$$

式中:U_N、I_N分别是所选电压及电流的量程;W_M是刻度尺上满标功率值;α是指针所指示的刻

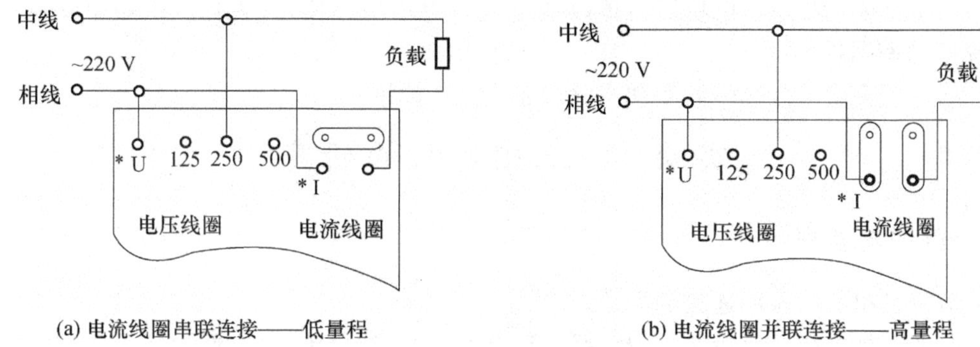

图 2－45　单相功率表的接线原理图

度值；P 是实际功率的读数。

例如：当所选电压及电流的量程分别为 250 V、1 A，仪表满刻度 $W_{\mathrm{M}}=125$ W，指针指在 75 W刻度线时的实际功率是

$$P=\left(\frac{250\times1}{125}\times75\right)\ \mathrm{W}=150\ \mathrm{W}$$

实验内容建议

（1）按照图 2－46 所示实验电路完成感性负载和电容器并联电路的应用研究。

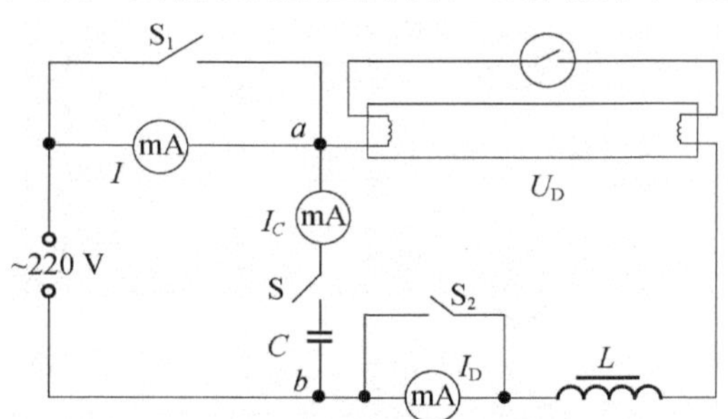

图 2－46　实验电路图

（2）按照表 2.3 荧光灯电路及并联电容器后的电路测定荧光灯有关参数。

表 2.3　荧光灯参数测定

待测参数 / 测量值 / 电容器		电压 U/V			电流 I/mA			功率/W	功率因数
		U_{D}	U_{L}	U	I_{D}	I_{L}	I	P	$\cos\varphi=P/IU$
未并入电容器									
并入电容器	1 μF								
	2 μF								

实验问题讨论

（1）荧光灯并联电容器后为什么总电流会减小？但电容量超过一定数值后，总电流又会上升，这是为什么？用矢量图分析说明。

(2) 感性负载串联适当电容器也能改变电流与电压的相位差,为什么不用串联电容器的方法来提高功率因数?

(3) 试分析实验中存在的问题和实验误差产生的原因?

实验4 三相负载的研究

实验目的与要求

(1) 学习三相负载星形连接的方法;

(2) 验证三相负载星形接法中,相、线电压之间及相、线电流之间的关系;

(3) 掌握不对称负载作星形接法时,中性线的作用。

实验仪器与设备

实验台A组(三相四线制380/220 V)电源;220 V/15 W白炽灯泡6只,交流毫安表0～300 mA三只;MF-500型万用表(兼作电压测量)一只;开关四只和导线若干根。

实验简介

本实验用白炽灯泡模拟三相负载星形电路,研究该电路中各相线电压、电流之间的关系,中性线的作用等,如图2-47所示。

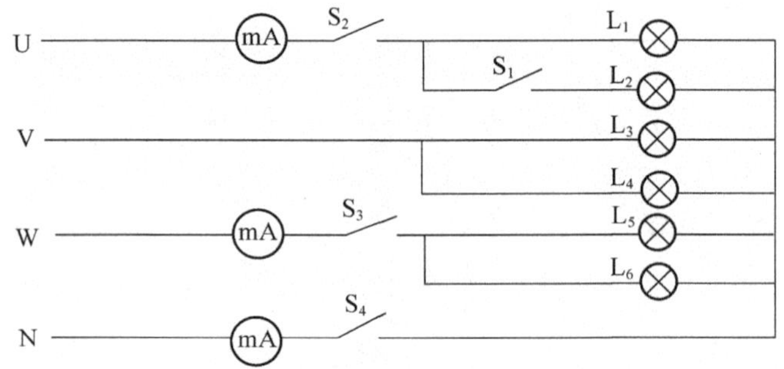

图2-47 白炽灯模拟三相负载星形电路

实验内容建议

(1) 按照图中实验电路完成三相负载星形接法电路的应用研究。

(2) 按照表2.4所列项目,测量三相负载星形连接电路的有关参数。

表2.4 白炽灯相关参数测定

负载 \ 电压电流数据		线电压 U/V			相电压 U/V			线电流 I/mA			相电流 I/mA			中性线电流/mA
		U_{UV}	U_{VW}	U_{WU}	U_U	U_V	U_W	I_{UV}	I_{VW}	I_{WU}	I_U	I_V	I_W	I_N
对称	有中性线													
	无中性线													
非对称	有中性线													
	无中性线													

实验问题讨论

(1) 分析表 2.4 各组数据，回答：

① 在什么情况下负载的相电压 $U_{相}=U_{线}$？

② 负载星形接法中中性线的作用？

(2) 讨论题：

① 三相负载在什么情况下应接成星形连接？在什么情况下应接成三相四线制的星形连接？

② 能否从实验观测中说明三相四线制供电线路中，中性线一定不能安装熔断器的道理？

③ 在三相负载星形连接的实验电路中，如果 W 相发生断路，能否根据实验中所得到的规律推断，在 U，V 两相负载对称或不对称以及有中线或无中线的四种情况下，U 相电流 I_U 与 V 相电流 I_V 间的关系？U 相电压 U_U 与 V 相电压 V_V 间的关系如何？绘出电压矢量图和电流矢量图？

单元小结

1. 正弦交流电的三要素

正弦电流的瞬时值表达式为 $i=I_m\sin(\omega t+\varphi)$，其最大值、角频率、初相位称为正弦量的三要素。

2. 相位差

两个同频率正弦量的相位差等于它们的初相之差。相位关系有超前、滞后、同相、反相和正交。

3. 正弦量的相量表示

$i=I_m\sin(\omega t+\varphi)$ 的有效值相量为 $\dot{I}=I\angle\varphi$。

4. 单一参数交流电路

电阻元件　$\dot{U}_R=\dot{I}_R R$，$U_R=RI_R$，$P_R=U_RI_R=I_R^2R=\dfrac{U_R^2}{R}$

电感元件　$\dot{U}_L=\mathrm{j}X_L\dot{I}_L=\mathrm{j}\omega L\dot{I}_L$，$U_L=X_LI_L$，$P_L=0$，$Q_L=U_LI_L=I_L^2X_L=\dfrac{U_L^2}{X_L}$

电容元件　$\dot{U}_C=-\mathrm{j}X_C\dot{I}_C=-\mathrm{j}\dfrac{\dot{I}_C}{\omega C}$，$U_C=I_CX_C$，$P_C=0$，$Q_C=U_CI_C=I_C^2X_C=\dfrac{U_C^2}{X_C}$

5. R、L、C 串联电路

串联电路的电压与电流关系　$\dot{U}=[R+\mathrm{j}(X_L-X_C)]\dot{I}=(R+\mathrm{j}X)\dot{I}=Z\dot{I}$

电路有三种不同的性质：感性、容性和阻性。

6. 功　率

有功功率　$P=UI\cos\varphi$

无功功率　$Q=UI\sin\varphi$

视在功率　$S=UI$

功率因数　$\cos\varphi$

7. 功率因数的提高

提高功率因数的方法是在感性负载两端并联合适的电容。其值为

$$C=\frac{P}{\omega U^2}(\tan\varphi_1-\tan\varphi_2)$$

8. 谐　振

RLC 串联谐振　$f_0=\frac{1}{2\pi\sqrt{LC}}$

RL 与 C 并联谐振　$f_0=\frac{1}{2\pi\sqrt{LC}}\sqrt{1-\frac{CR^2}{L}}$

9. 三相电源

三相电源星形接法时,线电压等于相电压的$\sqrt{3}$倍,相位上线电压超前对应的相电压 30°。

三相电源三角形接法时,线电压等于相电压。

10. 三相负载

三相对称负载作星形接法时,每相负载承受对应电源的相电压,线电流等于相电流。

三相对称负载作三角形接法时,线电流等于相电流的$\sqrt{3}$倍,相位上滞后对应的相电流 30°。

11. 三相电路的功率

有功功率　$P=\sqrt{3}U_LI_L\cos\varphi$

无功功率　$Q=\sqrt{3}U_LI_L\sin\varphi$

视在功率　$S=\sqrt{P^2+Q^2}=\sqrt{3}U_LI_L$

思考题与习题

2-1　交流电路中电压瞬时值表达式为 $u=14.14\sin(314t+45°)$ V。指出其频率、周期、角频率、最大值、有效值、初相位各为多少?

2-2　已知正弦交流电压 $u=20\sin(314t-30°)$ V,正弦交流电流 $i=2\sin(314t-45°)$ A。求 u 与 i 的相位差,并指出它们之间的超前与滞后关系。

2-3　正弦交流电压 $u=311\sin\left(314t-\frac{\pi}{3}\right)$ V 加在 $R=110\ \Omega$ 的电阻两端,求该电阻上的电流及电阻消耗的功率。

2-4　已知电感线圈 $L=31.8$ mH,外加电压 $u=100\sqrt{2}\sin(100\pi t+45°)$ V。试求电感感抗、电感上电流及电感元件的有功功率和无功功率。

2-5　正弦交流 $i=2\sqrt{2}\sin\left(1\,000t+\frac{\pi}{6}\right)$ A 加在 10 μF 电容上,求电容的容抗,电容上电压及电容元件有功功率和无功功率。

2-6　一个具有内阻的电感线圈,接在电压为 200 V 的直流电源上,流过线圈的电流为 5 A;如改接在 200 V、频率 100 Hz 的交流电源上,通过线圈的电流为 4 A。求线圈的 R 及 L 各为多少?

2-7　用电压表、电流表和功率表测量一个线圈的参数 R 和 L,电压表测得总电压为

50 V，电流表测得电路的电流为 2 A，功率表测得电路功率为 60 W。已知电源的频率为 50 Hz，求线圈的 R 和 L 各为多少？

2－8　一个电磁铁接到 220 V 的工频正弦电压时，线圈的电流在 10 A 以上才能吸住衔铁，已知线圈感抗为 15 Ω，求线圈的电阻不应大于多少？

2－9　把电阻 4 Ω、感抗 3 Ω 的线圈接在电压 220 V 的工频交流电源上，求电路电流、电阻及电感上电压、电路的有功功率、无功功率、视在功率和电路功率因数。

2－10　R 和 C 串联组成的移相电路，已知电容 0.01 μF，电容上电压 $u=141.4\sin(314t-30°)$ V。欲使电容电压较电路总电压的相位滞后 60°，求电阻 R 及电路总电压有效值。

2－11　RLC 串联电路中，电源电压 $u=141.4\sin(\omega t+30°)$ V，电阻 $R=8$ Ω，电感感抗 $X_L=6$ Ω，电容容抗 $X_C=12$ Ω。求：电路复阻抗 Z，电路电流 i，电阻电压 u_R、电感电压 u_L、电容电压 u_C，电路 P、Q、S 及电路功率因数并画出相量图。

2－12　RLC 串联电路，接在电压 10 V 电源上，若 $R=20$ Ω，$L=500$ μH，$C=150$ pF。求电路的谐振频率，谐振时的电流，电感、电容上的电压及电路的品质因数。

2－13　一个具有电阻的电感线圈，已知 $R=20$ Ω，$L=0.5$ mH 与 $C=100$ pF 的电容器并联，求电路的谐振频率 f_0。

2－14　欲使功率为 40 W、工频电压为 220 V、电流为 0.45 A 的荧光灯电路的功率因数提高到 0.95，应并联多大的电容器？此时电路的总电流是多少？

2－15　一台功率 $P=1$ kW 的电动机接在 $U=220$ V、$f=50$ Hz 的电路中，其所取用的电流 $I=10$ A，求电路的功率因数。若在电动机两端并联一只 $C=85$ μF 的电容器，整个电路的功率因数又为多少？此时电路总电流为多少？

2－16　将功率 40 W、功率因数 0.5 的荧光灯 50 只与功率 40 W 的白炽灯 20 只并接到 220 V 工频交流电源上，求电路的功率因数和电路总电流？若将电路的功率因数提高到 0.9，应并联多大的电容器？

2－17　电源为对称三相电源，对称三相负载采用星形接法，每相负载为 $20\angle 45°$ Ω，对称三相电源的线电压为 380 V。求负载相电流及电路有功功率，并画出电路相量图。

2－18　三相负载采用三相四线制接线，电源线电压为 380 V，频率为 50 Hz；U 相负载为 220 V、200 W 的白炽灯；V 相为一电感线圈，感抗为 50 Ω；W 相为一电容，容抗为 100 Ω。求各相电流及中线电流，画出电路相量图。

2－19　电源为对称三相电源，对称三相负载采用三角形接法，每相负载为 $100\angle 60°$ Ω，电源线电压为 380 V。求电路相电流、线电流及电路有功功率，并画出电路相量图。

2－20　三相四线制照明负载，电源的线电压为 380 V，每相负载都是 220 V、100 W的白炽灯，求各相电流及中线电流。若 V 相开路，每相负载承受的电压和流过的电流为多少？若 V 相和中性线同时断开，各相负载的电压和电流又为多少？

2－21　一台三相异步电动机，每相绕组等效电阻为 16 Ω，等效电感为 38.5 mH，绕组额定电压为 220 V。若绕组采用星形接法，接到电源线电压为 380 V、频率 50 Hz 的对称三相电源上，试求线电流及有功功率。若绕组采用三角形接法，接到电源线电压为 220 V、频率 50 Hz 的对称三相电源上，线电流及有功功率又为多少？

第 3 章　磁路及铁芯线圈电路

在前面两章中，已讨论过分析和计算电路的基本定律和基本方法，而在很多电工设备(如电动机、变压器、电磁铁、电工测量仪表)中，不仅有电路的问题，同时还有磁路的问题。只有同时掌握了电路和磁路的基本理论，才能对各种电工设备进行全面的分析。

本章介绍了磁的基本物理量，铁磁材料的性能以及简单的磁路计算，最后以变压器作为典型磁路加以分析，介绍了变压器的结构和工作原理，并对特殊变压器作了简介。

3.1　关于磁的几个基本物理量

磁场的特性可用下列几个基本物理量来表示。

3.1.1　磁感应强度、磁通和磁导率

1. 磁感应强度 B

磁感应强度 B 是表征磁场性质的基本物理量，表示磁场内某点磁场的强弱及方向，是一个矢量。它的大小等于垂直于磁场方向且在单位长度内通过单位电流的直导体在该点所受的力，即

$$B=\frac{F}{Il} \tag{3-1}$$

它与电流(电流产生磁场)之间的方向关系可用右手螺旋定则来确定。在国际单位制中，其单位为特[斯拉](T)。

如果磁场内各点的磁感应强度 B 大小相等，方向相同，则该磁场称为匀强磁场。

2. 磁通 Φ

在磁场中，磁感应强度 B(如果不是匀强磁场，则取 B 的平均值)与垂直于磁场方向的面积 S 的乘积，称为通过该面积的磁通 Φ，即

$$B=\frac{\Phi}{S},\quad \Phi=BS \tag{3-2}$$

由式(3－2)可见，磁感应强度在数值上可以看成为与磁场方向相垂直的单位面积所通过的磁通，故又称为磁通密度。在国际单位制中，磁通 Φ 的单位是韦[伯](Wb)。而由式(3－2)又可以得到，磁感应强度 B 的单位是 $\mathrm{Wb/m^2}$，$1\ \mathrm{T}=1\ \mathrm{Wb/m^2}$。

3. 磁导率 μ

磁导率 μ 又称磁导系数，表示物质的导磁性能，单位是亨[利]每米(H/m)。不同的物质有不同的磁导率，由实验测得在真空中的磁导率 $\mu_0=4\pi\times10^{-7}$ H/m。其他材料的磁导率 μ 与真空磁导率 μ_0 的比值称为该物质的相对磁导率 μ_r，即

$$\mu_r=\frac{\mu}{\mu_0},\quad \mu=\mu_r\mu_0 \tag{3-3}$$

自然界所有物质按磁导率的大小，大体上可以分成磁性材料和非磁性材料两大类。其中

非磁性材料(如铜、铝、橡胶、空气、塑料等)的 $\mu_r \approx 1$；而铁磁性材料(如铁、镍、钴、钢、合金钢、坡莫合金等)的 $\mu_r \gg 1$，可达几百至几万，且不是常数，随磁感应强度和温度的变化而变化。

3.1.2　磁场强度、磁位差与安培环路定律

1. 磁场强度 *H*

磁场强度 H 是表征电流的磁场强弱和方向的物理量。H 的大小与磁场周围介质的磁导率 μ 无关，与载流导体的形状、电流的大小等参数有关，是为了简化计算而引入的辅助物理量。磁场中某点磁场强度的大小等于该点的磁感应强度的数值除以该点的磁导率，磁场强度的方向与该点的磁感应强度方向相同，即

$$H = \frac{B}{\mu},\quad B = \mu H \tag{3-4}$$

在国际单位制中，磁场强度的单位是安[培]每米(A/m)。

2. 磁位差 U_l

磁位差 U_l 是磁场强度 H 与沿磁场方向一段长度的乘积，即

$$U_l = Hl \tag{3-5}$$

3. 安培环路定律

磁场任意闭合路径一周的磁位差等于该闭合路径所包围的全部电流的代数和，称为安培环路定律，即

$$Hl = \sum I \tag{3-6}$$

式中，Hl 值是磁场强度 H 与沿任意闭合曲线(常取磁通作为闭合曲线)长度的乘积，$\sum I$ 是穿过该闭合曲线所围面积的电流的代数和。电流的正负是这样规定的：任意选定一个闭合曲线的围绕方向，凡是电流方向与闭合曲线的围绕方向之间符合右手螺旋定则的电流作为正，反之为负。如图 3-1 所示，$H = I_1 + I_2 + I_3$。

今以环形线圈图 3-2 为例，其中介质是均匀的，并应用式(3-6)来计算线圈内部各点的磁场强度。取磁通作为闭合曲线，且以其方向作为曲线的围绕方向，于是

$$Hl = H_x \times 2\pi x$$

$$\sum I = NI$$

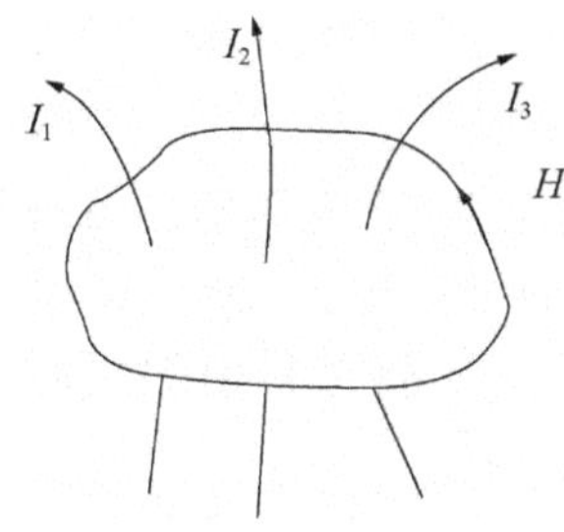

图 3-1　示意图

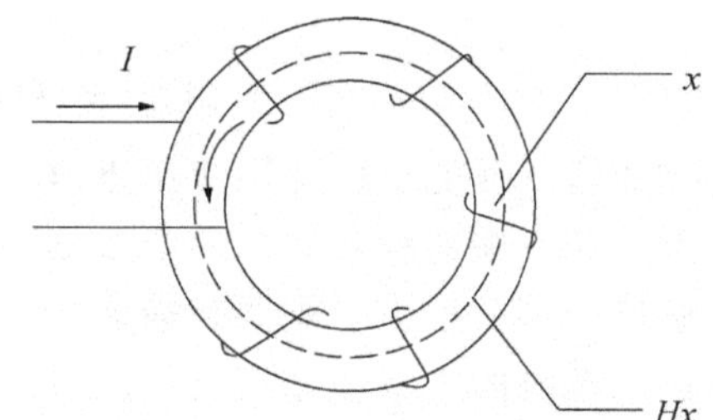

图 3-2　环形线圈示意图

所以

$$H_x \times 2\pi x = NI$$

即
$$H_x = \frac{NI}{2\pi x} = \frac{NI}{l_x} \tag{3-7}$$

式中,N 是线圈的匝数;$l_x(=2\pi x)$是半径为 x 的圆周长;H_x 是半径 x 处的磁场强度。式(3-7)中线圈匝数与电流的乘积 NI 称为磁通势,用字母 F 表示,即

$$F = NI \tag{3-8}$$

磁通就是由它产生的,其单位为安[培](A)。

3.2 铁磁材料的磁化与磁路定律

3.2.1 铁磁材料的磁化

1. 铁磁物质简介

铁磁材料的磁导率很高,可达数百、数千甚至数万。这就使铁磁材料具有被强烈磁化的特性,也即铁磁材料的高导磁性。

为什么铁磁物质具有被磁化的特性呢?因为铁磁物质不同于其他物质,有其内部特殊性。大家知道电流产生磁场,在物质的分子中由于电子环绕原子核运动和本身自转运动而形成分子电流;分子电流也要产生磁场,每个分子相当于一个基本小磁铁。同时,在磁性物质内部还分成许多小区域;由于磁性物质的分子间有一种特殊的作用力而使每一区域内的分子磁铁排列整齐,显示磁性。这些小区域称为磁畴。在没有外磁场的作用时,各个磁畴排列混乱,磁场相互抵消,对外就显示不出磁性来,如图3-3(a)所示。在外磁场的作用下,其中的磁畴就顺外磁场方向转向,显示出磁性来。随着外磁场的增强,磁畴就逐渐转到与外磁场相同的方向上,如图3-3(b)所示。这样,便产生了一个很强的与外磁场同方向的磁化磁场,而使铁磁物质内的磁感应强度大大增加。这就说明铁磁材料被磁化了。

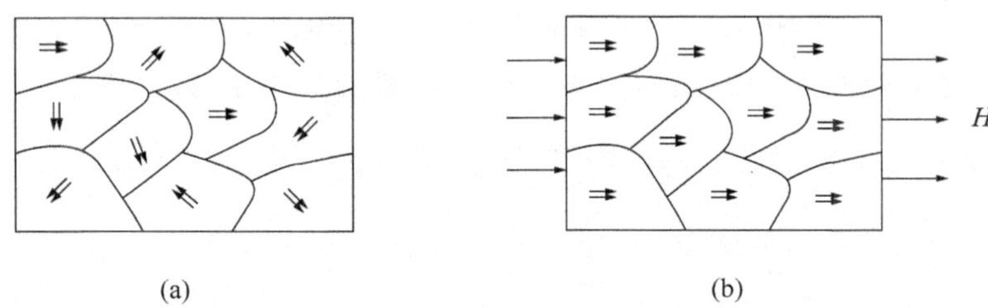

(a) (b)

图3-3 磁性物质的磁化

磁性物质的这一性能被广泛地应用于电工设备中,例如电动机、变压器及各种铁磁元件的线圈中都放有铁芯。在这种具有铁芯的线圈中通入了不大的励磁电流,便可产生足够大的磁通和磁感应强度。这就解决了既要磁通大,又要励磁电流小的矛盾。利用优质的磁性材料可使同一容量的电动机的质量和体积大大减轻和减小。

2. 磁化曲线

磁性物质由于磁化所产生的磁化磁场不会随着外磁场的增强而无限地增强。当外磁场增大到一定值时,全部磁畴的磁场方向都转向与外磁场的方向一致。这时磁化磁场的磁感应强度 B 即达到饱和值,也即铁磁材料具有的磁饱和性,如图3-4所示。

图 3－4 中的 $B-H$ 曲线即为实验得出的磁化曲线。这曲线可分为三段：Oa 段——B 和 H 差不多成正比的增加；ab 段——B 的增加明显缓慢；b 以后——B 增加很少，达到了磁饱和。

当有磁性物质存在时，B 和 H 不成正比，所以，磁性物质的磁导率 μ 不是常数，而随 H 而变，如图 3－5 所示。

当铁芯线圈中通有交变电流时，铁芯就会受到交变电流而磁化。在电流变化一次时，B 随 H 变化的关系如图 3－6 所示。由图可见，当 H 减小到零时，B 并未回到零。这种磁感应强度变化滞后于磁场强度变化的性质称为磁性物质的磁滞性。

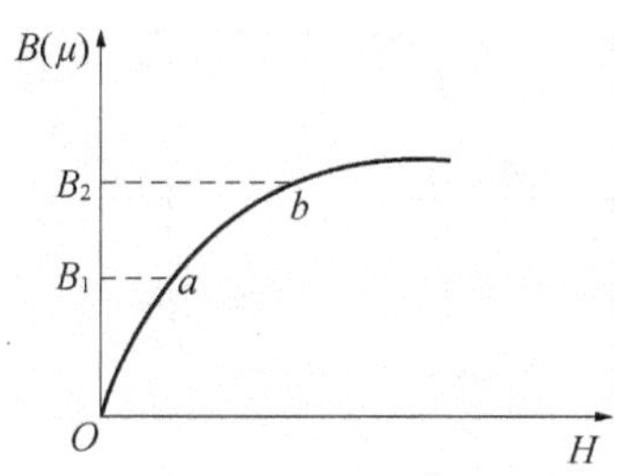

图 3－4　铁磁材料磁化曲线

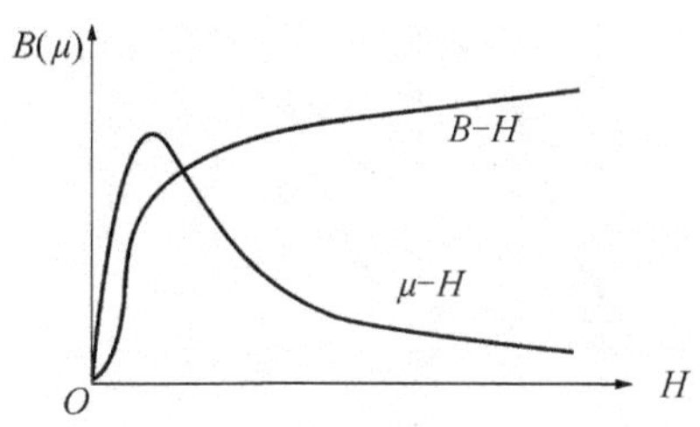

图 3－5　$B(\mu)$与 H 的关系

图 3－6 中，B_S 为饱和磁感应强度。当线圈中的电流减小到 0（即 $H=0$）时，铁芯在磁化时所获得的磁性还未完全消失。这时铁芯中所保留的磁感应强度称为剩磁感应强度 B_r（剩磁），永久磁铁的磁性就是由剩磁产生的。对于剩磁的作用要一分为二的看待，有时它是有害的，比如当工件在磨床上加工完毕后，由于电磁吸盘依然有剩磁的存在，所以必须去掉剩磁，才能将工件取下。

如果要使铁芯的剩磁消失，通常改变线圈中励磁电流的方向，也就是改变磁场强度 H 的方向来进行反向磁化。使 $B=0$ 的 H 值，称为矫顽磁力 H_C。

在铁芯反复交变磁化的情况下，表示 B 和 H 变化关系的闭合曲线称为磁滞回线，如图 3－6所示。

3. 铁磁材料的分类及应用

按铁磁材料的磁性能，磁性材料可以分为三种类型。

（1）软磁材料　其特点是 μ_r 大，易磁化、易退磁（起始磁化率大）。饱和磁感应强度大，矫顽磁力（H_c）小，磁滞回线的面积窄而长（见图 3－7），损耗小。常用的有纯铁、硅钢、坡莫合金（Fe，Ni）和铁氧体等。在应用中，常用于继电器、电动机以及电磁元件的磁芯、磁棒。例如计算机的磁芯以及录音机的磁头等。

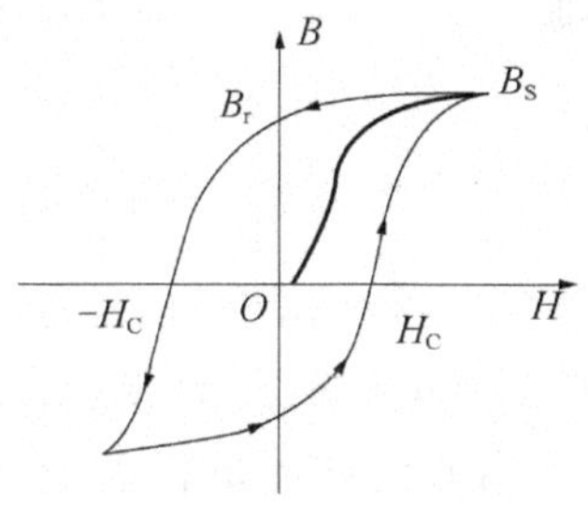

图 3－6　磁滞回线

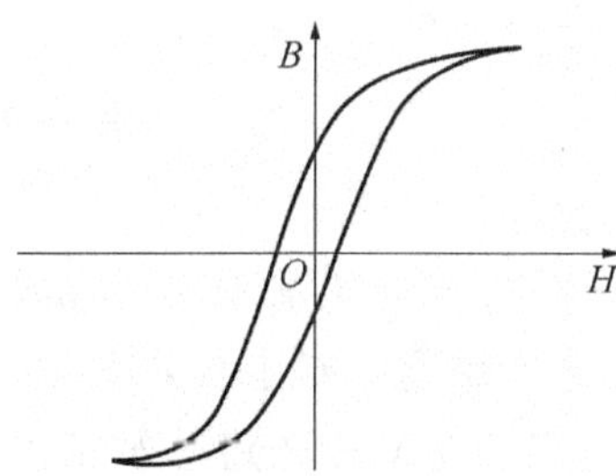

图 3－7　软磁材料的磁滞回线

(2) 硬磁材料　该材料的特点是矫顽磁力(H_C)大(>102 A/m),剩磁 B_r 大,磁滞回线的面积大而宽(见图3-8),损耗大。常用的有钨钢、碳钢、铝镍钴合金等。常用于制造永久磁铁,如磁电式电表中的永磁铁,耳机中的永久磁铁和永磁扬声器等。

(3) 矩磁材料　该材料的特点是 $B_r=B_S$,H_C 不大,磁滞回线是矩形,如图3-9所示。常用的有锰镁铁氧体、锂锰铁氧体等。在应用中,常用于记忆元件。当正脉冲产生,$H>H_C$ 使磁芯呈正 B 态;当负脉冲产生,$H<-H_C$,使磁芯呈负 B 态,可作为二进制的两个态。

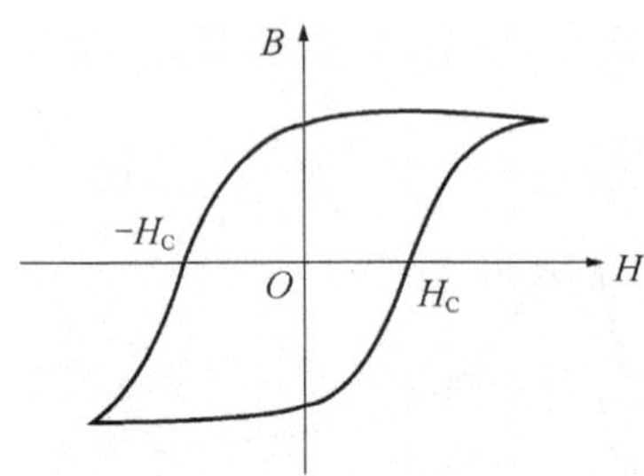

图3-8　硬磁材料的磁滞回线

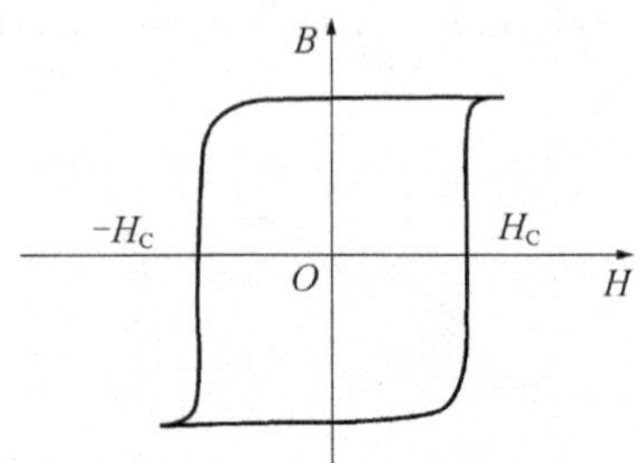

图3-9　矩磁材料的磁滞回线

3.2.2　磁路定律

为了使较小的励磁电流产生足够大的磁通,在电动机、变压器及各种铁磁元器件中常用铁磁材料做成一定形状的铁芯。由于铁芯的磁导率比周围空气和其他物质的磁导率高得多,因此磁通的绝大部分经过铁芯而形成一个闭合路径。这种由铁磁材料组成的磁通集中通过的路径称为磁路。图3-10分别表示了几种电器设备中的磁路。

由于磁通大部分通过铁芯,因此把通过铁芯的磁通称为主磁通,如图3-10(b)中的 Φ。而铁芯外的磁通称为漏磁通,如图3-10(b)中的 Φ_1。一般情况下,漏磁通很少,可以略去不计。

和电路分析一样,对磁路的分析也要用到一些基本定律,下面介绍磁路的三个基本定律。

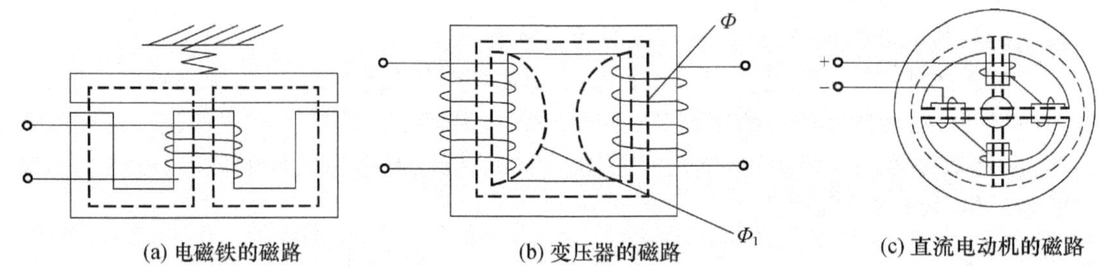

(a) 电磁铁的磁路　(b) 变压器的磁路　(c) 直流电动机的磁路

图3-10　典型磁路

1. 磁路节点定律

与电路一样,磁路也分为有分支磁路和无分支磁路,图3-10(a)、(c)是有分支磁路,图3-10(b)是无分支磁路。对于有分支磁路,其分支汇集处称为磁路的节点,如图3-11的 a,b 两处。磁路节点定律又称磁路基尔霍夫第一定律,其内容是磁路的任意节点所连接的各分支磁路的磁通代数和等于零,即

$$\sum\Phi=0 \tag{3-9}$$

对于图 3－11 的节点 a，磁路节点定律可以表示为

$$\Phi_1+\Phi_2-\Phi_3=0$$

2. 磁路回路定律

磁路回路定律又称磁路基尔霍夫第二定律，其内容是在磁路任一闭合回路中，各段磁位差的代数和等于各磁通势的代数和。

在无分支的均匀磁路（磁路的材料和截面积相同，各处的磁场强度相等）中，磁路回路定律即安培环路定律，可写成

$$NI=HL$$

式中，NI 称为磁动势，一般用 F 表示，$F=NI$；HL 称为磁位差。

在非均匀磁路（磁路的材料或截面积不同，或磁场强度不等）中，总磁动势等于各段磁位差之和，即

$$\sum NI=\sum HL \tag{3-10}$$

如图 3－12 所示的非均匀磁路中，其磁路回路表达式可表示为

$$NI=H_\mu l_\mu+H_0 l_0$$

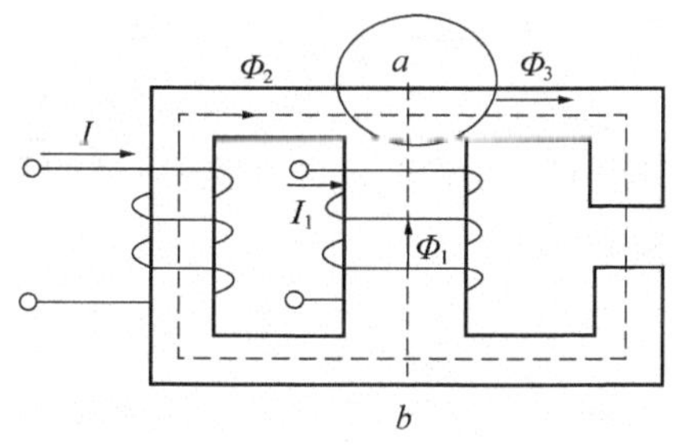

图 3－11　有分支磁路

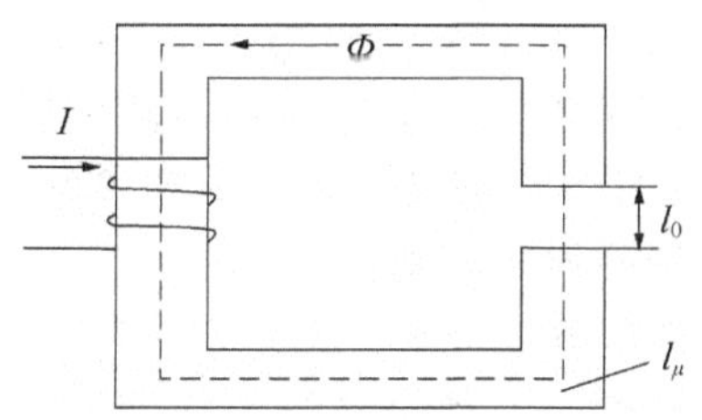

图 3－12　不均匀磁路

3. 磁路欧姆定律

对于均匀磁路，如图 3－13 所示，据磁路回路定律有

$$NI=HL$$

又根据　　$H=\dfrac{B}{\mu}\quad B=\dfrac{\Phi}{S}$

得到

$$NI=HL=\frac{B}{\mu}L=\frac{\Phi}{\mu S}L$$

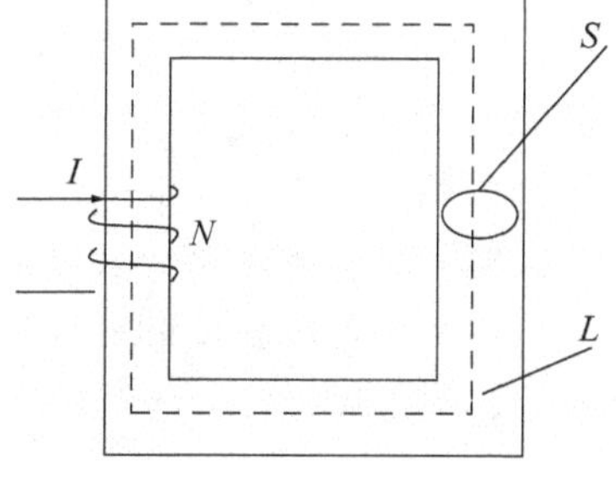

图 3－13　均匀磁路

令 $R_m=\dfrac{L}{\mu S}$，R_m 称为磁阻。则

$$U_m=HL=R_m\Phi \tag{3-11}$$

由于式(3－11)与电路的欧姆定律在形式上很相像，所以称为磁路欧姆定律。磁路和电路的参数对照如表 3.1 所列。

磁路和电路有很多相似之处，但分析与处理磁路比电路难得多，例如：

(1) 磁路的欧姆定律只是在形式上与电路的欧姆定律相似（见表 3.1）。由于 μ 不是常数，它随励磁电流的变化而变化，因此不能直接应用磁路的欧姆定律来计算，只能应用于定性分析。

表 3.1　磁路与电路的对照

磁　路	电　路
磁动势　$F=IN$	电动势　E
磁通　Φ	电流　I
磁压降　HL	电压降　U
磁路欧姆定律　$\Phi=\dfrac{F}{R_m}$	欧姆定律　$I=\dfrac{E}{R}$
磁阻　$R_m=\dfrac{L}{\mu S}$	电阻　$R=\rho\dfrac{l}{S}$
磁路基尔霍夫第一定律　$\sum\Phi=0$	电路基尔霍夫第一定律　$\sum I=0$
磁路基尔霍夫第二定律　$\sum NI=\sum HL$	电路基尔霍夫第二定律　$\sum E=\sum U$

(2) 在电路中,当 $E=0$ 时,$I=0$;但在磁路中,由于有剩磁,当 $F=0$ 时,$\Phi\neq0$。

(3) 磁路的几个基本物理量(磁感应强度、磁通、磁场强度、磁导率等)的单位比较复杂,学习时应注意。下面就简单磁路的计算作一介绍。

※3.2.3　简单磁路的计算

线圈中的励磁电流为直流时,磁路中的磁通不随时间而变化,这样的磁路就叫恒定磁通磁路。磁路计算的目的是找出磁通和磁动势之间的关系。

1. 已知磁通求磁动势

计算的思路:$\Phi\rightarrow B\rightarrow H\rightarrow Hl\rightarrow IN\rightarrow\sum Hl$。

通过例 3-1 详细介绍计算步骤。

【例 3-1】　图 3-14 为一直流电磁铁。磁路尺寸单位为 cm,铁芯由 D21 硅钢片叠成,叠装因数 $K_{Fe}=0.92$,衔铁材料为铸钢。要使电磁铁空气隙中的磁通为 3×10^{-3} Wb。求:(1)所需磁通势;(2)若线圈匝数 $N=1\ 000$ 匝,求线圈的励磁电流。

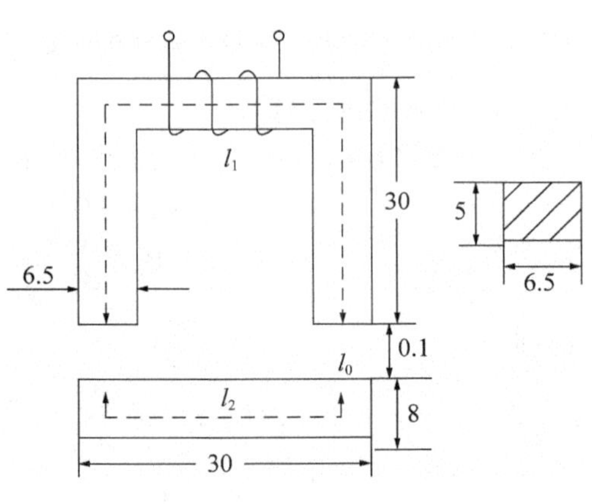

图 3-14　例 3-1 图

解　(1) 将磁路分成铁芯、衔铁、气隙三段。

(2) 求各段长度和截面积:

$l_1=[(30-6.5)+2\times(30-3.25)]$ cm$=77$ cm

$l_2=(30-6.5+4\times2)$ cm$=31.5$ cm

$2l_0=[0.1\times2]$ cm$=0.2$ cm

$A_1=(6.5\times5\times0.92)$ cm$^2=30$ cm^2

$A_2=(8\times5)$ cm$^2=40$ cm^2

$A_0=(5\times6.5\times1)$ cm$^2=32.50$ cm^2

(3) 求各段磁路磁感应强度:

$$B_1=\frac{\Phi}{A_1}=\frac{3\times10^{-3}\ \text{Wb}}{30\ \text{cm}^2}\ \text{T}=1\ \text{T}$$

$$B_2=\frac{\Phi}{A_2}=\frac{3\times10^{-3}\ \text{Wb}}{40\ \text{cm}^2}\ \text{T}=0.75\ \text{T}$$

$$B_0=\frac{\Phi}{A_0}=\frac{3\times10^{-3}\ \mathrm{Wb}}{32.50\ \mathrm{cm}^2}\ \mathrm{T}=0.09\ \mathrm{T}$$

(4) 求各段磁路磁场强度(可以通过查询表 3.2 和表 3.3 的磁化数据表得到):

$$H_1=536\ \mathrm{A/m},\quad H_2=632\ \mathrm{A/m},\quad H_0=\frac{B_0}{\mu_0}=\frac{0.09\ \mathrm{T}}{4\pi\times10^{-7}\ \mathrm{H/m}}=0.71\times10^5\ \mathrm{A/m}$$

表 3.2　D21 硅钢片(*H* 的单位 A/m)磁化数据表

B/T	0	0.01	0.02	0.03	0.04	0.05	0.06	0.07	0.08	0.09
0.8	340	348	356	364	372	380	389	398	407	416
0.9	425	435	445	455	465	475	488	500	512	524
1.0	536	549	562	575	588	602	616	630	645	660
1.1	675	691	708	726	745	765	786	808	831	855

表 3.3　铸钢(*H* 的单位 A/m)磁化数据表

B/T	0	0.01	0.02	0.03	0.04	0.05	0.06	0.07	0.08	0.09
0.6	488	497	506	516	525	535	544	554	564	574
0.7	584	593	603	613	623	632	642	652	662	672
0.8	682	693	703	724	734	745	755	766	776	787

(5) 求所需磁动势和励磁电流:

$F=NI=H_1l_1+H_2l_2+H_0l_0=(536\times0.77+632\times0.315+0.71\times10^5\times0.002)\ \mathrm{A}=(412.72+199.08+142)\mathrm{A}\approx753.8\ \mathrm{A}$,因此

$$I=\frac{F}{N}=\frac{753.8\ \mathrm{A}}{1\ 000\ \text{匝}}\approx0.75\ \mathrm{A}$$

在例 3-1 中,如果空气隙的长度增加为 0.2,则所需的磁通势和励磁电流将增加很多,具体的结果可自行计算。这就说明当磁路中含有空气隙时,由于磁阻较大,磁通势差不多都用在了空气隙上面。可见,如果要得到相等的磁感应强度,采用磁导率高的材料,可使线圈的用铜(铁)量大为降低。当磁路中含有空气隙时,由于其磁阻较大,要得到相等的磁感应强度,必须增大励磁电流(设线圈匝数一定)。

2. 已知磁通势求磁通

已知磁通势求磁通可用试探法求得,步骤如下:

(1) 先假设一个磁通值(用给定的磁通势除以气隙磁阻的上限值),按正面问题求出磁通势。

(2) 将计算所得磁通势与已知磁通势加以比较。修正第一次假设的磁通值反复修正,直到所得磁通势与已知磁通势相近为止。

其他内容就不再详细阐述,可以参考相关书籍。

3.3　变压器

变压器是基于电磁感应原理而制成的静止的电器设备,也是输配电中不可缺少的设备,它

对电能的经济传输、灵活分配与安全使用具有重要的意义。它不仅用来改变电压,也可以用来改变电流,改变阻抗或在控制系统中变换传递信号,在电力系统和电子线路中应用广泛。变压器的种类很多,但是它们的基本构造和工作原理是相同的。本节将以一般用途的电力变压器为主,研究其基本原理与运行特性,还将对特殊用途的变压器作介绍。

3.3.1 变压器的结构与工作原理

1. 结 构

变压器由铁芯(或磁芯)和线圈组成,线圈有两个或两个以上的绕组,其中接电源的绕组称为初级线圈,也叫一次绕组或原边绕组,常用字母 N_1 表示;其余的绕组称为次级线圈,也称为二次绕组或副边绕组,常用字母 N_2 等表示。如图 3-15 所示,变压器的符号如图 3-16 所示。铁芯一般用磁性能好的材料制成,其作用是构成闭合的磁路,以增强磁感应强度,减小变压器体积和铁芯损耗。常用的铁芯形式有芯式和壳式,如图 3-17、图 3-18 所示,目前一般采用芯式铁芯。绕组采用高强度漆包线绕成,它是变压器的电路部分,要求各部分之间相互绝缘。

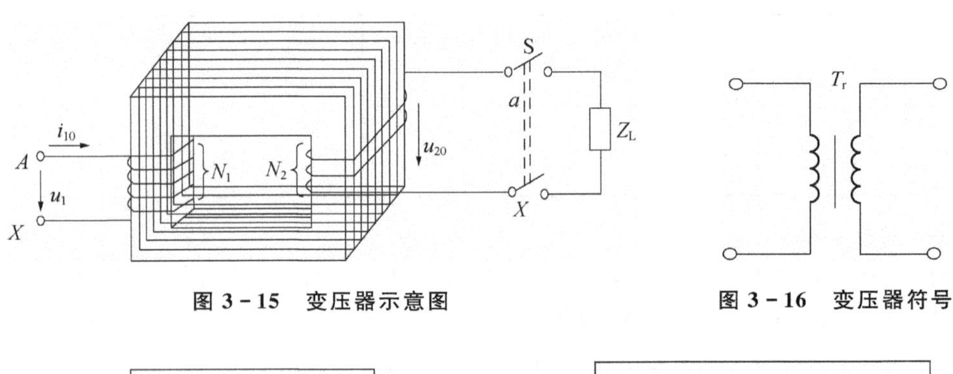

图 3-15 变压器示意图

图 3-16 变压器符号

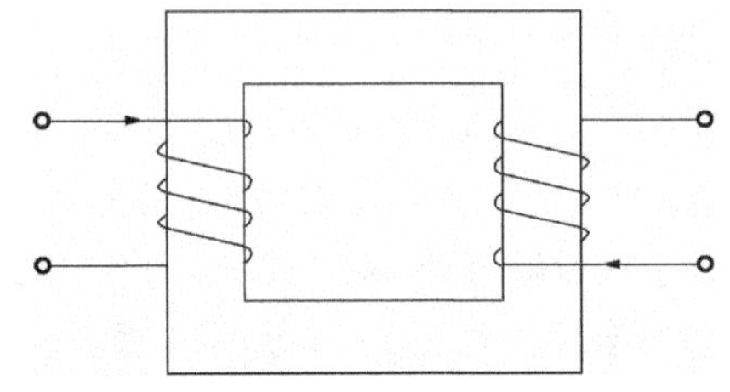

图 3-17 芯式变压器示意图

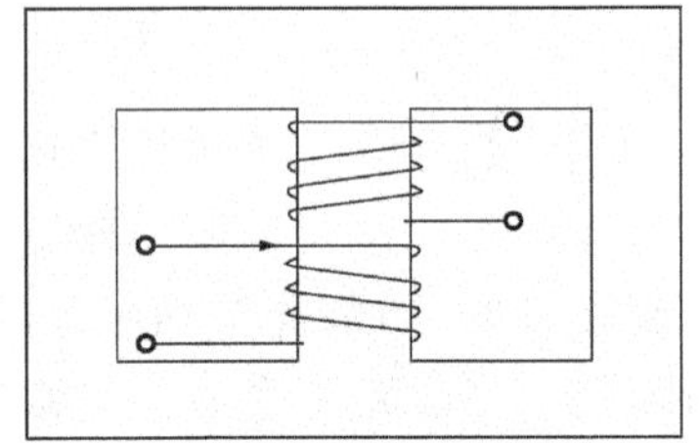

图 3-18 壳式变压器示意图

2. 原 理

1) 变压器的变压原理(空载运行)

变压器的空载运行即一次侧接交流电源,二次侧负载开路,如图 3-19 所示。由于二次绕组开路,变压器的一次绕组相当于一个交流铁芯线圈电路,通过变压器的电流为变压器的励磁电流。于是 I_0N_1 产生的主磁通 Φ 通过闭合的铁芯,既穿过一次侧,又穿过二次侧,在一、二次绕组内分别产生感应电压 U_1 和 U_{20},在忽略漏磁通和线圈电阻的情况下,一次电压的有效值为

$$U_1 = 4.44fN_1\Phi_m \tag{3-12}$$

同样,在 Φ 的作用下,二次产生的感应电压的有效值为

$$U_{20} = 4.44fN_2\Phi_m \tag{3-13}$$

由式(3－12)和式(3－13)可得

$$\frac{U_1}{U_{20}}=\frac{4.44fN_1\Phi_m}{4.44fN_2\Phi_m}=\frac{N_1}{N_2}=k \tag{3-14}$$

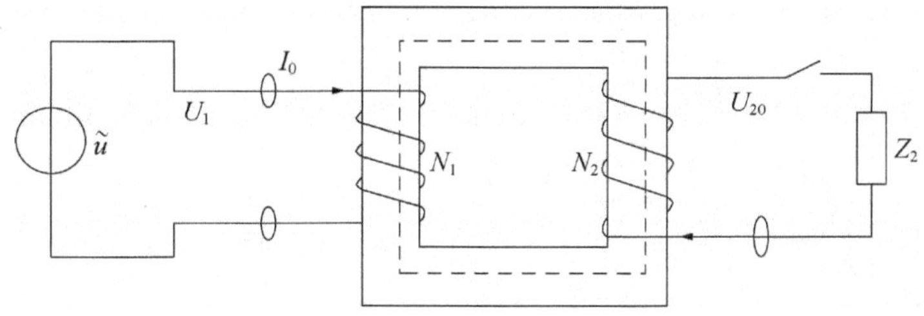

图 3－19　变压器空载运行电路图

由式(3－14)可知，变压器空载运行时，一、二次电压的比值等于一、二次绕组的匝数比，比值 k 称为变压器的变压比。当一、二次绕组匝数不同时，变压器就可以把某一数值的交流电压变换为同频率的另一数值的交流电压，这就是变压器的电压变换作用。当变压器的 $N_1>N_2$，即 $k>1$ 时，称为降压变压器；反之，当 $N_1<N_2$，即 $k<1$ 时，称为升压变压器。

2）变压器的变流原理(负载运行)

变压器的一次侧接电源，二次侧与负载接通，这种运行状态称为负载运行，如图 3－20 所示。

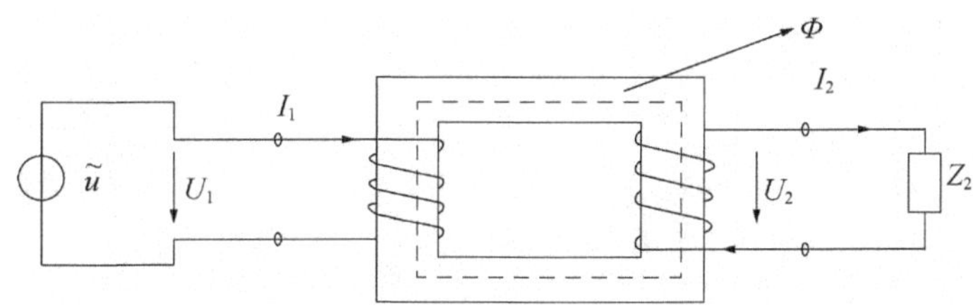

图 3－20　变压器的负载运行

二次绕组接上负载后，经过一、二次绕组的交链形成的磁耦合，产生电压 U_2，二次绕组就有电流 I_2 流过，从而有电能输出。I_2 流过二次绕组 N_2 将产生磁通，使主磁通变化，而当电源电压和电源频率不变时，主磁通应近似常数，所以一次绕组的励磁电流 I_{10} 为维持主磁通基本不变，将变为 I_1。因此，带负载时的一次绕组 I_1N_1、二次绕组 I_2N_2 共同产生的主磁通应该与空载时原绕组 $I_{10}N_1$ 产生的主磁通一样，即

$$I_{10}N_1=I_1N_1+I_2N_2 \tag{3-15}$$

变压器空载电流 I_{10} 是励磁用的，由于铁芯质量高，空载电流是很小的，只占一次绕组额定电流的 3%～10%。因此，$I_{10}N_1$ 与 I_1N_1 和 I_2N 相比，常被忽略。于是式(3－15)可以写成

$$N_1I_1\approx N_2I_2$$

所以，一、二次绕组电流的关系为

$$\frac{I_1}{I_2}\approx\frac{N_2}{N_1}=\frac{1}{k} \tag{3-16}$$

由于二次绕组的阻抗很小，所以 $U_2=U_{20}$，由式(3－14)和(3－16)可以得到

$$\frac{I_1}{I_2} \approx \frac{U_2}{U_1} = \frac{N_2}{N_1} = \frac{1}{k} \tag{3-17}$$

式中,$1/k$ 称为变压器的变流比。很显然,变压器在改变电压的同时也改变了电流,即变压器还可以变换电流。同时可以看出变压器的一、二次绕组中电压高的一边电流小,电压低的一边电流大。

【例 3-2】 已知单相变压器的一次边电压 $U=380\ \text{V}$,二次边电流 $I=21\ \text{A}$,变压比 $k=10$,试求变压器一次边电流和二次边电压?

解 由公式$\frac{U_1}{U_2}=\frac{N_1}{N_2}=k$ 得

$$U_2=U_1\times\frac{N_2}{N_1}=U_1\times\frac{1}{k}=380\ \text{V}\times\frac{1}{10}=38\ \text{V}$$

由公式$\frac{I_1}{I_2}=\frac{N_2}{N_1}=\frac{1}{k}$得

$$I_1=I_2\times\frac{N_2}{N_1}=I_2\times\frac{1}{k}=21\times\frac{1}{10}\ \text{A}=2.1\ \text{A}$$

3) 变压器的阻抗变换作用

变压器除了变换电压和变换电流外,还可以变换阻抗,以实现阻抗"匹配",如图 3-21 所示。

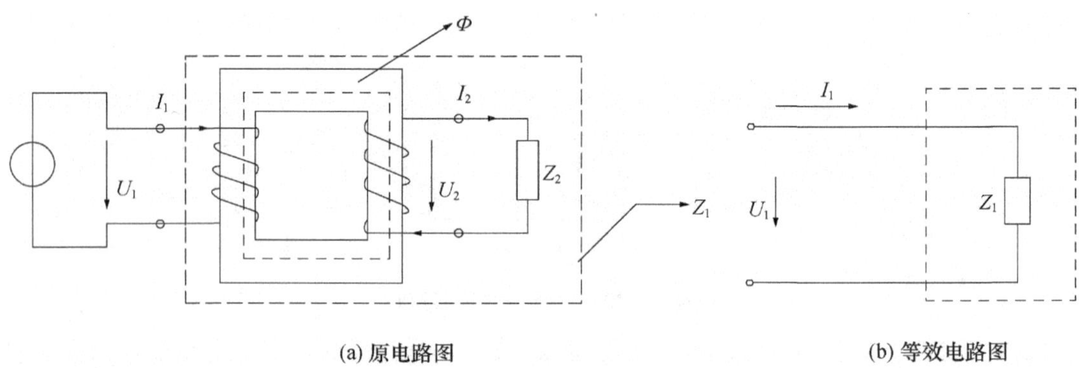

(a) 原电路图 (b) 等效电路图

图 3-21 变压器的阻抗变换

负载阻抗 Z_2接在变压器的二次边,对电源来说虚线框内部分可用另一个阻抗 Z_1来等效代替,如图 3-21(b)所示。所谓等效,就是两端输入的电压、电流和功率不变。两者的关系可通过下面的计算得出,即由

$$Z_2=\frac{U_2}{I_2},\quad Z_1=\frac{U_1}{I_1}$$

把电压比和电流比公式代入可得

$$Z_1 = \frac{U_1}{I_1} = \frac{kU_2}{I_2/k} = k^2\,\frac{U_2}{I_2} = k^2 Z_2 \tag{3-18}$$

Z_1又称为折算阻抗。式(3-18)表明,在忽略漏磁的情况下,只要改变匝数比,就可把负载阻抗变换为比较合适的数值,且负载性质不变。这种变换称为阻抗变换。

【例 3-3】 已知某收音机输出变压器的一次边匝数为 600,二次边匝数为 30,二次边接有 16 Ω 的扬声器,现要改接成 4 Ω 扬声器,求 N_2应改为多少?

解
$$k=\frac{N_1}{N_2}=\frac{600}{30}\text{ 匝}=20\text{ 匝}$$

$$|Z_1|=k^2|Z_2|=20^2\times 16\ \Omega=6\ 400\ \Omega$$

改接成
$$|Z_L|=4\ \Omega$$

扬声器后
$$k'^2=\frac{6\ 400\ \Omega}{4\ \Omega}=1\ 600\text{，则 }k'=40$$

所以
$$N_2=\frac{N_1}{k'}=\frac{600}{40}=15\text{ 匝}$$

【例 3-4】 设交流信号源电压 $U=100$ V，内阻 $R_o=800\ \Omega$，负载 $R_L=8\ \Omega$。求：

(1) 将负载直接接至信号源，负载获得多大功率？

(2) 经变压器进行阻抗匹配，求负载获得的最大功率是多少？变压器变比是多少？

解 (1) 负载直接接信号源时，负载获得功率为

$$P=I^2R_L=\left(\frac{U}{R_o+R_L}\right)^2R_L=\left(\frac{100\ \text{V}}{800\ \Omega+8\ \Omega}\right)^2\times 8\ \Omega=0.123\ \text{W}$$

(2) 最大输出功率时，R_L 折算到一次边绕组应等于 $R_o=800\ \Omega$。负载获得的最大功率为

$$P_{max}=I^2R'_L=\left(\frac{U}{R_o+R'_L}\right)^2R'_L=\left(\frac{100\ \text{V}}{800\ \Omega+800\ \Omega}\right)^2\times 800\ \Omega=3.125\ \text{W}$$

变压器变比为

$$k=\frac{N_1}{N_2}=\sqrt{\frac{R_o}{R_L}}=\sqrt{\frac{800\ \Omega}{8\ \Omega}}=10$$

3. 作　用

综上所述，变压器的作用可归结为三种：变压、变流和变阻抗。

3.3.2　特种变压器

1. 自耦变压器

图 3-22 是自耦变压器的示意图。其结构特点是：二次绕组是一次绕组的一部分，一次、二次绕组不但有磁的联系，也有电的联系。自耦变压器的工作原理与普通的双绕组变压器的工作原理相同，具有相同的变压比和变流比

$$\frac{U_1}{U_2}=\frac{N_1}{N_2}=k,\qquad \frac{I_1}{I_2}=\frac{N_2}{N_1}=\frac{1}{k}$$

实验中常用的调压器就是一种利用滑动触头改变二次绕组匝数的自耦变压器，如图3-22所示。

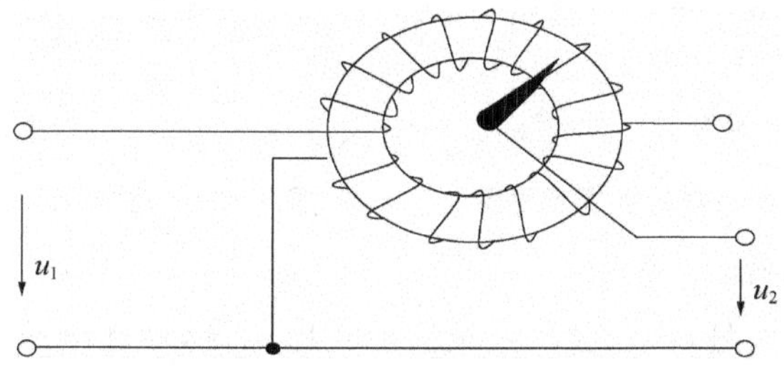

图 3-22　自耦变压器示意图

应该注意,由于自耦变压器的一、二次绕组之间有电的联系,当高压侧发生接地或二次绕组断线等故障时,高压将直接蹿入低压侧造成人身事故;其次,一次绕组和二次绕组不能接错,否则很容易造成电源被短路或烧坏自耦变压器。另外,当自耦变压器绕组接地端误接到电源相线时,即使二次电压很低,人触及二次侧任一端时均有触电的危险。因此,自耦变压器不允许用做安全变压器。

2. 互感变压器

1) 电流互感器

电流互感器是一种将大电流变换为小电流的变压器,一次绕组线径较粗,匝数很少,与被测电路负载串联;二次绕组线径较细,匝数很多,与电流表及功率表、电度表、继电器的电流线圈串联。其工作原理与普通变压器的负载运行相同。其工作原理接线图,如图 3-23 所示。

电流互感器的一次绕组用粗导线绕成,匝数很少,与被测线路串联。二次绕组导线细,匝数多,与测量仪表相连接,通常二次的额定电流设计成 5 A 或 1 A。

电流互感器中经常使用的是钳形电流表(俗称卡表),它是电流互感器的一种,由一个与电流表组成闭合回路的二次绕组和铁芯构成,其铁芯可以开合。测量时,先张开铁芯,将待测电流的导线卡入闭合铁芯,则卡入导线便成为电流互感器的一次绕组,经电流变换后,在电流表上可直接读出被测电流的大小。

电流互感器在使用时应注意:

① 二次边决不允许开路,否则,当 $I_2=0$ 时,被测线路中的大电流 I_1 全部成为励磁电流,使铁芯严重过热,二次边感应高电压,损坏电流互感器,并危及人员和其他设备安全;

② 为确保工作人员安全,电流互感器的二次绕组以及铁芯应可靠接地;

③ 为确保测量精度,电流互感器的二次边所接负载阻抗不应超过允许值。

2) 电压互感器

电压互感器是一个降压变压器,电压互感器的一次绕组匝数很多,并联于待测电路两端;二次绕组匝数较少,与电压表及电度表、功率表、继电器的电压线圈并联。用于将高电压变换成低电压。电压互感器二次边表头额定值为标准值 100 V。电压互感器的接线示意图如图 3-24 所示。

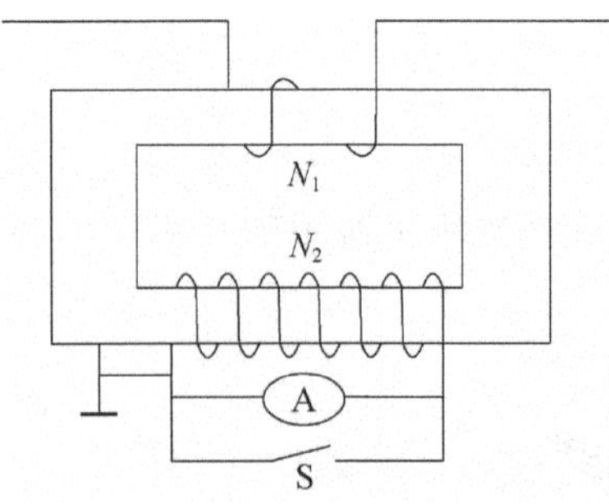

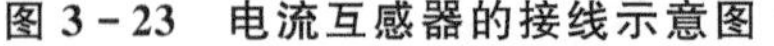

图 3-23 电流互感器的接线示意图

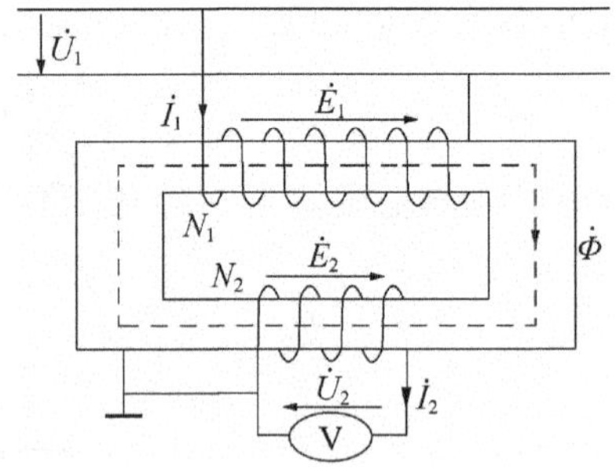

图 3-24 电压互感器的接线示意图

电压互感器在使用时应注意:

① 二次边决不允许短路,否则会产生很大的短路电流,烧坏电压互感器;

② 为确保工作人员安全,电压互感器的二次绕组以及铁芯应可靠接地;

③ 为确保测量精度,电压互感器的二次边不宜并接过多的负载。

3）电焊变压器

交流弧焊机实质是一种特殊的降压变压器，因此也称为电焊变压器。电焊变压器结构如图 3－25 所示，它是利用二次短路产生电弧熔化金属焊条与被焊件而实现焊接的。在其空载时，要有足够的引弧电压（60～80 V），而电弧形成后，输出电压应迅速降低。二次边即使短路（焊条碰在工件上），二次边电流也不应过大，即电焊变压器应具有陡峭的外特性。这样，当电弧电压变化时，焊接电流变化并不显著，电焊比较稳定。

电焊变压器必须满足下列要求：

（1）具有较高的起弧电压一般应达到 60～70 V，额定负载时约为 30 V。

（2）起弧以后，要求电压能够迅速下降，同时在短路时（如焊条碰到工件上，二次边输出电压为零）二次边电流也不要过大，一般不超过额定值的两倍。也就是说，电焊变压器要具有陡降的外特性。

（3）为了适应不同的焊接要求，要求电焊变压器的焊接电流能够在较大的范围内进行调节，而且工作电流要比较稳定。

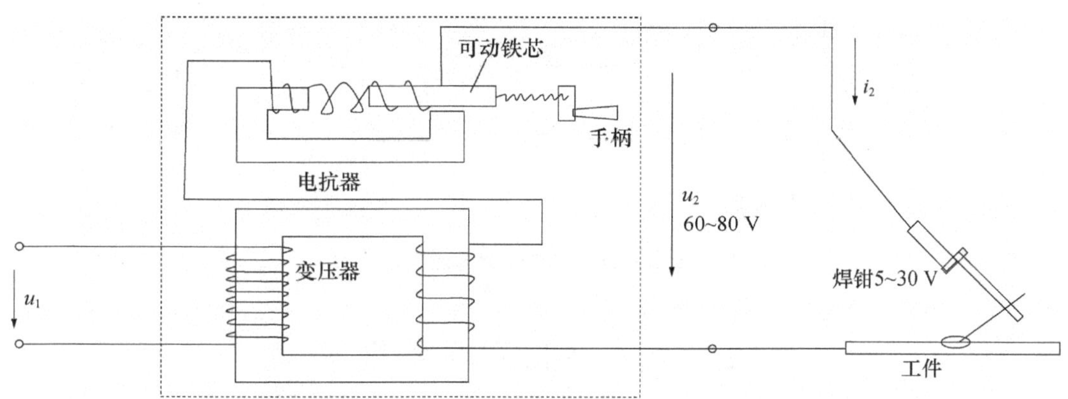

图 3－25　电焊变压器示意图

※3.3.3　变压器绕组的极性及其测量

在使用变压器或者其他有磁耦合的互感线圈，特别是多绕组情况时，要注意线圈的正确连接；不慎接错，有时会导致线圈被烧毁。

如图 3－26 所示的两线圈，若其属于变压器的同一边时，串联连接只能是 2 与 4 连（或 1 与 3 连），若 1 与 4 连（或 2 与 3 连），则其产生的两磁通等值反向，互相抵消。绕组中将因电流过大而把变压器烧毁。即使是并联连接，也有上述现象发生。而若线圈匝数不相同时，除并联连接使用不允许外，串联连接也会有两磁通相加或相减之别，使其输出电压不同。

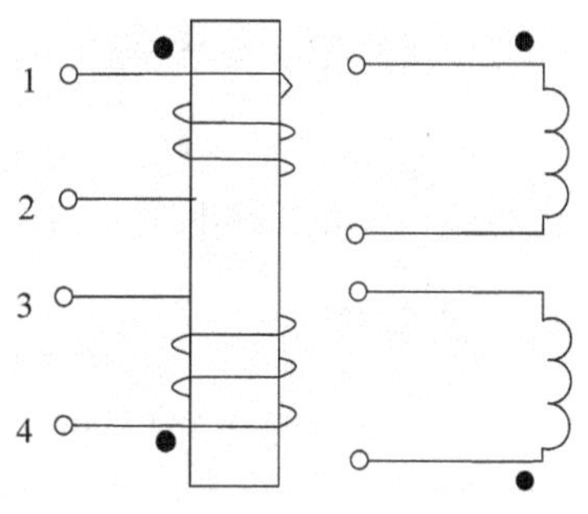

图 3－26　同极性端

为此，人们为线圈定义所谓同极性端（亦称同名端），并以记号“•”标注。定义为：（多）绕组产生同向磁通时对应的电流流入端（或出端），称为绕组的同极性端（俗称同名端）。如图 3－26中的 1 和 4 便为同极性端（当然 2 和 3 也是）。这样，当电流由同极性端流入（或流出）

时,产生的磁通方向相同;由异极性端流入(或流出)时,磁通相消。

当然,只要绕组的绕向已知,同名端很容易判定。但是,已经制成的变压器或电动机,从外部已无法辨认其具体的绕向,又不能拆开,这就需要设法测定其同极性端了。下面介绍两种常用的测定方法。

1) 交流法

将两个绕组1—2和3—4的任意两端(如2和4)连接在一起,在其中一个绕组两端加一个较小的交流电压,用交流电压表分别测量1、3和3、4两端的电压V_{13}及V_{34},如图3-27(a)所示。若$V_{13}=V_{12}+V_{34}$,则1和3异极性;若$V_{13}=|V_{12}-V_{34}|$,则1和3同极性。

2) 直流法

直流法测绕组同极性端的电路如图3-27(b)所示,闭合S之瞬时,若毫安表正摆,则1、3同极性;若毫安表反摆,则1、3为异极性。两法原因如何,请同学自析之。

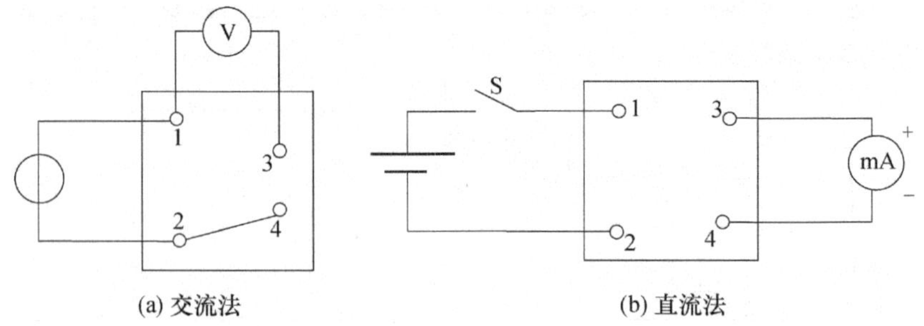

(a) 交流法　　(b) 直流法

图3-27　同极性端的测定法

实验5　单相变压器研究

实验目的与要求

(1) 观察单相变压器及自耦变压器的构造,并熟悉其接线和使用方法。

(2) 做变压器的空载和负载实验,测定变压器的电压比和外特性。

(3) 学习如何测定单相变压器绕组的同极性端。

实验仪器与设备

单相调压器一只;单相变压器一只;交流电压表两只;交流电流表两只;钳形电流表一只;万用表一只;负载电阻一只。

实验简介

(1) 在交流电路中,变压器的作用是实现电路中电压变换、电流变换或阻抗变换的电感性电气设备。

(2) 变压器的铭牌数据,主要标明变压器的型号和主要参数。例如额定功率、额定电压、额定频率、冷却方式等,可作为使用时的重要依据。

(3) 输入变压器的电源电压为额定值时,变压器的空载电流是度量其质量的重要指标之一，其值越小越好。空载电流的大小主要取决于变压器铁芯的饱和程度及气隙的大小。

(4) 变压器在向二次边输送电能的过程中，由于自身内阻抗的作用，当负载取用的电流不同时会在内阻上引起不同的电压降。变压器二次边电流 I_2 与二次边电压 U_2 的关系为 $U_2=f(I_2)$，称为变压器的外特性。

(5) 当变压器的一次边或二次边绕组是由两个或两个以上线圈组成时，为了与电源或负载要求的电压值相一致，可以采用串联或并联，如图 3－28 所示。为了能做到正确接线，常把各线圈的相应出线端命名为同极性（同名）端。线圈的同极性端和线圈的绕向有关，当无法从线圈的绕向辨别其同极性端时，可用实验方法来测定。测定的方法有多种，本实验采用其中一种——交流法，其测定原理见图 3－29 所示。

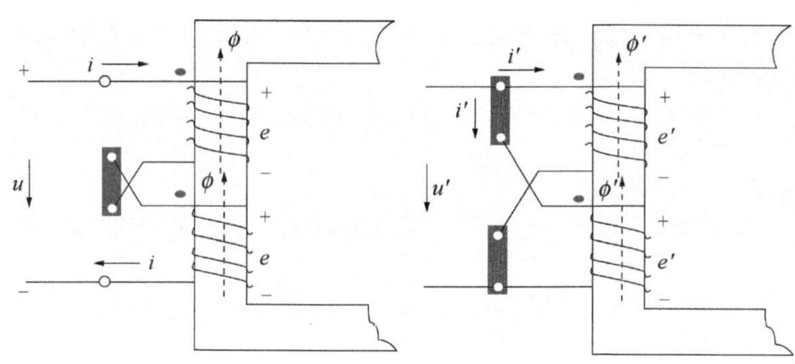

图 3－28　两个原绕组的串联及并联连接

实验内容建议

(1) 观察自耦变压器的结构和铭牌，了解其接线方法。

(2) 观察单相变压器的结构和铭牌，记录其铭牌数据。

(3) 用万用表测定变压器每个线圈的两根引出线，判别变压器的高压绕组和低压绕组。

(4) 根据实验图 3－29 所示的电路，判别变压器各线圈的同极性端。接入适当的低电压，分别测得 U_{AB}、U_{Aa}、U_{Bb}。若 U_{AB} 为 U_{Aa} 与 U_{Bb} 之差，则 A 端与 B 端为同极性端；若 U_{AB} 为 U_{Aa} 与 U_{Bb} 之和，则 A、B 为异极性端。

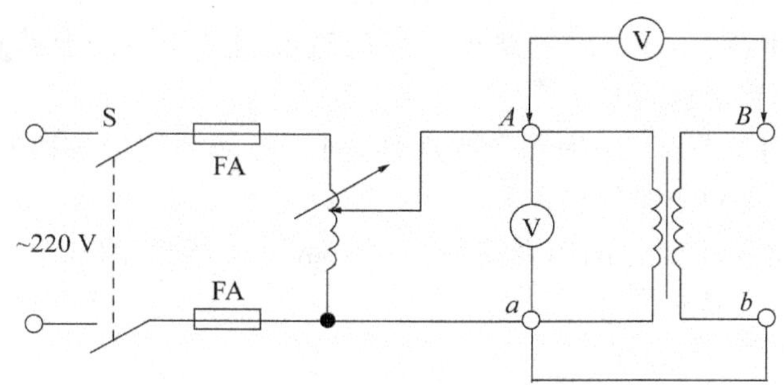

图 3－29　变压器绕组同极性端的测定

(5) 根据图 3－30 电路，分别研究变压器空载和负载时输入、输出电压与电流的关系。

(6) 用钳形电流表测试变压器一次、二次绕组的电流。

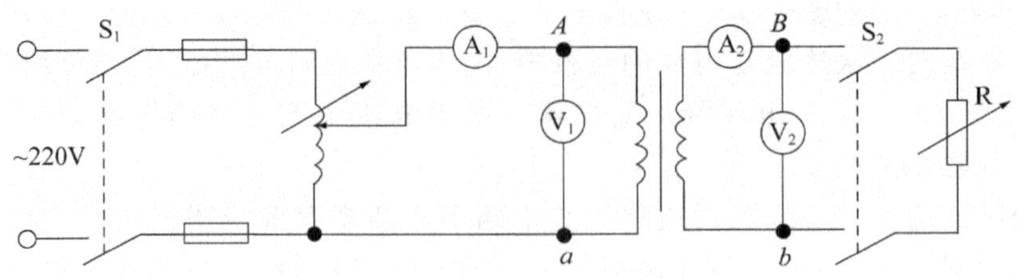

图 3-30　变压器的负载实验电路图

实验问题讨论

(1) 使用单相自耦变压器时,如错接成图 3-31 所示的情况会发生严重的设备事故,甚至危及人身安全,为什么?

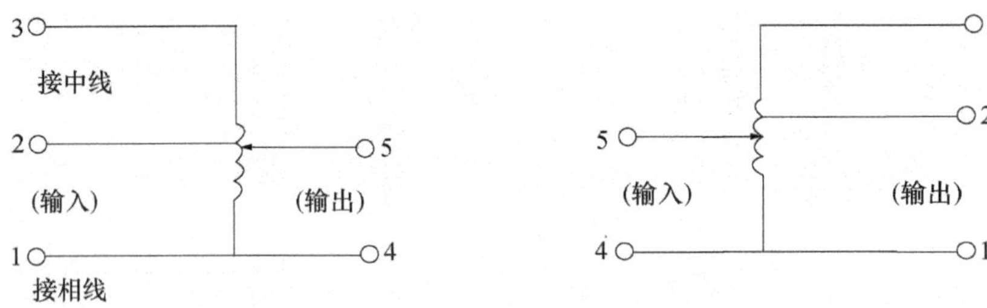

图 3-31　单相自耦变压器的两种错误接法

(2) 在使用钳形电流表测量小电流时,常把通电导线在钳形电流表的铁芯上绕几圈,这是为什么?问这时仪表的指示值是否还是导体中通过电流的实际值?实际值如何确定?

(3) 在变压器负载实验时,越接近额定负载时的电流比 I_1/I_2 的倒数,也就越接近空载时的电压比 U_1/U_2。试分析其原因?

单元小结

(1) 描述磁场的物理量有磁感应强度 B、磁通 Φ、磁导率 μ,磁场强度 H 和磁位差 U_l。

(2) 安培环路定律:磁场任意闭合路径一周的磁位差等于该闭合路径所包围的全部电流的代数和,称为安培环路定律,$Hl=\sum I$。

(3) 磁性材料具有高导磁、磁饱和及磁滞性,根据磁滞回线中剩磁和矫顽磁力的不同,可分为软磁材料、硬磁材料和矩磁材料。

(4) 磁路就是磁通集中经过的闭合路径。对磁路而言,磁路的三个基本定律分别是:

① 磁路节点定律:$\sum\Phi=0$;

② 磁路回路定律:$NI=Hl$;

③ 磁路欧姆定律:$U_m=Hl=R_m\Phi$。

(5) 变压器是基于电磁感应原理而制成的静止的电器设备。它由铁芯(或磁芯)和线圈组成,主要用来改变电压,也可以用来改变电流和改变阻抗。

(6) 变压器的常用公式:　$\dfrac{U_1}{U_{20}}=\dfrac{N_1}{N_2}=k$,　$\dfrac{I_1}{I_2}\approx\dfrac{N_2}{N_1}=\dfrac{1}{k}$

$$Z_1=\frac{U_1}{I_1}=\frac{kU_2}{I_2/k}=k^2\ \frac{U_2}{I_2}=k^2 Z_2$$

(7) 自耦变压器的一、二次边之间有电的联系，自耦变压器不允许用做安全变压器。

(8) 电流互感器是一种将大电流变换为小电流的变压器；严禁电流互感器的二次边开路运行。

(9) 电压互感器是一个降压变压器，用于将高电压变换成低电压；严禁电压互感器的二次边短路运行。

(10) 电焊变压器是利用二次边短路产生电弧熔化金属焊条与被焊件而实现焊接的。

(11) 变压器同极性端的定义为(多)绕组产生同向磁通时对应的电流流入端(或流出端)。判别同极性端的方法有交流法和直流法。

思考题与习题

3-1　磁场的基本物理量有哪些？

3-2　已知一环形螺管线圈的横截面积 $S=20\ \text{cm}^2$，直径 $r=15$ cm，真空中磁导率 $\mu_0=4\pi\times10^{-7}$ H/m，如图 3-32 所示。若线圈的匝数 $N=2\ 000$，产生的磁通为 20×10^{-4} Wb，求流过线圈的电流。

3-3　磁性材料按其磁滞回线的形状不同，可分为几类？各有什么特点和用途？

3-4　什么称为磁路？

3-5　一均匀闭合铁芯线圈，匝数为 300，铁芯中磁感应强度为 0.8 T，磁路的平均长度为 45 cm，试求：

(1) 铁芯材料为铸钢时线圈中的电流；

(2) 铁芯材料为硅钢片时线圈中的电流。

3-6　有一线圈，其匝数 $N=1\ 000$，绕在由铸钢制成的闭合铁芯上，铁芯的面积 $S=20\ \text{cm}^2$，铁芯的平均长度为 50 cm。如果要在铁芯中产生磁通 $\Phi=0.001\ 4$ Wb，试问线圈中应该通入多大直流电流？

3-7　如图 3-33 所示，若气隙长度为 0.008 m，铁芯部分的平均长度为 0.392 m，铁芯材料为铸钢，要求在铁芯中产生 4.2×10^{-4} Wb 的磁通，试计算磁路所需的总磁通势。

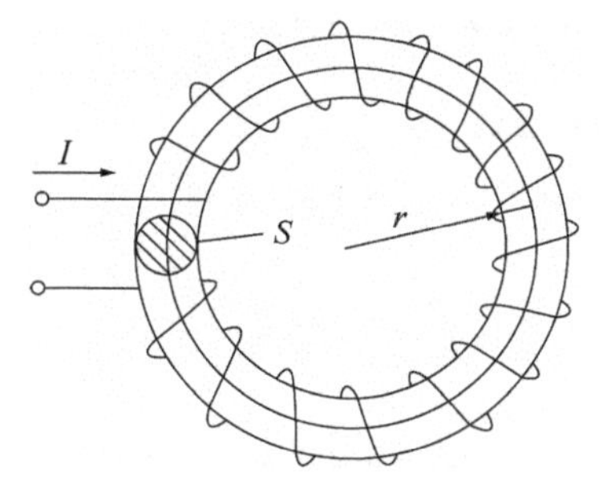

图 3-32　题 3-2 图

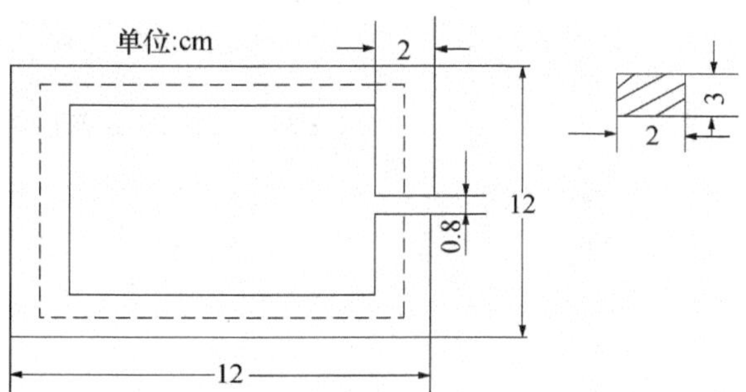

图 3-33　题 3-7 图

3-8　简述变压器铁芯结构和绕组结构的形式。

3-9　如果变压器一次边绕组的匝数增加一倍，而所加电压不变，试问励磁电流将有什么变化?

※3-10　有一均匀磁路,中心线长度为18 cm,截面积为12 cm^2,材料为D21硅钢片,线圈匝数为300,励磁电流为300 mA。

(1) 求该磁路的磁通势和磁通。

(2) 如保持磁通不变,改用铸铁作为铁芯材料,磁路的磁通势应是多少?

(3) 若将该磁路截去一小段留有 l_0=1 mm的气隙,铁芯材料仍为铸铁,要保持原磁通,需多大磁通势及励磁电流?

3-11　有一照明变压器,视在功率为10 kV·A,电压为3 300/220 V。今欲在二次边接上60 W、220 V大白炽灯,如果要变压器在额定情况下运行,这种电灯可接多少个,并求一次边、二次边的额定电流。

3-12　自耦变压器为什么不能用做安全变压器使用?

3-13　何谓变压器绕组的同极性端?如何判断同极性端?

注意:本章中所述的铸铁、铸钢及硅钢片的磁化曲线如图3-34所示。

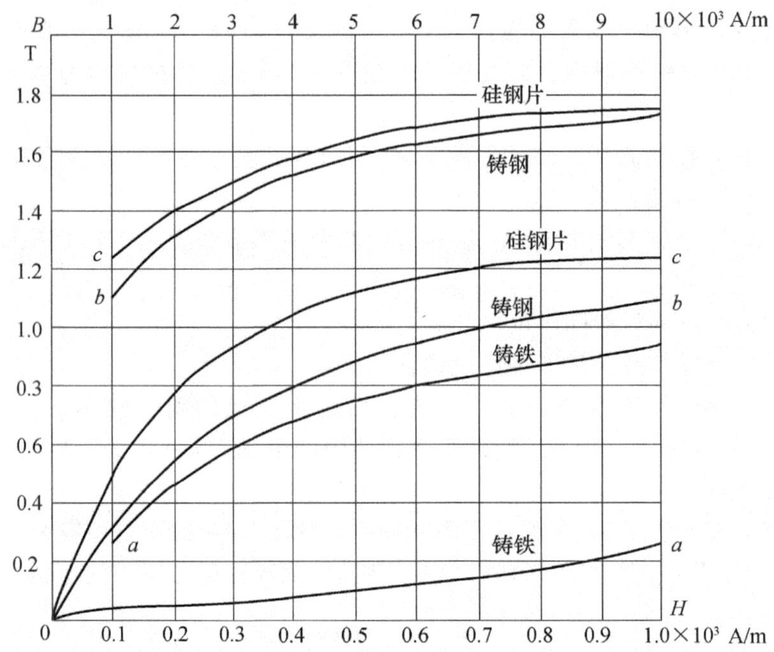

图3-34　铸铁、铸钢及硅钢片的磁化曲线

第 4 章　电动机

电动机的作用是把电能转换为机械能。电动机的种类很多，型号各异，用途不同。电动机可分为直流电动机和交流电动机两大类；交流电动机又可分为三相、单相或同步、异步电动机等。异步电动机由于结构简单、价格低廉，制造、使用和维护方便，工作可靠，效率高以及容易实现自动控制等原因，因此获得了广泛的应用。只有在需要均匀调速的生产或运输机械设备中，异步电动机才让位于直流电动机。本章将着重讨论三相异步电动机，并对单相异步电动机、特种电动机的工作原理作简要的介绍。

4.1　三相异步电动机的结构与工作原理

4.1.1　三相异步电动机的结构及特点

三相异步电动机的种类、规格甚多，但在结构上主要是由静止的定子和转动的转子两部分组成；除此以外，还有嵌放定子和支撑转子的机座及端盖、轴承、接线盒、风扇等附件。其实物示意如图 4－1 所示。

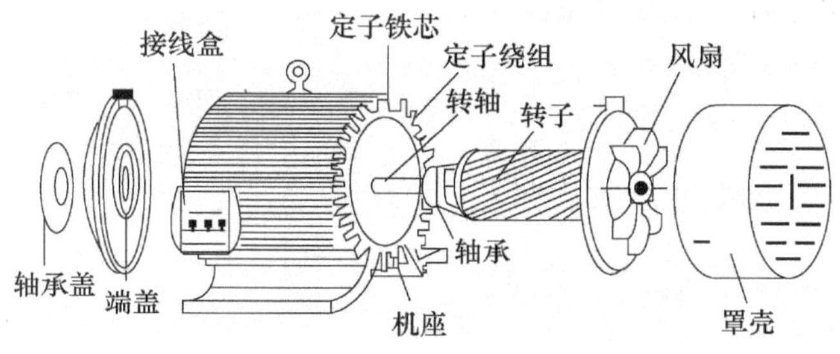

图 4－1　三相笼型异步电动机的构造

1. 定　子

定子主要功能是从电网吸收电能产生旋转磁场，带动转子转动。定子一般由定子铁芯、定子绕组和机座三部分组成。

(1) 定子铁芯：由硅钢片叠成，构成电动机的磁路，如图 4－2 所示。

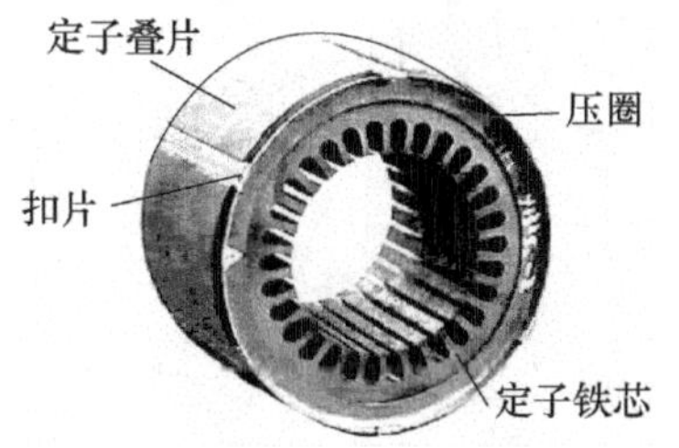

图 4－2　三相异步电动机的定子铁芯

(2) 定子绕组:由铜线绕制而成,构成电动机的电路,其接线方法如图 4-3 所示。

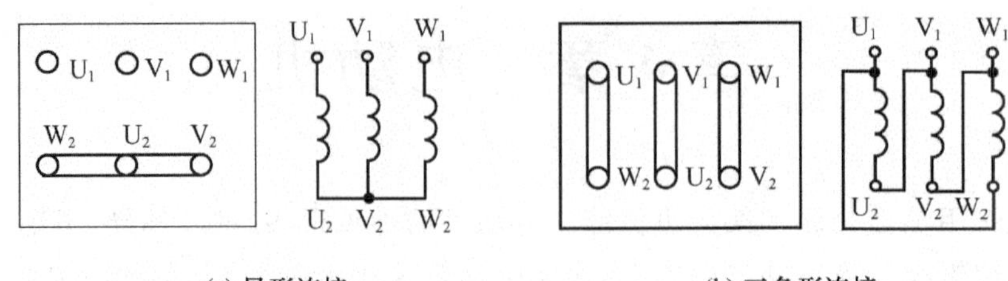

图 4-3 三相异步电动机的接线方法

(3) 机座:一般由铸铁或铸钢制成,构成电动机的支架。

2. 转 子

转子主要功能是与定子铁芯构成完整磁路产生电磁转矩,输出机械能。转子一般由转子铁芯、转子绕组和转轴三部分组成。

(1) 转轴:由中碳钢制成,主要功能是支撑转子铁芯和绕组,输出机械转矩;保证定子与转子间有一定均匀气隙。

(2) 转子铁芯:和定子铁芯相似,由圆周表面冲有槽的硅钢片叠成的圆柱体组成。

(3) 转子绕组:放置在转子铁芯槽内,有笼型和绕线型两种形式。

① 笼型转子:由铸铝导条或铜条组成,端部用短路环短接,如图 4-4 所示。

② 绕线型转子与定子绕组相似。

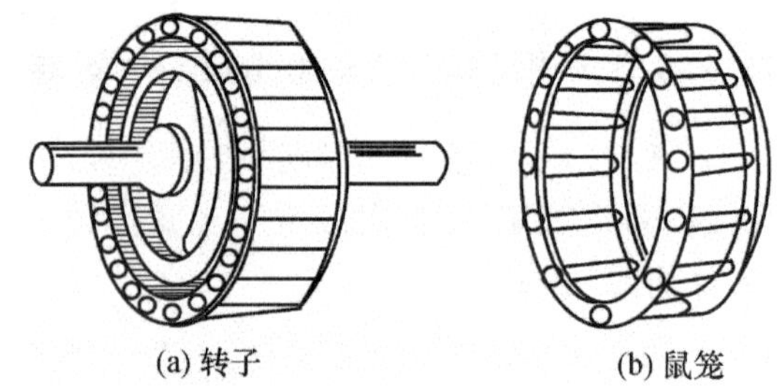

图 4-4 笼型电动机的转子

4.1.2 三相异步电动机的工作原理

三相异步电动机转动原理包含三方面。

1. 定子绕组中电生磁

1) 旋转磁场的产生

图 4-5 表示作星形连接的对称定子绕组 U_1U_2,V_1V_2,W_1W_2 在空间互差 120°排列。

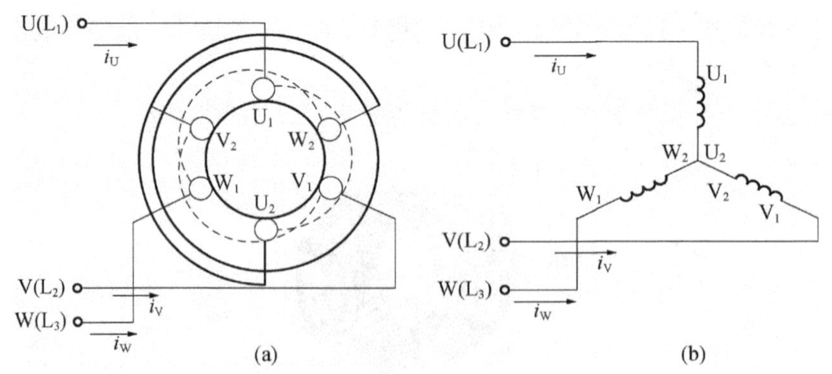

图 4-5 三相定子绕组连接示意图

当把它们的首端 U_1、V_1、W_1 接到三相对称的正弦交流电源上时，便有三相对称电流流过三个绕组，其瞬时值表达式为

$$i_U = I_m \sin \omega t, \quad i_V = I_m \sin(\omega t - 120°), \quad i_w = I_m \sin(\omega t + 120°) \qquad (4-1)$$

其波形如图 4-6 所示。

绕组中电流的实际方向，可由对应瞬时电流的正负来确定。为讨论问题方便，现规定：电流正方向从首端流入，末端流出。当电流为正时，首端用⊕表示流入，末端用⊙表示流出。反之，当电流为负时，首端用⊙表示流入，末端用⊕表示流出。由此可分析不同时刻由三相电流所产生的合成磁场情况。

(1) 当 $\omega t=0$ 时，$i_U=0$，第一相绕组内没有电流，不产生磁场；i_V 是负值，第二相绕组的电流是由 V_2 端流入，V_1 端流出；i_W 是正值，第三相绕组的电流是由 W_1 端流入，W_2 端流出。根据右手螺旋定则，可以描绘出此时的合成磁场，方向指向下方，即定子上方为 N 极，下方为 S 极，如图 4-6(a)所示。可见，用这种方式布置绕组，产生的是两极磁场，磁极对数 $p=1$。

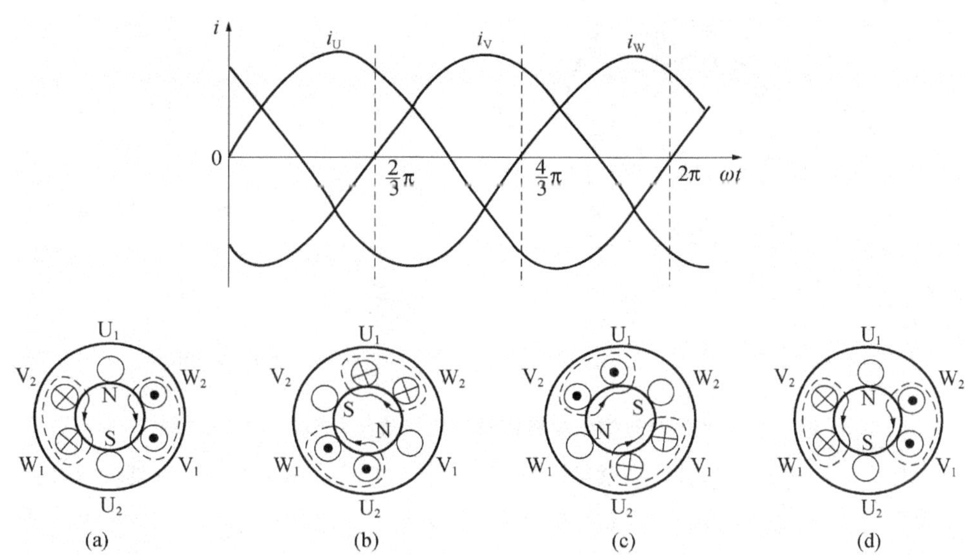

图 4-6　由三相对称电流产生的旋转磁场

(2) 当 $\omega t=\frac{2\pi}{3}$时，即经过$\frac{1}{3}$周期后，i_U 由零值变到正值，第一相绕组的电流是由 U_1 端流入，U_2 端流出；i_V 变为零值，第二相绕组内没有电流，不产生磁场；i_W 已变为负值，第三相绕组的电流是由 W_2 端流入，W_1 端流出。根据右手螺旋定则，此时的合成磁场按顺时针方向在空间转了 120°，如图 4-6(b)所示。

(3) 当 $\omega t=\pi$ 时，用上述方法可知，此时三相电流产生的合成磁场方向已从 $\omega t=0$ 时的位置沿顺时针方向转过了 180°；当 $\omega t=\frac{4\pi}{3}$时，合成磁场转过 240°，如图 4-6(c)所示；当 $\omega t=2\pi$ 时，合成磁场方向已从 $\omega t=0$ 时的位置沿顺时针方向转过了 360°，即一周，如图 4-6(d)所示。

2) *旋转磁场的转速*

从前面的分析可知，当 $p=1$(一对磁极)时，对于图 4-6 所示，三相电流从 $\omega t=0°$变到 $\omega t=90°$，旋转磁场也转动了 90°空间角。当电流变化一周时，磁场恰好在空间旋转了一圈。设

电流的频率为 f_1，则每分钟变化 60 f_1次，旋转磁场的转速为

$$n_0 = 60f_1$$

n_0 的单位为 r/min(转每分)。若 f_1 为 50 Hz 的工频交流电，则此时的旋转磁场的转速为3 000 r/min。

如果电动机绕组由原来的三个绕组增至为六个绕组(为了理解方便，仍使用单匝绕组)，每个绕组的始端(或末端)之间在定子铁芯的内圆周上按互差 60°的规律进行排列。每相绕组由两个串联的线圈组成，如图 4-7 所示，U_1U_2 与 $U_1'U_2'$串联，相头为 U_1，相尾为 U_2'；V_1V_2 与 $V_1'V_2'$串联，相头为 V_1，相尾为 V_2'；W_1W_2 与 $W_1'W_2'$串联，相头为 W_1，相尾为 W_2'。这时的定子铁芯至少要有 12 个槽，每相中两个相隔 180°的线圈串联组成一相。按相序编出绕组顺序编号如图 4-7(a)所示，六个绕组的电气连线如图 4-7(b)所示。

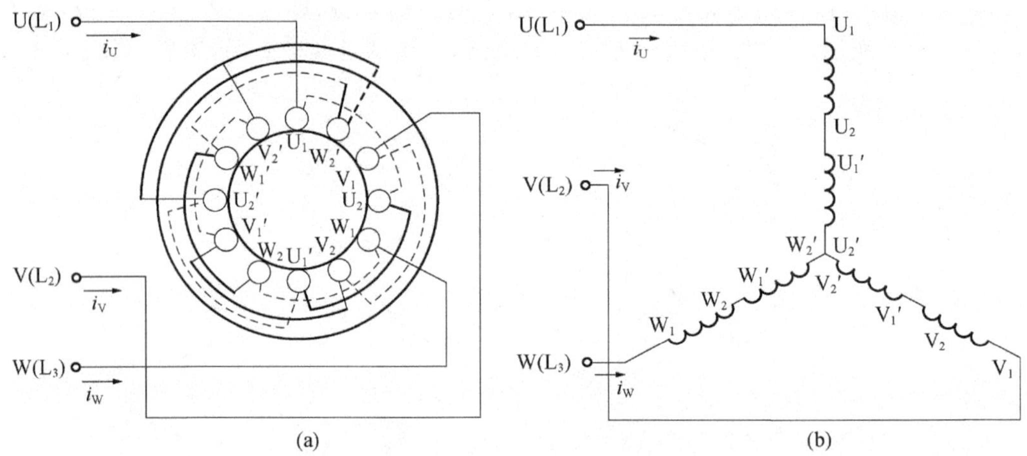

图 4-7　产生两对磁极旋转磁场的定子绕组分布及其电气连线

当三相对称交流电流通过这些线圈时(见图 4-7)，利用前述分析方法，便可得出图4-8所示的定子绕组上磁场分布情况。由此可知，两对磁极的磁场旋转速度比一对磁极的磁场转速慢了一半，即

$$n_0 = \frac{60f_1}{2}$$

同理，在三对磁极的情况下($p=3$)，电流变化一个周期，磁场在空间仅旋转了 1/3 圈，只是在 $p=1$ 情况下的转速的三分之一，即 $n_0 = \frac{60f_1}{3}$。

所以对于一般情况，当旋转磁场具有 p 对磁极时，磁场的旋转速度为

$$n_0 = \frac{60f_1}{p} \qquad (4-2)$$

式中，n_0——旋转磁场旋转速度(又称同步转速)；

f_1——三相交流电流频率；

p——磁极对数。

由式(4-2)可知，旋转磁场的转速 n_0 的大小与电流频率 f_1 成正比，与磁极对数 p 成反比。其中 f_1 由异步电动机的供电电源频率决定，而 p 由三相绕组的各相线圈串联多少决定。通常对于一台具体的异步电动机，f_1 和 p 都是确定的，所以磁场转速 n_0 为常数。

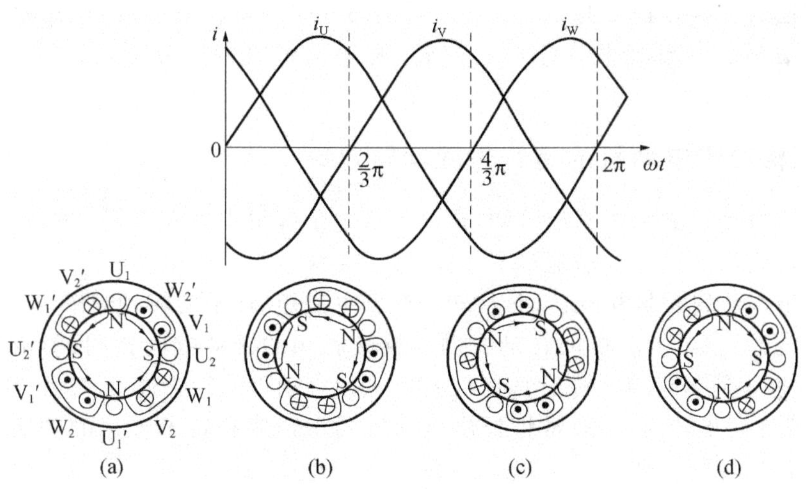

图 4－8　两对磁极旋转磁场

在我国，工频 $f_1=50$ Hz，于是由式(4－2)可得出对应于不同磁极对数 p 的旋转磁场转速 n_0，如表 4.1 所列。

表 4.1　旋转磁场的转速 n_0 与磁极对数 p 的关系

p	1	2	3	4	5	6
$n_0/(\mathrm{r \cdot min^{-1}})$	3 000	1 500	1 000	750	600	500

旋转磁场的转速 n_0 也称为“同步转速”。

3）旋转磁场的转向

由图 4－6 和图 4－8 还可看出，旋转磁场的旋转方向与通入的三相电流相序一致。在图中，电动机定子三相绕组 U_1U_2、V_1V_2、W_1W_2 是按三相电流的相序 L_1—L_2—L_3 接到三相电源上的，即 U_1U_2 绕组的电流先达到最大值，其次是 V_1V_2 绕组，再次是 W_1W_2 绕组。这时定子三相绕组中的电流是按顺时针方向排列的(见图 4－6 的三相电流波形图)。

从前面的分析知道，此时旋转磁场也是按顺时针方向转动的。如果将电源接到定子绕组上的三根引线中的任意两根对调一下，譬如将电源 L_2 相接到原来的 W_1W_2 绕组上，电源 L_3 相接至原来的 V_1V_2 绕组上，定子三相绕组中的电流相序就按逆时针方向排列，在这种情况下产生的旋转磁场将按逆时针方向旋转。读者不妨自己画图分析来加以证明。由此可见，要使旋转磁场反转，只要改变通入电动机定子绕组的三相电流相序，即只要把接到定子绕组上的任意两根电源线对调就可实现。异步电动机的转向控制也正是根据这一原理来实现的。

2. 转子绕组中磁生电

由上面的分析可知，三相定子绕组接三相交流电源后，电动机内便形成旋转磁场，设其顺时针方向旋转，则静止的转子与旋转磁场之间有相对切割运动。此时也可把磁场看成不动，而是转子相对磁场做逆时针旋转切割磁力线，于是转子导体中便感应出电动势(用右手定则可确定导体上的电势方向)，并在形成闭合回路的转子导体中产生感应电流。

3. 定了转了共同作用电生力矩

转子电流在旋转磁场中受到磁场力 F 的作用，受力方向根据左手定则可以确定，电磁力在转轴上形成电磁转矩 T。在 T 作用下，如果转轴上没有较大的阻转矩，转子就随着旋转磁场启动并运转起来。电磁转矩的方向与旋转磁场的方向一致。图4-8中磁场顺时针旋转，则转子也顺时针旋转。若磁场改为逆时针旋转，则用同样的方法分析，可得到转子也逆时针旋转。

※4.1.3 三相异步电动机的运行过程与转差率

从三相异步电动机的工作原理可知，在电动机定子绕组中通入三相对称交流电流后，产生旋转磁场。旋转磁场的磁力线切割转子导体，转子导体就感应出电动势，形成闭合路径就有感应电流。该电流与旋转磁场相互作用，使转子受到电磁矩，转子便转动起来。

需要指出的是，虽然电动机的转动方向与旋转磁场的转动方向相同，但旋转磁场的转速 n_0 与电动机转速 n 是不同的。转子的旋转速度 n(即电动机的旋转速度)略小于旋转磁场的旋转速度 n_0(一般称同步转速)。通常把异步电动机同步转速和转子转速的差值与同步转速之比称为转差率，用 s 表示，即

$$s=\frac{n_0-n}{n_0}\times 100\%$$

在正常运行范围内，转差率 s 的值较小，在1%～6%之间。

【例4-1】 一台4磁极感应电动机，电压频率为50 Hz，转速为1 440 r/min，试求：该台电动机的转差率。

解 因为磁极对数 $p=2$，所以同步转速为

$$n_0=\frac{60f_1}{p}=\frac{60\times 50\ \text{r/min}}{2}=1\ 500\ \text{r/min}$$

转差率为

$$s=\frac{n_0-n}{n_0}\times 100\%=\frac{1\ 500-1\ 440}{1\ 500}\times 100\%=4\%$$

当转子产生的电磁转矩 T 与其他机械作用在转子轴上的反抗转矩 T' 相等时，转子就匀速运转；如 $T>T'$ 时，转子则加速；当 $T<T'$ 时，转子则减速。

电动机在空载时，轴上的反抗转矩是由轴与轴承之间的摩擦及旋转部分受到的阻力等所产生，其值极小，因而此时转子产生的电磁转矩亦很小，但其转速较高，接近于同步转速。

当电动机轴上带上机械负载后，在开始瞬间，转子所产生的电磁转矩小于负载转矩，转子减速旋转。而定子的电流频率 f_1 和磁极对数 p 通常均为定值，故旋转磁场的同步转速 n_0 是恒定的，随着转子转速 n 的下降，转子与旋转磁场间的转速差(n_0-n)增大，转子导体中的感应电动势和转子电流也将增大，于是电动机的电磁转矩随之增大，直至电磁转矩等于负载转矩时，转子就不再减速，而在较低转速下又做等速运转；若把电动机的负载减小，则转子的转速便上升，其过程与上述情况相反。

4.2 三相异步电动机的特点

4.2.1 三相异步电动机的启动

异步电动机由静止状态过渡到稳定运行状态的过程称为异步电动机的启动。启动是异步电动机应用中重要的物理过程之一。异步电动机在使用过程中，总是需要启动和停机，虽然三

相异步电动机具有可以产生一定的启动转矩，拖动负载直接启动的优点；但它的启动电流过大则是必须解决的问题。

当异步电动机启动时，由于电动机转子处于静止状态，旋转磁场以最快速度扫过转子绕组，此时转子绕组感应电动势是最高的，因而产生的感应电流也是最大的，通过气隙磁场的作用，电动机定子绕组也出现非常大的电流。一般启动电流 I_{st} 是额定电流 I_N 的 5～7 倍。对于这样大的启动电流，如果频繁启动，将引起电动机过热。对于视在功率大的电动机，在启动这段时间内，甚至引起供电系统过荷，导致电源线的线电压产生波动，这可能严重影响其他用电设备的正常工作。

1. 三相笼型异步电动机的启动方法

鼠笼型异步电动机启动方法有两种：直接启动和降压启动。

1）直接启动

直接启动就是用闸刀开关和交流接触器将电动机直接接到具有额定电压的电源上。此时启动电流 I_{st} 是额定电流 I_N 的 5～7 倍，而启动转矩与额定转矩之比称为启动能力，即 $\lambda_{st}=T_{st}/T_N=1\sim2$。

直接启动法的优点是操作简单，无须很多的附属设备；主要缺点是启动电流较大。鼠笼式异步电动机能否直接启动，要视三相电源的容量而定。相对电源变压器功率容量较小的电动机，一般在 7.5 kW 以下的电动机可以直接启动，7.5 kW 以上的电源容量满足下述条件的也可以直接启动，公式为

$$K_{st}=\frac{I_{st}}{I_N}\leqslant\frac{1}{4}\left(3+\frac{P_s}{P}\right)$$

式中，P_s 为供电变压器总容量(功率)，单位 kV·A；P 为电动机容量，单位 kW。不能满足上述条件或启动频繁的电动机，应采用降压启动，并将启动电流限制到允许的数值。

2）降压启动

这种方法启动时，设法降低加到定子上的电压，待电动机转速上升达一定值时，再加全电压。用降低异步电动机端电压的方法来减小启动电流。由于异步电动机的启动转矩与端电压的平方成正比，所以采用此方法时，启动转矩比同时减小，则该方法只适用于对启动转矩要求不高的场合，即空载或轻载的场合。常用的降压启动方法有下列几种：

(1) 定子串电阻或电抗降压启动　在定子电路中串电阻启动的方法如图 4－9 所示。启动时，先合上电源开关 S_1，此时启动电流要在电阻 R_{st} 上产生电压降，故加到电动机两端的电压减小，使启动电流减小。待转速升高后，再合上开关 S_2，把电阻 R_{st} 短接，使电动机在额定电压下工作。由于启动时电路的阻抗主要是感抗，而阻抗是电阻和感抗的“向量和”，所以这种启动方法中要串接较大的电阻才能得到一定的电压降。这样就消耗了大量的电能。

如在定子电路中串接电抗器，亦可达到减小启动电流的目的，其启动电路如图 4－10 所示。串电抗时能量损耗要比串电阻时小。

这种启动方式设备简单，运行可靠，但启动转矩比启动电流减小得更多。

(2) 自耦补偿启动(自耦变压器降压启动)　启动电路如图 4－11 所示，把开关放在启动位置，使电动机的定子绕组接到自耦变压器的二次边。此时加在定子绕组上的电压小于电网电压，从而减小了启动电流。等到电动机的转速升高后，再把开关从启动位置迅速扳到运行位置。此时电动机便直接和电网相接，而自耦变压器则同电网断开。

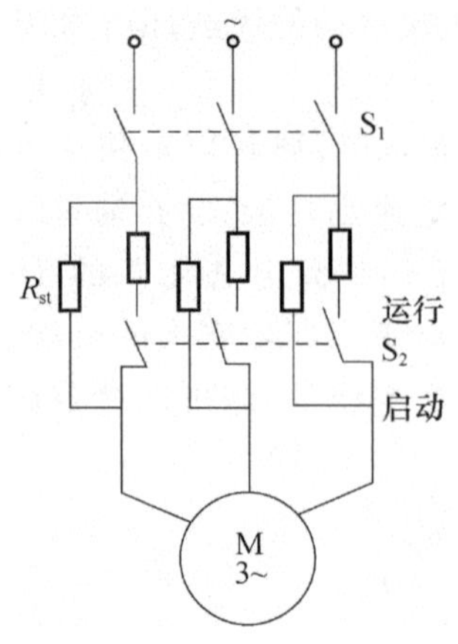

图 4-9 笼型异步电动机串电阻减压启动

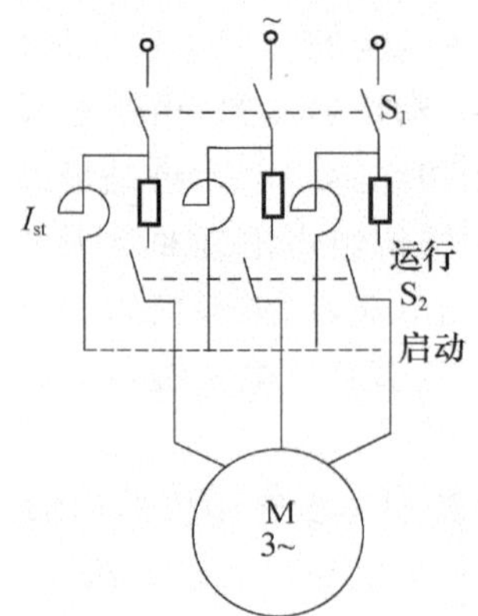

图 4-10 笼型异步电动机串电抗减压启动

视在功率较大的(尤其是大视在功率而且在正常工作时作 Y 形连接)笼型电动机常采用自耦变压器启动。这种启动方式的特点是 T_{st} 和 I_{st} 降低的倍数相同,T_{st} 和 I_{st} 可调(一般有 40%、60%和 80%三挡或 55%、64%和 73%三挡),可带较重负载启动,但设备复杂,维护麻烦,体积大,质量重,价格高。自耦变压器降压启动适用于视频功率较大带较重负载启动且不频繁的场合。

(3) 星形—三角形(Y—△)启动 星形—三角形启动法适用于正常运行时绕组为三角形连接的电动机,电动机的三相绕组的六个出线端都要引出,并接到转换开关上。电动机在正常运行时作三角形连接(例如电动机每相绕组的额定电压为 380 V,电力网的线电压亦为 380 V),则启动时把它改接为星形,使加在每相绕组上的电压降低到额定值的 $1/\sqrt{3}$,因而启动电流减小。待电动机的转速升高后,再通过开关把它改换为三角形连接,使它在额定电压下运转。这种方法只适用于中小型笼型异步电动机。图 4-12 所示的是这种方法的原理接线图。

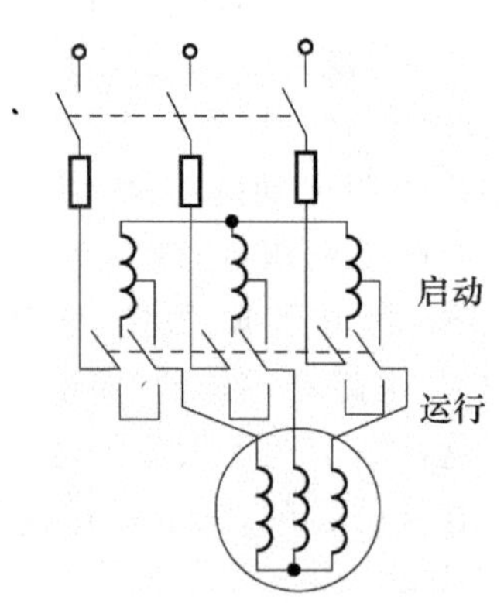

图 4-11 笼型异步电动机自耦变压器降压启动

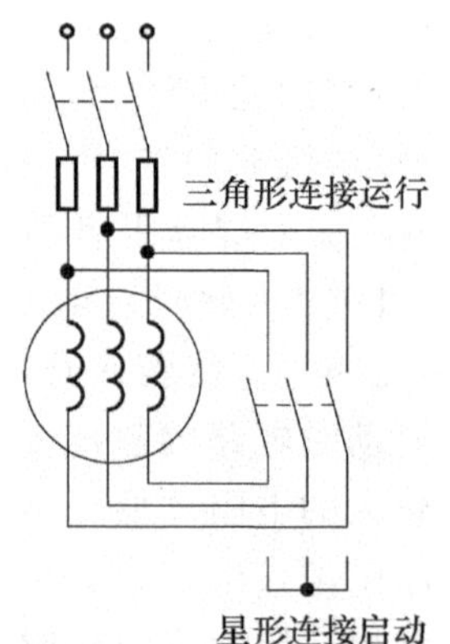

图 4-12 笼型异步电动机星形—三角形降压启动

这种方法的特点是设备简单、体积小、质量轻、无损耗、运行可靠、维护简单、启动电流小,但启动转矩小(只有直接启动时的 1/3),只能用于正常运行时的三角形接法的电动机。星形—三角形(Y—△)启动适用于轻载启动且正常运行时的三角形接法的电动机。

2. 三相绕线转子异步电动机的启动方法

到现在为止，本书一直把分析的重点放在笼型异步电动机上。这是因为这种类型的电动机使用极为广泛。然而，绕线转子异步电动机也具有一些笼型电动机所不具备的特殊的性能。

笼型异步电动机为了限制启动电流而采用降压启动的方法，虽然启动电流变小了，但启动转矩也随之变小。电动机理想的启动特性应当是启动电流小，启动转矩要大；而降压启动法只满足了其中的一个方面。因此对于不仅要求启动电流小，而且要求有相当大的启动转矩的场合，往往不得不采用启动性能较好而价格昂贵、构造复杂的绕线转子异步电动机了。

绕线转子异步电动机的特点是可以在转子绕组电路中串入附加电阻，不仅可以使启动电流减小，而且可以使启动转矩增大，使电动机具有良好的启动性能。

虽然在转子回路串入电阻后获得了比较大的启动转矩，但电动机的机械特性也变“软”了。所以当电动机启动到接近额定转速后，就把串在转子绕组中的电阻短路掉，使电动机恢复到原来的机械特性上。

1）转子回路串电阻启动

其原理接线如图 4－13 所示。启动前将启动变阻器调至最大值的位置，当接通定子上的电源开关，转子即开始慢速转动起来，随即把变阻器的电阻值逐渐减小到零位，使转子绕组短接，电动机便进入工作状态。电动机切除电源停转后，还应使启动变阻器回到启动位置。

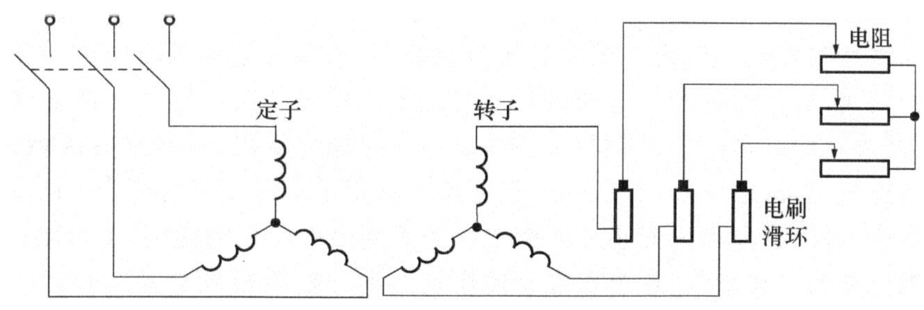

图 4－13　绕线转子异步电动机转子回路串电阻启动

这种启动方法的特点是结构简单，启动电流 I_{st} 小，启动转矩 T_{st} 大，适用于功率较大且重载启动的电动机。应当指出的是，尽管绕线转子电动机启动性能较好；但笼型电动机由于具有构造简单、价格便宜、工作可靠等优点，随着电力电子技术和控制技术的发展，各种针对笼型异步电动机发展起来的电子型降压启动器、变频调速器等装置的推广和使用，使得结构复杂，价格昂贵、维护困难的绕线转子异步电动机的使用范围变得越来越窄，在不需要大的启动转矩的生产机械上通常还是采用笼型电动机。

2）转子串联频敏变阻器启动

绕线转子异步电动机用转子串接启动电阻的启动方法，可以增大启动转矩，减小启动电流；但是若要在启动过程中始终保持有较大的启动转矩，使启动平稳，就必须增加启动级数。这就会使启动设备复杂化。为此可以采用在转子电路中串入频敏变阻器的启动方法。所谓频敏变阻器，实质上就是一个铁耗很大的三相电抗器；从结构上看，它好似一个没有二次绕组的三相芯式变压器。当电动机启动时，转子频率较高，频敏变阻器的等效电阻也较大。在启动过程中，随着转子转速 n 的上升，转子频率逐渐降低，频敏变阻器的等效电阻逐步下降，相当于转子电路串接电阻随 n 的上升自动相应减小，以使启动过程中，启动转矩大且较稳定，启动过程快且平稳。

转子串联频敏变阻器启动适用于频繁启动的绕线转子异步电动机。频敏变阻器结构简单、价格便宜、启动性能好、便于自动操作,I_{st}和T_{st}可调,因此应用日益广泛。但与转子串电阻的启动方法相比,由于频敏变阻器还具有一定的电抗,在同样的启动电流下,启动转矩要小些。

4.2.2 三相异步电动机的调速、反转和制动

1. 三相异步电动机的调速

调速就是电动机在同一负载下得到不同的转速,以满足生产过程的需要。有些生产机械,为了加工精度的要求,例如一些机床,需要精确调整转速。另外,像鼓风机、水泵等流体机械,根据所需流量调节其速度,可以节省大量电能。所以三相异步电动机的速度调节是一个非常重要的应用方面。

由异步电动机的转速公式

$$n = n_0(1-s) = \frac{60f_1}{p}(1-s)$$

可见,三相异步电动机的调速方法,有改变磁极对数p(变极调速)、改变频率f_1(变频调速)和改变s(改变转差率调速)三种。下面分别介绍这几种调速方法。

1) 变极调速

变极调速就是改变电动机旋转磁场的磁极对数p,从而使电动机的同步转速发生变化而实现电动机的调速,通常通过改变电动机定子绕组的连接来实现。这种方法的优点是操作设备简单(转换开关);缺点是磁极对数只能按1,2,3…的规律变化,只能是有级调速,因而电动机的转速不能连续、平滑地进行调节,因此只适用于不要求平滑调速的场合。改变绕组的连接可以有多种形式,可以在定子上安装一套能变换为不同磁极对数的绕组,也可以在定子上安装两套不同磁极对数的单独绕组,还可以混合使用这两种方法以得到更多的转速。绕组的磁极对数可以改变的电动机称为“多速电动机”,最常见的是双速电动机。三相异步电动机变极调速的典型线路有Y—YY型和△—YY型两种。

但要注意,磁极对数成倍变化时,必须同时改变出线端的相序(如将V、W相对调)。例如磁极对数由p变为$2p$时,V相绕组与U相绕组的相位差变为240°,W相与U相差$2\times240°=480°$,相当于120°。如果不改变电源相序,电动机将反转。另外,由于绕线式转子绕组不易改变磁极对数,而笼型转子绕组的磁极对数总与定子绕组的磁极对数相同,所以变极调速只能用于笼型异步电动机。

由于上述调速方法比较经济、简便,故常用在金属切削机床或其他生产机械上,来代替笨重的变速箱。

2) 变频调速

通过变频器把频率为50 Hz工频的三相交流电源变换成为频率和电压均可调节的三相交流电源,然后供给三相异步电动机,改变f_1,即改变n_0,从而使电动机的速度得到调节。

变频电源采用电力电子器件变频装置。变频调速时,一般希望磁通Φ保持不变。为使Φ保持不变,就要保持U/f_1为定值,即改变f_1的同时按比例改变U,这时电动机容许输出的转矩不变,为恒转矩调速方式。一般在额定频率往下调时,采取这种调速方式。但从额定频率往上调时,电压不容许按比例上升而只能保持额定,此时,f_1越高,Φ越弱,容许输出的转矩越

小，而输出转速越高，为恒功率调速方式。

变频调速属于无级调速，具有机械特性曲线较硬的特点。变频调速的调速性能最好，只是目前装置价格较高，随着电子技术的不断发展，变频调速的应用将越来越广。

3）转子回路串电阻调速

通过改变转子绕组中串接调速电阻的大小来调整转差率实现平滑调速的，又称为变阻调速。调速电阻的接法与启动电阻相同。由于转子电流较大，所以电阻级数少，调节所串电阻，即可调节转速。

这种方法只适用于绕线式异步电动机，属改变转差率 s 调速，优点是设备简单，初期投资低，操作方便。但它是有级调速，调速范围受允许转差率限制，只能达到 2～3。损耗大，效率低。

一般用于功率不大的恒转矩负载，如起重机械，也可用于通风机负载。

2. 三相异步电动机的反转

在生产上常需要使电动机反转。如前所述，因为三相异步电动机的转动方向是由旋转磁场的方向决定的，而旋转磁场的转向取决于定子绕组中通入三相电流的相序。因此，要改变三相异步电动机的转动方向非常容易，只要将电动机三相供电电源中的任意两相对调，这时接到电动机定子绕组的电流相序被改变，旋转磁场的方向也被改变，电动机就实现了反转。这种换接可通过双摆开关来实现。

3. 三相异步电动机的制动

当电动机与电源断开后，由于电动机的转动部分有惯性，所以电动机仍继续转动，要经过若干时间才能停转；但在一些工业应用中，要求电动机能够在很短的时间内停止运转，以提高生产率，这就是电动机的制动工作状态。所谓制动是指电动机的转矩 T 与电动机转速 n 的方向相反时的情况，此时电动机的电磁转矩起制动作用，使电动机很快停下来。

1）电源反接制动

如图 4－14 所示，若异步电动机正在稳定运行时，将其连至定子电源线中的任意两相反接，电动机三相电源的相序突然转变，旋转磁场也立即随之反向。转子由于惯性的原因仍在原来方向上旋转，此时旋转磁场转动的方向同转子转动的方向刚好相反。转子导条切割旋转磁场的方向也同原来相反，所以，产生的感应电流的方向也相反，由感应电流产生的电磁转矩也同转子的转向相反，对转子产生强烈制动作用，电动机转速迅速下降为零，使被拖动的负载快速制动。这时，需及时切断电源，否则电动机将反向启动旋转。这种制动的特点是在制动时，转子回路产生很大的冲击电流，从而也对电源产生冲击。为了限制电流，在制动时，常在笼型电动机定子电路串接电阻限流。在电源反接制动下，电动机不仅从电源吸取能量，而且还从机械轴上吸收机械能（由机械系统降速时释放的动能转换而来）并转换为电能，这两部分能量都消耗在转子电阻上。这种制动方法的优点是制动强度大，制动速度快。缺点是能量损耗大，对电动机和电源产生的冲击大，易损坏传动部件，频繁的反接制动，会使电动机过热而损坏，也不易实现准确停车。

2）能耗制动

如图 4－15 所示，将电源开关断开使电动机脱离三相电源后，使定子绕组中通过直流电。于是在电动机内便产生一个恒定的不旋转磁场。此时转子由于惯性继续旋转，转子绕组切割定子绕组产生恒定磁场，产生感应电动势和电流，转子载流导体在磁场中受到电磁力的作用，产生与转向相反的转矩,电动机进入制动状态。随着转速的降低,制动转矩亦随之减少,减到 $n=0$ 时,$T=0$,故可用于准确停车。这种制动方法就是把电动机轴上的旋转动能转变为电能,消耗在制动电阻上,故称为能耗制动。能耗制动的优点是制动力较强且平稳,无冲击。但其需要直流电源,在电动机功率较大时直流制动设备价格较贵,低速时制动转矩小。

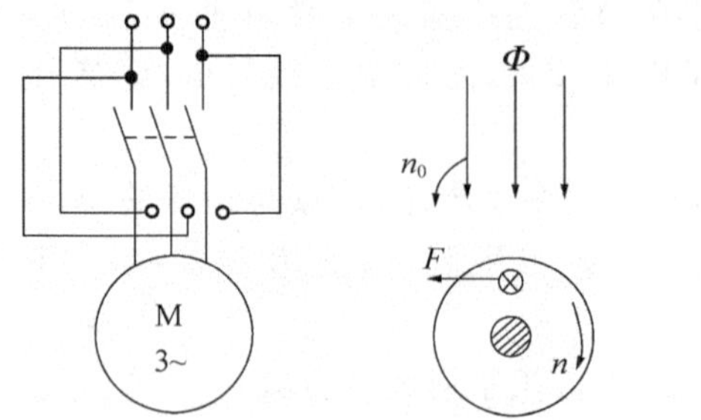

图 4-14　异步电动机电源反接制动

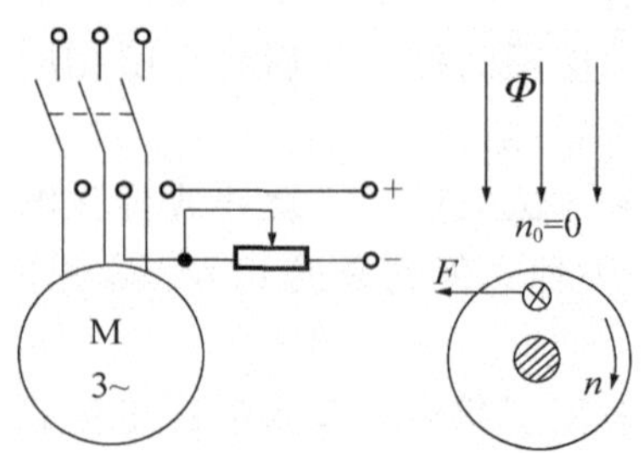

图 4-15　异步电动机能耗制动

4.2.3　三相异步电动机铭牌及电动机的选择、使用和维护

1. 三相异步电动机铭牌

电动机机座上的铭牌记载着电动机正常运行时的各种额定数据,正确地选择和使用电动机,就要详细了解电动机的铭牌数据。电动机铭牌提供了许多有用的信息,因为根据铭牌数据可以了解到有关这个电动机的结构、电气、机械等性能参数。下面以 Y132M-4 型电动机为例,来说明铭牌(见图 4-16)上各个数据的意义。Y 系列电动机是我国 20 世纪 80 年代设计的封闭型笼型三相异步电动机,是取代 JO2 系列的更新换代产品。这一系列电动机高效、节能、启动转矩大、振动小、噪声低,运行安全可靠,适用于对启动和调速等无特殊要求的一般生产机械。如切削机床、鼓风机、水泵等。

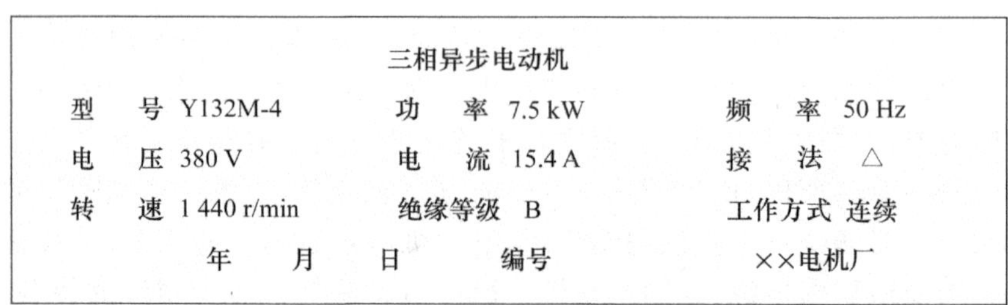

三相异步电动机		
型　号 Y132M-4	功　率 7.5 kW	频　率 50 Hz
电　压 380 V	电　流 15.4 A	接　法 △
转　速 1 440 r/min	绝缘等级 B	工作方式 连续
年　月　日	编号	××电机厂

图 4-16　三相异步电动机的铭牌

(1) 型号

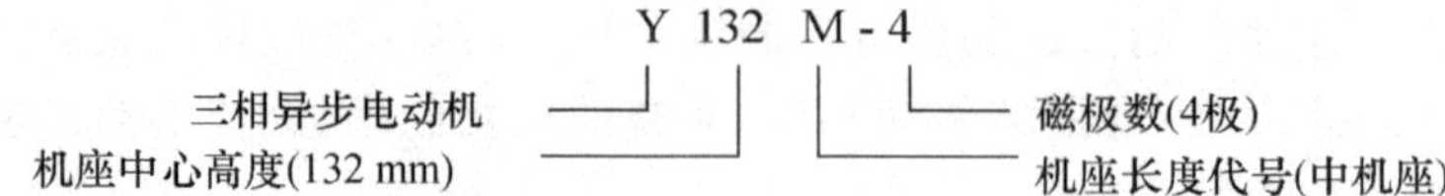

(2) 接法　指定子三相绕组的连接方式,三角形接法或者星形接法。

如 4.1.1 所述,一般笼型电动机接线盒中有 6 根引出线,标有 U_1、V_1、W_1;U_2、V_2、W_2。其中 U_1、V_1、W_1 分别为三相绕组的首端;U_2、V_2、W_2 分别为三相绕组的尾端。这 6 根引出线有两种连接方法:星形(Y)接法和三角形(△)接法,如图 4-3 所示。必须按铭牌所规定的接法连接,电动机才能正常运行。

(3) 额定值　正常运行时的主要数据指标。

① 功率与效率　铭牌上所标的功率值是指电动机在额定运行时轴上输出的额定机械功率 P_N。常有人把 P_N 误认为电动机从电网输入的电功率,其实这两个功率并不相等。其差值等于电动机本身的损耗功率,包括铜损、铁损及电动机轴承等的机械损耗等。所谓效率就是电动机铭牌上给出的功率同电动机从电网输入电功率的比值。

② 频率　这里指电网电压的频率,在我国是工频,实际值为 50 Hz。

③ 电压　铭牌上所标的电压是指电动机在额定运行时定子绕组上加的额定线电压值。

④ 电流　铭牌所标的电流值是指电动机在额定运行时定子绕组的额定线电流值。当电动机空载或轻载时,都小于这个电流值。

⑤ 功率因数　因为电动机是电感性负载,定子相电流比定子相电压滞后一个 φ 角,$\cos\varphi$ 就是电动机的功率因数。三相异步电动机功率因数较低,在额定负载时约为 0.7～0.9,而在轻载和空载时更低,空载时只有 0.2～0.3。因此,必须正确选择电动机的容量,使电动机能保持在满载下工作。

⑥ 转速　铭牌所给出的转速是指电动机在额定负载下的额定转速。额定转速是电动机在额定电压、额定容量、额定频率下运行时每分钟的转数。电动机所带负载不同而转速略有变化。轻载时稍快,重载时稍慢些。如果是空载,接近同步转速。

(4) 绝缘等级、温升　绝缘等级是指电动机所采用的绝缘材料的耐热等级。绝缘材料按其耐热的程度来划分,可分为 A、B、C、D、E、F、H 级。电动机的温度对绝缘影响很大。如电动机温度过高,则会使绝缘老化,缩短电动机寿命。如果温度超过很多,甚至使绝缘全部破坏。绝缘等级越高,耐热能力就越强。为使绝缘不致老化,对电动机绕组温度做了一定的限制。异步电动机的温升是指定子铁芯和绕组温度高于环境温度的允许温差。电动机的容许温升与材料的绝缘等级有关:

如果绝缘等级为 B,在环境温度 40°时,容许绕组发热的温度不能超过 120°;

如果绝缘等级为 E,在环境温度 40°时,容许绕组发热的温度不能超过 115°;

如果绝缘等级为 A,在环境温度 40°时,容许绕组发热的温度不能超过 100°。

(5) 工作方式　指电动机工作在连续工作制,还是短时或断续工作制。若标为连续,表示电动机可在额定功率下连续运行,绕组不会过热;若标为短时,表示电动机不能连续运行,而只能在规定的时间内依照额定功率短时运行,这样不会过热;若标为断续,表示电动机的工作是短时制,但能多次重复运行。

2. 三相异步电动机的选择

合理选择电动机关系到生产机械的安全运行和投资效益。可根据生产机械所需功率选择电动机的视在功率,根据工作环境选择电动机的结构形式,根据生产机械对调速、启动的要求选择电动机的类型,根据生产机械的转速选择电动机的转速。在实际工作中,从技术的角度来考虑,选择一台异步电动机通常从以下几个方面进行。

1) 种类和形式的选择

(1) 种类的选择　如果对电动机的启动和调速没有特殊的要求,一般应用场合应尽可能选用笼型电动机。

只有在不仅要求启动电流小,而且要求有相当大的启动转矩,而不能采用笼型电动机的场合才选用绕线转子电动机。

(2) 电动机类型的选择　根据电动机工作环境、工作性质和条件要求,合理地选择电动机的类型,如开启式、防护式、封闭式电动机。

2) 功率的选择

功率的选择实际上也就是视在功率的选择,选择太大,视在功率没得到充分利用,既增加投资,也增加运行费用。如选得过小,电动机的温升过高,影响寿命,严重时,可能还会烧毁电动机。对于长期运行(长时工作制)的电动机,可选其额定功率 P_N 等于或略大于生产机械所需的功率;对于短时工作制或重复短时制工作的电动机,可以选择专门为这类工作制设计的电动机,也可选择长时制电动机;但可根据间歇时间的长短,电动机功率的选择要比生产机械负载所要求的功率要小一些。

3) 转速的选择

异步电动机的速度由于受到电源频率和电动机旋转磁场极对数的限制,选择范围并不大。一般电动机速度的选择依赖于所驱动的机械负载速度。对于速度较低的机械设备,宁可使用机械变速装置而选用速度较高的电动机,而不使用低速电动机进行直接驱动。

使用变速箱有几个优点:对于给定的输出功率,高速电动机的价格和尺寸比低速电动机小得多,但其效率和功率因数却比较高;在相同的功率下,高速电动机的启动转矩要比低速电动机大得多。在不要求速度平滑变化的场合,可以选用双速和多速电动机。笼型电动机根据定子绕组连接上的变化使旋转磁场的磁极对数改变,可以得到多种速度。同单速相比,双速电动机的功率因数和效率都相对低一些。对于两种不同的速度,电动机可以设计成相同的功率和转矩;也可设计成不同的功率和转矩。双速电动机的速度比一般是 2∶1。如果用这种速度比的电动机来驱动风扇,这个比值就太大了,原因是风扇的功率是随速度的平方而变化的。一般情况下,速度下降一半,功率要下降 1/8。为了解决这个问题,一些三相异步电动机的绕组被设计成低速比的绕组,像 8/10,14/16,26/28,38/46 等。这样,当速度变化时,电动机的功率变化的幅度就比较小了。

4) 电压的选择

电动机电压等级的选择,要根据电动机的类型、功率以及使用地点的电源电压来决定。Y 系列笼型电动机的额定电压只有 380 V 一个等级。只有大功率的电动机才采用 3 000 V 和 6 000 V的电压。

5) 极端工作条件的影响

上面是选用异步电动机的一般原则。但是在实际工程实践中,除了考虑电动机正常工作的一方面作为选择电动机的主要依据外,有时也要把电动机极端工作条件的因素考虑进去。对于异步电动机而言,极端的工作条件主要来自机械过载和电网电压波动:标准的异步电动机可以在短时间内承受两倍的机械过载,但过载时间过长会引起电动机过热,过热会损坏电动机的绝缘并影响电动机的使用寿命。一些开启式电动机可以承受 15%的过载,容许比额定负载时的温度高 10℃。在特殊、紧急的情况下,在空气流通条件较好时,开启式电动机可过载 25%。但是并不鼓励这样做,虽然电动机的外部温度不高,然而电动机内部绕组的温度还是很高的。由于异步电动机的转矩同电源电压的平方成正比,因此如果定子电压减少 10%,电磁转矩几乎近似下降 20%。异步电动机有非常大的启动电流,在电源线上产生较大的压降,所以定子电压下降往往发生在电动机启动的时候,由此所产生的结果是启动转矩小于负载转矩,电动机根本启动不起来。这样，持续流入定子绕组的大电流，会使定子绕组过热而烧毁电动机。

另一方面，当电动机在额定负载情况下旋转运行时，如果电源电压过高，则每极下的磁通将增大，这将引起电动机的铁损和激磁电流加大，因而引起电动机的温度上升，功率因数降低。如果三相电压不平衡，将引起三相电流不平衡，最终导致定子铁芯和转子铁芯的铁损增加，使电动机的温度上升。如果三相电源的不平衡度为 3.5%，可使电动机温度升高 15 ℃。所以三相电源的线电压的不平衡度不能超过 2%。

以上问题，在选择电动机时，都应加以重视。只有这样全面考虑了各方面的因素，才能对电动机做出合理、正确的选择。

3. 三相异步电动机的使用与维护

正确使用电动机应保证以下三个运行条件：

(1) 电源条件　电源电压、频率和相数应与电动机的铭牌数据相等。电源电压为对称系统、电压额定值的偏差不超过±5%(频率为额定值时)；频率的偏差不得超过±1%(电压为额定值时)。

(2) 环境条件　电动机运行地点的环境温度不得超过 40℃，适用于室内通风干燥等。

(3) 负载条件　电动机的性能应与启动、制动、不同定额的负载以及变速或调速等负载条件相适应，使用时应保证负载不得超过电动机的额定功率。

正常运行时的维护应注意以下几点：

(1) 电动机在正常运行时的温升不应超过允许的限度　运行时，值班人员应经常注意监视各部位的温升情况。

(2) 监视电动机负载电流　电动机过载或发生故障时，都会引起定子电流剧增，使电动机过热。电气设备都应有电流表监视电动机负载电流，正常运行的电动机负载电流不应超过铭牌上所规定的额定电流值。

(3) 监视电源电压、频率的变化和电压的不平衡度　电源电压和频率的过高或过低，三相电压的不平衡都会造成电流不平衡，都可能引起电动机过热或其他不正常现象。电流不平衡度不应超过 10%。

(4) 注意电动机的气味、振动和噪声　绕组因温度过高就会发出绝缘焦味。有些故障，特别是机械故障，很快反映出振动和噪声。因此在闻到焦味或发现不正常的振动或碰擦声，特大的“嗡嗡”声或其他杂音时，应立即停电检查。

(5) 经常检查轴承发热、漏油情况，定期更换润滑油　滚动轴承润滑脂不宜超过轴承室容积的 70%。

(6) 检查电刷与集电环间的状况　对绕线转子电动机，应检查电刷与集电环之间的接触，检查电刷磨损以及火花情况，如火花严重必须及时清理集电环表面，并校正电刷弹簧压力。

(7) 保持电动机内部环境　注意保持电动机内部清洁，不允许有水滴、油污以及杂物等落入电动机内部。电动机的进风口和出风口必须保持畅通无阻。

4.2.4　三相异步电动机的常见故障和分析

三相异步电动机应用广泛，但通过长期运行后，会发生各种故障。笼型异步电动机作为工业系统的主要传动器件和执行器件，其正常工作对保证生产制造过程的安全、高效、敏捷、优质及低耗运行意义十分重大,其故障不仅会损坏电动机本身,而且会影响整个生产系统,甚至会危及人身安全,造成巨大的经济损失和恶劣的社会影响。及时判断故障原因,进行相应处理,是防止故障扩大,保证设备正常运行的一项重要的工作。电动机运行或故障时,可通过看、听、闻、摸4种方法来及时预防和排除故障,保证电动机的安全运行。

1. 看、听、闻、模检测故障

1) 看

观察电动机运行过程中有无异常,主要表现为以下几种情况:

(1) 定子绕组短路时,可能会看到电动机冒烟。

(2) 电动机严重过载或缺相运行时,转速会变慢且有较沉重的“嗡嗡”声。

(3) 电动机正常运行,但突然停止时,会看到接线松脱处冒火花;熔丝熔断或某部件被卡住等现象。

(4) 若电动机剧烈振动,则可能是传动装置被卡住或电动机固定不良,底脚螺栓松动等。

(5) 若电动机内接触点和连接处有变色、烧痕和烟迹等,说明可能有局部过热,导体连接处接触不良或绕组烧毁等。

2) 听

电动机正常运行时应发出均匀且较轻的“嗡嗡”声,无杂音和特别的声音。若发出噪声太大,包括电磁噪声、轴承杂音、通风噪声、机械摩擦声等,均可能是故障先兆或故障现象。

(1) 对于电磁噪声,如果电动机发出忽高忽低且沉重的声音,则原因可能有以下几种:

① 定子与转子间气隙不均匀,此时声音忽高忽低且高低音间隔时间不变,这是轴承磨损从而使定子与转子不同心所致。

② 三相电流不平衡。这是三相绕组存在误接地、短路或接触不良等原因,若声音很沉闷则说明电动机严重过载或缺相运行。

③ 铁芯松动。电动机在运行中因振动而使铁芯固定螺栓松动造成铁芯硅钢片松动,发出噪声。

(2) 对于轴承杂音,应在电动机运行中经常监听。监听方法是:将螺钉旋具一端顶住轴承安装部位,另一端贴近耳朵,便可听到轴承运转声。若轴承运转正常,其声音为连续而细小的“沙沙”声,不会有忽高忽低的变化及金属摩擦声。若出现以下几种声音则为不正常现象:

① 轴承运转时有“吱吱”声,这是金属摩擦声,一般为轴承缺油所致,应拆开轴承加注适量润滑脂。

② 若出现“唧哩”声,这是滚珠转动时发出的声音,一般为润滑脂干涸或缺油引起,可加注适量油脂。

③ 若出现“喀喀”声或“嘎吱”声,则为轴承内滚珠不规则运动而产生的声音,这是轴承内滚珠损坏或电动机长期不用,润滑脂干涸所致。

(3) 若传动机构和被传动机构发出连续而非忽高忽低的声音,可分以下几种情况处理:

① 周期性“啪啪”声,为传送带接头不平滑引起。

② 周期性“咚咚”声,为联轴器或传送带轮与轴间松动以及键或键槽磨损引起。

③ 不均匀的碰撞声,为风叶碰撞风扇罩引起。

3) 闻

通过闻电动机的气味也能判断及预防故障。若发现有特殊的油漆味,说明电动机内部温度过高；若发现有很重的煳味或焦臭味，则可能是绝缘层被击穿或绕组已烧毁。

4) 摸

摸电动机一些部位的温度也可判断故障原因。为确保安全，用手摸时应用手背去碰触电动机外壳和轴承周围部分，若发现温度异常，其原因可能有以下几种：

(1) 通风不良，如风扇脱落、通风道堵塞等；

(2) 过载致使电流过大而使定子绕组过热；

(3) 定子绕组匝间短路或三相电流不平衡；

(4) 频繁启动或制动；

(5) 若轴承周围温度过高，则可能是轴承损坏或缺油所致。

故障现象及排除三相异步电动机使用中如发生种种故障现象，应当及时分析故障原因，采取相应的措施予以处理。

1) 通电后电动机不能转动，但无异响，也无异味和冒烟

(1) 故障原因：电源未通(至少两相未通)；熔丝熔断(至少两相熔断)；过流继电器调得过小；控制设备接线错误。

(2) 故障排除：检查电源回路开关、熔丝、接线盒处是否有断点，待修复；检查熔丝型号和熔断原因，换新熔丝；调节继电器整定值与电动机匹配；改正接线。

2) 通电后电动机不转，然后熔丝烧断

(1) 故障原因：缺一相电源，或定子线圈一相反接；定子绕组相间短路；定子绕组接地；定子绕组接线错误；熔丝截面过小；电源线短路或接地。

(2) 故障排除：检查刀开关是否有一相未合好，或电源回路有一相断线；消除反接故障；查出短路点，予以修复；消除接地；查出误接，予以更正；更换熔丝；消除接地点。

3) 通电后电动机不转，有“嗡嗡”声

(1) 故障原因：定、转子绕组有断路(一相断线)或电源一相失电；绕组引出线始末端接错或绕组内部接反；电源回路节点松动，接触电阻大；电动机负载过大或转子卡住；电源电压过低；小型电动机装配太紧或轴承内油脂过硬；轴承卡住。

(2) 故障排除：查明断点予以修复；检查绕组极性；判断绕组末端是否正确；紧固松动的接线螺钉，用万用表判断各接头是否假接，予以修复；减载或查出并消除机械故障；检查是否把规定的△形接法误接为 Y 形；是否由于电源导线过细使压降过大，予以纠正；重新装配使之灵活；更换合格油脂；修复轴承。

4) 电动机启动困难，额定负载时，电动机转速低于额定转速较多

(1) 故障原因：电源电压过低；△形误接为 Y 形；笼型转子开焊或断裂；定转子局部线圈错接、接反；修复电动机绕组时增加匝数过多；电动机过载。

(2) 故障排除：测量电源电压，设法改善；纠正接法；检查开焊和断点并修复；查出误接处，予以改正；恢复正确匝数；减载。

5) 电动机空载电流不平衡，三相相差大

(1) 故障原因：重绕时，定子三相绕组匝数不相等；绕组首尾端接错；电源电压不平衡；绕组存在匝间短路、线圈反接等故障。

(2) 故障排除：重新绕制定子绕组；检查并纠正；测量电源电压，设法消除不平衡；消除绕组故障。

4.3 单相异步电动机

单相异步电动机广泛用于家用电器(如电扇、洗衣机、油烟机等)、电动工具、医疗器械等设备中。其结构简单、使用方便、成本低廉,只需单相电源,但与同容量的三相感应电动机相比,单相电动机的体积较大,运行性能差,因此只做成几十到几百瓦的小容量电动机。

从构造上来看,单相电动机和笼型异步电动机差不多。转子是笼型结构,定子也是嵌放在定子槽内。所不同的是三相电动机有三相绕组,而单相电动机只有一相绕组。三相电动机的定子绕组通过对称三相电流时,会在定子空间产生一个旋转磁场,旋转磁场切割转子的笼型导条,在导条中产生感应电流,感应电流同磁场作用而产生电磁转矩使电动机旋转起来。由于单相电动机只有一相绕组,当绕组通过正弦交流电流时,在交流电流的正半周期间,产生的磁场从零到最大值,又从最大值到零按正弦规律进行变化。在交流电流的负半周期间,磁场的方向与正半周时相反;同样,产生的磁场从零到负的最大值,又从负的最大值到零按正弦规律进行变化,这样的磁场称为脉动磁场。也就是说,脉动磁场的空间轴线不变化,只是磁场随交流电流的变化在方向和强弱上按正弦规律进行变化,并不旋转。既然磁场不旋转,在转子上不能产生感应电流,也就不能产生电磁转矩,所以电动机也就不能够旋转了。

下面换个方式再来说明这个问题。当单相感应电动机的定子绕组接入电源时,绕组就会产生一个脉动磁势。把这个不旋转的脉动磁势分解成两个大小相等、旋转方向相反、旋转速度相同的磁势 F_F 和 F_b,这就是双旋转磁场理论。

这两个旋转磁场分别切割转子笼型导条,在导条上分别产生各自的感应电流,由此又产生各自的电磁转矩。由于两个旋转磁动势大小相同,转速相同,但转动方向相反。所以产生的两个感应电流也大小相同,方向相反。由此分别产生的电磁转矩也大小相同,方向相反。所以作用在电动机转子上的合成转矩为零,电动机静止不动。也就是说,单相电动机的启动转矩等于零,这是它的特点,也是一个缺点。

如果借助一个外力(机械力),把转子沿不论哪个方向转动一下,那么电动机就会沿着哪个方向启动,外力使其正向转动,电动机即朝正向加速,若外力使其反向转动,电动机则朝反向加速。一经启动,即使去掉外力,电动机也会自动加速到较高的稳定速度运转。这是因为转子不论向哪个方向转动,这时两个旋转磁场对转子的相对转速都发生了变化,其中的一个旋转磁场相对转子的转速变小(不难想象,这是指和转子旋转方向相同的那个旋转磁场),另一个旋转磁场相对转子的转速变大,这样,转子上的感应电流的平衡被打破,在两个方向上产生的电磁转矩也就不相等,因此电动机就沿着启动的方向旋转起来。

从前面的分析可知,单相电动机无启动转矩。为了使单相电动机能按预期的方向自行启动运转,必须采取一些措施。为了产生一个旋转磁场,在定子上另装一个空间位置不同于主绕组的启动绕组,而且启动绕组的电流在时间相位上也不同于主绕组。根据不同的启动方法,可把单相电动机分为电容分相式和罩极式等几种。下面分别加以介绍。

4.3.1 电容分相式单相异步电动机

如图4-17所示,电容分相式单相异步电动机的定子有两个绕组:一个是工作绕组(主绕组);另一个是启动绕组(副绕组),两个绕组在空间位置上相隔90°。启动绕组串联一个大小合适的电容后，再与工作绕组并联再接到同一单相电源上。接通电源后，由于启动绕组中串有电容，使启动绕组电流 i_2 相位超前工作绕组电流 i_1 接近 90°，这就称为“分相”。两个电流可分别表示为

$$i_1 = \sqrt{2} I_1 \sin \omega t, \quad i_2 = \sqrt{2} I_2 \sin(\omega t + 90°)$$

它们的正弦波形曲线如图 4－18 所示。

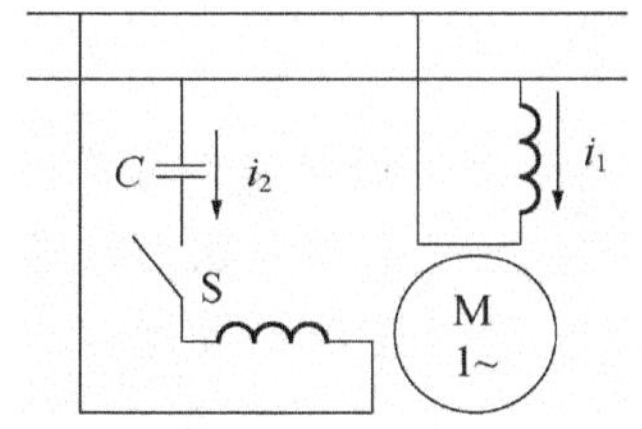

图 4－17　电容分相式单相异步电动机

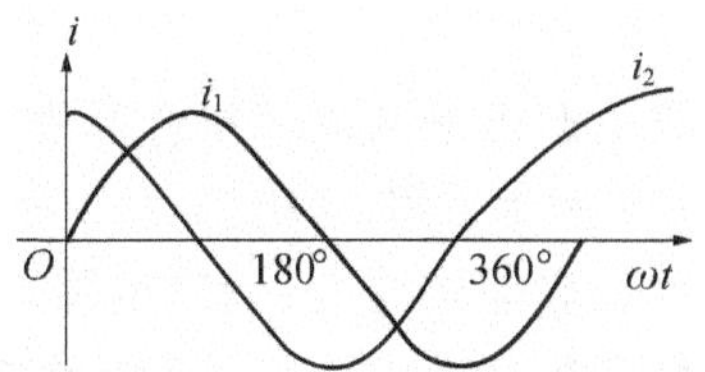

图 4－18　单相分相电流波形

仿照三相正弦电流产生旋转磁场的做法，图 4－19 所示分别为 ωt=0°、45°和 90°时合成磁场的方向，由图可见分相后的两相电流产生的磁场也是在空间旋转的。该磁场随着时间的增长顺时针方向旋转，转子也将会随磁场按同样方向旋转起来。这样一来，单相异步电动机就可以在该旋转磁场的作用下启动了。

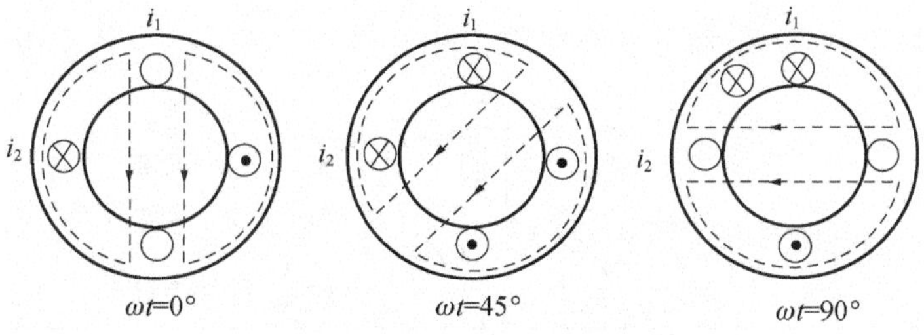

图 4－19　单相分相电流磁场

启动后的单相异步电动机，可以将启动绕组断开，也可以不断开。若需断开，可在启动绕组中串联一个离心开关 S，当转速上升到同步转速的 75％～80％时自动断开。

欲改变分相式电动机的转向，只要将启动绕组或工作绕组的端头对调即可。

电容分相式单相异步电动机又分为电容启动电动机、电容运转电动机和电容启动运转电动机，各有其特点和适用场合。

4.3.2　罩极式单相异步电动机

罩极式单相异步电动机的结构示意图如图 4－20 所示。定子磁极极面约 1/3 处开有小槽，嵌有一个闭合铜环，称为短路环，并把磁极的小部分罩在环中。套有短路环的磁极部分称为罩极。当定子绕组通入电流产生脉动磁场后，有一部分磁通穿过铜环，使铜环内产生感应电动势和感应电流。根据楞次定律，铜环中的感应电流所产生的磁场，阻止铜环部分磁通的变化，结果使得没套铜环的那部分磁极中的磁通与

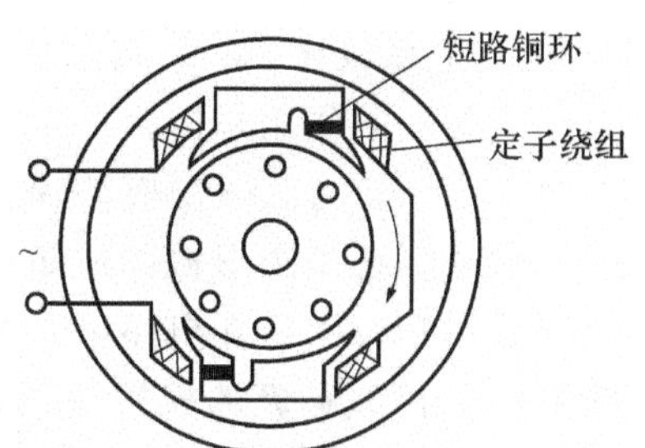

图 4－20　罩极式异步电动机的结构示意图

套有铜环的这部分磁极内的磁通有了相位差,罩极外的磁通超前罩极内的磁通一个相位角。随着定子绕组中电流变化率的改变,单相异步电动机定子磁场的方向也就不断发生变化,在电动机内形成了一个旋转磁场。

在这个旋转磁场的作用下,电动机的转子就能够启动起来了。

※4.4 直流电动机的结构和工作原理

由直流电源供电的电动机称为直流电动机。直流电动机是最早发展起来的一种直流电能和机械能相互转换的电动机,它的工作原理建立在电磁感应定律和电磁力定律的基础上。直流电动机具有启动转矩大,调速范围广,调速平滑,调速能量消耗较少等优点。在对启动性能和调速性能要求高的生产机械中(例如大型矿井提升机、电动机车及挖掘机等)常用直流电动机作为原动机,组成直流拖动系统。

4.4.1 直流电动机的结构

直流电动机的实体结构比较复杂,这里只介绍直流电动机的主要组成部分。直流电动机也由定子和转子构成,静止部分称为定子,转动部分称为转子。直流电动机的结构如图4-21所示。定子的主要作用是产生磁场,包括主磁极、换向磁极、机座和电刷等。转子由电枢铁芯、电枢绕组和换向器等组成。下面分别介绍定子和电枢的主要部件及其作用。

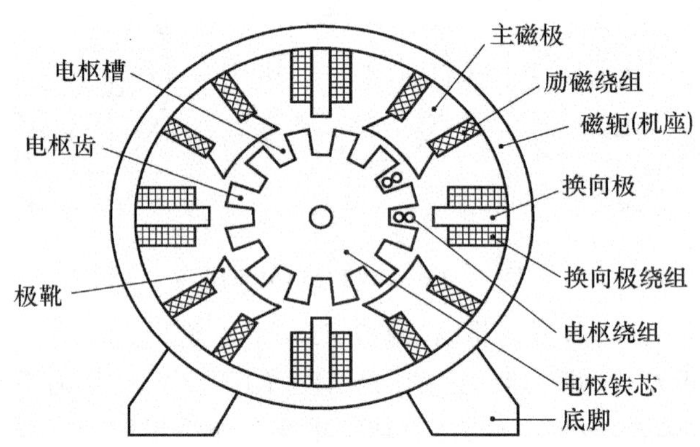

图4-21 直流电动机的结构示意图

1. 定 子

1) 主磁极

主磁极的作用是产生一个恒定的主极磁场,由主磁极铁芯和励磁绕组组成。磁极铁芯一般由1.5 mm的低碳钢板冲片叠装而成,其上部称为极身,下部称为极掌。

励磁绕组用圆形截面或矩形截面的绝缘层导体绕制、浸漆烘干而成。磁极铁芯套上励磁绕组后用螺钉固定在机座上。主磁极数总数是偶数,各磁极上励磁绕组通常都串联连接,连接时要保证相邻磁极的极性按N、S依次排列。为了改善换向,减小噪声,使气隙磁场有较好的分布波形,通常在极掌下的气隙是不均匀的,极身处的气隙比极掌中部大。

2) 换向极

换向极的作用是改善换向,消除或减小电刷与换向器之间的火花。换向极的结构与主磁极相似，由铁芯和励磁绕组组成，铁芯由薄钢板或整块钢制成。换向磁极安装在两个主磁极之间的几何中性线上，并用螺钉固定在机座上。换向磁极的数目一般与主磁极相等，个别小电动机，其换向极的数目也可以少于主磁极的数目。换向磁极绕组一般用粗的扁铜线绕成，只有几匝，它总是与电枢绕组串联，其极性根据换向要求确定。

3）机　座

为了保证良好的机械强度和导磁性能，机座由铸钢铸成或由厚钢板焊接而成。机座的作用有两个：一是作为各磁极间的磁路，这部分称为定子磁路；二是作为电动机的机械支撑。它除用来固定主磁极、换向极和端盖外，在机座下部两边还焊出两个底脚，将电动机固定在坚固的底座上。

4）电　刷

电刷是由石墨等做成的导电块，放在刷握中，由弹簧把电刷压在换向器表面上，刷握用螺钉固定在刷杆上，它们彼此绝缘。刷杆数与电动机主磁极数目相同。电刷装置由电刷、刷握、握杆、握杆座及铜丝辫等零部件组成。其作用一是使转动的转子绕组能与外电路接通，使电流经电刷输入电枢或从电枢输出；二是与换向器配合，获得直流电压。整个电刷装置装在端盖或轴承内盖上，可以在一定范围内移动，用来调整电刷位置。各电刷上的铜丝辫将电流接通到刷杆上，并将同极性的各刷杆用汇流条连在一起，再与换向极绕组串联后，引到出线盒的接线柱上。

2. 转　子

转子又称电枢，是直流电动机的重要部件，主要包括电枢铁芯、电枢绕组、换向器、风扇、转轴和支架等。

1）电枢铁芯

电枢铁芯是主磁路的一部分。当电枢在磁场中旋转时，铁芯中的磁通方向不断变化，因而会产生涡流及磁滞损耗。为了减少磁损耗，铁芯通常用厚硅钢片制成，并固定在转子支架上。对较大的电动机，为了加强冷却，常在带槽的圆形硅钢片上冲有轴向通风孔。

2）电枢绕组

电枢绕组是直流电动机的主要电路，是直流电动机实现机电能量转换的关键部件。它由许多形状完全相同的线圈按一定规律连接而成。线圈用绝缘导线绕制，分上、下两层嵌入铁芯槽内。线圈与槽之间有绝缘，线圈上、下层之间有层间绝缘。它有两个出线端，分别焊在两个换向片上。当电枢在磁场中旋转时，电枢绕组中产生感应电动势；当电枢绕组中流过电流时，电枢就在磁场中受力而产生电磁转矩。

3）换向器

换向器是直流电动机最重要的部件之一，它将电刷上的直流电流转换为绕组内的交流电流，产生恒定方向的电磁转矩。换向器由许多换向片组成。根据电动机容量和转速的不同，它有多种结构形式。常用的有金属套筒式换向器和塑料换向器。换向器的导电部分是由许多楔形的铜质换向片围成的圆柱体，片与片间垫以厚的云母绝缘，圆柱体用金属套筒或塑料紧固成一个整体，金属套筒与换向片之间还需用云母套筒绝缘。

4.4.2　直流电动机的工作原理

不论直流电动机的结构多么复杂，其工作原理都是通电线圈在磁场中受电磁转矩的作用而旋转的。图4-22是直流电动机的简单工作原理图。图中转子绕组(以单匝线圈为例),分别有 ab 和 cd 两条边,其中电流由电刷AB引入,A刷接直流电源正极,B刷接负极。在图示的瞬时,电枢线圈中的电流流向为:导线 ab 中的电流方向是从 a 到 b,导线 cd 中的电流方向是从 c 到 d。由左手定则可判定导线 ab 受到的电磁力向左,导线 cd 受到的电磁力向右。这样在电枢上就产生了逆时针方向的电磁转矩,电枢就按逆时针方向开始转动。

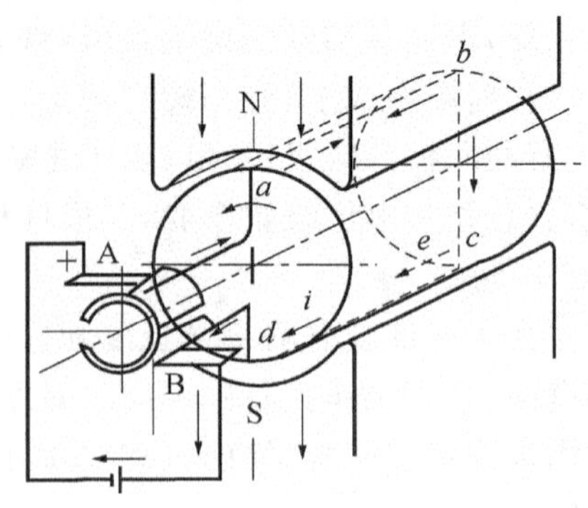

图4-22 直流电动机的工作原理简图

理论证明,对于一台已经制造成型的电动机,其电磁转矩的大小正比于每极的磁通密度和通入电枢电流。所以,只要把电枢铁芯上的槽数和槽内线圈的匝数增多(换向器中的换向片数也要相应增加),就可以增加电磁转矩的大小,以满足实际输出功率的需要。

当电枢转到90°时,线圈中无电流,电磁力消失,但由于惯性作用使电枢继续旋转。这样电刷又与换向器接触,使电流又流进线圈,但电流的流向相反,即导线 ab 移到S极区,电流从 b 到 a,受力方向向右;导线 cd 移到N极区,电流从 d 到 c,受力方向向左,因此仍按逆时针方向旋转。由于换向器能自动地改变线圈中的流动方向,所以线圈受到的电磁转矩方向始终不变,直流电动机就能按一定方向旋转,这就是直流电动机的基本工作原理。

综合上述分析,将直流电源接在两个固定电刷之间,将电流通入电枢线圈。电流的方向应该是这样:N极下的有效边中的电流总是一个方向,而S极下的有效边中的电流总是另一个方向。这样两个有效边受到的电磁力和转矩方向始终不变。因此,当线圈的有效边从一个磁极如N极转到另一个磁极(如S极)时,其中电流的方向同时发生改变,这个转换过程是通过换向器实现的。可见换向器在直流电动机中的作用十分明显,且必不可少的。

※4.5 特种电动机

前面介绍的异步电动机、直流电动机等都是作为动力使用的,其主要任务是能量的转换。下面介绍的各种控制电动机的主要任务是转换和传递控制信号,能量的转换是次要的。各种控制电动机有各自的控制任务:如伺服电动机将电压信号转换为转矩和转速以驱动控制对象;步进电动机将脉冲信号转换为角位移或线位移;测速发电动机将转速转换为电压,并传递到输入端作为反馈信号。对控制电动机的主要要求:动作灵敏、准确、质量轻、体积小、耗电少、运行可靠等。控制电动机的种类很多,这里只讨论常用的几种:伺服电动机、步进电动机、测速发电机。

4.5.1 交流伺服电动机

伺服电动机把输入的电压控制信号转换为转轴的角位移或角速度输出去,转轴的转向和转速随控制电压的方向和大小而改变。伺服电动机可控性好,反应迅速,是自动控制系统和计算机外围设备中常用的执行器件。伺服电动机又称执行电动机。

例如在雷达天线系统中,雷达天线是由交流伺服电动机拖动的。当天线发出去的无线电波遇到目标时,就会被反射回来送给雷达接收机。雷达接收机将目标的方位和距离确定后,向伺服电动机送出电信号，伺服电动机按照电信号拖动雷达天线跟踪目标转动。被跟踪目标若是飞机，飞机速度时快时慢时而向东时而向西，拖动天线的伺服电动机就时快时慢、一会儿正转，一会儿反转。因此，自动控制系统对伺服电动机的要求是：电动机转速受信号电压的控制，控制信号大，电动机转速快；信号小，转速慢；信号为零，电动机不转；信号极性相反，电动机反转。

按伺服电动机使用的电源性质不同，可分为直流伺服电动机和交流伺服电动机。本书只介绍交流伺服电动机。

交流伺服电动机的输出功率一般为 0.1～100 W，电源频率分 50 Hz、400 Hz 等多种。它的应用很广泛，如用在各种自动控制、自动记录等系统中。

1. 结构与分类

交流伺服电动机的定子结构与一般异步电动机相似，但其定子绕组多制成两相的，一相为励磁绕组 f，一相为控制绕组 K。两相绕组在空间位置上相差 90°。交流伺服电动机的转子结构有笼型和杯型两种，笼型转子和交流三相笼型异步电动机相似，只是为了减小转动惯性而做得细长一些。当前，笼型转子应用较多。有时笼型转子做成非磁性薄壁杯型，安放在外定子与内定子所形成的气隙中，如图 4-23 所示。杯型转子可以看成为无数导条并联而成的笼型转子，因此，工作原理与笼型转子相同。该电动机因气隙增大，因此励磁电流增大，效率降低。

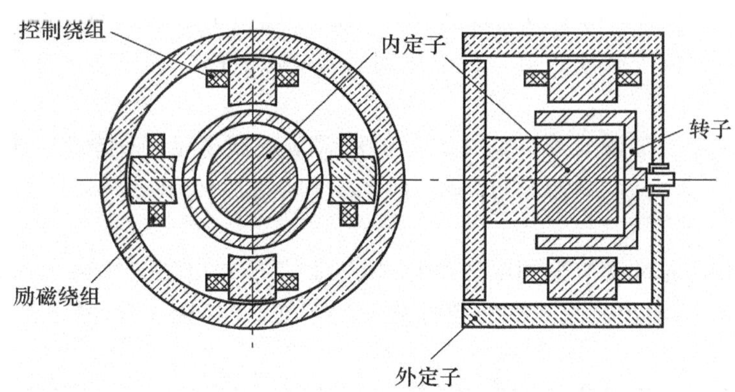

图 4-23　交流杯型伺服电动机

2. 工作原理

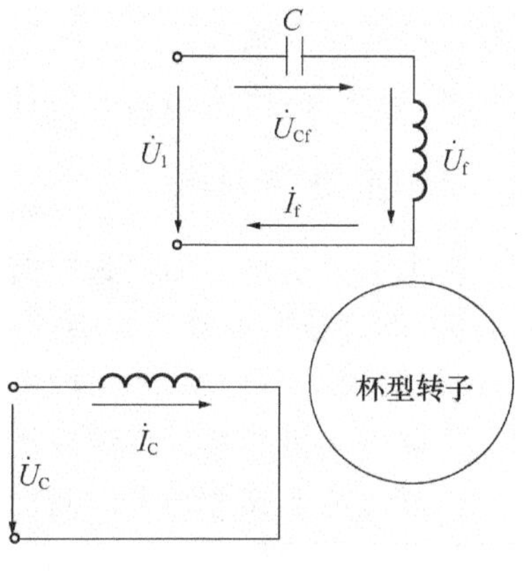

图 4-24　交流伺服电动机原理图

交流伺服电动机在自控系统中主要用来驱动控制对象，其转矩和转速受信号电压控制。交流伺服电动机的工作原理与具有启动绕组的单相异步电动机相似。如图 4-24所示为二相交流伺服电动机的原理图。图中励磁绕组接到电压一定的交流电网上，控制绕组接到控制电压 U_C 上，两个电压频率相同。励磁绕组串联电容 C，是为了产生两相旋转磁场。当有控制信号输入时，两相绕组便产生旋转磁场。适当选择电容的大小，可使通入两个绕组的电流相位差接近 90°，从而产生所需的旋转磁场。当转子导体切割旋转磁场的磁力线时，便会感应电动势并产生电流，转子电流与气隙磁场相互作用即产生电磁转矩，使转子随旋转磁场的方向而转动起来。加在控制绕组上的控制电压反相时(保持励磁电压不变),由于旋转磁场的旋转方向发生变化,使电动机转子反转。控制绕组所加的信号电压越强,交流伺服电动机旋转磁场椭圆度越小(即越接近圆形),负载运行的转速越高;信号电压最强时,电动机磁场是圆形旋转磁场,运行的转速最高;在同一负载转矩作用时,电动机转速随信号电压的下降而均匀减小。信号电压最弱即为零时,磁场椭圆度达到了极限使电动机磁场为脉动磁场,电动机就不转了。实际上,当控制电压为零时,因励磁绕组依然接通交变励磁电压,此时,电动机处于单相运行状态。如果伺服电动机的参数选择和一般单相异步电动机相似,它也就会和单相异步电动机一样,一经旋转起来,即使控制电压消失,电动机仍能继续运转,这就是"自转现象"。"自转现象"意味着失去控制作用,将严重影响交流伺服电动机工作的精确度。交流伺服电动机克服"自转现象"的办法是增大转子电阻。转子电阻增大到一定程度时,当交流伺服电动机控制信号消失而处于单相运行时,转子受到制动转矩的作用而迅速停转,不会发生自转现象。

3. 控制方式

伺服电动机不仅要具有启动和停止的伺服性,而且还要求它具有转速大小、方向的可控性。当改变交流伺服电动机控制电压的大小或改变控制电压与励磁电压之间的相位角,都能使电动机气隙中的正转磁场与反转磁场及合成转矩发生变化,因而达到改变伺服电动机转速的目的。改变 U_C 的大小与相位即实现对交流伺服电动机转速和转向的控制,控制方法主要有三种:幅值控制、相位控制和幅值—相位控制(简称幅相控制)如图 4-25 所示。

1) 幅值控制

这种控制方式是通过调节控制电压的大小来调节伺服电动机的转速,而控制电压与励磁电压的相位保持 90°不变。当控制电压 $U_C=0$ 时,电动机停转,即 $n=0$。

2) 相位控制

这种控制方式是通过调节控制电压的相位(即调节控制电压与励磁电压之间的相位角 β)来改变电动机的转速,而控制电压的幅值始终保持不变。当 $\beta=0$ 时,电动机停转,$n=0$。

3) 幅相控制

幅相控制也称电容移相控制。这种控制方式是将励磁绕组串电容 C 后接到励磁电源 U_1 上,其接线如图 4-26 所示。这种方法既通过电容 C 来改变控制电压和励磁电压间的相位角 β,同时又通过改变控制电压的大小来共同达到调速的目的,称为幅相控制。虽然这种控制方式的机械特性及调节特性的线性度不如幅控和相控两种方法,但它不需要复杂的移相装置,设备简单、成本低,所以它已成为自控系统中常用的一种控制方式。

4.5.2 步进电动机

步进电动机是一种把脉冲信号转换成相应的线位移或角位移的控制电动机,也称为脉冲电动机,作为数字控制系统中的执行器件,把每一个输入的脉冲信号,使转子旋转一个固定角度,即每输入一个脉冲,转子前进一步,带动机械移动一小段距离,故称步进电动机。

步进电动机的角位移量或线位移量与电脉冲数成正比,它的转速或线速度与脉冲频率成正比。通过改变脉冲频率的高低可以在很大范围内实现电动机的调速,并能快速启动、制动,改变脉冲顺序,便改变转动方向。

这种电动机被广泛用于数字控制系统中,如数控机床、自动记录仪表、D/A 转换装置和线切割机等。

步进电动机种类很多，从结构看，可分为励磁式和反应式两种。区别在于励磁式步进电动机的转子上有励磁线圈，反应式步进电动机的转子上没有励磁线圈。下面以常用的反应式步进电动机为例进行分析。

反应式步进电动机的定子为硅钢片叠成的凸极式，极身上套有控制绕组。定子相数 m 可以是 2、3、4、5、6 相，每相有一对磁极，分别位于内圆直径的两端。转子为软磁材料的叠片叠成。转子外圆为凸出的齿状，均匀分布在转子外圆四周，转子中并无绕组。图 4－25 是一台三相六极反应式步进电动机模型。定子内圆周均匀分布着六个磁极，磁极上有励磁绕组，每两个相对的绕组组成一相，连成 A、B、C 三相。转子有四个齿。

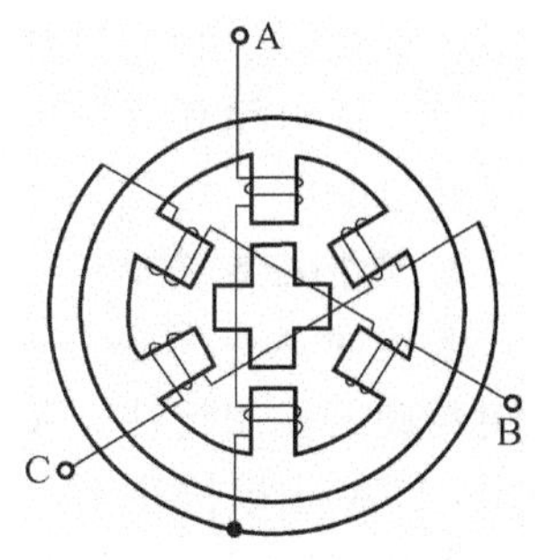

图 4－25 三相六极反应式步进电动机的结构

工作时，步进电动机的控制绕组不直接接到单相或三相正弦交流电源上，也不能简单的和直流电源接通。它受电脉冲信号控制，靠一种称为环形分配器的电子开关器件，通过功率放大后使控制绕组按规定顺序轮流接通直流电源。按定子绕组通电方式不同，可分为：单三拍；六拍和双三拍等工作方式。

1. 单三拍控制方式

如图 4－26 所示，设 A 相首先通电(B、C 不通电)，A—A′轴线方向有磁通，并通过转子形成闭合回路，这时，A—A′极就成为电磁铁的 N、S 极，在磁场的作用下，转子齿极总是力图转向磁阻最小的位置，也就是转到转子 1、3 齿对齐 A、A′的位置，如图 4－26(a)所示。

第二拍：如图 4－26(b)所示，接通 B 相绕组(A、C 不通电)，由于磁通具有力图通过磁阻最小路径的特点，转子便顺时针方向转过 30°，它的 2、4 齿与 B、B′对齐。

第三拍：如图 4－26(c)所示，接通 C 相绕组(A、B 不通电)，同样，又顺时针方向转过 30°，它的 1、3 齿与 C、C′对齐。

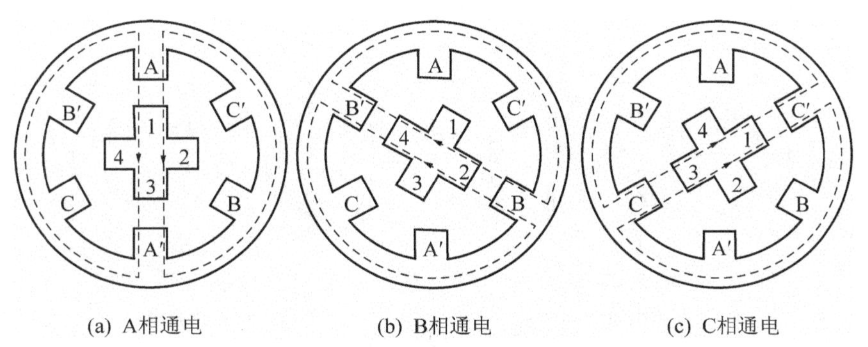

(a) A相通电 (b) B相通电 (c) C相通电

图 4－26 单三拍通电平衡位置

以此类推，靠电子开关将脉冲信号一个接一个发出，按 A→B→C→A…顺序接通，则转子便顺时针方向一步一步地转动起来，所以称为步进电动机。转子每次转过的角度称为步距角，用 θ 表示。这里每步的转角为 30°。电流变换三次，磁场旋转一周，转子前进一个齿距角，转子为四个齿，其齿距角为 90°。如果改变通电顺序，按 A→C→B→A…顺序通电，则转子便逆时针方向转动。转子转动的快慢取决于脉冲信号的频率，频率越高，转动就越快；反之就越慢。

在这种工作方式下,三个绕组依次通电一次为一个循环周期,一个循环周期包括三个工作脉冲,所以称为三相单三拍工作方式。“三相”指三相绕组,“单”指每次只有一相控制绕组通电。“拍”指通电方式每改变一次,即为一“拍”,“三拍”就是通电方式在循序变化一周内改变了三次。上例的通电顺序为 A→B→C→A…,称为三相单三拍。如果每次有两相通电,则称为“双”。例如,三相双三拍的通电方式为:AB→BC→CA→AB…。与单三拍方式相似,双三拍驱动时每个通电循环周期也分为三拍。每拍转子转过 30°(步距角),一个通电循环周期(三拍)转子转过 90°(齿距角)。

2. 六拍控制方式

若按照 A→AB→B→BC→C→CA→A…的顺序通电,则称为三相六拍。这种方式可以获得更精确的控制特性。A 相通电,转子 1、3 齿与 A、A′对齐,如图 4-27(a)所示。A、B 相同时通电,A、A′磁极拉住 1、3 齿,B、B′磁极拉住 2、4 齿,转子转过 15°,到达图 4-27(b)所示位置。B 相通电,转子 2、4 齿与 B、B′对齐,又转过 15°,到达图 4-27(c)所示位置。B、C 相同时通电,C′、C 磁极拉住 1、3 齿,B、B′磁极拉住 2、4 齿,转子再转过 15°,到达图 4-27(d)所示位置。三相反应式步进电动机的一个通电循环周期如下:A→AB→B→BC→C→CA,每个循环周期分为六拍。每拍转子转过 15°(步距角),一个通电循环周期(六拍)转子转过 90°(齿距角)。与单三拍相比,六拍驱动方式的步距角更小,更适用于需要精确定位的控制系统中。

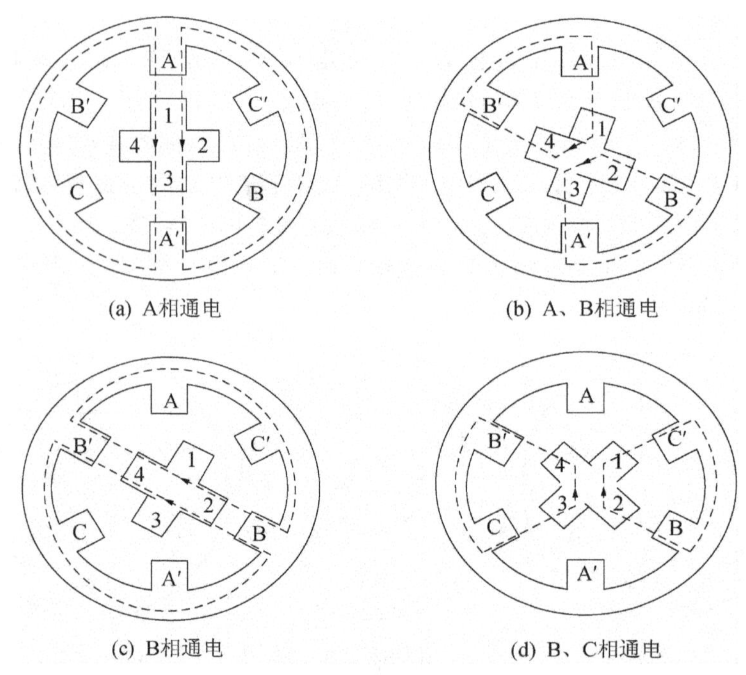

图 4-27 六拍通电平衡位置

3. 步进电动机的步距角与转速

在实际应用中,步距角都很小,一般为 3°、1.5°和 0.75°。为了获得小步距角,转子做成很多齿 z_r,并在定子磁极上也制成一些小齿,这些小齿与转子的小齿大小一样,两者的齿宽和齿距相等,如图 4-28 所示。

不难理解,对于转子齿数 z_r,运行拍数为 m(每个周期数),则每一拍转子转过一个步距角

θ 为

$$\theta = \frac{360^\circ}{z_r m}$$

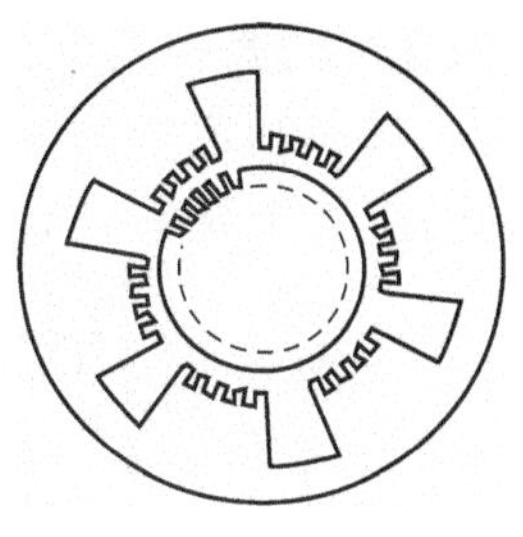

图 4-28　步进电动机定子磁极和转子齿

如转子表面有 40 个齿，齿距角是 9°。当采用单三拍或双三拍运行时，则步距角为 3°；当采用六拍运行时，步距角就为 1.5°。如果脉冲信号的频率为 f，则步进电动机的转速（单位为r/min）为

$$n = \frac{60\theta f}{360^\circ} = \frac{60f}{mz_r}$$

综上所述，步进电动机具有结构简单，维护方便，精度高，启动灵敏，停车准确等优点。此外，步进电动机的转速决定于电脉冲频率，并与频率同步。

4.5.3　测速发电机

测速发电机是一种转速测量传感器，它将输入的机械转速转换为电压信号输出。在许多自动控制系统中，它被用来测量旋转装置的转速，向控制电路提供与转速大小成正比的信号电压。通常把测速发电机和伺服电动机同轴相连，用发电机输出的电压来测量或调节电动机的转速。

按照测速发电机输出信号的不同，可分为直流和交流两大类。直流测速发电机的结构复杂，价格也较贵，有滑动接触，电刷火花会引起电磁干扰；但它的特性线性度好，且不受负载影响，应用相当广泛。交流测速发电机结构简单，运行可靠，无滑动接触，输出特性稳定；主要缺点是存在相位误差和剩余电压，输出特性随负载性质而有所不同。主要用于交流伺服系统和计算装置中。交流测速发电机又分为同步式和异步式两种，这里只分析异步式交流测速发电机的工作原理。其中杯型转子的交流异步测速发电机精度较高，目前应用也比较广泛。

交流异步测速发电机的结构与杯型转子交流伺服电动机相似，如图 4-29 所示。它的定子铁芯上放置着空间位置相差 90°电角度的两相绕组。其中一相为励磁绕组 W_1，另一相为输出绕组 W_2。转子采用非磁性薄壁杯型，以减小转动惯量，并放置在内、外定子间的气隙中。

励磁绕组的轴线为直(d)轴，输出绕组的轴线为 q 轴。交流测速发电机工作时，励磁绕组接单相交流电源 U_f，频率为 f，d 轴方向的脉动磁通为 Φ_1。

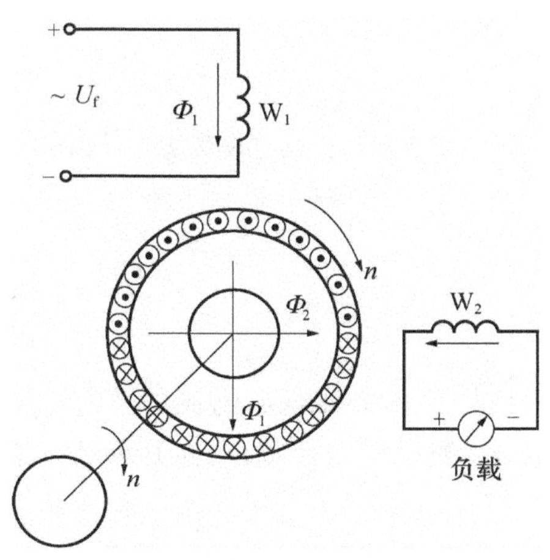

图 4-29　交流测速发电动机的结构原理图(转子转动时)

当杯型转子不转动时($n=0$)，仅在 d 轴方向产生一脉动磁场，并在转子中产生相应的感应电势 E_{rd}，也称为变压器电势。但因输出绕组 W_2 与该磁场(d 轴)垂直，没有交链，所以 W_2 中没有感应电势。也就是说，当转子转速 $n=0$ 时，输出绕组的输出电压 $u_2=0$。

当被测转动轴带动测速发电机转子旋转时，转子中除产生上述的 E_{rd}外，还因转子壁切割直轴磁场而产生一交变的切割电势 E_{rq}和电流 I_{rq}。空心杯转子转速为 n，顺时针方向，切割电势的方向用右手定则确定，如图 4-29 所示。分析切割电势时，可以把转子看成为无数多根并联的导条，每根导条切割电势的大小，与导条

所在处的磁密大小、与导条和磁密的相对切割速度都成正比。转杯上导条所在处磁密 $B_d \propto \Phi_1$,导条和磁密的相对切割速度即转子旋转的线速度 $v \propto n$,且 B_d、v 及导条三者方向互相垂直,则转子导条切割电势 E_{rq} 的大小与转子转速 n 成正比

$$E_{rq} \propto B_d v \propto \Phi_1 n$$

异步测速发电机的空心杯转子材料是具有高电阻率的非磁性材料磷青铜等,完全可以认为只有电阻存在。因此,切割电势在转子中产生的电流,与电势同方向、同相位,该电流 I_{rq} 使气隙内沿交轴 q 的方向产生一个交变磁场 Φ_2。在不考虑磁场饱和的情况下,可知 Φ_2 的大小正比于 E_{rq},也与 n 成正比。由于 Φ_1 以频率 f 交变,E_r、Φ_2 也都是时间交变量,频率也都为 f。交变磁场 Φ_2 与 q 轴上的 W_2 绕组交链,W_2 中即产生交变的感应电势 E_2。输出绕组感应电势频率为 f,其大小与 Φ_2 成正比,即

$$E_2 \propto \Phi_2 \propto \Phi_1 n$$

综合上述分析可知:只要电源电压 U_f 不变,d 轴磁通 Φ_1 为常数,测速发电动机输出电势 E_2 只与电动机转速 n 成正比。转子转向相反时,输出电压相位也相反。也就是说,转子转速 $n \neq 0$ 时,输出绕组 W_2 的输出电压 U_2 与转速 n 成正比,这样,发电机就把被测装置的转速信号转变成了电压信号,输出给控制系统。这就是交流异步测速发电机的工作原理。由于铁芯线圈电感的非线性影响,交流测速发电机的输出电压 U_2 与 n 间存在着一定的非线性误差,使用时要注意加以修正。

实验6　三相异步电动机

实验目的与要求

(1) 了解三相笼型异步电动机的结构及铭牌数据的意义。

(2) 学习测定三相笼型异步电动机定子绕组的绝缘电阻。

(3) 练习三相笼型异步电动机线路的连接。

(4) 熟悉三相笼型异步电动机的直接启动和改变转向的方法。

实验仪器与设备

三相笼型异步电动机一台;万用表一只;交流电流表三台;转速表一只;兆欧表一只;钳形电流表一只。

实验简介

1. 设备使用注意事项

(1) 测量电动机的启动电流时,所选电流表的量程应稍大于电动机额定电流的5~7倍,切不可按额定电流值选用。一般钳形电流表的量程挡级较多,测量范围较宽,可选用钳形电流表进行启动电流的测量。

(2) 使用兆欧表时:

① 用兆欧表测量电动机的绝缘电阻时,必须切断交流电源,必须切断该电动机与其他电气设备及仪表电路的联系。

② 由于兆欧表内手摇发电机的电压较高，使用时必须用夹子将电动机的待测部分与兆欧表的接线柱稳妥地连接在一起，连接线不能用双股并行塑胶线或双股绞合线，也不能将两根测量线缠绕在一起，以免导线漏电影响读数。

③ 测量时应边摇（按规定转速摇动手柄）边读数，不能停摇后再读数。

④ 测量过程中切忌用手扶摸电动机和兆欧表的测量导线，也不能发生短接，否则会发生意外或烧坏兆欧表。

（3）使用转速表时应注意以下几项：

① 应估计待测转速，选择好合适的量程。然后用双手将表拿稳，使表的转轴与电动机的转轴处在同一轴线上，缓缓地顶在电动机转轴的中心孔里，待表针稳定下来后即可读数。读数使表轴的橡皮顶尖仍应顶住电动机的转轴。

② 用力要恰当，如顶住转轴的压力太轻则可能打滑，使读数偏小；压力太重表轴又顶偏，极易发生因转速表强烈颤动而有脱手甩出的危险。

2. 实验简介

按照图 4－30 所示电路进行相关参数的测定与研究。

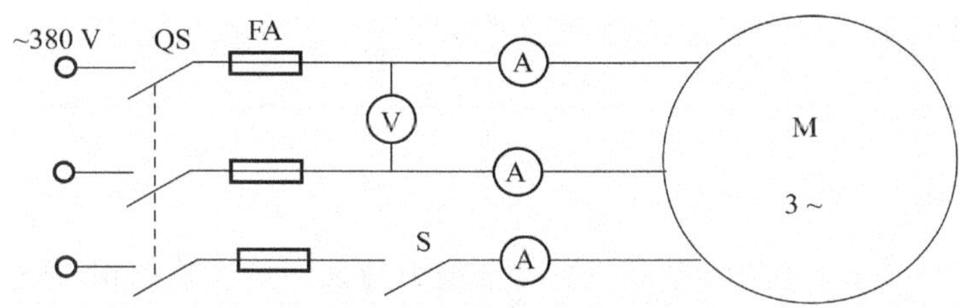

实验图 4－30　三相异步电动机的实验电路图

实验内容建议

（1）观察电动机的结构，抄录电动机的铭牌数据。

（2）根据实验表 4.2 要求，用兆欧表测量电动机各相绕组间及各相绕组与机壳间的绝缘电阻。

实验表 4.2　电动机绕组绝缘电阻的测量

绕组间的绝缘电阻值/MΩ			绕组与机壳间的绝缘电阻值/MΩ		
U—V	V—W	W—U	U—地	V—地	W—地

（3）根据实验表 4.3 要求，用钳形电流表观测直接启动时电动机电流。

实验表 4.3　电动机直接启动时启动电流的观测

	电动机正转时	电动机反转时
启动电流/A		

(4) 根据实验表4.4要求,测量电动机空载运行时的转速 n_0 和线电流 I_U, I_V, I_W。

实验表4.4　电动机空载运行时的情况

电源线电压/V	电动机转向	空载转速/(r·min^{-1})	空载电流		
			I_U	I_V	I_W
380	正　转				
380	反　转				

电动机的空载转差率 $=\frac{n_1-n_2}{n_1}=?$　$\frac{\text{空载电流}}{\text{额定电流}}=?$

(5) 根据实验4.5要求,测量电动机的断相运行情况。

实验表4.5　三相异步电动机断相运行情况

电源线电压/V	电动机转速/(r·min^{-1})	电动机电流/mA			电动机声响

实验问题讨论

(1) 检修三相异步电动机时,常发现烧毁绕组中的某一相或某二相,你能说明这是何原因造成的吗?可以采用什么措施来预防?

(2) 实验中发现,实验用小功率电动机的 I_0/I_N 比值很大(大容量电动机比值小),即电动机的空载电流很接近满载时的电流,这是什么原因?这时电动机功率因数的大小如何?为什么从节约用电的要求来说,不宜用大容量电动机拖动小功率负载?

单元小结

(1) 由于交流笼型异步电动机的成本低,使用和维修都较方便,所以被广泛应用于工农业生产中。它主要由定子和转子组成。定子是电动机的静止部分,而转子是转动部分。定子和转子都有各自的铁芯和绕组。

(2) 当三相交流电流通入异步电动机的定子绕组时,就会产生一个旋转磁场。旋转磁场的转速称为同步转速,其数学式为 $n_0=60f/p$。

旋转磁场不断切割转子导体,在转子导体中引起感应电流。一旦转子导体中出现感应电流,就受旋转磁场的作用而使转子顺着磁场的旋转方向,并以低于磁场的转速而旋转。转子转速与同步转速之差称转差,转差与同步转速之比称为转差率。一般交流笼型异步电动机的额定转差率为1%～9%。

(3) 改变通入三相异步电动机定子绕组的三相电源的相序,便可改变旋转磁场的旋转方向,从而可改变电动机的转向。

(4) 由于异步电动机启动时,转子与旋转磁场间的相对速度很大,转子中的感应电流就很大，因而定子绕组中的电流也很大。异步电动机直接启动的条件是：供电变压器容量相对较大。降压启动适用于空载或轻载启动的电动机，目的是降低启动电流。笼型异步电动机大都采用定子绕组降压启动，主要方法有：定子串电阻或电抗器降压启动、串自耦变压器启动和星形—三角形启动。而绕线转子电动机大都采用转子电路串接电阻器或频敏变阻器启动。实际使用时，需了解各种启动方法的主要特点及降低启动电流和启动转矩的计算，综合负载及电源情况，选定启动方法。

反接制动是把电源从正序改为负序进行制动。能耗制动是在定子中通入直流电流产生制动转矩，可以用来准确停车。

异步电动机的调速方法有三种：改变磁极对数 p（变极调速）、改变频率 f_1（变频调速）和改变 s（转差率）调速。

（5）电动机的铭牌不但写明电动机的型号、技术数据，而且写明接线方式、绝缘等级等内容，所以必须学会铭牌的识读。异步电动机的选择，应该从实用、经济、安全等原则出发，根据生产机械的要求，正确选择其容量、种类和类型。

（6）单相异步电动机以其简单的结构及方便维护而被广泛用于家用电器、医疗器械及自动控制装置。由于通入单相电流，产生的磁通为脉动磁通，无启动转矩，所以要利用辅助方法进行启动，常采用电容分相启动和罩极启动方式。

（7）直流电动机是把直流电能转换成机械能，并输出机械转矩的旋转电气设备。直流电动机具有启动转矩大，调速范围广，调速平滑，调速能量消耗较少等优点。在对启动性能和调速性能要求高的生产机械中（例如大型矿井提升机、电动机车及挖掘机等）常用直流电动机作为原动机，组成直流拖动系统。

（8）伺服电动机作为控制系统中的执行器件，改变控制电压就能改变其速度与转动方向。伺服电动机不允许出现“自转”现象。交流伺服电动机不需要电刷与换向器，转动惯量小，快速性好。但由于经常运行于两相不对称状态，存在着产生制动转矩的“反向磁场”，故转矩小、损耗大。交流伺服电动机有三种基本控制方式，即幅值控制、相位控制及幅相控制。

（9）步进电动机是将脉冲信号转换成角位移的电动机，每一拍中输入脉冲，转子便转过一个步距角。步距角的大小与转子的齿数和周期拍数成反比。步进电动机的转速与脉冲频率成正比。

（10）测速发电机是一种测量转速的信号器件，将输入的机械转速转换成电压信号输出，在自动控制系统中被广泛应用。测速发电机分为基本的两类，即交流测速发电机与直流测速发电机。

思考题和习题

4－1　简单说明三相异步电动机的基本结构。

4－2　试说明三相异步电动机的基本工作原理。

4－3　三相异步电动机转子的转速 n 和定子旋转磁场的转速 n_0 有什么不同？又有什么关系？异步电动机的转速能不能达到或超过同步转速 n_0？为什么？

4－4　三相异步电动机有哪几种调速方法？各有什么优缺点？

4－5　如何使三相异步电动机反转？反相运转与反接制动有何区别？

4-6　异步电动机的额定电压是220 V/380 V,当三相电源的线电压分别是220 V和380 V时,问电动机的定子绕组各应用何种接法?在这两种接法下,问:

(1) 加在电动机每相绕组的电压是否相同?

(2) 电动机每相绕组中通过的电流是否相同(设转轴的负载相同)?

(3) 电动机的额定功率是否有变化?

(4) 电动机的线电流是否相同?

4-7　某三相笼型异步电动机铭牌上标注的额定电压是380 V/220 V,绕组接法是Y—△形,接在380 V等级的交流电网上空载启动,能否采用Y—△形降压启动方法?为什么?

4-8　某三相异步电动机额定转速$n=980$ r/min,接在$f=50$ Hz电源上运行。试求在额定状态下,定子旋转磁场转速n_0、磁极对数p和转差率s。

4-9　Y280M-2型三相异步电动机的额定数据如下:90 kW,2 970 r/min,50 Hz。试求额定转差率。

4-10　单相异步电动机启动转矩为零,为什么?

4-11　绘出电容分相式单相异步电动机的接线图,并说明如何改变其转向?

4-12　把一台拆开的电风扇组装起来后,发现风扇叶反转,问题可能出在哪些地方?

4-13　三相异步电动机启动前一相断路产生什么样的磁场,能否启动?

4-14　三相异步电动机运转过程中断一相,能否继续运转,为什么?

4-15　伺服电动机的作用是什么?它是以什么方式来实现控制作用的?

4-16　交流伺服电动机的"自转现象"如何产生?如果该电动机在停转时,励磁绕组输入交变的励磁电压,"自转现象"会出现吗?为什么?

4-17　改变交流伺服电动机的转动方向的方法有哪些?

4-18　试解释步进电动机的"步进"是什么意思?又是如何实现的?

4-19　一台四相的步进电动机,转子齿数为50,试求各种通电方式下的步距角。

4-20　一台五相的步进电动机,采用五相十拍通电方式时,步距角为0.36°,试求输入脉冲频率为2 000 Hz时的电动机转速。

第5章 供电系统简介与安全用电常识

电能是现代工业生产和工业工作过程的主要动力，一般工业企业消耗的电能占其总能源消耗的90%左右，因此，合理安排供配电及安全用电是工业企业重要的基础技术工作。本章将简要介绍电力供电系统的产生与输送、分配与匹配及安全用电的基本知识。

5.1 电能的产生、输送和分配

5.1.1 电能的产生与输送

1. 电能的产生

电能是由发电厂产生的。根据转化电能的一次能源不同，发电厂可分为火力发电厂、水力发电厂、核电厂，此外还有利用风力、太阳能、天然气、地热和潮汐等来发电。在我国目前火力发电和水力发电占据了主导地位，但随着核能的开发，核电的比例也正在逐渐增大。尤其是在长江三角洲、珠江三角洲和环渤海湾等地区用电量占全国总耗电量的78%以上，因此通常将几个或几十个以上的发电厂并联运行，构成容量巨大的电力系统。

2. 电能的输送

发电厂产生的电能经过变压器升压后，通过输电线路传输到各地区、各用户。输电线路一般由架空线路及电缆线路组成。架空线路由于它结构简单，施工简便，检修方便，成本低廉，成为我国电力网的主要输电方式。电缆线输电方式价格昂贵，成本高，检修不便，通常用于不便于架设架空线路的场合，如大城市闹市区，过江跨海，污染严重等地区。

5.1.2 电能的分配

为了保证工厂生产和生活用电的需要，有效地节约能源，工厂供电必须做到安全、可靠、优质、经济，这就需要合理的配电系统。现代工农业生产中的用电负荷，按对用方供电可靠性的要求可分为三类。

1. 一级负荷

这类负荷一旦供电中断，将造成人身事故或重大电气设备严重损坏，引起生产混乱，造成巨大经济损失，对这类负荷应采用两个独立电源供电，如采矿企业地下重要地域通风机、进排水设备等所用电力负荷属于一级负荷。

2. 二级负荷

这类负荷如果供电中断，会引起主要电气设备损坏，严重减产，造成重大经济损失，影响群众生活秩序等。对这类负荷允许用单独电源供电，也可采取两个独立电源供电。水产品养殖场、部分采矿企业和农业生物工程企业在制菌、生物发酵过程中用电负荷属于这一供电类型。

3. 三级负荷

机械制造、电子电气生产企业的一些车间，如机加工、自动包装、产品检测与检验车间等属于这一类负荷。如果停电,除使产量减少外,不会有其他不良影响,所以只需一个电源供电就可以了。

电能由企业的变电房(所)分送给车间或设备的基本方式是多种多样的,其基本接线方式有放射式、树干式和环式等三种。各企业根据电力负荷对供电的要求、投资大小、运行维护方便以及长远规划等原则来分析确定具体采用哪种方式。图5-1所示为常见的双回路放射式厂矿企业电力配电系统。

工厂总变电所从地区的35~110 kV电网引入电源进线,经厂总变压器降压至6~10 kV,然后通过高压配电线路送给车间变电所(或高压用电设备),经车间变电所变压器二次降压至380 V/220 V后,经低压配电线路或低压配电柜后送给车间负荷,如电动机、照明灯具等。在低压配电系统中,一般采用三相四线制接线方式。

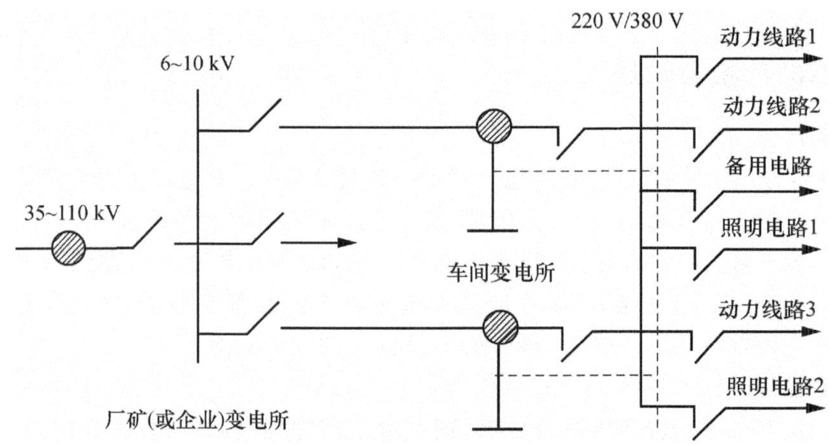

图5-1 厂矿企业配电系统示意图

5.2 安全用电

5.2.1 人体触电

人体因触及带电体而承受过高的电压,以致引起局部受伤或死亡的现象称为触电。一般情况下,当通过人体内的工频电流超过50 mA,中枢神经就会遭受损害,使心脏停止跳动而死亡。实践表明,人体电阻大约在800 Ω至几万欧不等;而人体皮肤潮湿,有损伤都会使阻值下降。因此对人体而言,我国规定36 V以下为安全电压,如车床或大型机加工车间行车照明灯一般都采用36 V电压。在环境特别恶劣的场合,如锅炉包、化工厂的大部分车间用12 V安全电压。

人体常见的触电方式有:单相触电、两相触电、跨步电压触电和接触正常不带电的金属外壳等几种类型。

1. 单相触电

人体触及三相电源中的任一根相线,而又同时和大地接触,称为单相触电,如图5-2所示。接触电阻按国家规定,除独立的防雷保护接地和防静电接地电阻外,其他最大接触电阻一般不超过 4 Ω,通常用圆钢或角钢作接地极,接地极深度不小于 2 m。设电源电压为 220 V,人体电阻为 800 Ω,这时通过人体的电流为 220 V/(800+4) Ω=274 mA,大大超过 50 mA,所以会对人体构成危险。

单相触电是日常生活和生产中最常见的触电方式,在不方便切断相关电源的情况下,通常要穿上绝缘鞋,戴上绝缘手套或是站在干燥的木板、木桌椅等绝缘物上进行操作,目的是使操作者与大地隔离开,使电流不能形成回路。

2. 双相触电

如果人体同时触及三相电源中的两根相线,称双相触电,如图 5-3 所示。此时,通过人体的电流为 380 V/800 Ω=475 mA,比单相触电更危险。

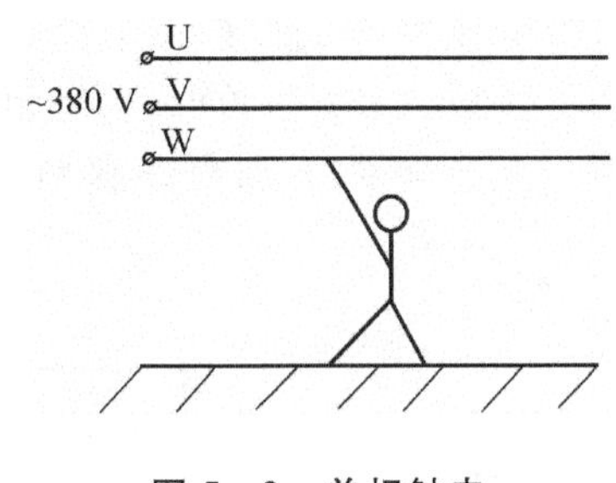

图 5-2　单相触电

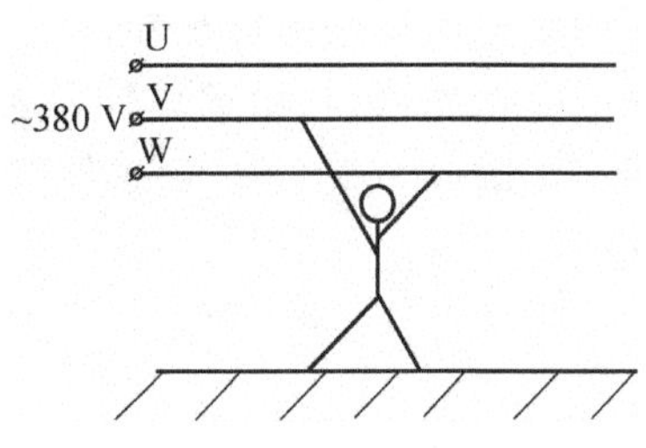

图 5-3　双相触电

3. 跨步电压触电

高压电线及电气设备发生接地故障时,电流在接地点周围产生电压降。当人体在接地点周围行走时,两脚之间就会有一定的电压,称为跨步电压。两脚之间的距离越大,跨步电压也越大。这种触电方式称为跨步电压触电,如图 5-4 所示。

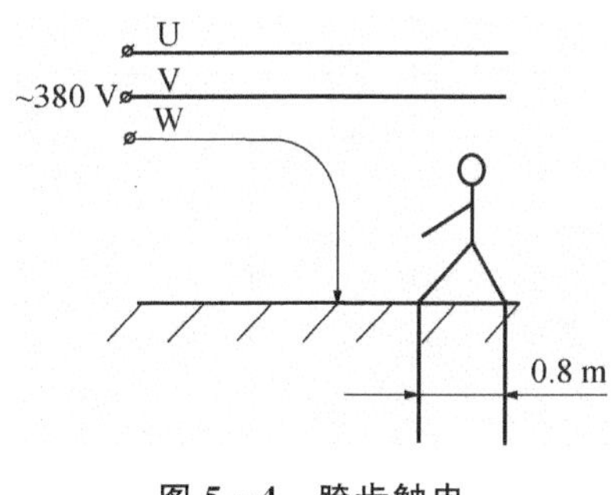

图 5-4　跨步触电

5.2.2　防止触电的保护措施

电气设备由于绝缘损坏或是安装不合理等原因出现金属外壳带电的故障称为漏电。保护接地和保护接零是为防止人体触及绝缘损坏的电气设备所引起的触电事故而采取的有效措施。

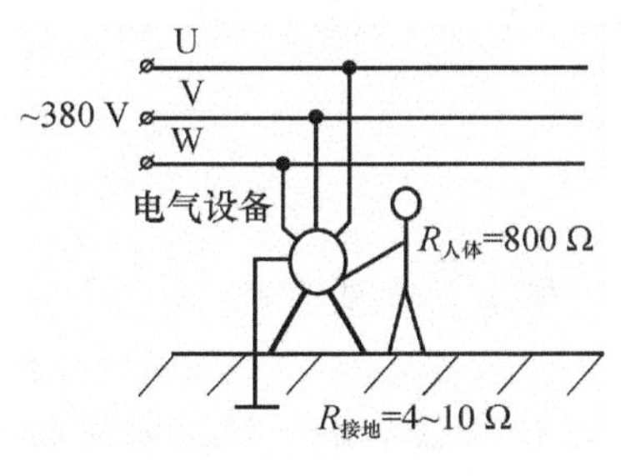

图 5-5　保护接地

1. 保护接地

在电源中性点不接地的供电系统中,将电气设备的金属外壳与接地体可靠连接,这种方法称为保护接地。

保护接地的原理如图 5-5 所示。接地电阻和人体电阻是并联的关系,而接地电阻的值为 4 Ω,远远小于人体电阻 800 Ω。所以,一旦设备漏电,漏电电流绝大部分是通过接地电阻形成回路,通过人体的电流非常微小。接地电阻越小,人体承受的电压也越小,即越安全。

2. 保护接零

在电源中性点接地的三相四线制供电系统中,将电气设备的金属外壳与电源零线相连,这种方法称为保护接零。

保护接零的原理如图5-6所示。当设备的金属外壳与零线相接后,若设备某相发生碰壳造成漏电故障,就会通过设备外壳形成相线与零线的单相短路,使该相的熔断器熔断,从而切断了故障设备的电源,确保了安全。

采取保护接零时,零线不允许断开,因此,除了电源零线上不允许接开关、熔断器外,在实际应用中,用户端往往将电源零线重复接地,以防零线断开。

3. 漏电保护器简介

漏电保护是防止电气设备因绝缘损坏而漏电,造成人身触电伤亡或电力电气(器)设备烧毁及火灾事故最有效的保护措施。根据保护器的工作原理,可分为电压型、电流型和脉冲型。目前应用广泛的是电流型漏电保护器。图5-7所示为电流型漏电保护器的结构示意图。图中LH为零序电流互感器,它由坡莫合金为材料的铁芯和绕在铁芯上的二次绕组组成检测器件。电源相线穿过圆孔成为零序互感器的一次线圈。互感器的下部出线接负载,即为保护范围。

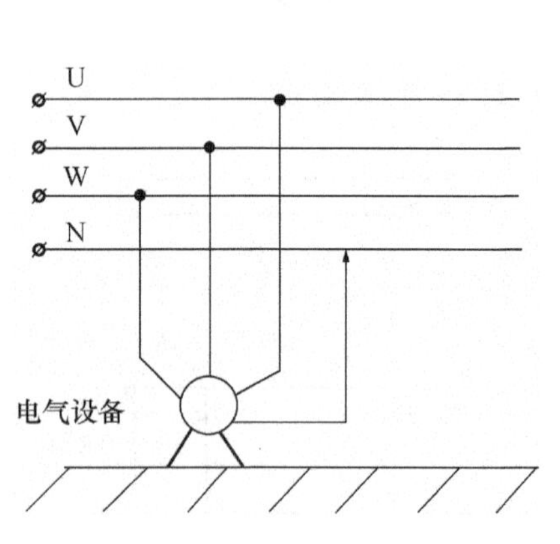

图5-6 保护接零

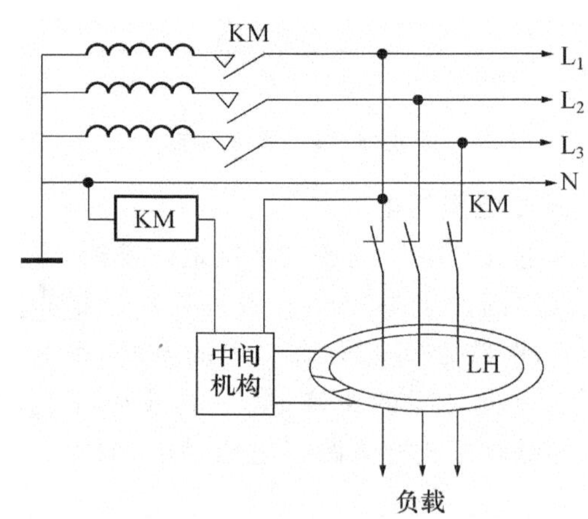

图5-7 电流型漏电保护器结构示意图

正常情况下,三相负荷电流和对地漏电流基本平衡,流过互感器一次线圈的电流相量和近似为零,铁芯中产生的磁通为零,零序互感器无输出。当发生触电或各种意外短路时,短路电流通过大地形成回路,产生了零序电流,在铁芯中产生零序磁通,二次线圈有信号输出;该信号经过中间机构放大或比较与判断,如果达到预定动作值,即发出执行信号,使执行元件(接触器、继电器)动作跳闸,切断电源。

5.2.3 触电急救

触电急救,首先要使触电者迅速脱离电源。脱离低压电源的方法主要有:

(1) 迅速切断电源,如拉开电源开关或刀开关;

(2) 如果电源开关或刀开关距离触电者较远时,可用带有绝缘柄的电工钳或有干燥木柄的斧头,铁锹等将电源线切断;

(3) 触电者由于肌肉痉挛,手指握紧导线不放松或导线缠绕在身上时,可首先用干燥的木板塞进触电者身下,使其与大地绝缘来隔断电源,然后再采取其他办法切断电源;

(4) 导线搭落在触电者身上或是压在身下时，可用干燥的木棒、竹竿挑开导线或用干燥的绝缘绳索套拉导线或触电者，使其脱离电源；

(5) 救护者可用一只手戴上绝缘手套或站在干燥的木板、木桌椅等绝缘物上，用一只手将触电者拉脱电源。

触电者脱离电源后，如果出现心脏停跳、呼吸停止等危险情况，应立即进行触电急救。急救主要有人口呼吸法和胸外挤压法两种方法。

(1) 人口呼吸法　适用于有心跳但无呼吸的触电者。救护口诀是：病人仰卧平地上，鼻孔朝天颈后仰，首先清理口鼻腔，然后松扣解衣裳，捏鼻吹气要适量，排气应让口鼻畅，吹 2 s 后停3 s，5 s 一次最恰当。

(2) 胸外挤压法　适用于有呼吸但无心跳的触电者。救护口诀是：病人仰卧硬地上，松开衣扣解衣裳，当胸放掌不鲁莽，中指应该对凹膛，掌根用力向下按，压下一寸至半寸，压力轻重要适当，过分用力会压伤，慢慢压下突然放，一秒一次最恰当。

当触电者既无呼吸又无心跳时，可以采用人口呼吸法和胸外挤压法进行急救，两者交替进行。触电急救应做到医生来前不等待，送医院途中不中断；否则，触电者将很快死亡。

单元小结

1. 发电、输电、配电概况

供电的概念　电能由发电厂产生，通过变压器升压再由输电线路传输到各用电单位，经单位变电所变压器二次降压后使用，这样就构成了发电、输电和配电完整系统。

电能的分配　按对供电可靠性要求负荷分为三类：一级负荷、二级负荷和三级负荷。

2. 安全用电

触电概念及基本类型　人体因触及带电体而承受过高的电压，以致引起局部受伤或死亡的现象称为触电；人体所触及的电压大小和触电时人体环境因数(绝缘保护情况、环境温度湿度)和实施条件是决定触电伤害程度的重要因素。常见触电方式有：单相触电、双相触电和跨步电压触电三种。

触电保护　保护接地、保护接零、漏电保护设备与装置。

3. 触电急救

万一发生触电事故，迅速准确地进行现场急救是抢救触电者脱离危险的关键。应尽快脱离电源；快速急救处理。

思考题和习题

5-1　电力系统由哪几部分组成？各部分有什么作用？

5-2　在电力系统中，用户的负荷等级是如何划分的？

5-3　36 V 的安全电压一定安全吗，为什么？

5-4　常见触电方式有几种，如何预防？

5-5　在触电保护中，试分别说明保护接地与保护接零的区别和作用？

5-6　试简述触电急救的步骤和常用方法？

第6章　常用半导体器件

6.1　半导体的基本知识

半导体器件以其体积小、质量轻、功耗低、寿命长、工作可靠等优点，在20世纪80年代得到了迅速发展，在各行各业得到了广泛的应用。

本章主要讨论常用的半导体二极管、半导体三极管、场效应管、晶闸管的基本结构，基本特性和基本工作原理。为学习电子电路的基本分析方法和主要应用奠定基础。

6.1.1　半导体的导电特性

1. 半导体

导电能力介于导体和绝缘体之间的物质称为半导体。如硅、锗、硒及大多数金属氧化物和硫化物都是半导体。

2. 半导体的导电特性

半导体具有独特的导电特性主要表现在以下方面：

(1) 热敏性　有些半导体对温度变化反应特别灵敏，温度升高时它的导电能力明显增强；利用热敏性可以制造出各种半导体热敏器件。

(2) 光敏性　半导体导电能力对光照非常敏感，光照愈强，导电能力愈大。利用这一特性，半导体可制成各种光敏器件，如光敏电阻、光电管等。

(3) 杂敏性　在纯净的半导体中有选择有控制地掺入微量杂质(指其他元素)，它的导电能力会大大增强。如在纯硅中加入千分之一杂质，导电能力将增强几十万到几百万倍。利用这一特性，制造了半导体二极管、半导体三极管、晶闸管、集成电路等电子器件。

3. 本征半导体

纯净的具有完整晶体结构的半导体称为本征半导体，常用的本征半导体有硅和锗两种晶体。如果把多晶体“拉成”单晶体，使它的原子排列由杂乱无章状态变成有规律和整齐的状态，那么这种单晶体就可以制成半导体三极管和集成电路。

4. 本征激发

在室温条件下，单晶的半导体中存在一定数量的电子—空穴对。空穴和电子一样，也是一种载流子。在本征半导体中，自由电子的数量和空穴的数量是相等的。温度变化时，每形成一个自由电子，同时出现一个空穴，它们成对出现，这种现象称为本征激发。自由电子在运动过程中，又会和空穴重新结合而成对消失，这种与激发相反的过程称为复合。电子—空穴对的产生与复合，在一定温度下呈现动态平衡，所以，电子—空穴对的数目保持不变。当温度升高后，电子—空穴对的数目相对增加，因此，本征半导体的导电能力随温度增加而显著增加。

6.1.2　杂质半导体

本征半导体的导电能力很差，如果在本征半导体中人为掺入其他有用杂质，变成杂质半导体后就会使其导电性能发生显著变化。

1. N 型半导体

在硅半导体中，掺入微量的五价元素形成 N 型半导体。这种半导体主要靠电子导电，所以称为电子型半导体，简称 N 型半导体。在 N 型半导体中，自由电子是多数载流子，而空穴则为少数载流子。在 N 型半导体中，多数载流子取决于掺杂质的数量；少数载流子的数量取决于热运动，即温度变化在晶体中激发出电子—空穴对。

2. P 型半导体

在硅半导体中，掺入微量的三价元素形成 P 型半导体。这种半导体主要靠空穴导电，所以称为空穴型半导体，简称 P 型半导体。在 P 型半导体中，空穴是多数载流子，而自由电子则为少数载流子。多数载流子也取决于掺杂的数量，少数载流子则取决于热运动。

因此，当半导体两端加上外加电压时，半导体中将出现两种电流：一是自由电子做定向的运动形成的电子电流，二是自由电子填补空穴形成的空穴电流。在半导体中同时存在着电子和空穴导电，这是半导体和金属导电的本质差别。

所以，在半导体中有两种载流子，自由电子和空穴。这些载流子都是“自由”的，可以在外电场作用下做定向运动。如果从本征半导体引出两个电极并接上电源，此时带负电的自由电子将向电源正极做定向运动，形成电子电流；带正电的空穴将向电源负极做定向运动，形成空穴电流；而在外电路中的电流为电子电流和空穴电流之和。

6.2　半导体二极管

6.2.1　PN 结及其单向导电特性

1. PN 结的形成

通过一定的工艺将 P 型半导体和 N 型半导体叠加在一起，由于在其交接面处存在着空穴和自由电子的浓度差，因此就产生了多数载流子的扩散运动和少数载流子的漂移运动。P 型区的多数载流子——空穴向 N 型区扩散，N 型区的多数载流子——自由电子向 P 型区扩散。同时 P 型区的少数载流子——自由电子向 N 型区漂移，N 型区的少数载流子——空穴向 P 型区漂移，如图 6 - 1(a)所示。随着扩散和漂移运动的不断深入，在 P 型半导体和 N 型半导体交接面处不断地进行空穴与自由电子的复合，当扩散与漂移运动达到动态平衡时，在交接面处留下不能移动的正负离子，形成了空间电荷区（内电场），也就是 PN 结，如图 6 - 1(b)所示。

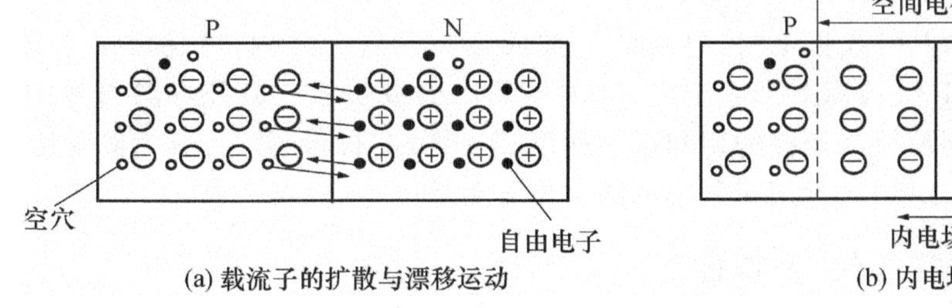

(a) 载流子的扩散与漂移运动　　(b) 内电场的形成

图 6 - 1　PN 结的形成

内电场的方向由N区指向P区,它的作用一是阻碍多数载流子的扩散运动,故也称空间电荷区阻挡层(耗尽层);二是有助于少数载流子的漂移运动。漂移是指在内电场作用下少数载流子的定向运动。可以想象,在动态平衡状态条件下,自由电子从N区到P区的扩散电流必然等于它从P区到N区的漂移电流。同样,空穴的扩散电流和漂移电流也必然相等。这时,空间电荷区相对稳定,形成了固定的PN结,如图6-1(b)所示。

2. PN结的单向导电特性

1) PN结正向导通

当PN结外加正向电压时(简称正偏压),电源正极接P,负极接N,电路如图6-2所示。这时外电场与内电场方向相反,因而削弱了内电场,打破了PN结原来的平衡,使空间电荷区变窄,N区的电子和P区的空穴都能顺利地通过PN结,形成较大的扩散电流。所以,外接正向电压使PN结处于导通状态,正向电阻很小,正向电流较大。

2) PN结反向截止

当PN结外加反向电压时(简称反偏压),电源正极接N,负极接P,如图6-3所示。这时外电场与内电场方向一致,因而增强了内电场,使内电场的阻挡作用增强,多数载流子的扩散难以进行,有利于少数载流子的漂移运动,形成PN结的反向漏电流。因为少数载流子的浓度很低,反向电阻较大,反向电流很小,而且温度一定时基本不随反偏电压变化。

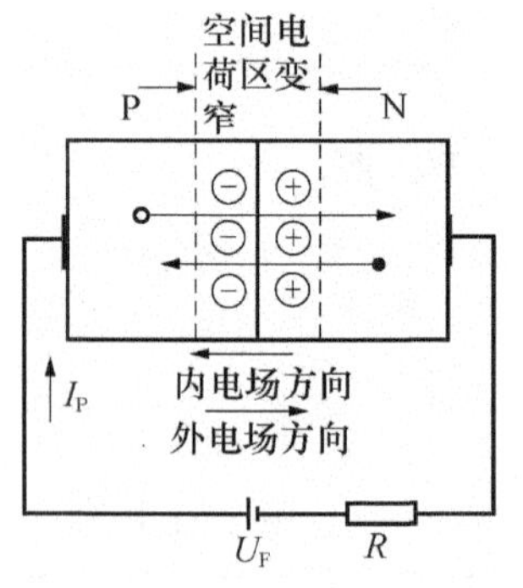

图6-2 PN结加正向电压

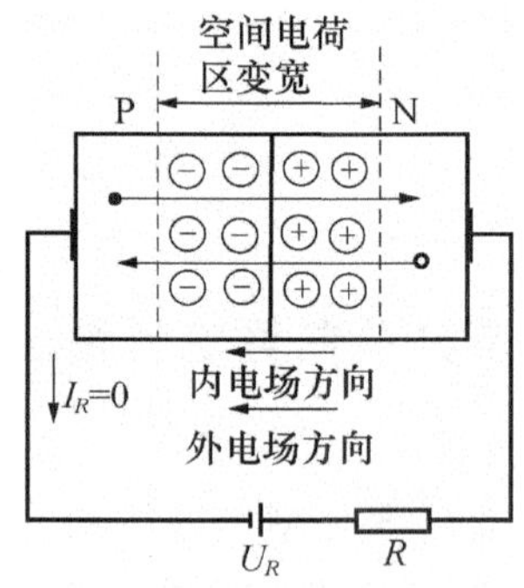

图6-3 PN结加反向电压

综上所述:当PN结上加正向电压时,正向电流大,正向电阻小,PN结处于导通状态;反之PN结上加反向电压时,反向电流很小,反向电阻很大,PN结处于截止状态,即PN结具有单向导电的特性。

6.2.2 半导体二极管结构

在PN结两端各加上引线作电极,再封装于抽成真空的管壳之内,就构成了半导体二极管,也称晶体二极管。P型端称阳极或正极,N型端称阴极或负极。其外形与符号如图6-4所示。按制造工艺不同可分为面接触型和点接触型二极管;按材料不同可分为硅和锗二极管。此外,还有一种开关型二极管,常用在数字电路中作开关管。

6.2.3 半导体二极管的伏-安特性

半导体二极管的性能可以用伏-安特性表示,它是指二极管两端的电压 U_D 和流过二极管的电流 I_D 之间的关系。半导体二极管的伏-安特性如图6-5所示。

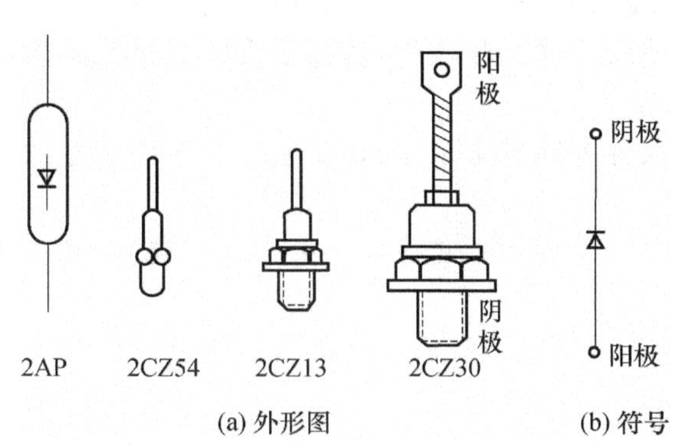

图 6-4　半导体二极管的外形及符号

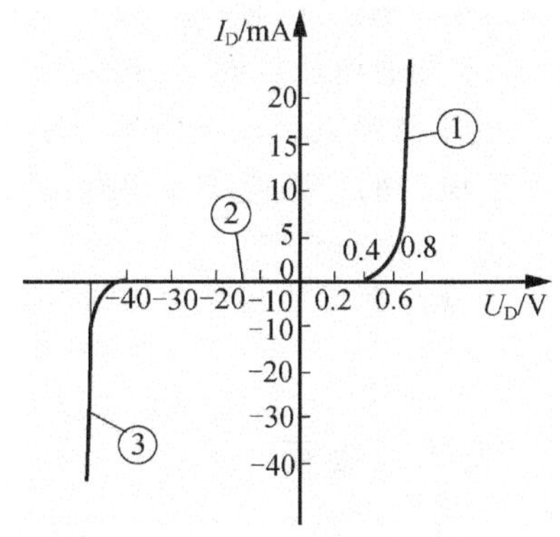

图 6-5　半导体二极管伏安特性曲线

1. 正向特性

由图 6-5 中曲线①部分表示，在二极管的正向特性的起始部分，由于外加正向电压较小，外电场还不足以克服 PN 结内电场对多数载流子所造成的阻力，因此这时的正向电流几乎为零，二极管呈现很大的电阻。这个范围称为“死区”，相应的电压称为“死区电压”。锗管死区电压约 0.1 V，硅管死区电压约 0.5 V。当正向电压超过死区电压后，内电场被削弱，电流增强很快，正向电阻很小，这时二极管处于导通状态。一般情况下，锗管的正向导通压降为 0.2～0.3 V，硅管的正向导通压降为 0.6～0.7 V。

2. 反向特性

由图 6-5 中曲线②部分表示，二极管的 PN 结在反向电压作用下，由少数载流子漂移形成的反向电流很小，在反向电压不超过某一范围时，反向电流基本恒定，故通常称之为反向饱和电流，此时称二极管处于截止状态。反向电流很小，正常情况下硅管为几微安以下。

3. 反向击穿特性

由图 6-5 中曲线③部分表示，当反向电压继续增加到某一电压时，反向电流剧增，称为反向击穿。此时，二极管失去了单向导电性。

6.2.4　半导体二极管的主要参数及使用常识

1. 最大整流电流 I_{DM}

I_{DM}指二极管长期使用时允许流过的最大正向平均电流。它由 PN 结的面积和散热条件决定。使用时注意不能大于这个数值，否则二极管将过热而损坏。

2. 最大反向工作电压 U_{DRM}

U_{URM}指二极管使用时允许承受的最大反向电压。一般手册上给出的最大反向工作电压约为击穿电压的一半。

3. 最大反向电流 I_{RM}

I_{RM}指二极管加最大反向工作电压时的反向电流。其值越小，二极管单向导电性能越好。温度对反向电流影响很大，使用时应加以注意，尤其是锗二极管。

4. 半导体二极管的使用常识

(1) 应根据需要正确地选择型号　要求大的导通电流时，选平面型二极管；用于整流电路时应选用整流二极管；要求工作频率高时，选用点接触型二极管。

(2) 选好二极管的种类　要求反向电流小、温度稳定性好、反向击穿电压高、耐温高时选用硅管;要求导通电压低时,选用锗管。硅管与锗管不能互相代用,替换上去的二极管其最高反向工作电压及最大整流电流不应小于被替换管。

(3) 二极管的参数应满足电路的要求　为保证电路正常工作,切勿超过手册中规定的最大允许电流和电压值。

(4) 应避免靠近发热元器件并保证散热良好　工作在高频或脉冲电路的二极管,其引线要尽量短。

6.2.5　稳压二极管

稳压二极管是用特殊工艺制造的面结合型硅二极管,因为它具有稳定电压的作用,故称稳压管。稳压管的表示符号及伏-安特性曲线如图6-6所示。稳压管的正向特性曲线与普通二极管相似,而反向特性曲线却不同。当加于稳压管的反向电压小于U_Z时,反向电流变化极小,甚至不导通。当反向电压电压值增加到稳压管击穿电压U_Z时,反向电流突然剧增。此后电流虽然在很大范围内变化,但稳压管两端电压却变化很小。利用稳压管工作在反向击穿状态下电压基本不变的特性,就能起到稳定电压的作用。由于硅管热稳定性好,因此一般都采用硅材料生产稳压二极管。

硅稳压二极管的主要参数:

(1) 稳定电压U_Z　稳定电压(击穿电压)是稳压管在正常工作下管子两端的电压,即使同一型号的稳压管,其稳压值也有一定的分散性。例如,2CW76的稳定电压为11.5～12.5 V,是指该型号稳压管稳定电压值在这个范围内的一个固定值。

(2) 稳定电流I_Z　稳定电流是指保证稳压管正常工作时最小电流值。

(3) 最大稳定电流I_{max}　在稳压范围内稳压管允许通过的最大工作电流值,实际使用时不超过此值。

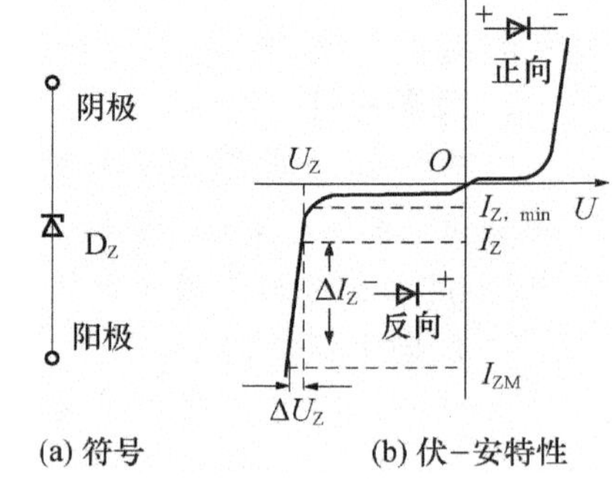

图6-6　硅稳压二极管

(4) 动态电阻r_Z　在稳压范围内,动态电阻是指稳压管在正常工作时,电压变化量与电流变化量之比,即$r_Z=\frac{\Delta U_Z}{\Delta I_Z}$。其数值随工作电流不同而改变。$r_Z$越小,稳压性能越好。

6.3　半导体三极管

半导体三极管也称晶体三极管,简称三极管。它具有电流放大作用和开关作用,所以广泛应用于模拟信号与数字信号的电子技术中。

6.3.1　半导体三极管的结构

三极管由三块杂质浓度不同的半导体构成,分为NPN型和PNP型两类;从三块半导体上引出三个电极,用抽成真空的金属或塑料管封装而成,外形如图6-7所示。不论是NPN型还是PNP型三极管,都有三个工作区域,位于中间较薄的区称基区,用于控制载流子通过的数量;其中一侧掺杂浓度高的用于发射载流子的区称发射区;另一侧面积较大则用于收集载流子的区称集电区。三极管的三个电极为发射极 E(或 e),基极 B(或 b)和集电极 C(或 c);三极管有两个 PN 结,靠近集电极的为集电结,靠近发射极的为发射结,其结构示意图和图形符号如图 6-8 所示。三极管根据材料不同,同样可分为硅管和锗管两类,目前国内生产的硅管多为 NPN 型(3D 系列),锗管多为 PNP 型(3A 系列)。

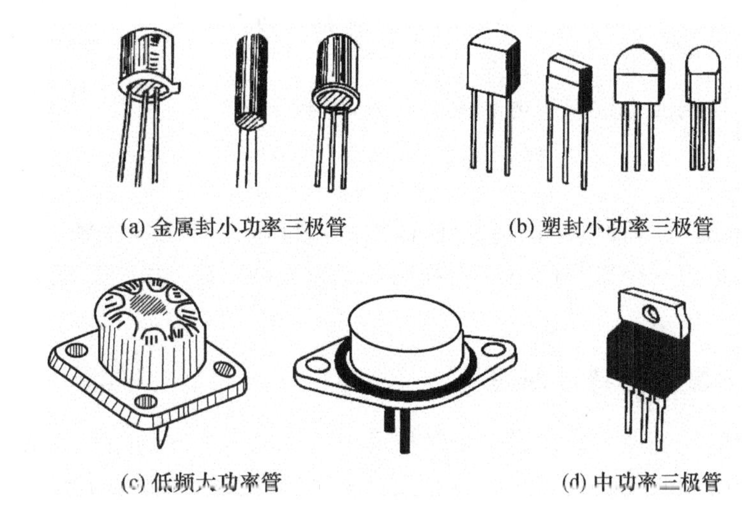

图 6-7　常用的三极管外形

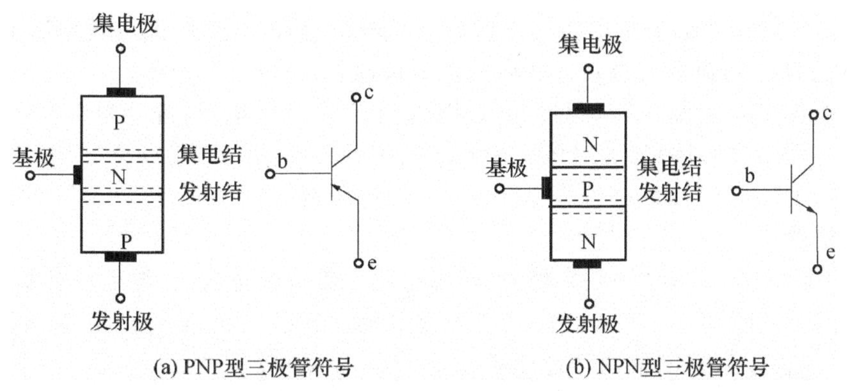

图 6-8　三极管结构示意图及图形符号

6.3.2　半导体三极管的电流放大作用

实践证明,半导体三极管工作在放大状态时,发射结要正向偏置(即加正向电压),集电结要反向偏置(即加反向电压)。现以 NPN 型三极管为例研究三极管的电流放大作用,实验电路如图 6-9 所示。三极管接成基极回路和集电极回路,发射极是公共端,故称这种接法是三极管的共发射极电路。电源 V_{BB}的正极接基区,负极接发射区,使发射结正向偏置。电源 V_{CC}接集电极与发射极之间,由于电源 $V_{CC}>V_{BB}$,使集电结反向偏置。

当改变 R_B时,微安表就能测量出基极电流 I_B、集电极电流 I_C、发射极电流 I_E的变化情况,它们的电流方向如图 6-9 所示。

经多次测量得到如下结论：

(1) 三极管三个电极的电流分配关系：$I_E \approx I_B + I_C$，符合基尔霍夫电流定律；

(2) I_B 变化时，I_C 按比例增大，而 $I_C \approx I_E$；

(3) 基极电流的较小变化量 ΔI_B 可以引起集电极电流的较大变化 ΔI_C。$\Delta I_C/\Delta I_B \approx \beta$ 是三极管的电流放大系数，它反映了基极电流对集电极电流的控制作用。

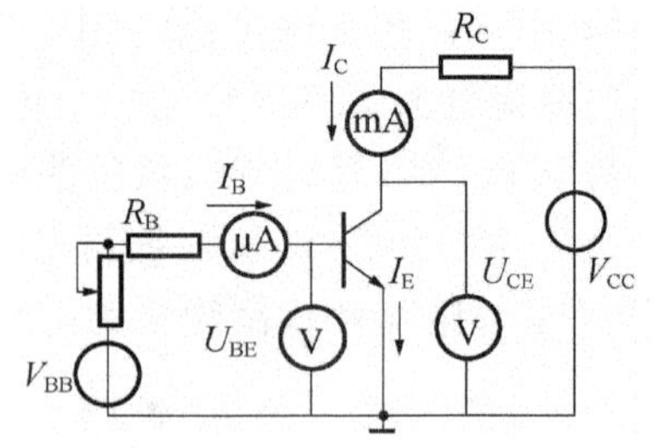

图 6－9　三极管电流放大实验电路

三极管的这种控制能力定义为电流放大能力，则有

$$I_E = I_B + I_C = (1+\beta)I_B \tag{6-1}$$

$$I_C = \beta I_B \tag{6-2}$$

综上所述，三极管是一种电流控制器件，微小的基极电流可以控制较大的集电极电流，电流放大作用的实质是用一个微小的 ΔI_B 去控制一个较大的 ΔI_C。电流分配关系由三极管内部结构决定。

6.3.3　半导体三极管的特性曲线

半导体三极管的特性曲线是用来表示各极的电压和电流之间的相互关系。常用的是共发射极接法的输入特性和输出特性曲线。特性曲线可以通过实验或查阅半导体手册获得。

1. 输入特性曲线

输入特性是指 U_{CE} 为常数时输入回路中基极电流 I_B 与 U_{BE} 间的关系。

当 U_{CE} 等于零时，相当于集电极与发射极之间短路，基极与发射极之间相当于两个二极管并联，其输入特性应为两个二极管并联后的正向特性，如图 6－10 所示。

由曲线可见，三极管输入特性与二极管相似，也存在死区电压，硅管为 0.5 V 左右，锗管为 0.2 V 左右。只有在发射结外加电压大于死区电压后，三极管才导通，才会形成电流 I_B。三极管正常工作时的发射结压降，硅管为 0.5～0.7 V 之间，锗管为 0.2～0.3 V 之间。

2. 输出特性

输出特性是指当 I_B 是某一固定值时，输出电路中集电极电流 I_C 与集—射极之间电压 U_{CE} 之间的关系。在不同的 I_B 下可以得到不同的曲线，所以三极管的输出特性是一族曲线。图 6－11 所示为硅三极管的输出特性曲线。

输出特性曲线可以划分为以下三个工作区域，对应于三极管的三种工作状态。

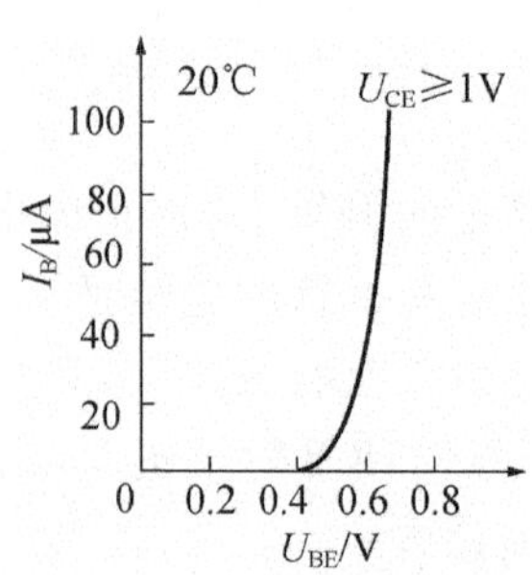

图 6－10　硅三极管输入特性曲线

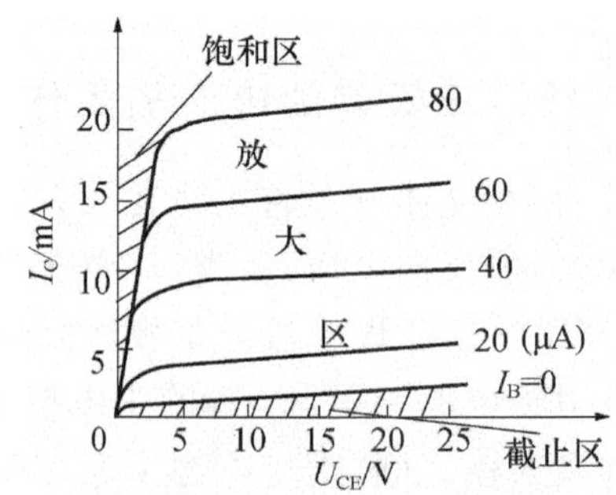

图 6－11　硅三极管输出特性曲线

(1) 截止区　一般将 $I_B \leqslant 0$ 的区域称为截止区。此时 I_{CEO}($\approx I_C$)称为穿透电流,它是基极开路时从发射极到集电极的反向截止电流,一般 I_{CEO}很小。三极管处于截止状态时的特点是:发射结和集电结均为反向偏置。三极管工作于截止区时,失去了电流放大作用,集电极与发射极之间相当于开关的断开状态。

(2) 放大区　在放大区内,各条输出特性曲线比较平坦,表示当 I_B 一定时,I_C 的值基本上不受 U_{CE}变化的影响。三极管工作于放大状态时的特点是:发射结正向偏置,集电结反向偏置。集电极电流受基极电流的控制,满足 $I_C = \beta I_B$,三极管具有很强的电流放大作用,放大区通常也称为线性区。

(3) 饱和区　靠近纵轴的附近,各条输出特性曲线的上升部分属于三极管的饱和区。$U_{CE} < U_{BE}$为饱和状态,三极管饱和时 C—E 之间的电压称为饱和压降,用 U_{CES}来表示。小功率硅管 U_{CES}约 0.3 V,锗管约 0.1 V。当三极管工作在饱和区时,即使 I_B 增加,I_C 也很少增加,好像“饱和”了一样。三极管处于饱和状态时的特点是:集电结、发射结均处于正向偏置。三极管工作于饱和区时,失去电流放大作用。集电极与发射极之间相当于开关的闭合状态。

总之,三极管工作在放大区时,具有放大作用;工作在截止区、饱和区时具有开关作用。

6.3.4　三极管的主要参数

三极管的主要参数表示其性能指标,这是选择三极管的主要依据。

1. 电流放大系数 β

把静态(直流)I_C 与 I_B 之比称为直流电流放大系数 $\bar{\beta}$,即

$$\bar{\beta} = \frac{I_C}{I_B} \tag{6-3}$$

当 I_B有一增量 ΔI_B时,I_C也相应地变化 ΔI_C,且 $\Delta I_C \gg \Delta I_B$,集电极电流变化量与基极电流变化量之比称为交流电流放大系数 β,即

$$\beta = \frac{\Delta I_C}{\Delta I_B} \tag{6-4}$$

工程上近似计算时,可认为 $\bar{\beta} \approx \beta$。

2. 极间反向电流

(1) 集电极和基极之间的反向饱和电流 I_{CBO}也称为反向饱和电流。它的数值很小,但受温度的影响较大,是造成管子工作不稳定的主要因素。一般小功率管的 I_{CBO}约为几微安到几十微安,硅三极管的 I_{CBO}要小得多,可达到纳安级。

(2) 集电极和发射极之间的穿透电流 I_{CEO}是指基极开路时($I_B = 0$)流过集电极和发射极的电流。可以证明 I_{CEO}和 I_{CBO}有下述关系

$$I_{CEO} = (1 + \beta)\ I_{CBO} \tag{6-5}$$

选用三极管时,I_{CEO}的值越小越好。

3. 极限参数

极限参数是指在使用中不允许超过的参数。

(1) 集电极最大允许电流 I_{CM}:当 I_C超过 I_{CM}时,三极管的性能明显下降,甚至烧坏三极管。

(2) 集电极最大允许耗散功率 P_{CM}:由于三极管集电极的耗散功率为 $P_C = I_C \times U_{CE}$,它将使集电结温度升高,使三极管发热,所以 P_C 有一个最大允许值 P_{CM}。如果 $P_C > P_{CM}$将使三极

管性能变坏,最终导致烧毁。故在使用时,P_C不允许超过P_{CM}。

(3) 极间反向击穿电压BV_{CEO}:指基极开路时,集电极和发射极之间的反向击穿电压。三极管击穿后将造成永久性的损坏或性能下降。常见的有$U_{(BR)EBO}$、$U_{(BR)CBO}$、$U_{(BR)CEO}$三种击穿电压。

4. 三极管的选择和使用方法

(1) 确定管子的种类:按照频率分,三极管有高频管、低频管;按照功率分,有大、中、小型功率管等。用于低频电压放大电路选用低频小功率管;用于高频电路选用高频管;用于功率放大电路选用大功率管。工作时应根据电路要求选择合适的管子。

(2) 根据电路的参数要求选择合适的型号:电路需要工作在大电流时,选用I_{CM}大的三极管;工作电压高,选用$U_{(BR)CEO}$大的三极管;要求输出大的功率,选用P_{CM}大的三极管;要求温度稳定性好时,选用硅管。β值一般选几十至一百左右为宜。β值太小放大性能差,β值太大性能一般不稳定。因此应根据电路需要选择合适的β值。

(3) 加到管子上的极性应正确:PNP管的发射极对其他两电极是正电位,而NPN管则是负电位。

(4) 三极管的替换:只要三极管的基本参数相同,就能替换,性能高的可替换性能低的。应注意,通常锗、硅管不能互换。

(5) 管子应避免靠近热元器件:为减小温度变化和保证管壳散热良好,功率放大管在耗散功率较大时,应加散热板。引脚引线不宜太短,而且在焊接时热量容易传到管内,有可能烫坏三极管。

※6.4 MOS场效应管

6.4.1 MOS场效应管基本结构

MOS场效应管简称MOS管,是一种新型的半导体器件,其外形与普通的半导体三极管相似,由于它具有许多突出的优点,所以被广泛应用于电子电路中。

MOS管是利用电场效应控制载流子运动的电压控制器件,它不仅具有一般半导体三极管体积小、质量轻、耗电省和寿命长等特点,而且还有输入阻抗高(10^7~10^{15} Ω)、噪声低,热稳定性好、抗辐射且易于集成等优点。MOS管分为结型和绝缘栅型两大类,本节仅介绍绝缘栅型场效应管。

半导体三极管是电流控制器件,也称双极型器件,它的内部参与导电的载流子是两种。MOS管是电压控制器件,也称单极型器件,它的内部参与导电的载流子只有一种。MOS管也有三个电极:漏极(D)、源极(S)和栅极(G),栅极为控制极。

MOS管可分为增强型和耗尽型两种,它们的结构原理图及电路符号如图6-12所示。MOS管都是以P型硅为衬底,在衬底上再用扩散或离子法制作两个高掺杂的N区,引出电极,作为源极S和漏极D。源区和漏区之间是沟道区,在沟道区上覆盖一层数十纳米的二氧化硅(SiO_2)作为绝缘层。SiO_2上再覆盖金属铝,由金属铝引出电极作为栅极G。栅极与其他两个电极是绝缘的,所以称绝缘栅场效应管。

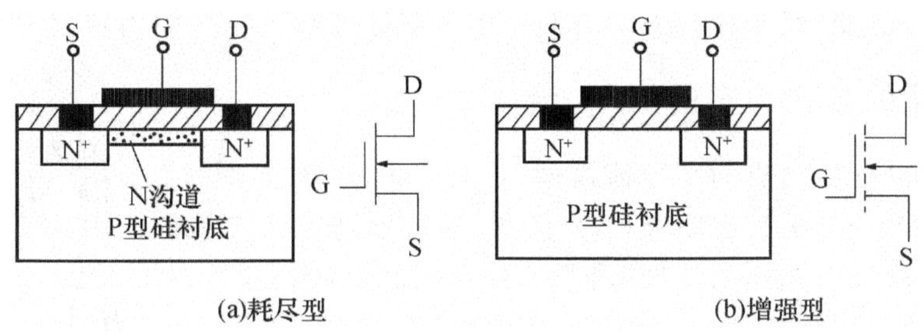

图 6－12　N 沟道 MOS 管的结构与符号

6.4.2　MOS 场效应管电压控制电流的原理

N 沟道耗尽型 MOS 管因为有原始的导电沟道，所以在 $U_{GS}=0$ 时，就有漏极电流 I_D。当 $U_{GS}>0$ 时，沟道加宽，I_D增大；$U_{GS}<0$ 时，沟道变窄，I_D减小。当 U_{GS}小到某一值时，原始沟道消失，漏极的电流趋于零，MOS 管截止。该负电压称为夹断电压，用 $U_{GS(off)}$表示。可见耗尽型 MOS 管的栅源电压 U_{GS}不论是正是负，都能控制漏极电流 I_D的大小，即电压控制电流的原理。

以上介绍了 N 沟道耗尽型 MOS 管的工作原理，增强型和耗尽型的区别是无原始的导电沟道，加上栅压才有导电沟道形成，为增强型。

6.4.3　场效应管使用时的注意事项

1. 主要参数

(1) 开启电压 U_T　这是增强型 MOS 管参数，指 U_{DS}为某一固定值(通常为 10 V)的条件下，I_D所需要的最小$|U_{GS}|$值。

(2) 夹断电压 U_P　这是耗尽型 MOS 管的参数，指 U_{DS}为一个固定值时(通常为 10 V)的条件下，使 I_D等于某一微小的电流时，栅、源极之间所加的电压$|U_{GS}|$值。

(3) 跨导 g_m　指当 U_{DS}为一固定值时，漏极电流的变化量 ΔI_D与引起这个变化量的栅源电压变化量 ΔU_{GS}之比值，即

$$g_m=\left.\frac{\Delta I_D}{\Delta U_{GS}}\right|_{U_{DS}=\text{常数}}$$

该参数表征了栅源电压对漏极电流的控制能力，是反映 MOS 管放大性能的重要参数。

(4) 极限参数　MOS 管的极限参数主要有最大漏极电流 I_{DM}、栅源击穿电压 $U_{(BR)GS}$、漏源击穿电压 $U_{(BR)DS}$和最大耗散功率 P_{DM}。

2. 使用注意事项

在使用时除了不能超过极限参数外，还要特别注意 MOS 管栅极开路时可能出现栅极感应电压过高而造成绝缘层击穿问题。为了避免这种损坏，在保存时必须将三个电极短接；在使用时需在栅极加保护电路；在焊接时，烙铁要良好接地，最好用电烙铁余热焊接。

通常 MOS 管漏极与源极可以互换使用，但有些产品源极与衬底已连在一起，这时漏极与源极不能对调。

※6.5　晶闸管

晶闸管是一种大功率的半导体器件，是一种体积小、质量轻、效率高、动作快的开关器件。

主要应用于整流、逆变、调压和开关等方面。但过载能力和抗干扰能力较差,控制电路较复杂。

6.5.1 晶闸管的结构与符号

晶闸管是用硅材料制成的半导体器件,具有普通型、双向型、可关断型和快速型等。晶闸管有阳极(A)、阴极(K)、控制极(G)三个电极。螺栓式晶闸管有螺栓的一端是阳极,使用时将螺栓固定在散热片上,另一端的粗引线是阴极,细引线是控制极。平板式晶闸管中间金属环的引线是控制极,距控制极较近的端面是阴极,距控制极较远的端面是阳极,如图 6-13 所示。

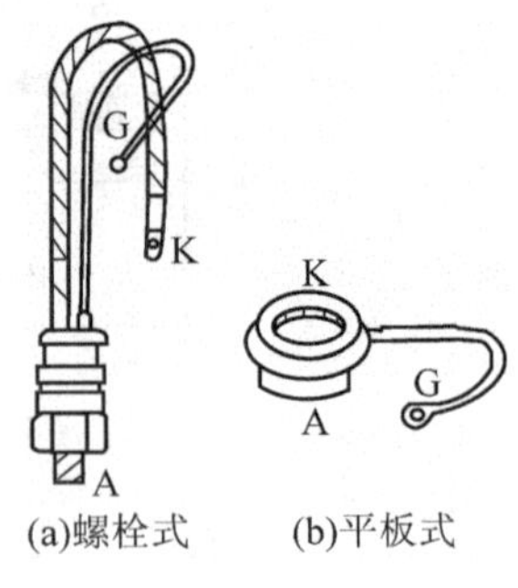

图 6-13 晶闸管的外形

6.5.2 晶闸管的工作原理

1. 晶闸管的导电特性

晶闸管的工作原理实验电路如图 6-14 所示。

(1) 当开关 S 断开时,晶闸管的阳极加正向电压,阴极加反向电压,负载灯泡不亮,表明晶闸管不导通,说明晶闸管具有“正向阻断”的能力。在晶闸管的阳极加反向电压,阴极加正向电压,负载灯泡也不亮,说明晶闸管也具有“反向阻断”的能力。由此可见,当晶闸管控制极不加电压时,晶闸管处于截止状态。

(2) 当开关 S 闭合时,在控制极加上正向电压,通常称触发,此时负载灯泡发光,说明晶闸管触发导通。如果把开关 S 断开,灯泡仍然发光,晶闸管仍处于导通状态,这说明晶闸管一旦导通后,控制极就失去了控制作用。所以,在实际工作中,控制极只需加一定的正触发电压便可以触发晶闸管导通。此时阳极与阴极之间的管压降只有 1 V 左右。

(3) 降低电源电压 U_{AK} 可使晶闸管电流 I_A 逐渐减小,灯泡的亮度逐渐变暗。当电流减小到一定值时,灯泡突然熄灭,表明晶闸管被阻断,这个最小电流称为维持电流 I_H。说明晶闸管导通后,当流过晶闸管的电流小于维持电流时,晶闸管就被阻断。

由此可见,晶闸管是一个可控的单相开关。它的导通条件是:阳极与阴极之间加正向电压,控制极加正向电压或正脉冲信号。晶闸管关断的条件是:阳极电源断开或在阳极和阴极之间加反向电压,或增大外电路的负载电阻。

2. 晶闸管的伏-安特性

晶闸管的伏-安特性是指晶闸管阳极电压 U_{AK} 与阳极电流 I_A 之间的关系,如图 6-15 所示。

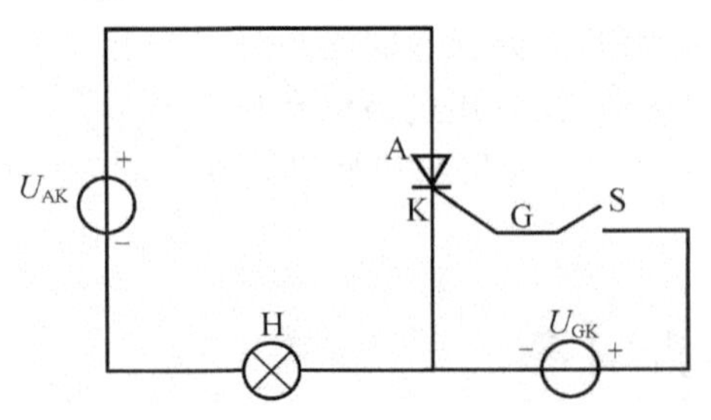

图 6-14 晶闸管的工作原理实验电路

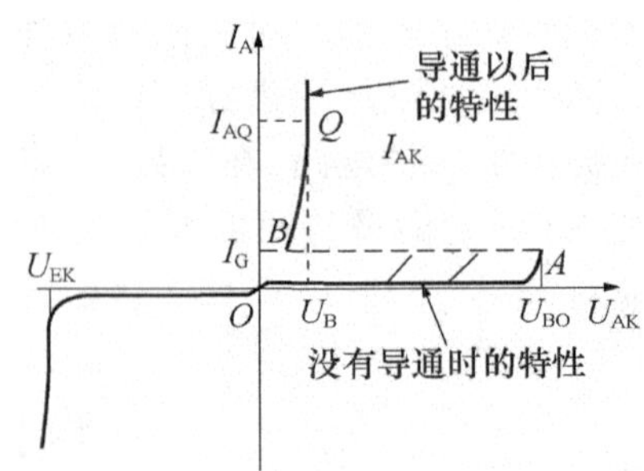

图 6-15 晶闸管的伏安特性

把 $I_G=0$(控制极开路)时的特性曲线称为基本伏-安特性曲线。它有正向阻断、正向导通、反向阻断和反向击穿四个部分。反向特性曲线和二极管相似。正向特性中 U_{BO} 为正向转折电压,当 $U_{AK}>U_{BO}$ 时,晶闸管由正向阻断转变为导通。I_H 为维持电流,当阳极电流 $I_A<I_H$ 时晶闸管为阻断状态。

当 $I_G>0$ 时,曲线左移发生转折部分,说明晶闸管可以在较低的正向阳极电压下从阻断态转变为导通态,I_G 越大,晶闸管所需的阳极电压越低。因此,可由 I_G 控制晶闸管的转折电压。

单元小结

(1) P 型半导体中多数载流子为空穴,少数载流子为电子;N 型半导体中多数载流子为自由电子,少数载流子为空穴。

PN 结是 P 型半导体和 N 型半导体接触面两边产生的内电场(阻挡层),它具有单向导电性。半导体二极管实质上是一个 PN 结,具有单向导电性,二极管两端电压大于死区电压时,二极管处于导通状态;加反电压时,在一定范围内,反向电流很小,其值基本不变,称为反向饱和电流。当反向电压等于反向击穿电压时,二极管被反向击穿,反向电流急剧增大。

稳压管是一种特殊的面接触型半导体硅二极管,工作特点满足稳压二极管的伏-安特性曲线,它具有稳压作用。

(2) 三极管有 NPN 和 PNP 两种基本类型,它们都有三个工作区域,即发射区、基区、集电区;两个 PN 结,即发射结和集电结,三个电极 E、B、C,三极管工作在放大区时具有放大作用,其放大倍数用 β 表示。三极管是最重要的一种半导体器件,它有放大作用和开关作用。

(3) 场效应管是电压控制器件,它的输出电流决定于输入电压的大小,其输入电阻很高,热稳定性好,制造工艺简单,成本低还便于集成化,是一种较新型的半导体器件。

(4) 晶闸管具有单向可控特性,在阳极上加正向电压,同时在控制极加入足够的控制极脉冲,晶闸管才导通。晶闸管一旦导通,控制极就失去控制作用。要使已经导通的晶闸管关断,只要使阳极电流小于晶闸管的维持电流即可。晶闸管具有单向导电的整流作用,还有以弱电控制强电的开关作用。

思考题与习题

6-1 填空题

(1) 主要靠电子导电的半导体称( )型,主要靠空穴导电的半导体称( )型。

(2) PN 结加正向电压时电阻( ),加反向电压时电阻( ),PN 结具有( )特性。

(3) 硅二极管正常工作时正向电压降为( )V,锗二极管正向电压降为( )V。

(4) 三极管工作在放大区时,发射结加( )电压,集电结加( )电压。

(5) 三极管的集电极电流比基极电流大( )倍。

6-2 怎么用万用表的电阻挡来判断半导体二极管管脚(电极)和管子的质量?

6-3 半导体二极管与稳压管有什么区别?

6-4 判断图 6-16 电路中二极管是导通还是截止?

6-5 半导体三极管有几个工作区域?工作在各区域的外部电压条件是什么?

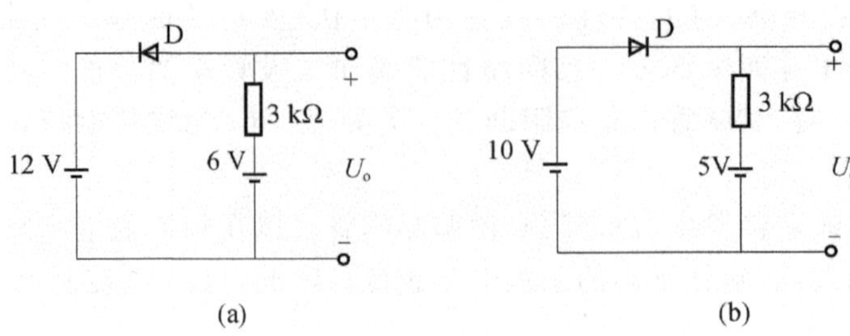

图 6-16　习题 6-4 图

6-6　半导体三极管的集电极与发射极可以互换使用吗?

6-7　场效应管与三极管比较有什么特点?

6-8　分别画出 PNP 和 NPN 管的电路符号,并标出各极电流的实际方向。

6-9　判断图 6-17 所示电路,问:

(1) 是 NPN 型还是 PNP 型。

(2) 判断出基极、发射极、集电极,将 E、B、C 电极标示于图上。

(3) 求出电流放大倍数 β。

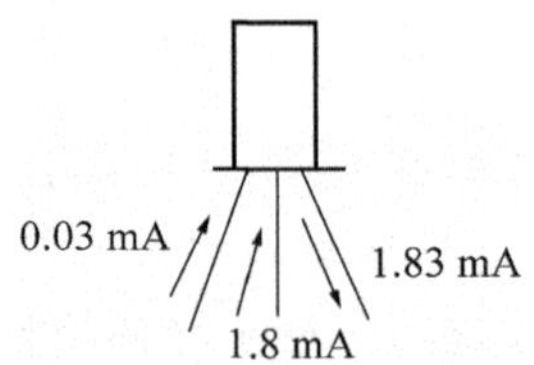

图 6-17　习题 6-9 图

6-10　某三极管的极限参数为:$I_{CM}=100$ mA,$P_{CM}=15$ mW,$U_{(BR)CEO}=30$ V,若它的工作电压 $V_{CE}=10$ V,则工作电流 I_C 不得超过多大?

第 7 章　放大电路基础

在电子电路、电子电气设备中经常需要将微弱的电信号加以放大，推动负载工作。例如，收音机、电视机、DVD 等音频或视频设备就是将微弱的电信号经过放大和变换，推动扬声器发出声音或显示器显示图像；在自动化流水线或自动控制设备中常需要用微弱的电信号经过变换和放大来控制大负载的电流。例如，电气设备电路中的变频与调速、交直流电动机、步进电动机与伺服电动机工作状态的变换与控制等。放大电路是电子电路和电子电气设备中最常用的一种单元电路。本章主要讨论几种放大电路的组成、工作原理和基本分析方法。

7.1　共发射极放大电路的组成原理

根据放大电路输入、输出信号的连接方式，晶体三极管放大电路可以组成共发射极、共基极和共集电极接法三种基本电路。下面以应用最多的共发射极（简称共射极）电路为例，讨论放大电路的组成和工作原理。

7.1.1　共发射极放大电路的组成和特点

图 7－1(a)所示是 NPN 型三极管组成的共射极放大电路。图中输入信号 u_i 加在三极管的基极与发射极之间，而输出信号 u_o 取自三极管的集电极与发射极之间。因为发射极作为输入与输出回路的公共端，故称为共射极放大电路。

为了保证三极管工作在放大状态，必须设置三极管的偏置电路。图 7－1(a)所示电路采用了两组电源，电源 E_B 通过电阻 R_B 加在三极管的发射结上，使发射结正向偏置并提供基极电流 I_B；R_B 称为基极偏置电阻，调节 R_B 就可以调整基极电流大小或基极电位的高低，基极电流又称偏置电流，提供基极偏置电流的电路称为偏置电路。图 7－1(a)所示输入回路的偏置电路由 E_B、R_B 及三极管发射结组成，通常把这种偏置称为固定偏置电路。电源 E_C 通过电阻 R_C

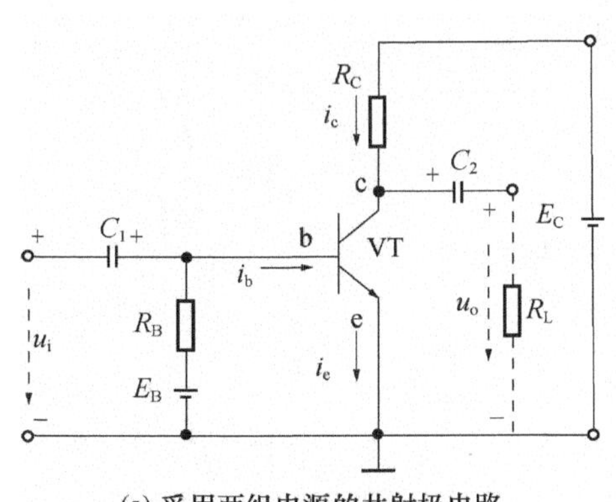

(a) 采用两组电源的共射极电路

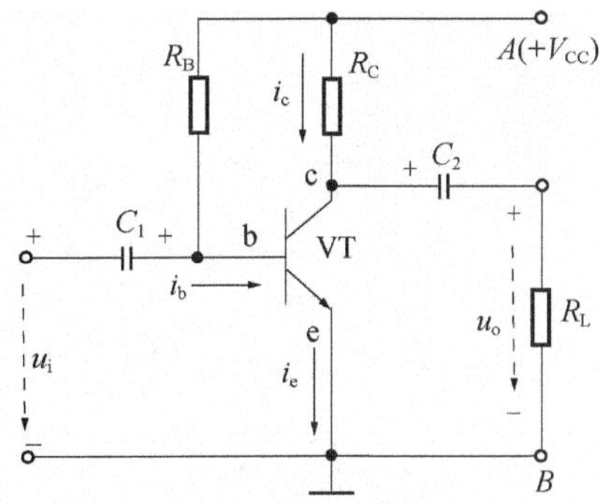

(b) 采用一组电源的共射极电路

图 7－1　共发射级放大电路

加在三极管的集电极与发射极之间，并使 E_C 值远大于 E_B，保证三极管的集电结获得反向偏置。R_C 的主要作用是将集电极电流的变化转换成电压的变化，改变 R_C 能改变三极管集电极与发射极之间的电压 U_{CE}；C_1、C_2 是输入和输出端耦合电容，其作用是"通交流，隔直流"；R_L 是放大器工作的对象，即电路的工作负载。

实际应用中，为了简化电路、降低使用成本，一般是通过 R_B 直接与集电极电源 E_C 连接，即两个回路共用一组电源。为了增强电路的直观性，往往省略电源的图形符号，而其电位的极性用数值表示。如图 7-1(b)所示 NPN 类型三极管，用 $+V_{CC}$ 表示 A 点是电源的正极，而电源的负极 B 点接地(电路零电位参考点)。事实证明 PNP 类型的三极管则与此相反。

7.1.2 共发射极放大电路的工作原理

由图 7-1(b)所示可见，由于设置了直流电源，电路在没有交流信号输入 $u_i=0$(静态)时，电路中就已存在直流电流和直流电压。当有交流信号输入 $u_i\neq0$ (动态)时，电路中各点电流或电压(电位)均随着输入信号的变化而变化。很明显，输入回路加上输入信号后，基极与发射极之间的电压，在原直流电压上再叠加一个输入信号电压；设 $u_i=U_m\sin\omega t$ (mV)，则 $u_{BE}=U_{BE}+u_i$。u_i 产生 i_b，使基极电流也是直流与输入信号量的叠加，即 $i_B=I_B+i_b$。由于三极管的电流放大作用，变化的 i_b 引起变化的 i_c($i_c=\beta i_b$)，三极管集电极电流在原直流基础上也叠加一个交流，即 $i_C=I_C+i_c$，i_c 的变化通过 R_C 导致 u_{CE} 的变化，使 $u_{CE}=U_{CE}+u_{ce}$。因电容的隔直作用，$u_o=u_{ce}$。

综合以上分析，得出如下结论：

(1) 电路输入交流信号后，放大电路中各物理量(u_{BE}、i_B、i_C、u_{CE})都是由直流分量(U_{BE}、I_B、I_C、U_{CE})和交流分量(u_i、i_b、i_c、u_{ce})叠加而成的。因此交直流共存是放大电路的一个特点，也是分析电子电路的难点。放大电路工作时各电极电流、电压的变化情况如图 7-2 所示。

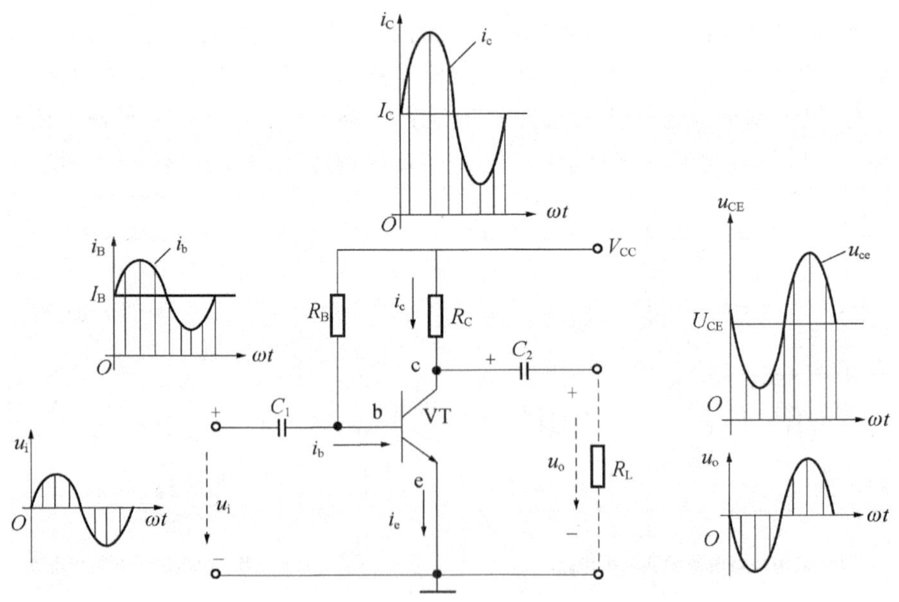

图 7-2 放大电路动态工作电流、电压变化情况

(2) 当 u_i 增加(或减少)时,i_b 增加(或减少),i_c 也增加(或减少),但 $u_{ce}(u_o)$ 减少(或增加),即 u_o 与 u_i 相位相反。

(3) 放大电路工作实质是给输入端一个微量变化信号,输出端就得到一个变化量更大的输出信号,即放大器是对输入信号变化量的放大。

7.2　共发射极放大电路的静态与动态分析

7.2.1　放大电路的直流通路及静态工作点

放大电路(又称放大器)中无交流信号输入($u_i = 0$)时的工作状态称为静态。静态时,电路中的电流和电压均为直流。静态值的分析与计算可以在直流通路中进行。放大器工作在静态时,只考虑直流电源作用的电路称为直流通路;画直流通路时,视电容为开路,如图 7-3 所示。

在直流通路上应用基尔霍夫定律,将三极管视为节点可以很方便地求出电路中电流、电压等静态值,电压、电流的参考方向如图 7-3 所示。由于在放大器静态分析中,需要求出的 I_B、U_{BE} 和 I_C、U_{CE} 是输入与输出特性曲线上一个确定的点,故静态值又称为静态工作点。

7.2.2　静态工作点的估算

分析与估算静态工作点,实质上就是近似计算 I_B、U_{BE} 和 I_C、U_{CE} 这四个静态值(参数)。静态工作点是否合适,直接决定了三极管是否能起放大作用,对放大器的质量影响极大。

1. 电路估算法

图 7-3 是固定偏置的共发射极放大器的直流通路。用基尔霍夫定律——回路电压法(或 KVL)应有:$V_{CC} = I_B R_B + U_{BE}$ 或 $V_{CC} = I_C R_C + U_{CE}$,则

$$I_B = \frac{V_{CC} - U_{BE}}{R_B} \approx \frac{V_{CC}}{R_B} \tag{7-1}$$

式(7-1)中 U_{BE} 是三极管发射极导通压降,可视为一个常数,对硅管按 0.6～0.7 V 估算,锗管按 0.2～0.3 V 估算。当 V_{CC} 远大于 U_{BE} 时,也可忽略 U_{BE},按 $I_B \approx \frac{V_{CC}}{R_B}$ 近似估算。

在忽略 I_{CEO} 情况下,根据三极管的放大作用,可确定集电极静态电流 I_C 为

$$I_C \approx \beta I_B \tag{7-2}$$

由集电极回路得

$$U_{CE} = V_{CC} - I_C R_C \tag{7-3}$$

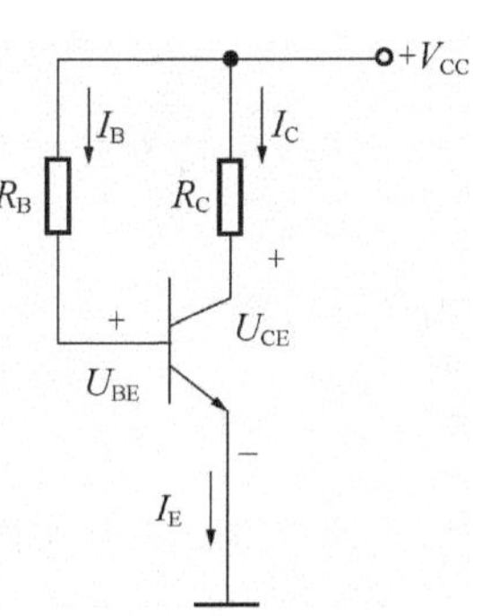

图 7-3　共发射极放大器直接通路

【例 7-1】 单管放大电路的直流通路如图 7-3 所示,已知 $V_{CC} = 12$ V,$R_C = 3$ kΩ,$R_B = 280$ kΩ,$\beta = 60$,试用估算法求该放大电路的静态工作点。

解　$$I_B = \frac{V_{CC} - U_{BE}}{R_B} = \frac{(12 - 0.7)\ \text{V}}{280\ \text{k}\Omega} = 0.04\ \text{mA}$$

$$I_C = \beta I_B = 60 \times 0.04\ \text{mA} = 2.4\ \text{mA}$$

$$U_{CE} = V_{CC} - I_C R_C = (12 - 2.4 \times 3)\ \text{V} = 4.8\ \text{V}$$

2. 图解法

图解法是运用三极管输出特性曲线和放大器的直流通路来确定静态工作点的一种作图方法，图解法求静态工作点(静态参数)按照以下步骤进行。

1) 利用正确的三极管输出特性曲线

三极管的输出特性曲线是三极管本身固有特性的反映，不同的三极管其特性曲线有所不同。设某三极管的输出特性曲线如图7-4所示。

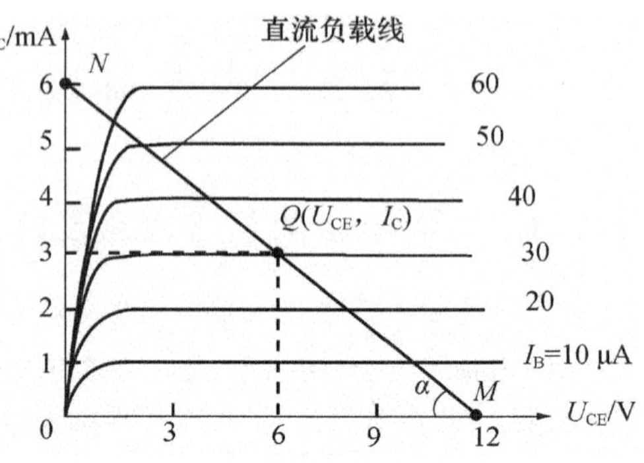

图7-4 图解法确定静态工作点

2) 作直流负载线

三极管输出回路电压方程式(7-3)是一个以I_C自变量、U_{CE}为函数的直线方程。在图7-4中，这条直线交平面坐标系横轴于M点和纵轴于N点，即当$I_C=0$时，$U_{CE}=V_{CC}$为M点坐标函数值；同理N点为$U_{CE}=0$时，$I_C=V_{CC}/R_C$。在输出特性曲线图中连接MN两点构成的直线称为放大器的直流负载线。

3) 由直流通路计算基极电流I_B

$I_B=\dfrac{V_{CC}-U_{BE}}{R_B}$，由$I_B$确定其对应的一条输出特性曲线。

4) 作静态工作点Q

I_B对应的输出特性曲线与直流负载线的交点就是静态工作点$Q(U_{CE}, I_C)$，如图7-4所示。用静态工作点坐标值可直接确定U_{CE}和I_C的值，因为I_B已由步骤3)算得，由图中的Q点查对应的纵坐标得I_C值，查对应的横坐标得U_{CE}值。

综上所述，用图解法求静态工作点时不需要知道三极管的电流放大系数β值，可很直观地求得放大器的静态参数；这是因为输出特性本身已反映了β值的大小。

【例7-2】 在如图7-2所示的放大电路中，已知$V_{CC}=12$ V，$R_B=370$ kΩ，$R_C=2$ kΩ，其三极管输出特性曲线如图7-4所示，试用图解法确定其静态工作点。

解 对于硅管$U_{BE}=0.7$ V，因此

$$I_B=\frac{V_{CC}-U_{BE}}{R_B}=\frac{(12-0.7)\ \text{V}}{370\ \text{k}\Omega}\approx 30\ \mu\text{A}$$

在输出特性曲线坐标上确定I_B哪条线：

$$U_{CE}=V_{CC}-I_CR_C$$

当$I_C=0$时 $U_{CE}=V_{CC}=12$ V 确定M点

当$U_{CE}=0$时 $I_C=\dfrac{V_{CC}}{R_C}=\dfrac{12\ \text{V}}{2\ \text{k}\Omega}=6$ mA 确定N点

连接M、N点作出直流负载线。直流负载线与$I_B=30$ μA的那条输出特性曲线相交的点，则为静态工作点Q，其值为$I_B=30$ μA，$U_{CE}=6$ V，$I_C=3$ mA。

改变电路的参数，可以改变静态工作点。通常改变基极电阻R_B的值来调整基极电流I_B的大小或基极电位的高低，从而实现放大器工作状态的改变，即调节静态工作点。

7.2.3　电路参数的动态分析

放大电路动态是指放大器输入交流信号以后的工作状态。此时，放大电路中电流和电压都是交流量与直流量的叠加。

1. 放大电路的交流通路

电路中交流信号传递的路径称为交流通路，它是电路动态分析的依据。

图 7－2 所示电路中在交流信号通过（动态）时，电容器 C_1、C_2 的容抗很小，同时理想的直流电源内阻为零，所以电路中，电容和直流电源对交流信号相当于短路，而对直流信号相当于断路（开路）。这样处理后的电路就是共发射极放大电路的交流通路，如图 7－5 所示。

2. 电路参数的动态分析

放大器的动态分析主要包括电压放大倍数、输入阻抗、输出阻抗等。反映放大器动态特征的示意图如图 7－6 所示。

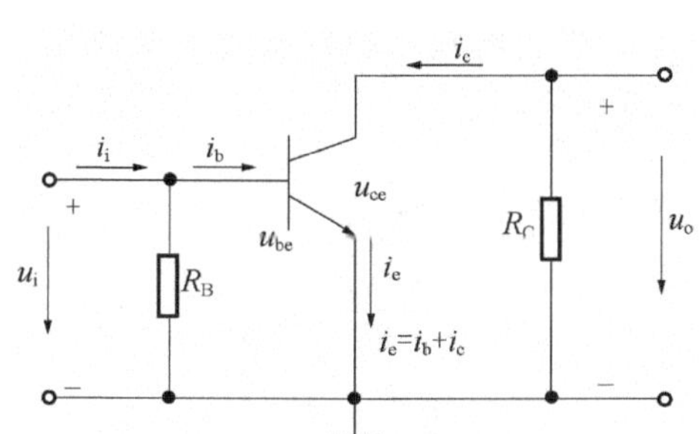

图 7－5　共发射极放大电路的交流通路

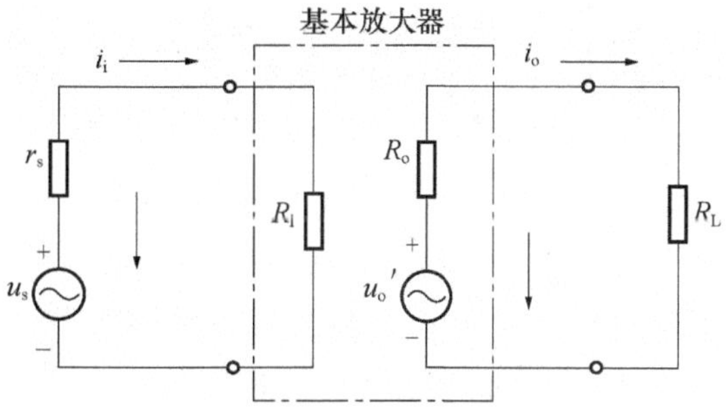

图 7－6　放大器的结构框图

1）电压放大倍数 A_u

放大器的基本功能是将输入信号进行不失真放大，其放大能力用 A_u 来表示。设输入电压是正弦交流量（用 u_i 表示），那么输出电压也应是正弦交流量（用 u_o 表示），则放大器电压放大倍数定义为输出电压与输入电压的比值，即

$$A_u = \frac{u_o}{u_i} \tag{7-4}$$

2）输入阻抗 R_i

放大器对信号源相当于一个负载，这个等效的负载电阻称为放大器的输入阻抗 R_i。由图 7－6可定义为

$$R_i = \frac{u_i}{i_i} \tag{7-5}$$

实践证明：放大器的输入阻抗 R_i 值越大越好。因为 R_i 越大，向信号源索取电流越小，对信号源而言负载越轻，即 i_i 越小，u_i 越大，信号源的利用率就越高。

3）输出阻抗 R_o

将负载移去，放大器输出端可视为一个有源二端网络。由戴维南定理可知，该网络可以用一个理想电压源 u_o' 和内阻 R_o 的串联组合表示，该电压源的内阻就是放大器的输出阻抗 R_o。

实践证明：R_o 的数值越小，放大器的输出电压受负载影响越小，放大器的负载能力就越强。

7.2.4 微变等效电路与动态计算

由三极管的特性曲线可以看出三极管是一个非线性器件,不能用计算线性电路的方法来讨论非线性电路。但当输入是微小变化信号时,引起三极管各极电流、电压变化就很小,只在静态工作点附近小范围内变化,三极管的特性曲线可以近似认为是直线。此时,三极管可以用一个等效的线性模型来反映,这样求解线性电路的方法也适用分析放大电路了。

1. 三极管输入回路的等效

图 7-7(a)是三极管的输入特性曲线,虽然是非线性的,但输入低频小信号时,在静态工作点 Q 附近工作的工作段可认为是直线;当 U_{CE} 为常数时,ΔU_{BE} 与 ΔI_B 之比称为三极管的输入阻抗,即

$$r_{be}=\left.\frac{\Delta U_{BE}}{\Delta I_B}\right|_{U_{CE}=常数}=\left.\frac{u_{be}}{i_b}\right|_{U_{CE}=常数} \tag{7-6}$$

在小信号情况下,r_{be} 是一个常数,由它可确定 U_{BE} 与 I_B 之间的关系。因此,三极管的输入端可以用 r_{be} 等效代替,如图 7-7(b)所示。低频小功率三极管的输入阻抗常用下式计算:

$$r_{be}=300+(1+\beta)\frac{26\ \text{mV}}{I_E\ \text{mA}} \tag{7-7}$$

式(7-7)中,r_{be} 在三极管手册中常用 h_{fE} 表示,一般为几百欧至几千欧。

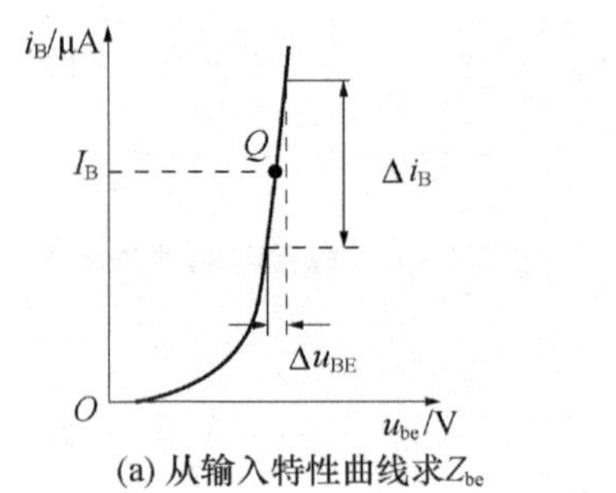

(a) 从输入特性曲线求 Z_{be}

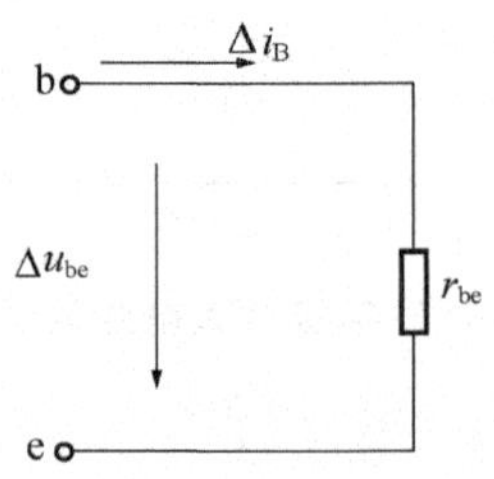

(b) 三极管输入微变等效电路

图 7-7 三极管输入回路微变等效电路

2. 三极管输出回路的等效

图 7-8(a)所示为三极管输出特性曲线,在线性工作区是一族近似与横轴平行的直线。当 U_{CE} 为常数时,ΔI_C 与 ΔI_B 之比,称为三极管电流放大系数,即

$$\beta=\left.\frac{\Delta I_C}{\Delta I_B}\right|_{U_{CE}=常数}=\left.\frac{i_c}{i_b}\right|_{U_{CE}=常数} \tag{7-8}$$

在小信号条件下,β 是常数,由它确定 i_c 受 i_b 控制的关系。因此,三极管输出回路可以用等效电流源 $i_c\approx\beta i_b$ 代替。

此外,在图 7-8(a)中还可看出,三极管的输出特性曲线不完全与横轴平行。当 I_B 为常数时,ΔU_{CE} 与 I_C 之比,称为三极管的输出阻抗,即

$$r_{ce}=\left.\frac{\Delta U_{CE}}{\Delta I_C}\right|_{I_B=常数}=\left.\frac{u_{ce}}{i_c}\right|_{I_B=常数} \tag{7-9}$$

由此可见,三极管的输出回路应由 βi_b 与 r_{ce} 并联组成,微变等效电路如图 7-8(b)所示。通常 r_{ce} 很大,约几百千欧,在微变等效电路中常视为开路。综合三极管输入回路和输出回路

的微变等效电路，得出三极管的微变等效电路如图 7－9 所示。

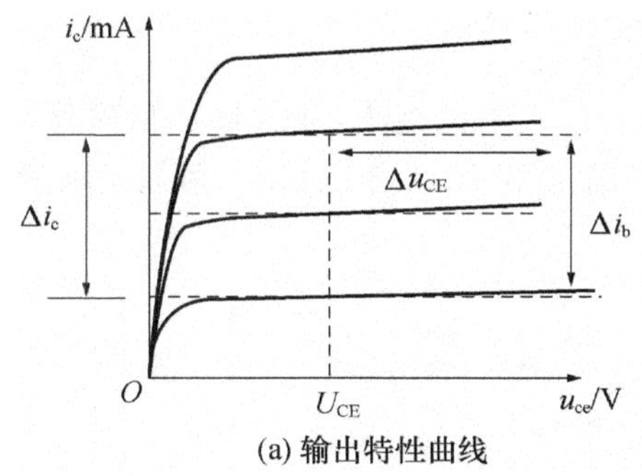

(a) 输出特性曲线

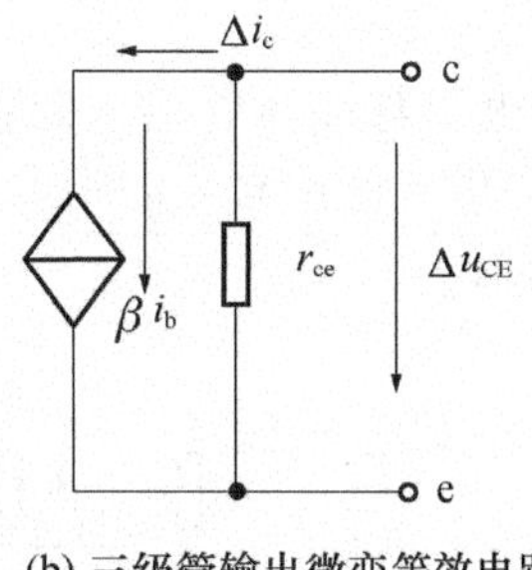

(b) 三级管输出微变等效电路

图 7－8　三极管输出回路等效电路

3. 动态参数的分析与计算

放大电路的动态分析主要是确定放大电路的电压放大倍数、输入阻抗、输出阻抗等性能指标。下面利用微变等效电路法来分析计算，图 7－9 所示的共发射极放大电路的电压放大倍数 A_u、输入阻抗 R_i 和输出阻抗 R_o。

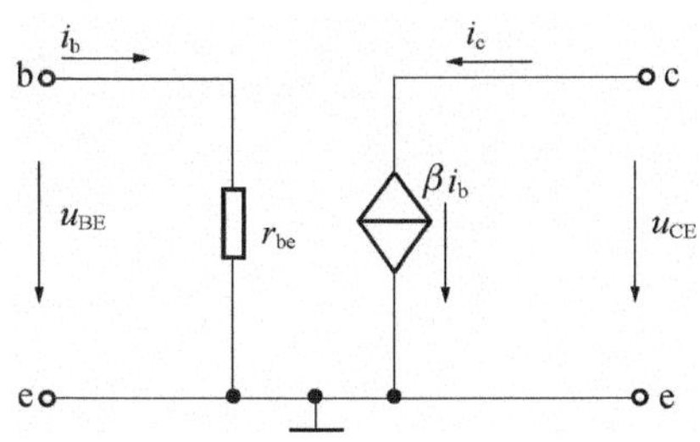

图 7－9　三极管的微变等效电路

(1) 画出微变等效电路

先画出三极管的交流通路，如图 7－10(b)所示。然后把三极管与微变等效电路等效，画出整个电路的微变等效电路，如图 7－10(c)所示。

(2) 电压放大倍数的计算

利用微变等效电路计算放大电路的电压放大倍数非常简便。图 7－10(a)所示的共发射极电路的电压放大倍数可用微变等效电路 7－10(c)计算。

输入电压
$$u_i = i_b r_{be}$$

输出电压
$$u_o = i_c R_L', \quad R_L' = R_C // R_L$$

电压放大倍数
$$A_u = \frac{u_o}{u_i} = -\frac{i_c R_L'}{i_b r_{be}}, \quad i_c = \beta i_b$$

所以

$$A_u = -\beta \frac{i_b R_L'}{i_b r_{be}} = -\beta \frac{R_L'}{r_{be}} \tag{7-10}$$

当负载开路时 $R_L = R_C$，则

$$A_u = -\beta \frac{R_C}{r_{be}} \tag{7-11}$$

式(7－11)中，负号表示 u_o 与 u_i 的相位相反(u_o 滞后 u_i 为 180°)。

(3) 输入电阻的计算

图 7－10(a)所示的放大器对信号源来说是一个负载，可用一个阻抗来等效代替。这个阻抗就是信号源的负载，也就是从放大器输入端看进去的等效输入阻抗 R_i。输入阻抗定义为放大器输入端的输入电压与输入电流之比，即

$$R_i = \frac{U_i}{I_i}$$

从图 7-10(c)可见放大器的输入阻抗为

$$R_i = \frac{R_B r_{be}}{R_B + r_{be}} \tag{7-12}$$

即基极偏置电阻与晶体管输入阻抗 r_{be}的并联值。输入阻抗越小,放大器从信号源吸取的电流越大,增大了信号源的负担;同时,由于信号源电阻 r_S和 R_i的分压,使实际加到放大电路的输入电压 u_i减小。

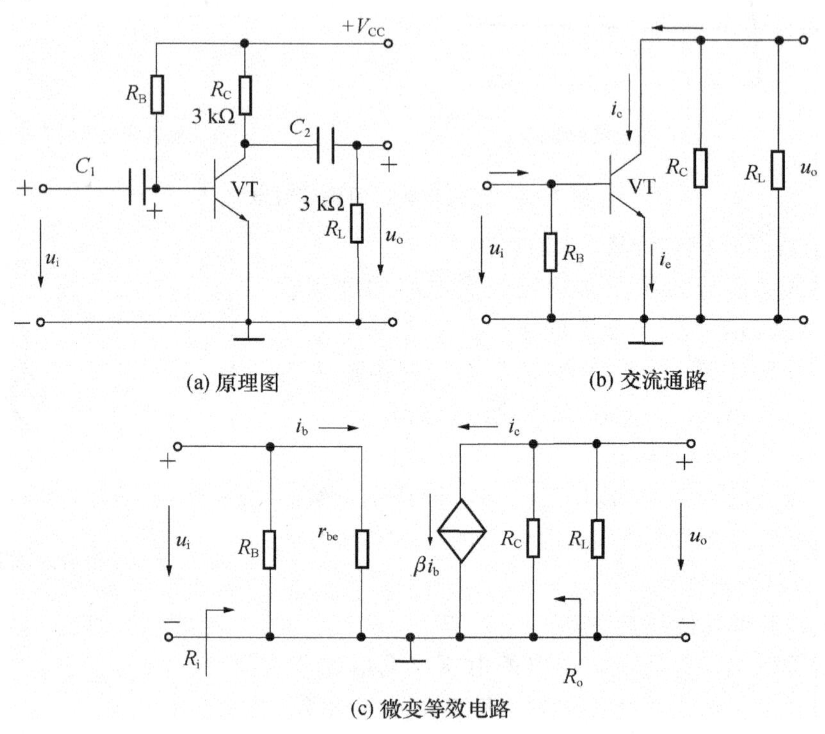

图 7-10 共发射极放大电路

(4) 输出阻抗的计算

放大器对负载来说,是一个信号源,其内阻即为放大电路的输出阻抗 R_o。放大器的输出阻抗,可在信号源短路($u_i=0$)和负载开路的条件下求得。从图 7-10(c)微变等效电路看,当 $u_i=0$ 时,i_b 和 βi_b 也为零,输出阻抗是从放大器输出端看进去的交流等效电阻,定义为放大器输出端的输出电压与输出电流之比,即

$$R_o = \frac{u_o}{i_o} \tag{7-13}$$

由于放大器在不接负载 R_L时,其输出电阻为集电极电阻 R_C。由于三极管的输出电阻 r_{ce}很大,可略去,所以

$$R_o \approx R_C \tag{7-14}$$

如果放大器的输出阻抗较大,当负载变化时,输出电压变化较大。也就是说,放大器带负载能力较差,故通常希望放大器的输出阻抗小一些为好。

【例 7-3】 计算图 7-10(a)所示电路的电压放大倍数 A_u,输入阻抗 R_i,输出阻抗 R_o。已知 R_B 为 300 kΩ,V_{CC}为 12 V,$\beta=50$。图中三极管的 $U_{BE}=0.7$ V。

解　(1) 先通过直流通路求静态工作点，即

$$I_B = \frac{V_{CC} - U_{BE}}{R_B} = \frac{(12 - 0.7)\text{V}}{300 \times 10^3\ \Omega} = 0.04\ \text{mA}$$

$$I_E \approx I_C = \beta I_B = 50 \times 0.04\ \text{mA} = 2\ \text{mA},U_{CE} = V_{CC} - I_C R_C = (12 - 2 \times 3)\ \text{V} = 6\ \text{V}$$

(2) 求三极管的交流输入阻抗 r_{be}，利用式(7-7)得

$$r_{be}=300+(1+\beta)\frac{26\ \text{mV}}{I_E}=(300+51\times 26/2)\ \Omega=960\ \Omega$$

(3) 求电压放大倍数 A_u，利用式(7-11)得

$$A_u = -\beta\frac{R'_L}{r_{be}} = -\beta\frac{R_C /\!/ R_L}{r_{be}} = -\frac{50 \times 1.5}{0.96} = -78.1$$

(4) 输入阻抗 R_i　　$R_i=\frac{R_B r_{be}}{R_B+r_{be}}=\frac{300\times 0.96}{300+0.96}\ \text{k}\Omega\approx 0.96\ \text{k}\Omega$

(5) 输出阻抗 R_o　　$R_o=R_C=3\ \text{k}\Omega$

7.2.5　放大电路的非线性失真

放大电路除有足够大的放大倍数外，还要求输出信号的波形与输入信号一致，不产生非线性失真。利用图解法可以分析放大电路在放大过程中电压和电流的变化情况。

1. 截止失真

从图 7-11 可看出，由于工作点 Q_1 偏低，输入信号在负半周就有一部分进入截止区，使三极管发射结处于反向偏置而截止，于是 i_{c1} 在负半周，u_{ce1} 在正半周的一部分被“削掉”形成截止失真。

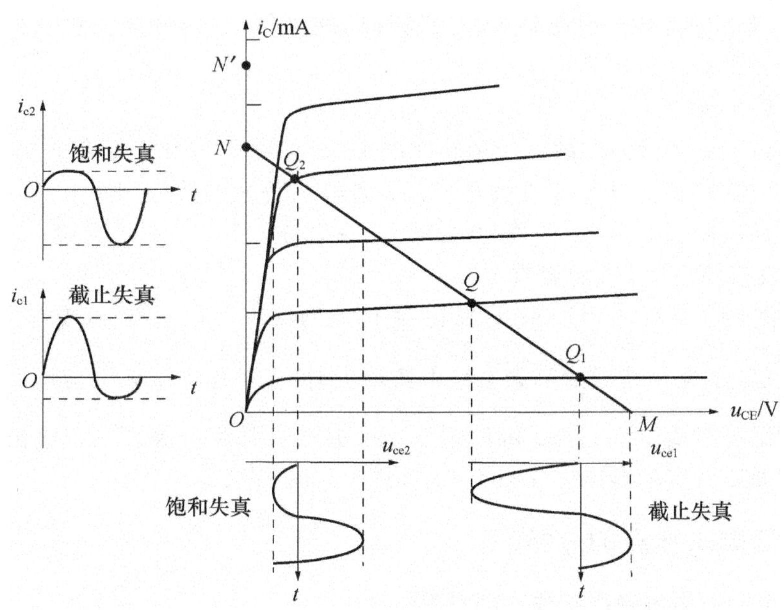

图 7-11　放大电路的非线性失真

2. 饱和失真

从图 7-11 可看出，静态工作点选在 Q_2 点时，由于工作点偏高，输入信号在正半周时，放大电路进入饱和区，使得 i_{c2} 正半周电流不随 i_{b2} 而变化，因此 i_{c2} 的正半周和 u_{ce2} 负半周有一部分被“削去”，形成饱和失真。

应当指出,输入信号幅度过大,Q点即使合适也能造成放大电路的非线性失真,读者可以自己论证。

从上述分析可见,放大电路输出信号在正半周出现了平顶是截止失真;负半周出现了平顶是饱和失真。失真的类型可以用示波器观察输出波形来判定。但从另一方面分析,放大电路既有对输入信号的放大作用,又有对输入信号的开关作用;放大电路在截止区与饱和区工作时,就是开关作用的典型应用。

7.3 静态工作点稳定的放大电路

放大电路合理地设置静态工作点是保证其正常工作的先决条件,静态工作点不稳定会引起输出交流信号失真。产生静态工作点不稳定的主要原因有:温度变化、三极管老化、电源电压波动、电路参数变化等。在这些因素中,影响最大的是温度变化。

7.3.1 温度对静态工作点的影响

温度变化时,放大器中三极管的参数 $I_{CBO}(I_{CEO})$、β 和 U_{BE} 都要发生变化,这些参数的变化将直接引起静态工作点的漂移。

1. 温度变化对 $I_{CBO}(I_{CEO})$ 的影响

I_{CBO}是在集电结反向电压作用下,集电区和基区少数载流子漂移运动形成的,对温度变化十分敏感。温度升高时,I_{CBO}将明显增大,特别是锗管。随着 I_{CBO}的增大,$I_{CEO}=(1+\beta)I_{CBO}$将有更大的增大。I_{CEO}的增大将引起整个输出特性曲线平行上移,静态工作点也随之向左上方移动,如图7-12所示。

2. 温度对 β 的影响

温度升高时,因为半导体的载流子运动速度加快,使电子与空穴复合的机会减少,半导体材料的导电能力加强,故 β 增大;β 值增大使三极管输出特性曲线的间距变宽,中、上部的曲线将有较明显的上移,静态工作点的位置也会随之上移,与图7-12所示类似。

3. 温度对发射结电压 U_{BE} 的影响

当温度升高时,半导体中载流子运动速度加快,使发射结导通电压减小。由 $I_B=\frac{V_{CC}-U_{BE}}{R_B}$ 可知,U_{BE}的减小将导致静态基极电流增大,静态工作点位置也会随之上移。

综上分析,温度对 $I_{CBO}(I_{CEO})$、β 和 U_{BE} 三方面的影响,都集中表现在集电极电流 I_C 随温度增高而增大,使原来设定的静态工作点上移,如图7-12所示。

7.3.2 稳定静态工作点的分析

1. 分压式电路结构与静态工作点的计算

当温度变化时,要使静态电流 I_C 基本不变以稳定静态工作点,常采用如图7-13所示的分压偏置放大电路。该电路的基极电压由 R_{B1}、R_{B2} 分压决定,发射极接了电阻 R_E,这是一种最常用的稳定静态工作点的放大电路。当电路元器件参数满足一定条件时,可以稳定电路的静态工作点。如图7-13所示电路,在节点 U_B 处有三个电流,它们的关系为:$I_1=I_2+I_B$。选择电路参数时满足 $I_2\gg I_B$。由电路 $I_1=I_2+I_B$,则

$$I_1 \approx I_2 \approx \frac{V_{CC}}{R_{B1}+R_{B2}}$$

$$U_B = I_2 \cdot R_{B2}$$

故估算静态工作点用下式即

$$U_B \approx \frac{R_{B1}}{R_{B1}+R_{B2}}V_{CC} \tag{7-15}$$

$$U_{BE} = U_B - U_E \approx U_B - I_E R_E \tag{7-16}$$

因为 $I_E \approx I_C$，所以

$$I_C \approx I_E = \frac{U_B - U_{BE}}{R_E} \approx \frac{U_B}{R_E} \tag{7-17}$$

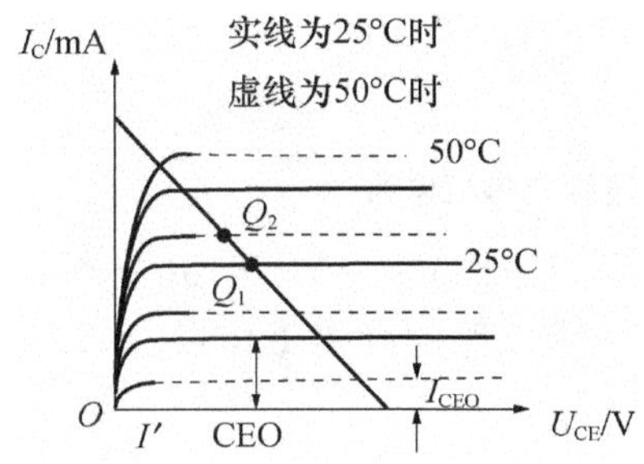

图 7－12　温度对静态工作点的影响

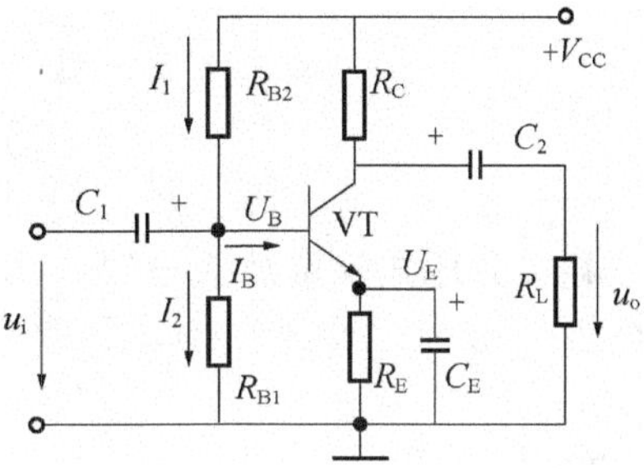

图 7－13　分压式偏置电路

由式(7－15)可见，基极电位由偏置电阻 R_{B1}、R_{B2} 分压所得，与三极管参数基本无关，不受温度影响，故称分压式偏置电路。估算时一般应选取

硅管

$$I_1 = (5 \sim 10)I_B, \quad U_B = 3 \sim 5\ \text{V} \tag{7-18}$$

锗管

$$I_1 = (10 \sim 20)I_B, \quad U_B = 1 \sim 3\ \text{V} \tag{7-19}$$

2. 稳定静态工作点分析

稳定工作点是靠 R_E 实现的。因基极电位 $U_B = U_E + U_{BE} = I_E R_E + U_{BE}$，若温度升高时，$I_B$ 和 I_C 增大，U_E 随着升高。由于 U_B 固定不变，U_E 增加导致 U_{BE} 减小进而使 I_B 减小，抵消了 I_C 的增大，这个自动调整过程可以简单表述为

$$\text{温度}\ T\uparrow \longrightarrow I_C\uparrow \longrightarrow U_E\uparrow(U_B\ \text{固定}) \longrightarrow U_{BE}\downarrow \longrightarrow I_B\downarrow \longrightarrow I_C\downarrow$$

若温度下降时，调整过程与此相反。

3. 动态参数的计算

1）分压式偏置电路的微变等效分析

将图 7－13 所示放大电路中的电容 C_1、C_2、C_E 和直流电源 V_{CC} 短路得到交流通路，然后再替代掉三极管就可得到其微变等效电路图，如图 7－14 所示。

由上可以看出 C_E 的作用是交流短路，即 R_E 对交流不起作用，C_E 通常称为交流旁路电容，后面将会讨论。若没有 C_E 时 R_E 将对交流信号有抑制作用使放大倍数 A_u 减小等。

2）电压放大倍数、输入阻抗和输出阻抗分析

由图 7－14 不难看出，它与固定偏置式放大电路的微变等效电路相似，同样可求得电压放大倍数

$$A_u = \frac{-\beta R_L}{r_{be}} \tag{7-20}$$

求得输入阻抗

$$R_i = R_{B1} // R_{B2} // r_{be} \approx r_{be} \tag{7-21}$$

求得输出阻抗

$$R_o \approx R_C \tag{7-22}$$

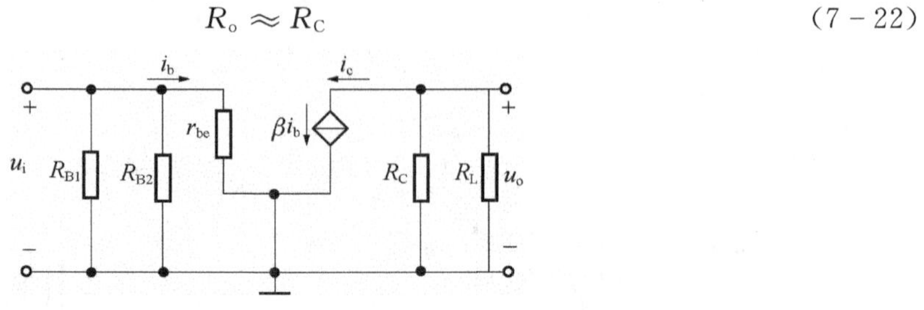

图 7-14 分压式偏置放大器微变等效电路

【例 7-4】 分压式偏置放大电路如图 7-13 所示，已知：$V_{CC}=12$ V，$\beta=50$，$R_{B1}=20$ kΩ，$R_{B2}=30$ kΩ，$R_C=2$ kΩ，$R_E=2$ kΩ，U_{BE}取 0.6 V。(1) 求电路的静态工作点。(2) 求电压放大倍数。

解 基极电位

$$U_B \approx \frac{R_{B1}}{R_{B1}+R_{B2}}V_{CC} \approx \frac{20}{20+30}\times 12\ \text{V} \approx 4.8\ \text{V}$$

发射极电流

$$I_E = \frac{U_B - U_{BE}}{R_E} = \frac{(4.8-0.6)\text{V}}{2\ \text{k}\Omega} = 2.1\ \text{mA}$$

集电极电流

$$I_C \approx I_E = 2.1\ \text{mA}$$

基极电流

$$I_B = \frac{I_C}{\beta} = \frac{2.1}{50}\ \text{mA} = 0.042\ \text{mA}$$

集电极与发射极电压 $U_{CE}=V_{CC}-I_C(R_C+R_E)=[12-2.1\times(2+2)]\ \text{V}=3.6\ \text{V}$

7.4 射极输出器

射极输出器是一种共集电极放大电路，电路结构如图 7-15(a)所示。负载电阻 R_L(经过耦合电容 C_2)接在三极管的发射极上，输出电压 U_o从三极管的发射极输出，所以称为射极输出器。它的交流通路如图 7-15(b)所示。由交流通路可知，集电极作为输入回路和输出回路的公共端，所以属于共集电极放大电路。

7.4.1 静态工作点估算

当没有输入信号时，在图 7-15(a)所示的直流通路(未单独画出)中，基极偏置电路的电压方程式为

$$V_{CC}=I_BR_B+U_{BE}+U_E, \quad U_E=I_ER_E=(1+\beta)I_BR_E$$

整理后可得静态时基极电流 I_B，即

$$I_B = \frac{V_{CC} - U_{BE}}{R_B + (1+\beta)R_E} \tag{7-23}$$

$$I_B \approx \frac{V_{CC}}{R_B + (1+\beta)R_E} \tag{7-24}$$

$$I_C = \beta I_B \approx \frac{\beta V_{CC}}{R_B + (1+\beta)R_E} \tag{7-25}$$

$$U_{CE} = V_{CC} - I_E R_E \approx V_{CC} - I_C R_E \tag{7-26}$$

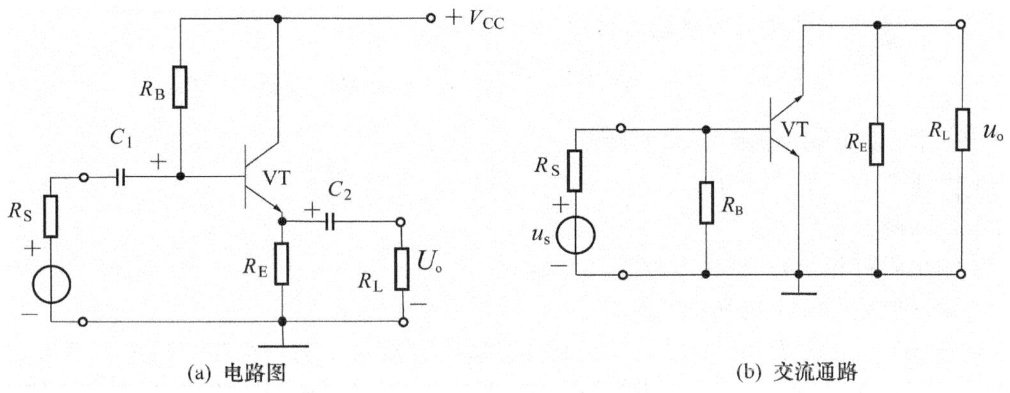

图 7-15　共集电极放大电路

7.4.2　电路特点

1. 电压放大倍数计算

射极输出器的微变等效电路如图 7-16 所示。由图可列出输入回路的电压方程

$$u_i = i_b r_{be} + i_e(R_E /\!/ R_L) = i_b[r_{be} + (1+\beta)R'_L]$$

式中

$$R'_L = R_E /\!/ R_L$$

输出电压为

$$u_o = i_e R'_L = (1+\beta) i_b R'_L$$

所以，电压放大倍数

$$A_u = \frac{U_o}{U_i} = \frac{(1+\beta)R'_L}{r_{be} + (1+\beta)R'_L} \tag{7-27}$$

因为 $\beta \gg 1$，所以

$$A_u \approx \frac{\beta R'_L}{r_{be} + \beta R'_L} < 1 \tag{7-28}$$

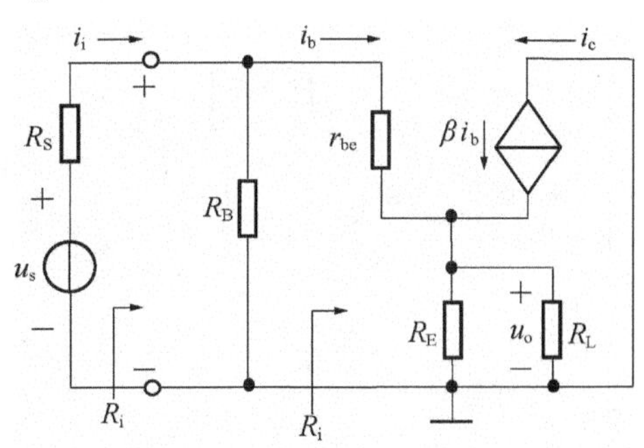

图 7-16　共集电极电路的微变等效电路

从式(7-28)可见，射极输出器的电压放大倍数小于 1。一般情况，$\beta R'_L \gg r_{be}$，所以 A_u 接近 1，即它的输出电压 u_o 的大小接近输入电压 u_i 的大小，相位相同，这一特点正好与共射电路相反。也就是说，u_o 总是跟 u_s 作相应变化，因此射极输出器又称电压跟随器。

应当指出，虽然射极输出器对电压没有放大作用，但是，由于发射极电流 i_e 是基极电流的 $(1+\beta)$ 倍，所以它对输入的电流信号仍有放大作用，即射极输出器具有一定的电流放大和功率放大作用。

2. 输入阻抗计算

由图7-16所示微变等效电路可知

$$R_i' = \frac{u_i}{i_b} = \frac{i_b r_{be} + (1+\beta) i_b R_L'}{i_b} = r_{be} + (1+\beta) R_L$$

所以

$$R_i = R_B \,//\, R_i' = R_B \,//\, [r_{be} + (1+\beta) R_L'] \tag{7-29}$$

可见射极输出器的输入阻抗比较大,比共射极放大电路的输入阻抗大几十倍到几百倍。

3. 输出电阻计算

由图7-16所示微变等效电路可得出

$$R_o \approx \frac{r_{be} + (R_S \,//\, R_B)}{1+\beta} \,//\, R_E \tag{7-30}$$

综上分析,射极输出器具有如下特点:

(1) 电压放大倍数小于1;

(2) 输入阻抗比较大;

(3) 输出阻抗很小,一般由几欧至几百欧;

(4) 输入电压与输出电压同相位。

射极输出器主要应用在多级放大器的中间缓冲级,解决了前一级输出阻抗大、后一级输出阻抗小而造成的不匹配的问题;应用在输入级,提高输入阻抗;应用于输出级,可以提高负载能力。因此,射极输出器的应用极为广泛。

7.4.3 三极管放大电路三种基本组态的比较

为了便于掌握和比较,将三极管的三种组态放大电路的主要性能、特点、应用,列于表7.1中。

表7.1 三种基本组态放大电路的性能比较

电路名称	共发射极电路	共集电极电路	共基极电路
电路图	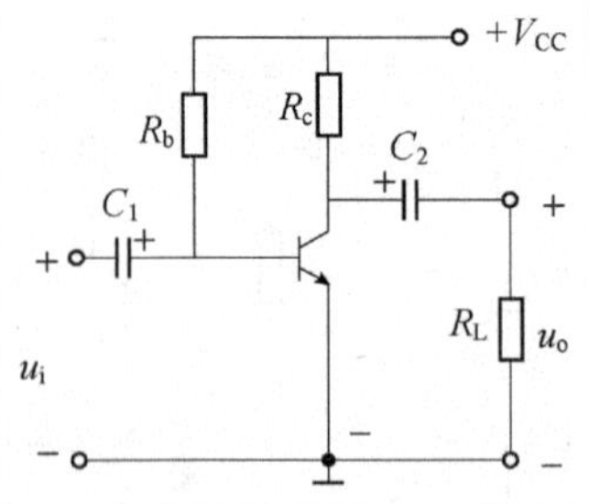	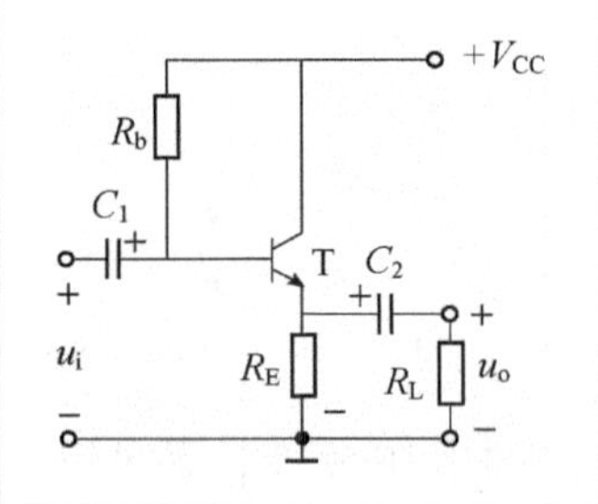	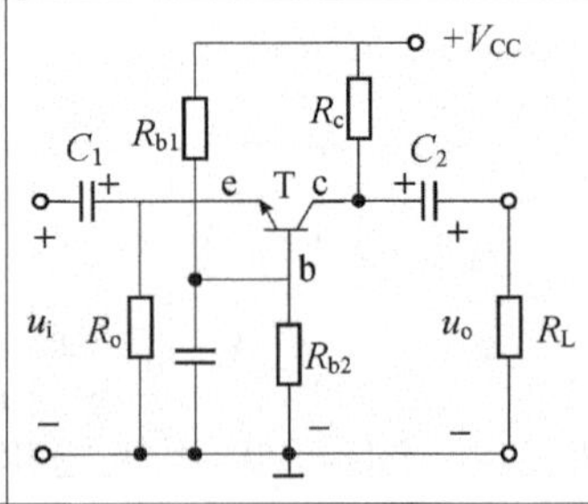
微变等效电路	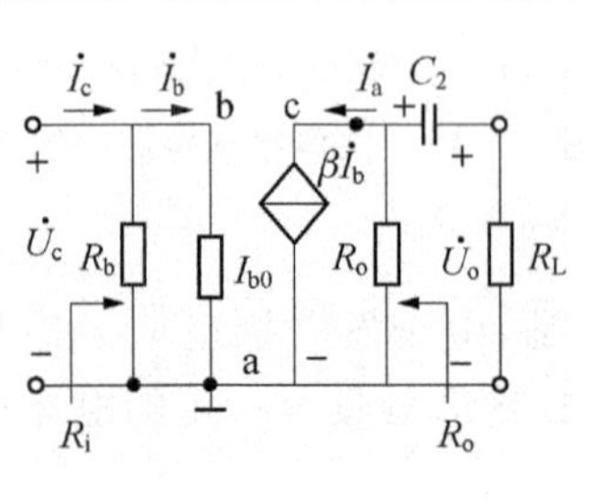	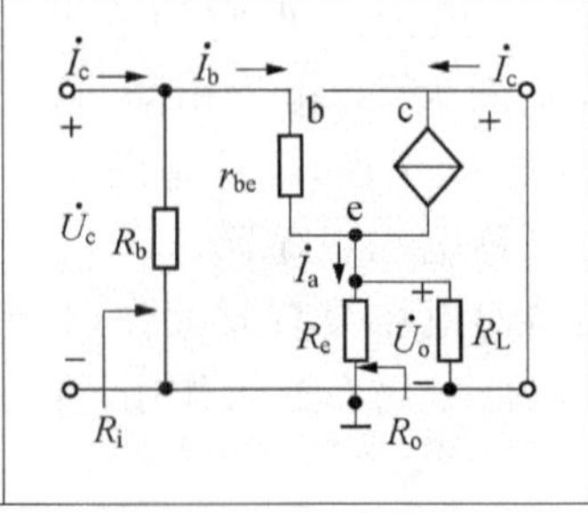	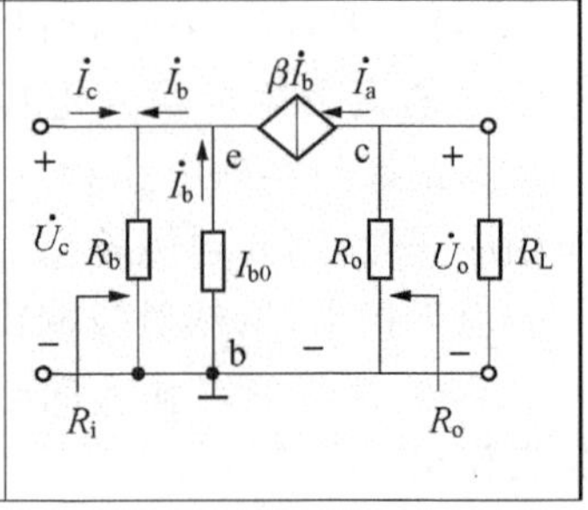

续表 7.1

电路名称		共发射极电路	共集电极电路	共基极电路
静态工作点		$I_B=\frac{V_{cc}-U_{BE}}{R_b}$ $I_C=\beta I_B$ $U_{CE}=V_{CC}-I_C R_c$	$I_B=\frac{V_{cc}-U_{BE}}{R_b+(1+\beta)R_e}$ $I_C=\beta I_B$ $U_{CE}\approx V_{CC}-I_C R_e$	$I_B=V_{CC}\frac{R_{b2}}{R_{b1}+R_{b2}}$ $I_C=\beta I_B$ $U_{CE}\approx V_{CC}-I_C(R_c+R_e)$
主要性能	电压放大倍数	$A_u=-\beta\frac{R'_L}{r_{be}}$ $R'_L=R_c /\!/ R_L$	$A_u=\frac{(1+\beta)R'_L}{r_{be}+(1+\beta)R'_L}$ $R'_L=R_e /\!/ R_L$	$A_u=\beta\frac{R'_L}{r_{be}}$ $R'_L=R_c /\!/ R_L$
	输入阻抗	$R_i=R_b /\!/ r_{be}$	$R_i=R_b /\!/ [r_{be}+(1+\beta)R'_L]$	$R_i=R_e /\!/ \frac{r_{be}}{(1+\beta)}$
	输出阻抗	$R_o\approx R_C$	$R_o=R_e /\!/ \frac{r_{be}}{(1+\beta)}$	$R_o\approx R_c$
主要特点		① A_u大 ② U_o与U_i反相 ③ R_i较大 ④ R_o较大 ⑤ 反相电压放大器	① A_u小于 1，而接近于 1 ② U_o与U_i同相 ③ R_i大 ④ R_o小 ⑤ 电压跟随器	① A_u大 ② U_o与U_i同相 ③ R_i小 ④ R_o较大 ⑤ $\dot{I}_c\approx\dot{I}_e$ 电流跟随器
用途		多级放大电路的中间级	输入级、输出级、中间级（缓冲级）	高频放大电路

7.5　多级放大电路

在电子电路中，为了使微弱的电信号放大到足够大以推动负载工作，经常需要将多个单级放大电路连接起来，组成多级放大电路以提高电压放大倍数。例如通信系统、自动控制系统及检测测量系统中，输入信号都是极其微弱的，将微弱的电信号放大到几千至几万倍，才能推动执行机构（如扬声器、伺服电动机和检测设备）等进行工作。多级放大电路的框图如图 7－17 所示。前面几级统称电压放大电路，也称前置放大级，属于小信号放大电路，以提高电压放大倍数为主；最后一级称为功率放大级，属于大信号放大电路，主要任务是输出一定的功率推动负载工作。

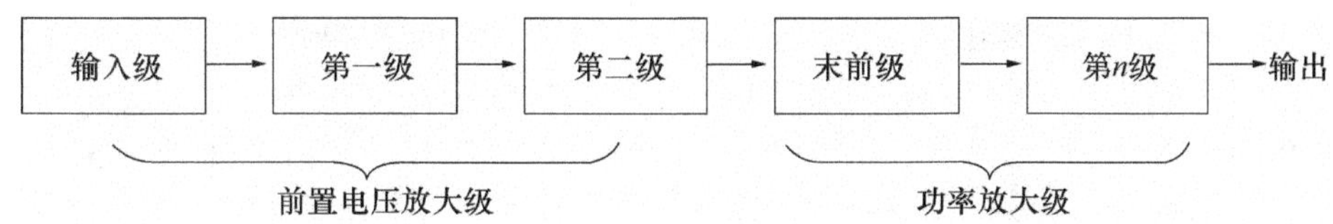

图 7－17　多级放大电路的组成方框图

输入级一般要求有较高的输入阻抗和较低的静态电流；中间级主要提高电压放大倍数，级数为 2～3 级；功率放大级则以提高输出功率，达到能驱动负载正常工作为基本要求。

7.5.1 多级放大电路的耦合方式

多级放大电路中各级之间的连接方式称为耦合方式。对耦合方式的要求是交流信号无损失传送,各级静态工作点互不影响。常用的耦合电路分为直接耦合、阻容耦合、变压器耦合和光电耦合。

1. 直接耦合

用导线将单级放大器直接连接起来称为直接耦合,两级放大电路直接耦合电路的框图如图7-18(a)所示。它不仅能放大直流信号,也能放大交流信号和缓慢变化的信号。直接耦合电路的缺点是静态工作点互相影响,调试电路比较麻烦,温度变化造成的漂移较大。直接耦合是集成电路内部常用的耦合方式。

2. 阻容耦合

阻容耦合就是用电阻、电容把前后级放大电路连接起来,如图7-18(b)所示。由于耦合电容的作用,将前后两级的直流分量隔离,使前后两级的静态工作点不会因耦合而发生改变,从而可以单独考虑各级放大电路的静态工作点。阻容耦合的优点是,结构简单,调试方便,成本低,其频率特性也比较好,并可获得较大的电压放大倍数。只要耦合电容足够大,信号几乎可以不衰减地加到后一级输入端,使信号得到充分利用。因此,阻容耦合放大电路常用在前置放大级中作为电压放大电路。

3. 变压器耦合

变压器耦合具有隔离直流、传输交流的特点,所以通过变压器可以实现级间耦合,如图7-18(c)所示。变压器耦合的优点是能够实现阻抗、电压和电流的变换,使输出功率提高,在功率放大器中应用较多。变压器耦合的缺点是体积大、质量重、价格高、频率特性差,且不能放大直流和变化缓慢的信号。

4. 光电耦合

光电耦合是前级与后级的耦合器件采用光耦合器件,如图7-18(d)所示。前级的输出信号通过发光二极管转换为光信号,该光信号照射在光敏三极管上,将光信号转换成电信号送至后级输入端放大输出。光耦合的特点是既可以传输交流信号,又可以传输直流信号,还可以实现前级与后级的隔离,便于集成化。

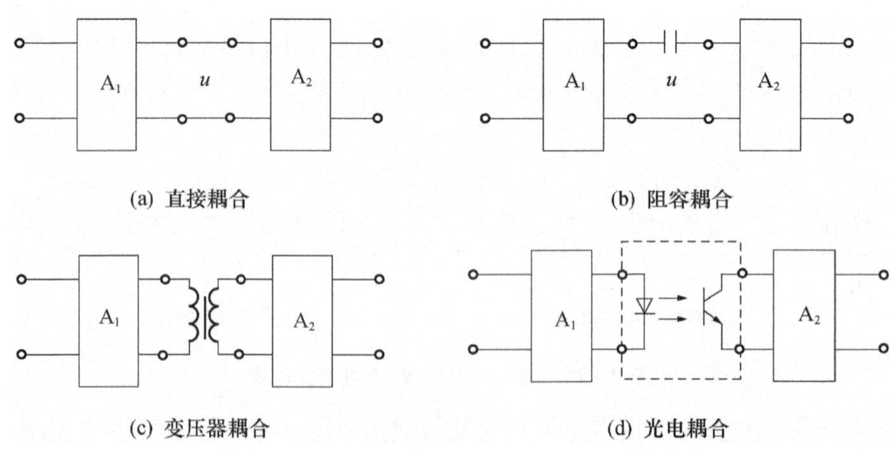

图7-18 多级放大器级间耦合方式

7.5.2　阻容耦合多级放大电路的分析

图 7-19 所示为两级阻容耦合放大电路，并且容易推广到 3 级、4 级和 n 级放大电路，对于阻容耦合放大电路，由于静态工作点各自独立，互不影响，计算静态工作点方法同前 7.2 节的单级计算方法相同。这样给分析、计算、调试各级静态工作点带来很大方便。因此，阻容耦合方式在多级放大电路中应用广泛。

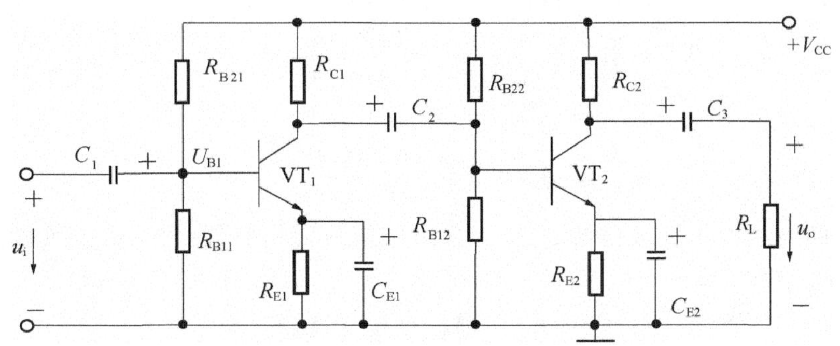

图 7-19　两级阻容耦合放大电路

1. 多级放大电路的微变等效电路

分析多级放大电路的方法是：

(1) 把多级放大电路分解成单级分析；

(2) 把后一级看成是前一级的负载，把前一级看成是后一级的信号源。

图 7-19 的微变等效电路如图 7-20 所示，后级的输入阻抗 R_{i2} 作为前级的负载阻抗计算。

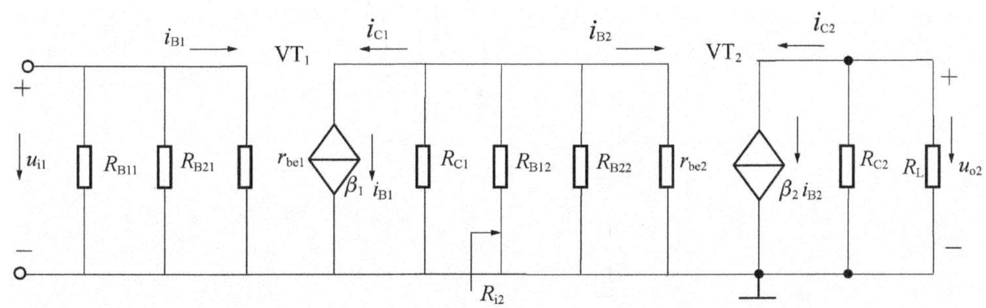

图 7-20　两级阻容耦合放大电路的微变等效电路

2. 多级放大电路的计算

计算多级放大电路的电压放大倍数时，必须考虑到级间相互影响。此时可以把后级的输入阻抗看成前级的负载阻抗，也可以把前级等效为一个具有内阻的信号源。这两种方法都可以把多级转化为单级，从而可以应用单级放大电路的有关计算方法分析解决相关问题；在负载比较简单的情况下用前一种方法比较简便。根据等效电路图 7-20 所示，后一级的输入阻抗为：$R_{i2}=R_{B12}//R_{B22}//r_{BE2}$；$r_{BE2}$ 是 VT_2 管的输入阻抗。由此得第一级电路的交流等效负载阻抗为

$$R'_{L1}=R_{C1}//R_{i2}=R_{C1}//R_{B12}//R_{B22}//r_{be2}$$

第一级电压放大倍数　$A_{u1}=-\beta_1\dfrac{R'_{L1}}{r_{be1}}$

第二级电压放大倍数　$A_{u2}=-\beta_2\dfrac{R'_{L2}}{r_{be2}}$

$$R'_{L2}=R_{C2}\,/\!/\,R_L$$

在计算前级电压放大倍数时,已经考虑了后级对它的影响,所以前级的输出电压也就是后级的输入电压,即 $u_{o1}=u_{i2}$。由此可得两级总电压放大倍数为

$$A_u=\frac{u_{o2}}{u_{i1}}=\frac{u_{o1}}{u_{i1}}\cdot\frac{u_{o2}}{u_{o1}}=\frac{u_{o1}}{u_{i1}}\cdot\frac{u_{o2}}{u_{i2}}=A_{u1}\cdot A_{u2} \tag{7-31}$$

或

$$A_u=\beta_1\cdot\beta_2\cdot\frac{R'_{L1}R'_{L2}}{r_{be1}r_{be2}}$$

上式表明两级的电压放大倍数 A_u 等于各级电压放大倍数的乘积,由此可以推出 n 级放大电路的电压放大倍数

$$A_u=A_{u1}\cdot A_{u2}\cdots A_{un} \tag{7-32}$$

电压放大倍数在工程中常用对数形式来表示,称电压增益,用字母 G 表示,单位为分贝(dB)。

多级放大电路的输入阻抗是第一级的输入阻抗

$$R_i=R_{i1} \tag{7-33}$$

多级放大电路的输出阻抗是最后一级的输出阻抗

$$R_o=R_{on} \tag{7-34}$$

【例7-5】 两级阻容耦合放大电路如图7-21所示。已知 $r_{be1}=1\ \text{k}\Omega$,$r_{be2}=0.6\ \text{k}\Omega$,$\beta_1$、$\beta_2$ 均为40,计算两级放大电路的总电压放大倍数、输入阻抗、输出阻抗。

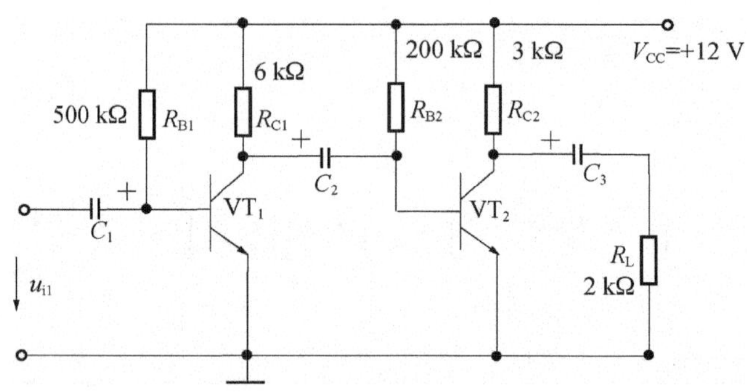

图7-21　例7-5电路图

解　利用微变等效法计算电压放大倍数,先画出两级阻容耦合放大电路的微变等效电路,如图7-22所示,根据微变等效电路求第一级的等效负载阻抗为

$$R_{i2}=R_{B2}\,/\!/\,r_{be2}\text{而 }R_{B2}\gg r_{be2}\text{,所以 }R_{i2}\approx r_{be2}\approx 0.6\ \text{k}\Omega$$

$$R'_{L1}=R_{C1}\,/\!/\,R_{i2}=\frac{R_{C1}R_{i2}}{R_{C1}+R_{i2}}=\frac{6\times 0.6}{6+0.6}\ \text{k}\Omega=0.55\ \text{k}\Omega$$

第一级的电压放大倍数　$A_{u1}=-\beta_1\dfrac{R'_{L1}}{r_{be1}}=-\dfrac{40\times 0.55}{1}=-22$

第二级的等效负载阻抗　$R'_{L2}=R_{C2}\,/\!/\,R_L=\dfrac{R_{C2}R_L}{R_{C2}+R_L}=\dfrac{3\times 2}{3+2}\ \text{k}\Omega=1.2\ \text{k}\Omega$

第二级的电压放大倍数　$A_{u2}=-\frac{\beta_2 R'_{L2}}{r_{be2}}=-\frac{40\times1.2}{0.6}=-80$

总电压放大倍数　$A_u=A_{u1}\times A_{u2}=(-22)\times(-80)=1\ 760$

输入阻抗 R_i　$R_i=R_{B1}//r_{be1}$，　因为 $R_{B1}\gg r_{be1}$

所以　$R_i\approx r_{be1}\approx1\ \text{k}\Omega$

输出阻抗 R_o　$R_o\approx R_{C2}\approx3\ \text{k}\Omega$

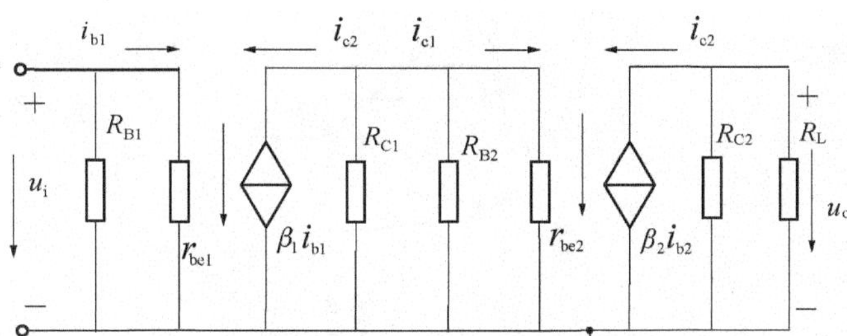

图 7-22　例 7-5 微变等效电路

7.6　功率放大电路

功率放大电路与电压放大电路无本质区别，都是在输入信号的作用下通过三极管的控制作用，把直流电源的能量按照输入信号的变化规律输送给负载。但功率放大电路的主要性能要求有三方面，即输出功率要足够大、输出效率要高、非线性失真要小，在实用中三方面之间也会相互影响。功率放大器是在大信号状态下工作，有些信号不可避免会工作在非线性区域，产生非线性失真。而且同一功率放大管输出功率越大，非线性失真往往越严重。为了增加输出功率，有时也允许在一定范围内存在较小失真。但是，在不同场合下，对非线性失真的要求是不同的。例如，在自动控制或测量系统、电声设备中，对非线性失真要求比较严格，因此，要采取措施减少失真，使之满足负载工作性能的要求。

功率放大电路中大功率三极管需要有散热和保护措施。功率放大电路中，有相当大的功率消耗在三极管的集电结上，使结温和管壳温度升高；当结温升高到一定程度以后，就会使管子损坏，必须采取妥善的散热措施。

7.6.1　功率放大器的工作状态

低频功率放大器的工作状态通常有三种：甲类、乙类和甲乙类。

1. 甲类放大状态

若放大器的静态工作点设在放大区的中部，在输入信号的整个周期内三极管都处于导通状态，这种工作方式称为甲类放大，前面讨论的电压放大器就属于甲类放大，如图 7-23(a)所示。它的特点是整个信号周期内放大器均有电流流过，静态电流大，管耗大，效率低。可以证明即使在理想情况下，甲类放大器的效率最高也只能达到 50%。

2. 乙类放大状态

如果把静态工作点 Q 向下移动，将其设在 $i_C=0$ 的位置上，使静态电流 $I_{CQ}=0$，即静态时电源不消耗功率;动态时,只有半个信号周期内有电流。这种只在输入信号的半个周期内使三极管才导通的工作方式称为乙类放大,如图 7－23(b)所示。其特点是:放大器的静态电流 $I_{CQ}=0$,损耗低,效率高,但非线性失真严重。一般采用两只三极管轮流工作,分别放大正弦波信号的正、负半周的办法来克服失真。

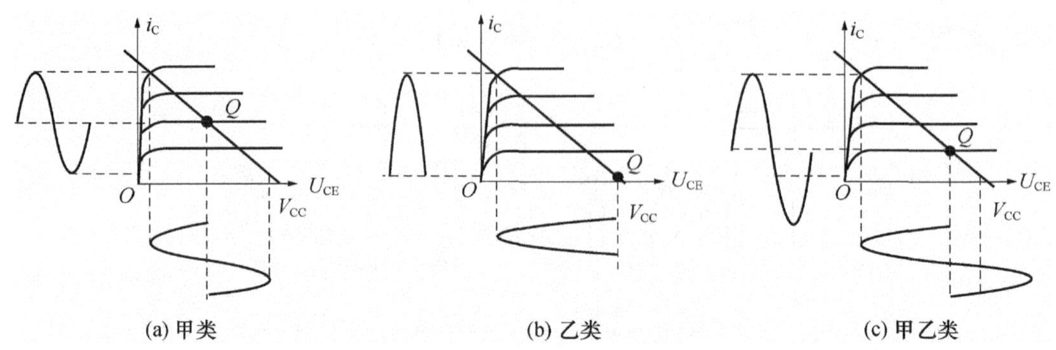

图 7－23　功率放大器的工作状态

3. 甲乙类放大状态

若将放大器的工作点设在放大区内但接近截止区的位置,使三极管在输入信号的大半个周期内导通,静态时有较小的电流流过三极管,这种工作方式称为甲乙类放大,如图 7－23(c)所示。它的效率也高于甲类,但与乙类放大器一样,存在着严重的非线性失真,需要在电路结构上采取措施。

7.6.2　互补对称功率放大电路

1. OCL 互补对称功率放大电路

全称为无输出电容的互补对称功率放大电路,简称 OCL 功率放大电路。乙类放大电路虽然提高了效率,但存在严重的交越失真。为了减小和消除交越失真,通常在两基极间加二极管(或电阻或二极管与电阻串联),给 VT_1 和 VT_2 提供稍大于死区电压的正向偏置,使两管有一适当的静态电流,这样两管合成的特性就克服了输入特性起始部分的死区电压,从而消除了交越失真。如图 7－24 所示的甲乙类互补对称功率放大电路。二极管 VD_1、VD_2 接在 VT_1、VT_2 的基极回路内,静态时 VD_1、VD_2 两端有一定的正向电压降,给 VT_1、VT_2 提供一合适正向偏压,使两管处于微导通状态。对交流信号来说,VD_1、VD_2 的动态电阻小,可视为短路。由于两管特性互补,电路对称,所以静态时负载 R_L 上无电流输出,所以两管发射级电压 $U_E=0$。当有信号输入时,可使放大器在零点附近仍能基本上得到线性放大,即 u_o 与 u_i 成线性关系。此时电路就工作在甲乙类,但为了提高转换效率,在设置偏置时,应尽可能接近乙类状态。

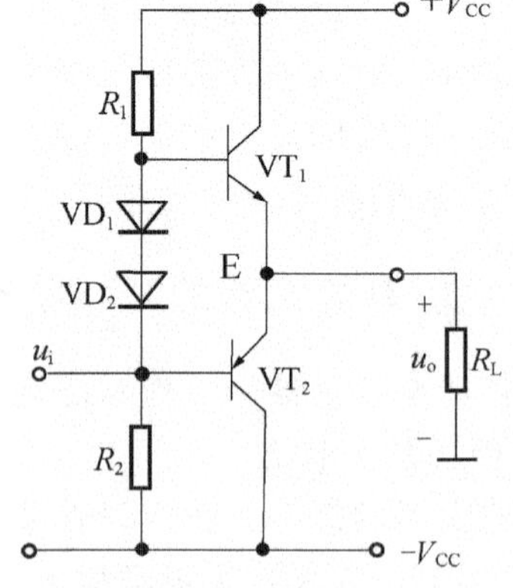

图 7－24　甲乙类 OCL 互补对称电路

2. OTL 甲乙类互补对称电路

上面讨论的甲乙类互补对称电路为双电源互补对称电路，其特点是电路简单、效率高，但是它需要两个电源$+V_{CC}$、$-V_{CC}$来供电，即不经济，又不方便。为此将电路略加改造，省去一个电源，如图 7-25 所示的单电源甲乙类互补对称电路，称为 OTL(output transformerless 无输出变压器的缩写)电路。

图 7-25 所示电路与图 7-24 电路的不同之处，是除了采用单电源(即将 VT_2 集电极接地)供电以外，在 VT_1、VT_2 共同的输出端与负载电阻 R_L 之间，串联一只大容量电容器 C_1。在没有输入信号时，调整基极电路的参数，使得电容 C_1 两端电压为 $V_{CC}/2$。在输入信号的正半周时，VT_1 导通，电流自 V_{CC} 经 VT_1 为电容 C_1 充电，经过负载电阻 R_L 到地形成回路，在 R_L 上产生正半周的输出电压(电流方向如图中实线所示)。在输入信号的负半周时，VT_2 导通，电容 C_1 通过 VT_2 和 R_L 放电，即电容 C_1 起着图 7-24 中电源$-V_{CC}$的作用，在 R_L 上产生负半周的输出电压(电流方向如图中虚线所示)。只要选择时间常数 R_LC_1 足够大，则电容 C_1 两端电压$U_{C_1}=V_{CC}/2$ 基本不变，形成了与双电源供电相同的效果，只是每只三极管的供电电压变为 $V_{CC}/2$。

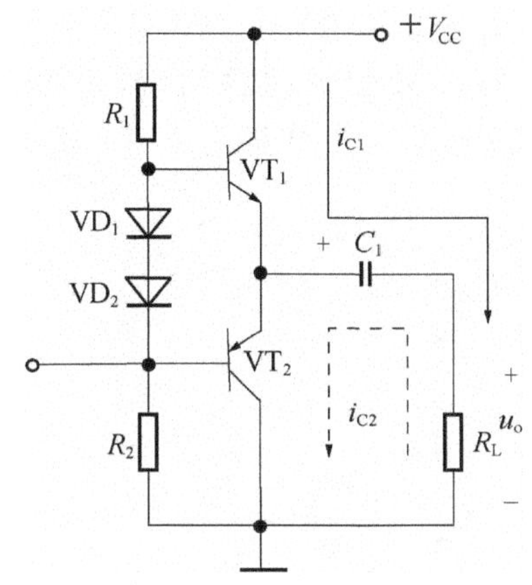

图 7-25　甲乙类 OTL 互补对称电路

7.6.3　D2006 集成功率放大器简介

D2006 是一种中小功率音频功率放大器。与它同类型的产品有意大利 SGS 公司生产的 TDA2006。D2006 和 TDA2006 可以直接代换使用。

D2006 是甲乙类功率放大集成功放电路，输出功率可达 12 W($V_{CC}=\pm 12$ V，$THD=10\ \%$，$R_L=4\ \Omega$)或 8 W($V_{CC}=\pm 12$ V，$THD=10\ \%$，$R_L=8\ \Omega$)，输出电流大，谐波失真和交越失真小，内部设有短路保护和过热保护电路，用以限制功率过载，保护输出三极管工作在安全范围内。D2006 采用五脚单边双列直插式封装结构，其外形如图 7-26 所示。各引脚功能如下：

第 1 引脚：同相输入端，信号由 1 引脚输入。

第 2 引脚：反相输入端，负反馈由 2 引脚输入。

第 3 引脚：负电源 V_{CC} 供给端。

第 4 引脚：信号输出端，被放大的信号由第 4 引脚输出。

第 5 引脚：正电源 V_{CC} 端。

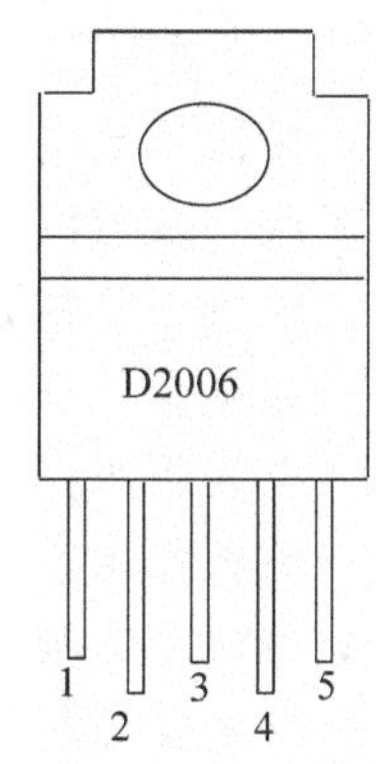

图 7-26　集成功效 D2006 外形图

功率管是电路中最容易受到损坏的器件。损坏的主要原因是因为功率管的实际耗散功率超过了额定数值。而三极管的耗散功率取决于三极管内部结温，若三极管内部结温超过允许值后，电流将急剧增大，使三极管烧坏。一般情况下，硅管允许结温为 120 ℃～200 ℃，锗管为 85 ℃左右(具体标准到产品手册中查阅)。三极管消耗的功率越大，结温越高。要保证三极管结温不超过允许值，就必须安装散热片将产生的热散发出去，因此功率管的散热问题非常重要。

7.7 三极管放大电路应用举例

7.7.1 光电耦合器与三极管的接口电路

在变频调速系统中,为了防止电子线路各部分电路相互干扰,在主电路与控制回路之间,电气上没有公共接地点时,可以采用光电耦合器来进行信号的控制和电气上的隔离。图7-27为光电耦合器与三极管的接口电路,输入端A接到环行脉冲分配器的输出端,也可以接COMS管电路的输出端。这种驱动电路的输出脉冲信号可以推动逆变电路的功率三极管,还可以去触发逆变电路的晶闸管。

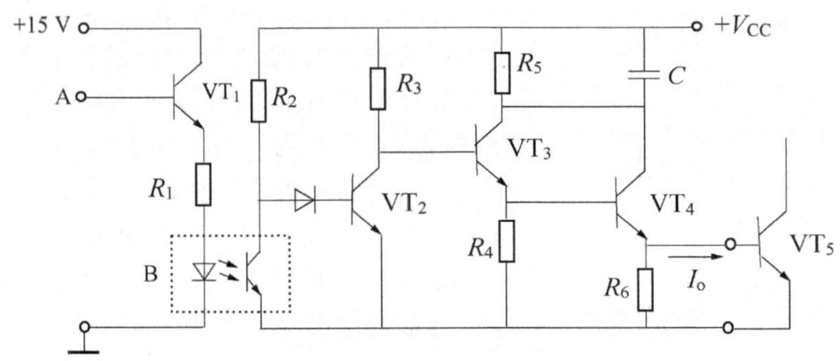

图7-27 电耦合器与三极管的接口电路

工作原理:当输入电压U_A为高电平时,三极管VT_1导通,光电耦合器B中的发光二极管发光,光敏三极管导通,三极管VT_2失去基极电压而截止,VT_3、VT_4的基极得到高电平而导通,驱动电路有输出电流I_o,逆变电路的功率三极管VT_5导通。当输入电压U_A为低电平时,VT_1截止,VT_2导通,VT_3与VT_4截止,驱动电路无输出电流,$I_o=0$,逆变电路的功率三极管VT_5截止。调节电阻R_6的阻值,可以改变输出电流I_o的大小。电容C的作用是放电,可以加快功率三极管的导通。

7.7.2 视频信号放大电路

视频信号放大电路如图7-28所示,它可以放大视频信号的频率为3 MHz左右,由分立元件组成共发射极与共基极两级电路来完成视频信号的放大作用。

三极管VT_1组成共发射极放大电路,三极管VT_2组成共基极放大电路,两极放大电路采用的直接耦合,VT_2的发射结相当于第一级的集电极负载。由于第二级VT_2处于共基极状态,其输入电阻很小,因此第一级因为集电极负载电阻很小,所以只有电流放大作用($i_{c1}=\beta i_{b1}$),没有电压放大作用。第一级的集电极输出电流输入到第二级VT_2的发射极,作为第二级的输入信号。虽然第二级为共基极放大电路,没有电流放大作用,但它有电压放大作用,因此VT_1与VT_2组成的放大电路有功率放大能力,相当于一级共发射极电路。共基极电路的输入电阻R_{i2}很小,消除了共发射极电路集电结电容对高频信号的衰减作用,使电路接受的信号增多,大大扩展了该电路的通频带。

图7-28电路中的耦合电容与旁路电容均采用两个并联的形式,10 μF电容是电解电容,

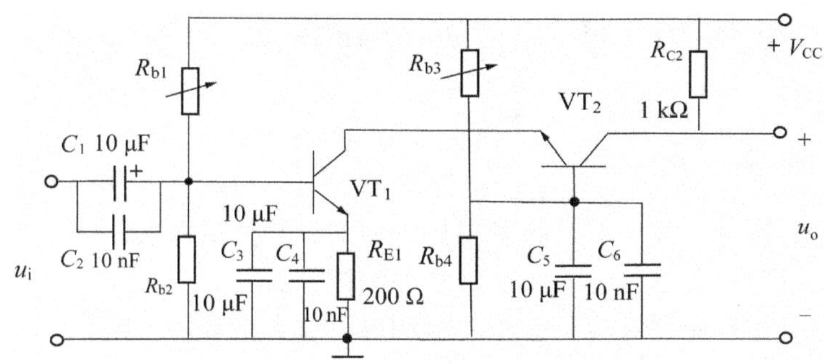

图 7-28　视频信号放大电路

10 nF 电容是小磁介电容，虽然不能提高总的电容量，但磁介电容的高频特性比电解电容好得多，即可以将高频信号旁路掉，有利于减小高频损耗。调节基极可变电阻 R_{B1} 和 R_{B3}，使两极集电极电位 $U_{CE1} \approx U_{CE2} \approx U_{RC2} \approx 1/3\ V_{CC}$，而集电极电流近似相等，即 $I_{C1} \approx I_{C2}$，约调至几毫安左右。

7.7.3　单管来复式收音机电路

由一个三极管组成的来复式收音机电路如图 7-29 所示。收音机的天线接收到的中波电台信号是高频信号，首先经过高频变压器(磁棒天线)耦合到三极管的基极，进行高频放大。放大以后的高频信号经过电容 C_2 与两个二极管 VD_1、VD_2 组成倍压检波电路检出，检波电路的作用是从中波调幅信号中提取出音频信号，再经过电感量很小的天线次级线圈 L_2 下端传输到三极管的基极，进行低频放大。耳机 BL 作为三极管的集电极负载电阻，可以输出放大以后人耳可以听到的音频信号。

根据上述分析，该电路中的三极管既作为高频放大又承担音频放大的任务，所以称为来复式收音机。图 7-29 电路中的 L_1、C_1 组成 LC 谐振回路，用于选择电台信号频率，电路的谐振频率为 $f_0=\dfrac{1}{2\pi\sqrt{LC}}$(见第 6 章)。电容 C_3 起到低通滤波器的作用，用于滤除混杂在音频信号里的调幅载波高频信号。L_3 是高频扼流线圈，它可以阻止高频信号流向耳机，防止高频信号对音频信号的干扰。

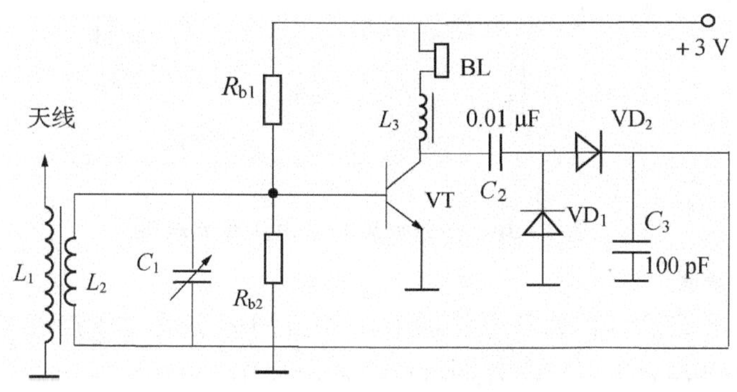

图 7-29　单管来复式收音机电路

实验7　单管共发射极电压放大电路

实验目的与要求

(1) 掌握单管共发射极放大电路静态工作点的测量和调试方法。
(2) 掌握共发射极放大电路电压放大倍数的测试方法。
(3) 研究静态工作点变化对输出电压波形和电压放大倍数的影响。
(4) 熟练使用电子仪器仪表测试放大电路参数。

实验仪器与设备

通用电学实验台一套;MF-500 或 MF-30 型万用表一只;DA-16 型晶体管毫伏表一台;教学用双踪示波器一台;常用低频信号源一台。电子实验电路板参数参考如实验图 7-30 所示。

实验内容建议

1. 实验电路

单管共发射极电压放大电路与元件参数如图 7-30 所示。

2. 连接单管共发射极放大电路

(1) 用万用表检验实验台中三极管 VT 的极性及好坏。
(2) 用万用表测量调整实验台中直流电压 $V_{CC}=+12$ V。
(3) 实验台断电后,按实验图 7-30 连接线路,$R_C=5.1$ kΩ,R_L开路,$u_i=0$。
(4) 将接好的线路仔细检查,防止线路有误。

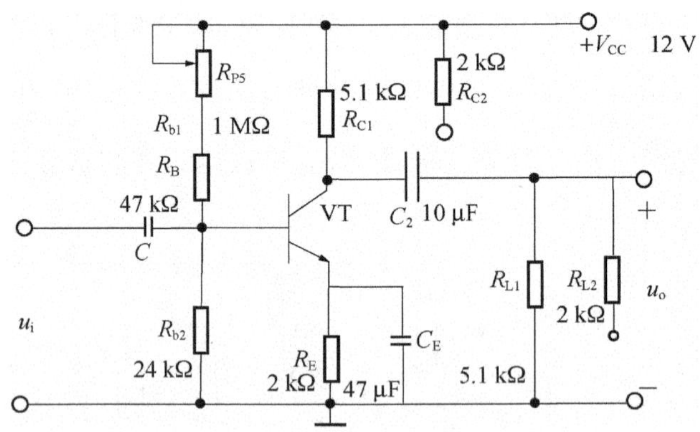

图 7-30　单管共发射极电压放大电路

3. 静态调试与测量

(1) 接入 $V_{CC}=+12$ V 后,调整电位器 R_{P5},用万用表直流电压挡测量三极管发射极对地直流电位 $U_E=2$ V,并测量 U_B、U_C、U_{CE}值,记入实验表 7.2 中。

(2) 实验箱断电,断开 R_{P5}与基极的连线,测量基极偏置电阻 R_{b1}($R_{P5}+R_B$)值,记入实验表 7.2 中。

表 7.2　静态测试参数记录

静态测量值					计算值	
U_C/V	U_B/V	U_{BE}/V	U_{CE}/V	R_{b1}/kΩ	I_B/mA	I_C/mA

4. 动态调整与测量

(1) 将低频信号发生器调至 $f=1$ kHz，并用毫伏表测量输出电压幅值为 $u_i=10$ mV，接到放大器输入端，使 R_L 开路，用示波器观察使 u_i、u_o 波形，用毫伏表测量 u_i、u_o 幅值并记入实验表 7.3 中。

(2) 低频信号发生器频率不变，加大信号电压幅值使 $u_i=15$ mV 用示波器观察波形，用毫伏表测量 u_i、u_o 值，记入实验表 7.3 中。

表 7.3　动态测试参数记录一

测量值		计算值
u_i/mV	u_o/V	A_u
10		
15		

(3) 保持 $u_i=10$ mV，$f=1$ kHz 不变，放大器接入负载 $R_L=5.1$ kΩ 与 $R_L=2$ kΩ，$R_C=5.1$ kΩ 与 $R_C=2$ kΩ，测量两种集电极电阻与负载情况下的 u_i、u_o 并求出 A_u。结果记入实验表 7.4 中。

表 7.4　动态测试参数记录二

规定参数		测量值		计算值
R_C/kΩ	R_L/kΩ	u_i/mV	u_o/mV	A_u
2	5.1			
2	2			
5.1	5.1			
5.1	2			

5. 观察 R_{P5}、u_i 变化时对输出波形失真的影响

调节 R_{P5} 及 u_i 幅值，用示波器观察输出波形的饱和失真与截止失真波形，分析并画出输出电压波形图。

实验问题讨论

(1) 什么是静态测试？静态测试应使用什么仪表？注意哪些问题？

(2) 什么是动态测试？动态测试应使用什么仪表？注意哪些问题？

(3) 负载 R_L 对放大器输出的动态范围有何影响？对静态工作点有影响吗？

(4) 研究如何调整电路参数使放大器电压放大倍数提高。

(5) 为什么测量放大器的静态工作点时不能用晶体管毫伏表测量？

(6) 如何估算放大器的电压放大倍数,与实验值进行比较,分析误差产生的原因。

单元小结

放大电路是电子设备中最普遍的一种基本单元,它是通过三极管的控制作用进行能量转换,使负载获得直流电源转换的能量。本章介绍了由分立元件组成的各种常用的基本放大电路。基本共发射极放大电路和射极输出器是放大电路的两种基本组态,它们的工作特点各不相同。

放大电路的分析包括静态分析和动态分析。静态分析的目的是确定静态工作点;动态分析是研究交流信号在电路中的传输情况,主要是分析放大电路对交流信号的放大倍数,对交流信号源的利用率和带负载的能力。

分析放大电路常用两种基本方法,即图解法和微变等效电路法。图解法直观清楚;微变等效电路法只适用于分析放大电路的动态情况,它是在信号微小变化的条件下,用一个线性电路等效代替三极管,使得放大电路的分析简单化。

为了稳定放大电路的静态工作点,可采用分压式偏置放大电路来提高放大电路的稳定性。为了提高电子电路的放大倍数,可以采用多级放大电路,以满足负载的各项性能要求。

多级放大电路的放大倍数是各单级放大倍数的乘积。

电压放大电路和功率放大电路区别是,前者目的是输出足够大的电压,而后者是输出足够大的功率;前者是工作在小信号状态,后者是工作在大信号状态。

思考题与习题

7-1 填空题

(1) 分析放大电路静态工作点时,应看放大电路的(　　)通路,分析放大电路电压放大倍数时应看(　　)通路。

(2) 放大电路静态工作点过高会发生(　　)失真问题。

(3) 共集电极放大电路(射极输出器)的电压放大倍数是(　　)。

(4) 放大电路的静态工作点包含(　　)三个量。

(5) 多级放大器级与级之间的连接方式称(　　),常用的耦合方式有(　　)耦合。

(6) 放大器发生截止失真,是因为静态工作点(　　)造成的,应调节放大电路中的(　　)可以改善截止失真。

(7) 场效应管属于(　　)控制器件,它的三个电极分别为(　　)。

7-2 与电压放大器相比,功率放大器有何特点?

7-3 什么是功率放大电路的交越失真?怎样消除交越失真?

7-4 判断图7-31电路能否完好地放大交流信号?放大用(√)表示,不放大用(×)表示。

7-5 在图7-32(a)所示放大电路中,若输出电压波形出现了失真,用示波器测得输出电压波形如图7-32(b)所示,试分析是什么失真?如何调试电路参数改善失真?

7-6 共发射极电压放大电路如图7-32(a)所示,已知 $R_P=5\ \text{k}\Omega$, $R_{B1}=15\ \text{k}\Omega$, $R_{B2}=10\ \text{k}\Omega$, $R_{C2}=2\ \text{k}\Omega$, $R_E=2\ \text{k}\Omega$, $V_{CC}=12\ \text{V}$, $\beta=40$, $R_L=2\ \text{k}\Omega$,试求:

(1) 画出图7-32(a)所示电路的直流通路和微变等效电路。

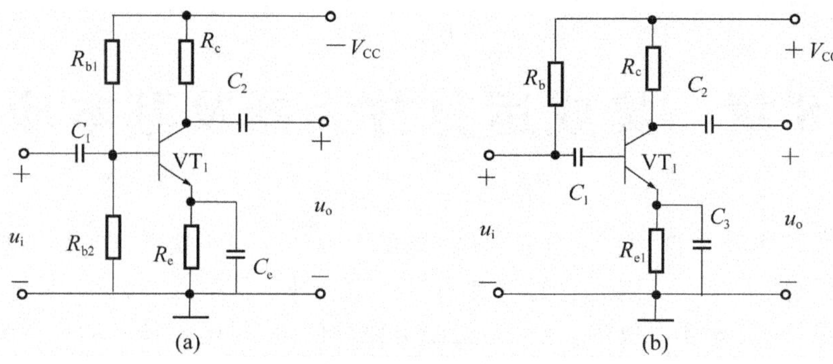

图 7－31　习题 7－4 图

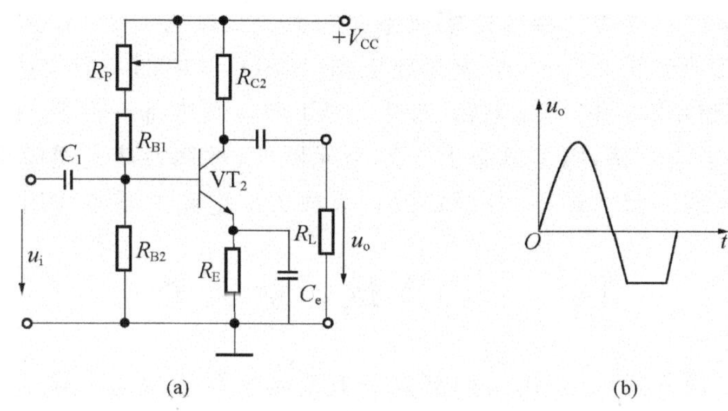

图 7－32　习题 7－5 图

(2) 试用估算法求静态工作点。

(3) 试用微变等效电路法求电压放大倍数。

(4) 求输入阻抗。

(5) 求输出阻抗。

7－7　图 7－33 所示为多级放大电路，β 为已知。求：

(1) 试画出放大电路的微变等效电路。

(2) 写出电压放大倍数 A_{u1}、A_{u2}、A_u 的表达式。

(3) 写出输入阻抗 R_i 和输出阻抗 R_o 的表达式。

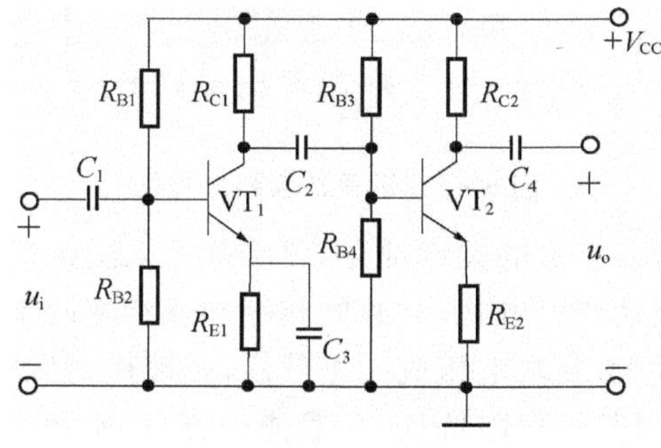

图 7－33　习题 7－7 图

第 8 章　集成运算放大器及基本应用

集成电路是把半导体管、电阻、电容、导线等集中制作在一小块固体半导体硅片上，实现了材料、元器件和电路的统一。因此它的密度高、引线短，外部接线大为减少，从而提高了电子设备的可靠性和灵活性，降低了成本。所以，集成电路的问世，是电子技术的一个新飞跃。

集成电路按其功能可分为两大类：一类是数字集成电路，主要用来处理数字信号；另一类是模拟集成电路，主要用于模拟信号的处理。最常见的模拟集成电路有集成运算放大器、集成稳压电源和集成功率放大器等。半导体集成电路按其集成度可分为小规模集成电路(SSI)，其内部一般集成十到几十个元器件；中规模集成电路(MSI)，其内部一般集成一百到几百个元器件；大规模集成电路和超大规模集成电路(LSI 和 VLSI)，其内部一般具有一千个以上的元器件，还有些超大规模集成电路，每片具有上百万个元器件，被称为甚大规模集成电路。

本章以集成运算放大器为核心，分析集成运算放大器电路的基本应用。

8.1　集成运算放大器

集成运算放大器简称集成运放，其内部是具有高增益的多级直接耦合放大电路。既可做直流放大器，又可做交流放大器。其主要特征是电压放大倍数高，输入阻抗大和输出阻抗小。由于集成运算放大器具有体积小、质量轻、价格低、使用可靠、灵活方便、通用性强等优点，在检测、自动控制、信号产生与信号处理等许多方面得到了广泛应用。

8.1.1　集成运算放大器的组成

集成运算放大器的内部包括四个部分：输入级、中间级、输出级和偏置电路，如图 8-1 所示。

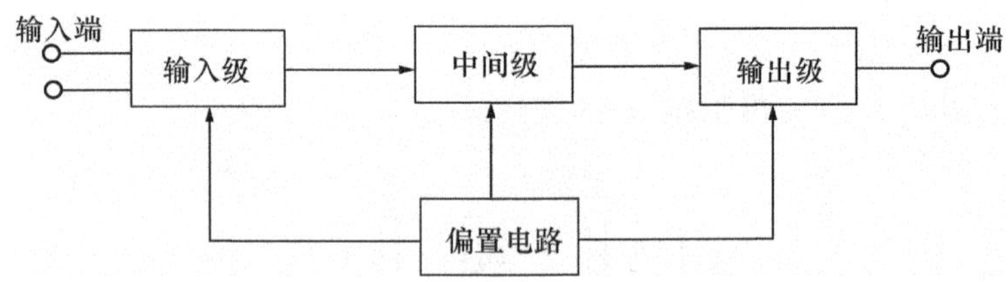

图 8-1　运算放大器方框图

输入级是提高运算放大器质量的关键部分，要求其输入阻抗高，能够抑制零点漂移和干扰信号。因此输入级都采用差动放大电路，它有同相端和反相端两个输入端。

中间级主要进行电压放大，要求电压放大倍数高，一般由共发射极放大电路组成。

输出级与负载相接，要求其输出阻抗低、负载能力强，一般由互补对称电路或射极输出器组成。

偏置电路的作用是为上述各级电路提供稳定和合适的偏置电流，决定各级的静态工作点，一般由各种恒流源组成。

由于运算放大器内部电路相当复杂，对使用者而言，主要是掌握如何使用，知道它的各引脚功能、主要参数及外部特性；而内部结构，一般了解即可。

8.1.2　集成运放电路的图形符号及外形

1. 集成运放的两种封装和电路图形符号

集成运放的两种封装如图 8－2 所示，一种为金属封装，另一种为塑料封装。图形符号如图 8－3 所示，它有两个输入端和一个输出端。u^- 称反相输入端，从此端输入信号时，输出电压与输入电压反相；u^+ 称同相输入端，从此端输入信号时，输出电压与输入电压同相。

2. 集成运放的外形及识别

常见集成运放的外形有双列直插式和圆壳式等，如图 8－2(b)所示。对图中所示的双列直插式集成运放而言，通常以缺口作为辨认标记，将引脚朝下，缺口向左，左下方的第一引脚为 1，然后逆时针围绕器件，依次数出其余各引脚。对图 8－2(a)所示的圆壳式集成运放而言，以管键作为辨认标记，在图示情况下，管键右下方第一引脚为引脚 1，然后逆时针围绕器件，依次数出其余各引脚。要注意的是集成运放种类很多，不同型号的用途不同，引脚功能也不同，使用前必须查阅相关手册和使用说明。

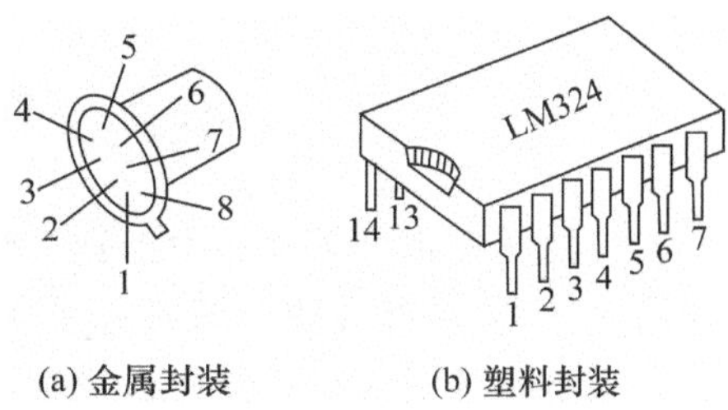

(a) 金属封装　　(b) 塑料封装

图 8－2　集成运算放大器的两种封装

8.1.3　集成运放的理想化条件

集成理想运放可近似为一个理想化器件，其理想化条件为：

(1) 开环电压放大倍数趋于无穷，$A_{uo}\to\infty$；

(2) 差模输入阻抗趋于无穷，$r_{id}\to\infty$；

(3) 开环输出阻抗趋于零，$r_o\to 0$；

(4) 共模抑制比趋于无穷，$K_{CMR}\to\infty$。

理想化条件对差模信号(两个输入信号电压大小相等，极性相反)有放大作用，对共模信号(两个输入信号电压大小相等，极性相同)几乎能全抑制。

目前，集成运放的开环差模电压放大倍数为 $10^4\sim10^7$，输入电阻达到兆欧数量级，输出电阻在几百欧以下。

集成运放可以工作在线性区，也可以工作在非线性区。理想集成运放的符号如图 8－3 所示。

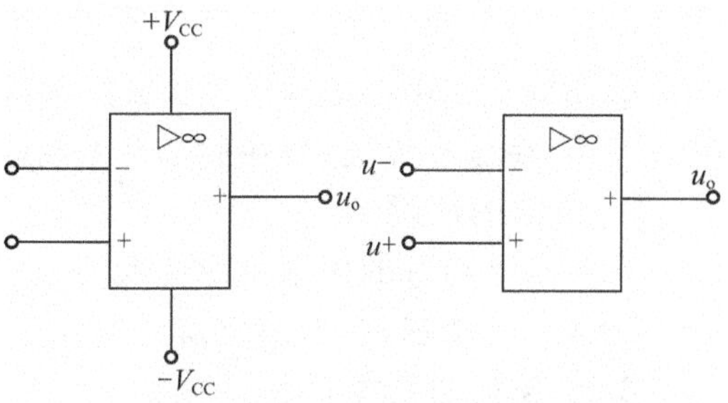

(a) 一般符号　　(b) 简化符号

图 8－3　集成运放的图形符号

8.1.4　理想运放的两个重要结论

1. 虚　断

由于运放的差模输入阻抗 $r_{id}=\infty$，即 $i_+=i_-$，故可以认为两个输入端的输入电流近似为零，即

$$i_{+}=i_{-}\approx 0 \tag{8-1}$$

式(8-1)说明,理想运算放大器的两个输入端不索取电流,但又不是真正的开路,故称为"虚断"。

2. 虚 短

由于运放的开环电压放大倍数 $A_{uo}\to\infty$,而输出电压 u_o 是一个有限的数值,故可以认为两个输入端电位近似相等,即

$$u^{+}\approx u^{-} \tag{8-2}$$

在 $u^{+}=u^{-}$ 时,两个输入端电位相等,但又并未真正短接,称为"虚短",接近"地"电位,但又不是真正接地,通常称为"虚地"。"虚断"、"虚短"是两个重要的概念,正确运用上述两个概念来分析实际运放电路,将使电子线路的分析和计算变得十分便利。

8.2 负反馈放大电路的应用

反馈在模拟电子电路中得到非常广泛的应用。所谓反馈,就是将放大电路输出量(信号电压或电流)的一部分或全部通过某种电路,回送到输入端的过程。负反馈框图如图8-4所示。在放大电路中引入负反馈可以稳定静态工作点,稳定放大倍数,改变输入、输出阻抗,拓展通频带,减小非线性失真等。

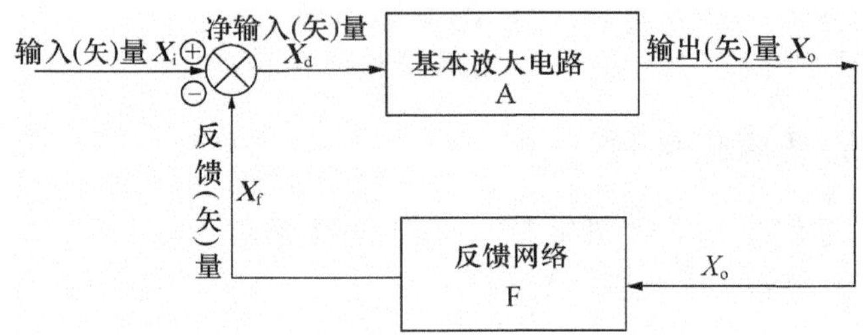

图8-4 反馈放大电路的框图

8.2.1 负反馈的基本类型及判断方法

在实际应用中反馈网络形式多种多样,可以根据电路中是否存在联系输入与输出回路的中间环节,确定有无反馈,在此基础上判断反馈网络的性质和类型。

1. 反馈的性质

如果反馈信号的作用使净输入信号削弱,即电压放大倍数减小,这种反馈称负反馈。反之使净输入信号增强,即为正反馈。本节重点讨论负反馈。

2. 负反馈的基本类型

根据反馈信号与输出信号的关系和连接方式,可以组成四种基本类型的负反馈网络,即:电压并联负反馈电路、电压串联负反馈电路、电流并联负反馈电路和电流串联负反馈电路。

3. 反馈的判断

1) 反馈性质的判断

通常在被研究信号的频率和幅度不变或变化极小时,反馈网络的性质判断采用瞬时极性法。即假定反馈放大电路的输入端输入电压对地极性为"+"或"-",然后根据各相关点之间

的瞬时极性变化，分析反馈信号与输入信号的瞬时极性关系，判断出反馈性质。若反馈信号使净输入信号减小（即反馈信号瞬时极性与输入信号瞬时极性相位相反），则为负反馈；否则为正反馈。

2）电压与电流反馈的判断

电压反馈或电流反馈主要取决于反馈信号与输出信号的关系。反馈信号取自输出电压，反馈环节与负载并联，为电压反馈；反馈信号取自输出电流，反馈环节与负载串联，为电流反馈。具体判断方法是用负载短路法：即假想把反馈放大电路的输出端负载短路，若此时反馈信号消失则为电压反馈；反之为电流反馈。

3）串联与并联反馈的判断

串联与并联反馈的简易判断方法是：输入信号和反馈信号在输入回路相串联，反馈信号与净输入信号是以电压的形式出现在输入端的，即 $u_d = u_i - u_f$，为串联反馈；输入信号和反馈信号在输入回路相并联，反馈信号与净输入信号是以电流的形式出现在输入端，即 $i_d = i_i - i_f$，为并联反馈。

下面以图 8－5 为例，来讨论反馈的判断方法。对于运放电路，在分析反馈类型时，还要应用“虚断”和“虚短”的概念。图 8－5(a)、(c)都是反相输入，运放的反相输入端为“虚地”。明确了这一点，先设 u_i 的极性为“＋”，根据同相输入端、反相输入端的概念得出输出端的极性，再由反馈通路回送到输入端，得出反馈量的极性或方向，由各图中标出的反馈量的极性或方向，可知图 8－5 中各电路中的反馈均为负反馈。

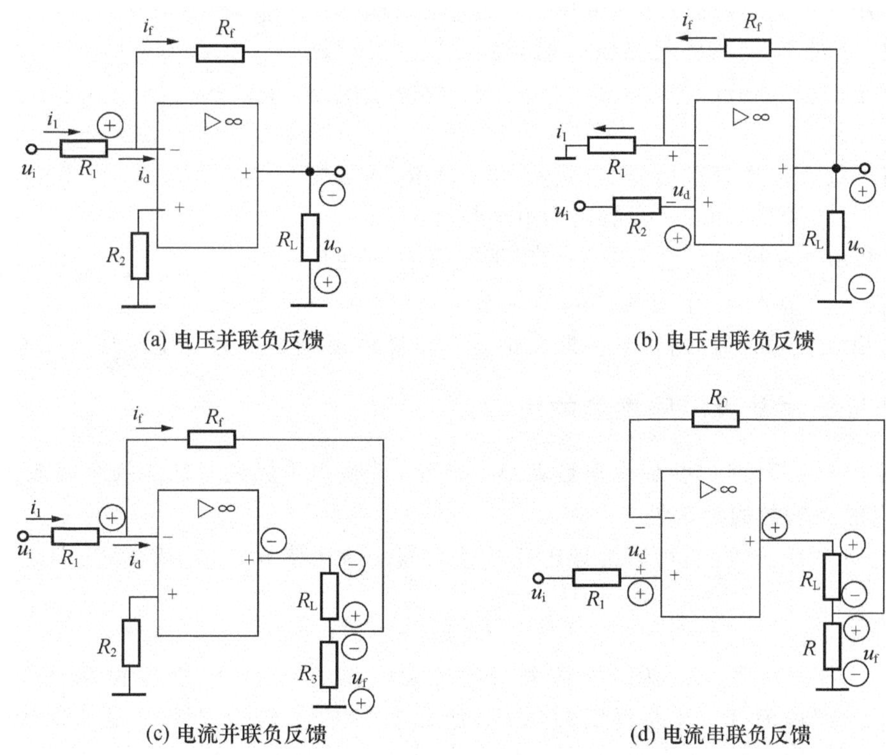

图 8－5　四种反馈类型

图8-5(a)所示电路，从输出端看，反馈信号取自输出电压，用负载短路法可以假设 R_L 短路，反馈信号消失，判断出是电压反馈；从输入端看，输入量与反馈量均从"-"端输入，为并联反馈；净输入量 $i_d=i_1-1_f$减小，是负反馈。所以，此反馈类型为电压并联负反馈。

图8-5(b)所示电路，从输出端看，反馈信号取自输出电压，用负载短路法可以假设 R_L 短路，反馈信号消失，判断出是电压反馈；从输入端看，输入量与反馈量不在同一节点引入，为串联反馈；净输入量 $u_d=u_i-u_f$减小，是负反馈。所以，此反馈类型为电压串联负反馈。

图8-5(c)所示电路，从输出端看，用负载短路法，当 $u_o=0$ 时，反馈电压 $u_f\neq0$，反馈信号不消失，判断出是电流反馈；从输入端看，输入量与反馈量均从"-"端输入，为并联反馈；净输入量 $i_d=i_1-i_f$减小，是负反馈。所以，此反馈类型为电流并联负反馈。

图8-5(d)所示电路，从输出端看，用负载短路法，当 $u_o=0$ 时，反馈电压 $u_f\neq0$，反馈信号不消失，判断出是电流反馈；从输入端看，输入量与反馈量不在同一节点引入，为串联反馈；净输入量 $u_d=u_i-u_f$减小，是负反馈。所以，此反馈类型为电流串联负反馈。

分立元件组成的反馈电路，可仿照运放组成的反馈电路的分析方法进行分析，其关键是三极管基极与集电极反相的原理要清楚。

总之，电压负反馈的最终目的是使放大电路的电压稳定，而电流负反馈是通过自动调整稳定放大电路的输出电流。实际应用中可根据电路不同的需要，引入合适的负反馈。

【例8-1】 试分析图8-6所示电路的反馈性质及类型。

解 (1) 用瞬时极性法判别反馈极性。假定 u_i 瞬时极性上升变化用"+"表示，通过输入端反相，图中输出端标以"-"，该变化通过 R_f 反馈到反相输入端，该点电位瞬时极性与输入假定的极性相反，使输入信号 i_d 削弱，故反馈电路为负反馈。

(2) 用负载短路法判别电压、电流反馈。设 R_L 两端短路，但反馈信号不消失，即 $i_f\neq0$，所以为电流反馈。

(3) 判断串并联反馈。输入信号和反馈信号并接在反相输入端，有一个节点，三个电流之间的关系 $i_d=i_i-i_f$，以电流的形式出现在输入端，所以是并联反馈。该电路的反馈类型为电流并联负反馈。

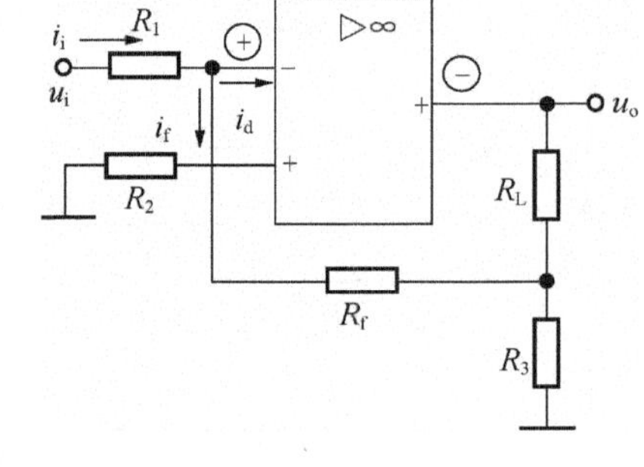

图8-6 例8-1图

8.2.2 负反馈对放大电路性能的影响

放大器引入负反馈以后，放大倍数明显下降了，但获得了放大器性能的全面改善。

1. 提高放大倍数的稳定性

由图8-4所示方框图，可以推导出反馈放大器的放大倍数 A_F 的表达式，即

$$A_F=\frac{A}{1+AF} \tag{8-3}$$

式(8-3)中，$A=X_o/X_d$ 为基本放大器的放大倍数；$F=X_f/X_o$ 为反馈网络的反馈系数。分析式(8-3)可以看出：引入负反馈以后，放大器的放大倍数是基本放大器放大倍数的 $1/(1+AF)$倍。虽然放大能力明显下降，但放大倍数的稳定性却提高了$(1+AF)$倍。

实际上，电压负反馈的目的是要稳定放大器的输出电压，而电流负反馈的目的是要稳定放大器的输出电流，使得放大器尽量不受温度变化、负载改变和电源电压波动等影响。

当 $|1+AF|\gg1$ 时，式(8－3)可以改写成

$$A_{\mathrm{F}}=\frac{A}{1+AF}\approx\frac{1}{F} \tag{8-4}$$

式(8－4)说明，当 $|1+AF|\gg1$ 时，即深度负反馈情况下，负反馈放大器的放大倍数与基本放大器基本无关，而仅仅由反馈网络来决定。

2. 减少非线性失真和抑制干扰

在放大器中，无论是非线性失真引起的波形畸变，还是干扰引起的失真，在引入负反馈后将这种失真的信号送回到输入端进行比较，如果出现输出波形失真，则负反馈信号 u_{f} 与输入信号 u_{i} 叠加后，可以改善输出信号的失真度，使净输入信号得到一定程度的修复和补偿。因此从本质上分析负反馈网络是利用失真信号来改善波形失真的。

3. 扩展通频带

通频带是指能正常通过放大器的信号的频率范围，它是放大器的重要特性。引入负反馈后，放大倍数下降，但通过放大器的信号频率在高、低两端都有扩展，即通频带变宽了。

4. 改变了输入阻抗和输出阻抗

输入阻抗和输出阻抗是放大器动态性能的重要参数。负反馈对输入阻抗的影响，主要取决于串、并联反馈类型，而与输出取样方式无关。串联负反馈使输入阻抗增大，而并联负反馈使输入阻抗减小；电压负反馈使输出阻抗减小，而电流负反馈使输出阻抗增大。

综上所述，负反馈对放大电路性能的影响是：能提高放大器工作稳定性、减小非线性失真和抑制干扰、扩展通频带。负反馈网络的主要功能和作用：电压负反馈稳定输出电压，减小输出阻抗；电流负反馈稳定输出电流，增大输出阻抗；串联负反馈增大输入阻抗，并联负反馈减小输入阻抗。在实际应用中，可根据电路改善放大器工作性能的具体要求和实际需要，选择反馈网络的类型。

8.3　集成运放在信号运算方面的应用

用集成运放配合辅助电路可以实现基本运算功能，如比例、求和、微分、积分、对数、指数、乘法和除法等运算。

8.3.1　反相比例运算

反相比例运算电路如图 8－7 所示，因输入信号从反相输入端加入，又称为反相放大器。反馈电阻 R_{f} 跨接在输出端与输入端之间，使电路工作在闭环状态。

当运算放大器工作在线性区时，根据虚短和虚断的概念可知

$$i_{\mathrm{i}}=i_{\mathrm{f}}$$

由图 8－7 可列出两个电流关系式

$$i_{\mathrm{i}}=\frac{u_{\mathrm{i}}-u^{-}}{R_1},\quad i_{\mathrm{f}}=\frac{u^{-}-u_{\mathrm{o}}}{R_{\mathrm{f}}}$$

$$\frac{u_{\mathrm{i}}-u^{-}}{R_1}=\frac{u^{-}-u_{\mathrm{o}}}{R_{\mathrm{f}}}$$

$$u_{\mathrm{o}}=-\frac{R_{\mathrm{f}}}{R_1}u_{\mathrm{i}}$$

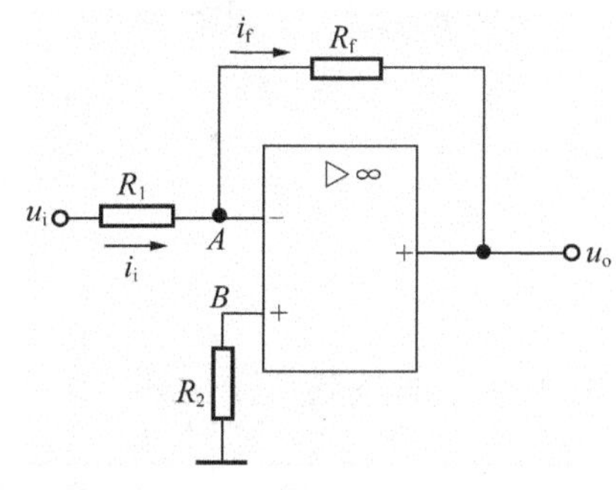

图 8－7　反相比例运算电路

$$A_{uf}=\frac{u_o}{u_i}=-\frac{R_f}{R_1} \tag{8-5}$$

由式(8-5)可得如下结论:

(1) 反相比例运算电路输出电压与输入电压成正比例,比例系数为 R_f/R_1。

(2) 式中负号表明输出电压与输入电压反相;当 $R_f=R_1$ 时,$u_o=-u_i$,则该电路称为反相器。

(3) 比例系数的大小仅与运放外电路参数 R_f 与 R_1 的取值有关,因此取阻值稳定、精度高的电阻器 R_f 与 R_1 是提高电路运算精度的关键。

图 8-7 中,R_2 是一平衡电阻,$R_2=R_1//R_f$,其作用是消除静态基极电流对输出电压的影响。

【例 8-2】 在图 8-7 中,$u_i=1\ \text{V}$,$R_1=20\ \text{k}\Omega$,$R_f=140\ \text{k}\Omega$,求 u_o 及 A_{uf}。

解

$$u_o=-\frac{R_f}{R_1}u_{i1}=-\frac{140}{20}\times 1\ \text{V}=-7\ \text{V}$$

$$A_{uf}=-\frac{R_f}{R_1}=-\frac{140}{20}=-7$$

8.3.2 同相比例运算

图 8-8 所示的电路为同相比例运算电路,输入信号从同相输入端输入,也称为同相运算放大器,反馈电阻 R_f 跨接在输出端与输入端之间。

根据虚短与虚断的概念,由于 $u^-=u^+=u_i \quad i_i=i_f$,所以

$$i_i=\frac{0-u^-}{R_1},\quad i_f=\frac{u^--u_o}{R_f}$$

联立求解得

$$A_u=1+\frac{R_f}{R_1}$$

输出电压与输入电压的关系

$$u_o=\left(1+\frac{R_f}{R_1}\right)u_i \tag{8-6}$$

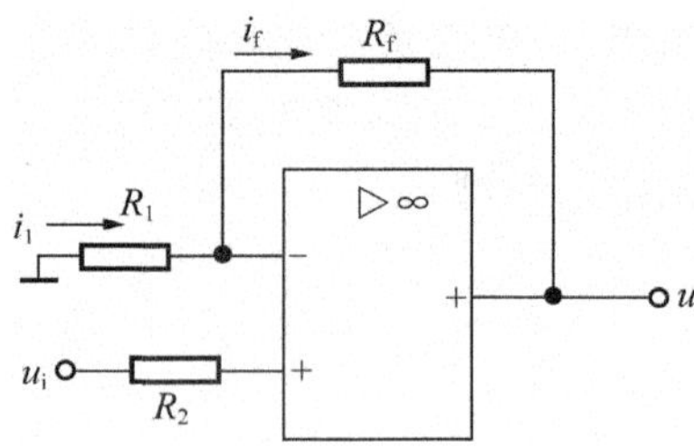

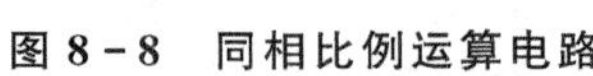
图 8-8 同相比例运算电路

由式(8-6)可得如下结论:

(1) 输出电压 u_o 与输入电压 u_i 成比例,比例系数是 $1+R_f/R_1$;

(2) u_o 与 u_i 同相位,当 $R_f=0$ 时,$u_o=u_i$,则电路称为同相器或电压跟随器。

【例 8-3】 在图 8-8 中,若 $u_i=1\ \text{V}$,$R_1=10\ \text{k}\Omega$,欲使 $u_o=10\ \text{V}$,求 $R_f=?$

解

$$u_o=\left(1+\frac{R_f}{R_1}\right)u_i=\left(1+\frac{R_f}{10\ \text{k}\Omega}\right)\times 1\ \text{V}=10\ \text{V}$$

$$1+\frac{R_f}{10\ \text{k}\Omega}=10$$

所以

$$R_f=90\ \text{k}\Omega$$

8.3.3 加法运算电路

在反相比例运算电路的基础上再增加几个输入信号支路,就可实现对多个输入信号的求和运算。图 8-9 所示电路是具有两个输入信号的反相求和运算。

应用叠加原理得到输出电压为

$$u_o = -\left(\frac{R_f}{R_{11}}u_{i1} + \frac{R_f}{R_{12}}u_{i2}\right) \tag{8-7}$$

由式(8-7)可以看出，输出电压不仅与输入电压反相，而且按不同的比例反映各输入信号的作用，因此可以进行反相比例求和运算。

若取 $R_{11}=R_{12}=R_f$，则 $u_o=-(u_{i1}+u_{i2})$。

如果在电路的输出端接一个反相器，则可完成常规的算术加运算。

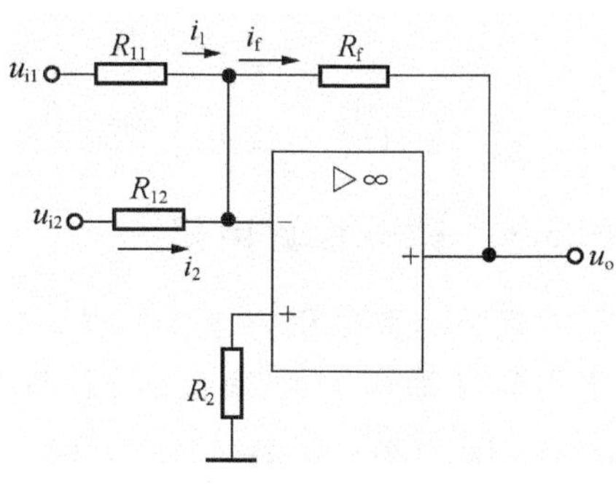

图 8-9　反相求和运算电路

求平衡电阻 R_2 为

$$R_2 = R_{11} // R_{12} // R_f$$

8.3.4　减法运算电路

如果同相端与反相端两个输入端都有信号输入，则为差动输入。差动运算在测量和控制系统中应用很多，其基本电路形式如图 8-10 所示，且 $R_1//R_f=R_2//R_3$。减数 u_{i1} 加到反相输入端，被减数 u_{i2} 经两个电阻 R_2、R_3 分压加到同相输入端。

根据虚短的概念可知　　$u^- \approx u^+ = \frac{R_3}{R_2+R_3}u_{i2}$

由图 8-10 可知　　$i_1 = \frac{u_{i1}-u^-}{R_1} = i_f = \frac{u^- - u_o}{R_f}$

故得输出电压与输入电压关系

$$u_o = \left(1+\frac{R_f}{R_1}\right)\frac{R_3}{R_2+R_3}u_{i2} - \frac{R_f}{R_1}u_{i1} \tag{8-8}$$

若 $R_1=R_2$，$R_3=R_f$ 时，式(8-8)为 $u_o=-i_fR_f$，即

$$u_o = \frac{R_f}{R_1}(u_{i1}-u_{i2}) \tag{8-9}$$

当 $R_1=R_2=R_3=R_f$ 时，则得

$$u_o = u_{i1} - u_{i2} \tag{8-10}$$

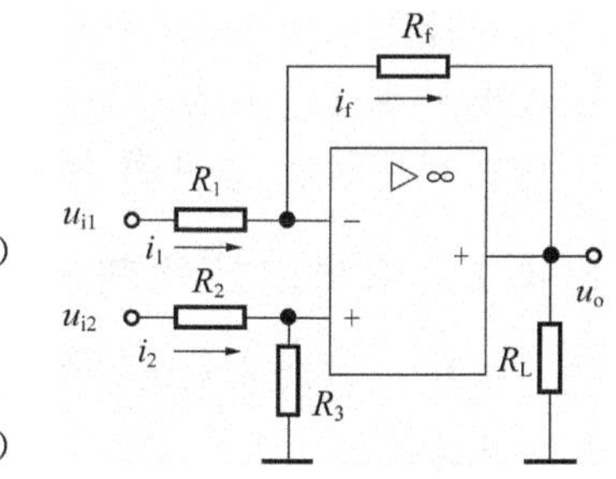

图 8-10　减法运算电路

由式(8-10)可知，输出电压与两个输入电压差值成正比，所以图 8-10 所示的电路可以进行减法运算。

8.3.5　积分运算电路

把反相输入运算中的反馈电阻 R_f 换成电容 C_f，则构成基本积分运算电路，如图 8-11 所示。

由图可列出　　$i_i = \frac{u_i}{R_1}$，　$i_i = i_c$

$$u_o = -u_c = -\frac{1}{C_f}\int_0^t i_c \, dt$$

求解的输出电压

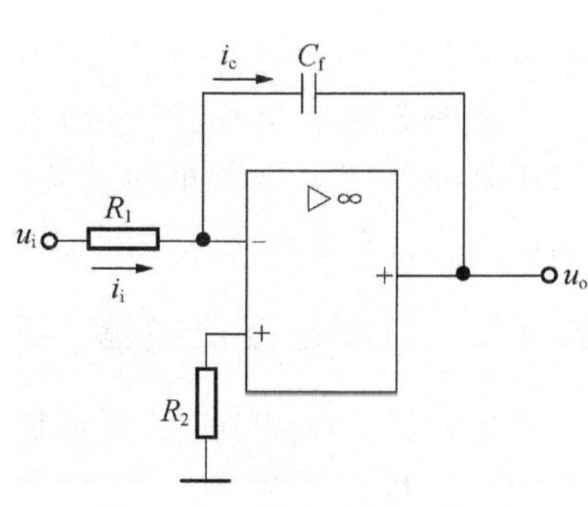

图 8-11　积分运算电路

$$u_o = -\frac{1}{C_f}\int_0^1 \frac{u_i}{R_1}dt = -\frac{1}{R_1 C_f}\int_0^1 u_i dt \tag{8-11}$$

式(8－11)表明输出电压是输入电压对时间的积分,式中的“－”号表示输出与输入的相位相反。

8.3.6 微分运算电路

微分运算是积分运算的逆运算,只需将反相输入端的电阻和反馈电容调换位置,就构成了微分运算电路,如图8－12所示。

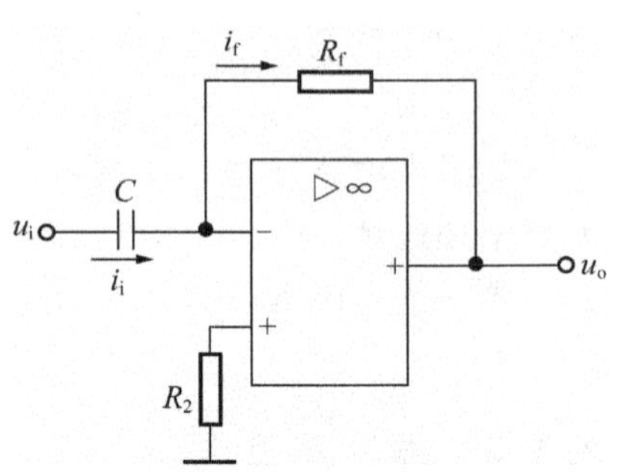

图8－12 微分运算电路

根据理想运放虚短与虚断的两个基本概念

$$i_i = i_f, \quad u^- = u^+ = 0$$

$$u_o = -i_f R_f - i_i R_f = -CR_f \frac{du_i}{dt} \tag{8-12}$$

式(8－12)表明,输出电压 u_o 与输入电压 u_i 对时间的微分成正比。在自动控制系统中,常用微分电路来改善系统的灵敏度。

※8.4 集成运放的非线性应用

在控制系统中,经常将一个信号与另一个给定的基准信号进行比较,再根据比较结果,输出高电平或低电平的开关量电压信号去实现控制动作,即为比较器的基本功能。电压比较器工作在开环状态,即工作在非线性区。

8.4.1 单限电压比较器

电压比较器的基本功能是比较两个或多个模拟输入量的大小,并将比较结果由输出状态反映出来。

图8－13(a)所示电路为简单的单限电压比较器。图中,反向输入端接输入信号 u_i,同相输入端接基准电压 U_R。集成运放处于开环工作状态,当 $u_i < U_R$ 时,输出为高电平 $+U_{OM}$;当 $u_i > U_R$ 时,输出为低电平 $-U_{OM}$,其传输特性如图8－13(b)所示。

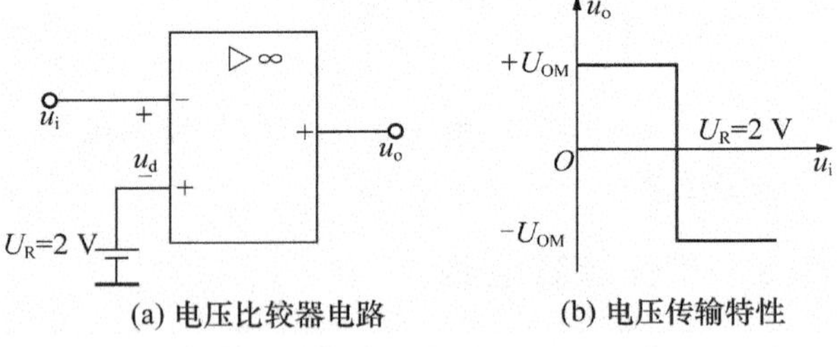

(a) 电压比较器电路　　(b) 电压传输特性

图8－13 单限电压比较器

由图8－13可见,只有输入电压相对于基准电压发生微小的正负变化时,输出电压就在负的最大值到正的最大值之间作相应地变化。

8.4.2 过零电压比较器

比较器也可以用于波形变换。例如,比较器的输入电压 u_i 是正弦波信号,若同相输入端接基准电压 $U_R = 0$ V,则 u_i 每过零一次,输出状态就要翻转一次,输出波形如图8－14所示。

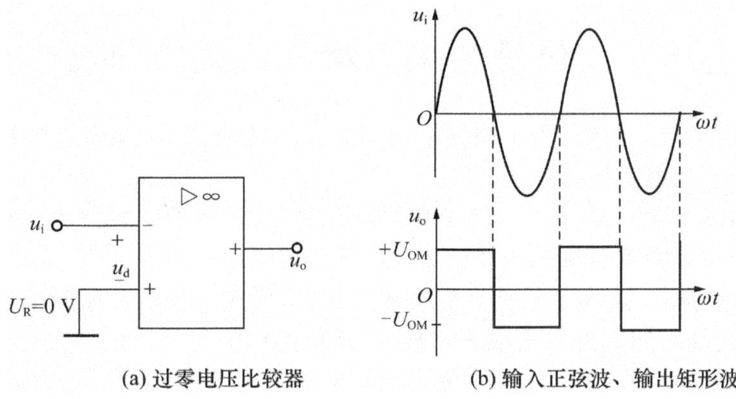

(a) 过零电压比较器　(b) 输入正弦波、输出矩形波

图 8－14　过零比较器

比较器可以由通用型运放组成，也可以用专用型运放组成，它们的主要区别是输出电平有差异。通用运放输出的高、低电平值与电源电压有关，专用运放比较器在其电源电压范围内，输出的高、低电平值是恒定的。

8.4.3　滞回电压比较器

单限电压比较器存在的问题是，当输入信号在 U_R 处附近波动时，输出电压会出现多次翻转。采用滞回电压比较器可以消除这种现象。滞回电压比较器电路如图 8－15 所示，该电路通过 R_2 构成正反馈的工作状态。同相输入端电压 U_+，由 u_o 和 U_{RFE} 共同决定。

这种比较器在两种状态下，有各自的门限电压。对应于 U_{T+} 有高门限电平 $+U_{OM}$，对应于 U_{T-} 有低门限电平 $-U_{OM}$。

迟滞电压比较器的特点是：当输入信号发生变化且通过门限电平时，输出电压会发生翻转，门限电平也随之变换到另一个门限电平。当输入电压反相变化，而通过导致刚才翻转那一瞬间的门限电平值时，输出不会发生翻转，直到 u_i 继续变化到另一个门限电平时，电路才能翻转，出现转换迟滞，常用回差电压 ΔU 表示迟滞电压的大小，$U_H = |U_{T+} - U_{T-}|$。滞回比较器又称为施密特触发器。只要回差电压 U_H 大于干扰电压的幅度，就能有效地抑制干扰信号。在图 8－16 中可见，即使有干扰信号叠加，也并不影响输出波形，具有抗干扰的作用。

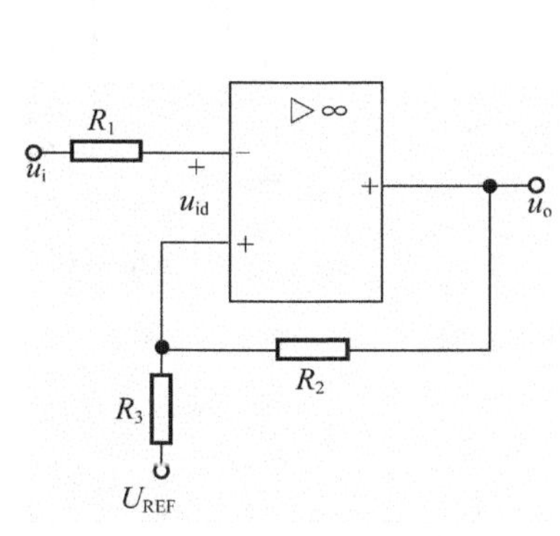

图 8－15　滞回电压比较器

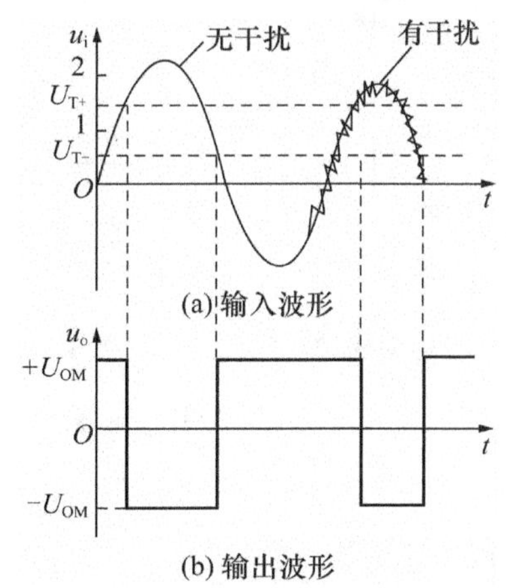

图 8－16　滞回比较器的抗干扰作用

8.5 使用集成运放应注意的问题

集成运放的应用十分广泛,为了确保电路完成预期的功能,必须学会怎样使用它,这包括选型、调试和保护等几项工作。

(1) 合理选用元器件。在本章8.1节中,介绍了集成运放的主要技术指标,在使用时应根据用途和要求,仔细查阅手册选用合适的集成运放型号。

(2) 了解引脚功能。选用了某型号的集成运放后,要充分了解各引脚的功能和作用,并用万用表测量各引线端之间有无短路或开路现象,确保选用的集成运放是合格产品。

(3) 调零。由于输入失调电压 U_{i0} 和输入失调电流 I_{i0} 的存在,故当输入为零时,其输出电压不为零。为补偿输入失调量造成的不良影响,确保电路输入为零时,其输出也为零。因此,电路要有调零的措施。调零有两种方法:一种是运放本身有专门调零引出端,用户只要外加一个电位器就可以实现调零;另一种是运放本身无调零引出端,用户需自己设计一个调零电路。

(4) 消振。由于运放内部存在寄生电容,很容易产生自激振荡,破坏正常工作。因此,在使用时通常采用频率补偿和相位补偿以防止自激,确保运放稳定工作。目前国内生产的一些集成运放,内部已有消振元器件,一般不需加外部消振元器件。

(5) 保护措施。为防止集成运放电源接反,输入电压过大,输出端负载过重而使集成运放损坏,在使用时必须加必要的保护电路。

① 电源保护。为防止正、负电源接反,可用二极管来保护,如图8-17所示。当电源接反了,二极管截止,从而保护了集成运放。

② 输入端保护。集成运放的输入差模信号和共模信号是有一定限制的,当超过规定值时,会造成集成运放输入级三极管的损坏,为此在输入端接入反相并联的两个二极管,如图8-18所示,将输入电压限制在二极管的正向压降以内,$u_i = \pm 0.7$ V左右。

③ 输出端保护。为防止输出电压过大,可利用两只对接的稳压管来保护运放输出级(见图8-19),使输出电压限制在 $u_o = \pm(U_{D1} + U_{Z2})$ 的范围内。U_{Z2} 是稳压管的稳定电压,U_{D1} 是其正向压降。

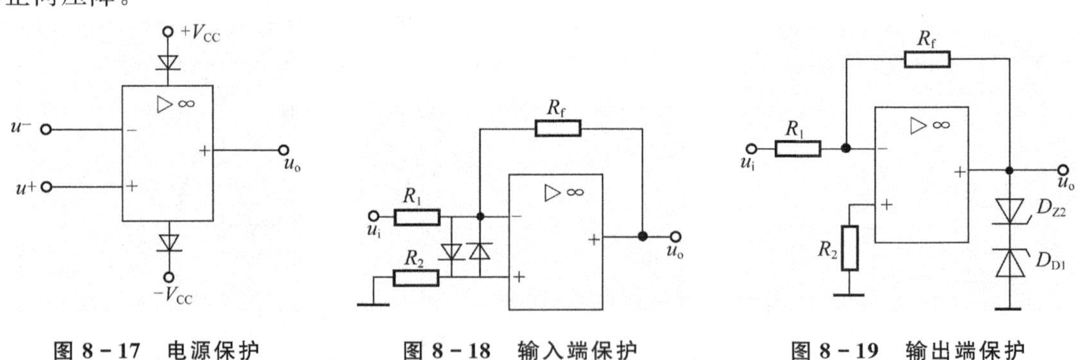

图8-17 电源保护　　图8-18 输入端保护　　图8-19 输出端保护

实验8 集成运放应用

实验目的与要求

(1) 掌握运放的性能及使用方法。

(2) 学会测试集成运放的应用电路,完成比例、求和及减法运算关系的测试内容。

(3) 能正确运用理论来分析集成运放的测试结果。

实验仪器与设备

通用电学实验台一套;MF-500 或 MF-30 型万用表一只;DA-16 型晶体管毫伏表一只;教学用双踪示波器一台;常用低频信号源一台;电子实验线路板参数参考图 8-20;集成运放用 LM358。

实验内容建议

1. 电压跟随器

实验电路按图 8-20 连接,线路无误后实验箱通电。按表 8.1 中规定的电压值,由信号源 OUT_1 经 R_{P2} 电位器衰减后输入 U_i 端,测量 U_o 值记入表 8.1 中。

表 8.1　电压跟随器测试记录

直流输入电压 U_i/V		−2	−1	+0.5	+2
输出电压 U_o/V	$R_L=\infty$				
	$R_L=5.1\ \text{k}\Omega$				

2. 反相比例运算

实验箱断电后,将实验电路改接成反相比例运算放大器,如图 8-21 所示。线路无误后通电,按表 8.1 中规定的输入电压值 U_i 测量对应的输出电压值 U_o,结果记入表 8.2 中,并与理论计算结果比较,计算公式:$U_o=-R_f/R_1\cdot U_i$。

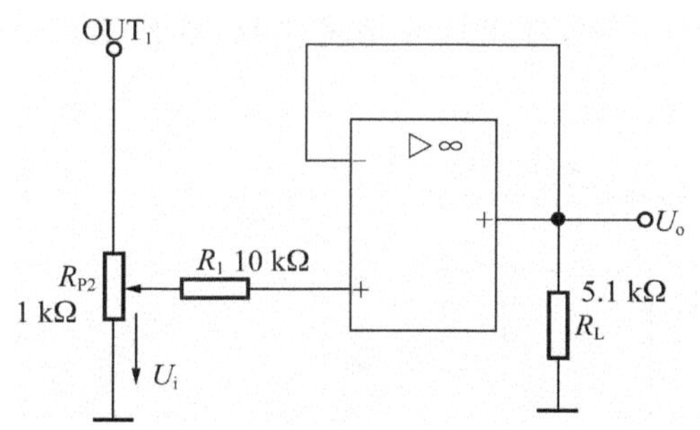

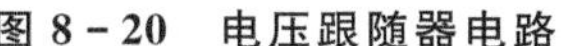

图 8-20　电压跟随器电路

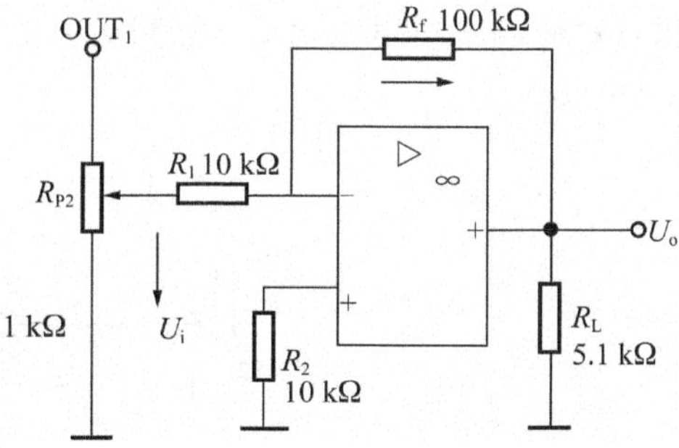

图 8-21　反向比例运算放大器

表 8.2　反相比例运算测试记录

直流输入电压 U_i/V		0.1	0.3	0.2
输出电压 U_o/V、	测量值			
	理论估算值			
比例系数 U_o/U_i 值				

3. 反相求和运算

实验箱断电后,将实验电路改成图 8-22 反相求和运算放大电路,经检查无误后通电。按表 8.3 规定输入电压值,经信号源 OUT_1 由 R_{P2} 电位器衰减后输入 U_{i1},再经信号源 OUT_2,由 R_{P1} 电位器衰减后输入 U_{i2}。两信号同时输入,测量对应的输出电压值 U_o,结果记入表 8.3 中。并与理论计算结果比较,计算公式:$U_o = -R_f/R_1(U_{i1}+U_{i2})$。

表 8.3　反相求和运算测试记录

U_{i1}/V	0.3	0.2	0.1
U_{i2}/V	0.4	0.4	0.2
U_o/V			

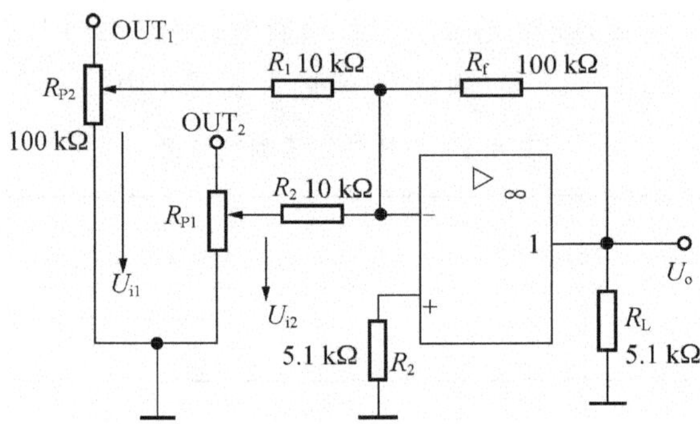

图 8-22　反相求和运放电路

4. 减法运算

将实验线路改成图 8-23 电路,按表 8.4 规定的输入电压值,经 R_{P2}、R_{P1} 调节 U_{i1}、U_{i2} 的输入,测量对应的输出电压值 U_o,结果记入表 8.4 中。并与理论计算结果比较,计算公式:$U_o = R_f/R_1(U_{i1}-U_{i2})$。

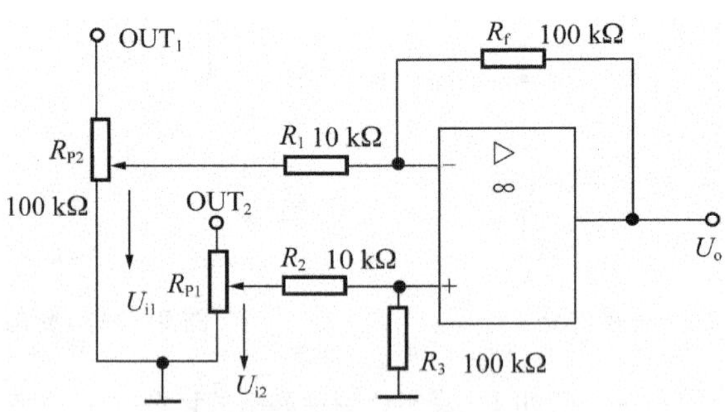

图 8-23　减法运放电路

表 8.4　减法运放电路测试记录

U_{i1}/V	0.3	0.2	0.2	0.3
U_{i2}/V	0.4	0.4	0.1	0.1
U_o/V				

实验问题讨论

(1) 在实验结果中，输出电压 U_o 为什么与理论值有一定的误差？原因是什么？如何减少这些误差？

(2) 解释为什么运放的输出电压与它的电压放大倍数无关？严格讲有没有关系？

单元小结

(1) 集成运算放大器是一个高增益的多级直接耦合放大电路。在讨论模拟信号的运算电路时，为了使问题分析简化，通常把集成运算放大器看成理想器件。

(2) 集成运算放大器在线性应用时可以有三种输入方式：反相输入、同相输入和差动输入。可实现比例求和、差、微分和积分等多种数学运算。除了供线性运算使用外，还有集成运算放大电路的非线性应用。

(3) 放大电路常引用负反馈来改善电路的性能，判断正、负反馈常用瞬时极性法，判断电压电流反馈常用负载短路法。负反馈可以使放大电路的放大倍数稳定，使输入、输出电阻得到改善，减小非线性失真，改善通频带。

(4) 在使用集成运算放大器时，应注意选用元器件及对电路的调试、保护措施等相关的问题。

思考题与习题

8－1　填　空

(1) 集成电路按其功能可分为两大类：一类是(　　)，用来处理数字信号的；另一类是(　　)，用来处理模拟信号的。

(2) 集成运算放大器简称集成运放，其内部是具有(　　)多级直接耦合放大电路。

(3) 集成运算放大器两个输入端电位相等，接近“地”电位；但又不是真正接地，通常称为(　　)。

(4) 在放大电路中引入负反馈可以稳定(　　)，稳定(　　)，改变(　　)，拓展(　　)，减小(　　)等。

(5) 凡是使放大器的电压放大倍数削弱的反馈称(　　)反馈，使放大器的电压放大倍数增强的反馈称(　　)反馈。

(6) 理想化的运算放大器的电压放大倍数为(　　)；输入电阻为(　　)；输出电阻为(　　)。

8－2　运放中的反馈电阻为什么通常反馈到反相输入端？

8－3　反向比例运算放大器如图 8－7 所示，$R_1=10\ \mathrm{k\Omega}$，$R_f=20\ \mathrm{k\Omega}$，试计算它的电压放大倍数。

8－4　同相比例运算电路如图 8－8 所示，$R_1=3\ \mathrm{k\Omega}$，若电压倍数等于 8，求反馈电阻 R_f 的值。

8－5　判断图 8－24 电路有哪些级间反馈，指出反馈元件，判断反馈类型。

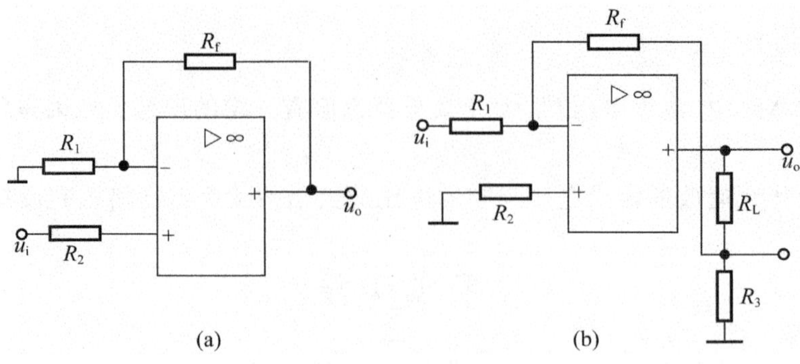

图 8-24 习题 8-5 图

8-6 运放电路如图 8-25 所示,已知 $R_f=20\ \text{k}\Omega$,$R_2=10\ \text{k}\Omega$,$R_3=20\ \text{k}\Omega$,$U_{i1}=1\ \text{V}$,$U_{i2}=U_Z=3\ \text{V}$,求输出电压为多少?

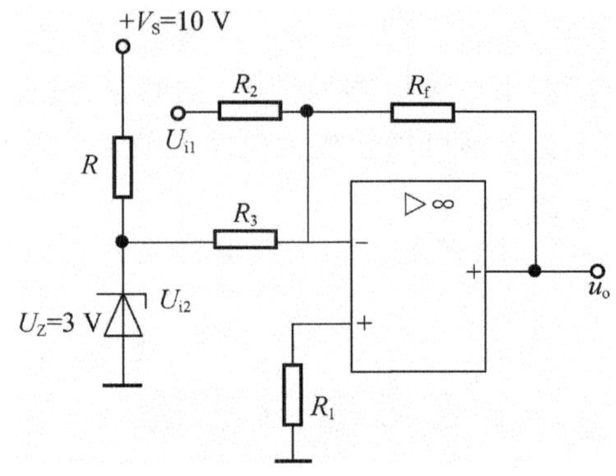

图 8-25 习题 8-6 图

8-7 在运放电路如图 8-26 中,若 $u_i=1\ \text{V}$,$R_1=10\ \text{k}\Omega$,欲使 $u_o=10\ \text{V}$,求 R_f 的值?

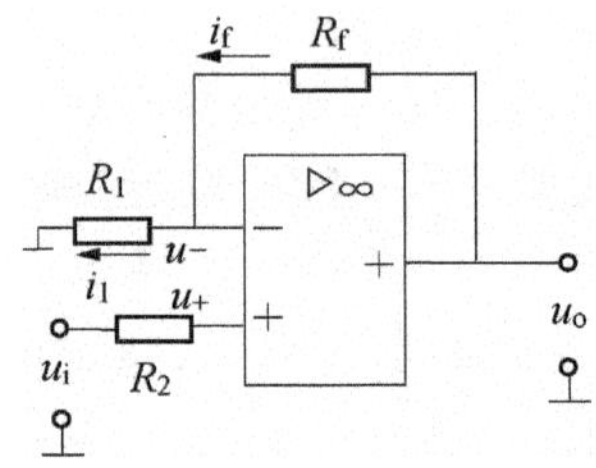

图 8-26 习题 8-7 图

第 9 章　直流稳压电源

在我国，供电通常用 50 Hz 的交流电。实际使用中，在启动电流大、负载能力要求高的场合，或者运行平稳的各种电子电气仪器设备中，一般都需要稳定的直流电源供电。本章主要研究将交流电怎样转换成直流电的基本原理和方法。主要内容有直流稳压电路的基本组成，单相整流电路、滤波电路、稳压电路的组成和工作原理，三端集成稳压器及其典型应用。

稳压电路的作用是克服电网电压波动、负载及温度变化所引起的输出电压的变化，提高输出电压的稳定性。直流稳压电源的类型可分为并联型、串联型及开关型等。小功率直流稳压电源的组成如图 9-1 所示。它由电源变压器、整流、滤波和稳压电路等四部分组成。

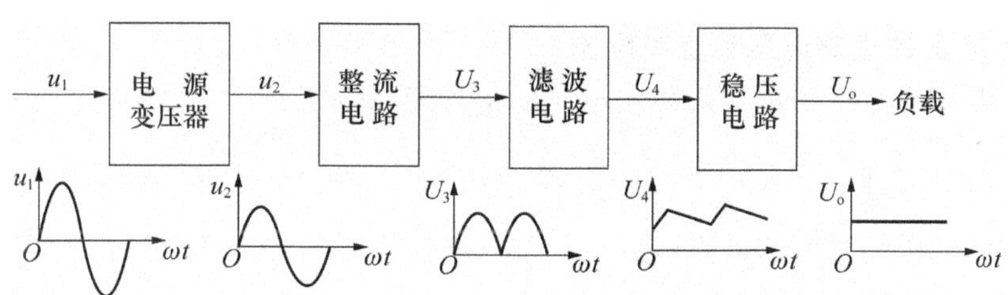

图 9-1　直流稳压电源组成框图

电源变压器的作用是降压，将 220 V 的交流电变为用电设备所需的交流电压。整流电路的作用是将交流电变换为单向脉动的直流电。滤波电路的作用是将整流之后单向脉动的直流电，变换成平滑的直流电。稳压电路的作用是使输出的直流电压在电网电压或负载发生变化时基本保持不变，给负载提供一个比较稳定的直流电压。下面分别介绍各部分的具体电路和工作原理。

9.1　单相半波整流

利用二极管的单向导电性，把按照正弦变化的交流电变换成单向脉动的直流电称为整流，常用的单相整流电路分为半波整流、全波整流、桥式整流及倍压整流电路等。

9.1.1　电路组成及工作原理

图 9-2(a)所示为单相半波整流电路图，电路由电源变压器 T、整流二极管 VD 和负载电阻 R_L 组成。

u_2 为变压器二次边的交流电压，$u_2=\sqrt{2}U_2\sin\omega t$。由于整流二极管具有单向导电特性，因此，当 u_2 为正半周时，A 端电位高于 B 端电位，整流二极管 VD 正向电压导通(忽略二极管正向导通压降)；而当 u_2 为负半周时，B 端的电位高于 A 端，整流二极管 VD 反偏截止，因而在 u_2 的一个周期内，负载电阻 R_L 的电压波形如图 9-2(b)所示。

由于流过负载的电流和加在负载两端的电压只有半个周期的正弦波，故称半波整流。

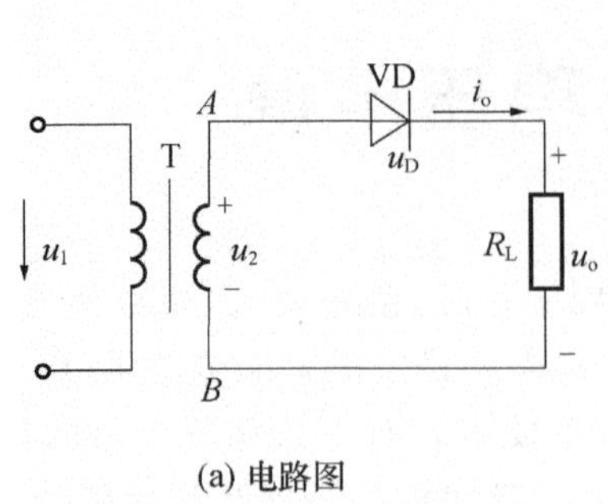

(a) 电路图

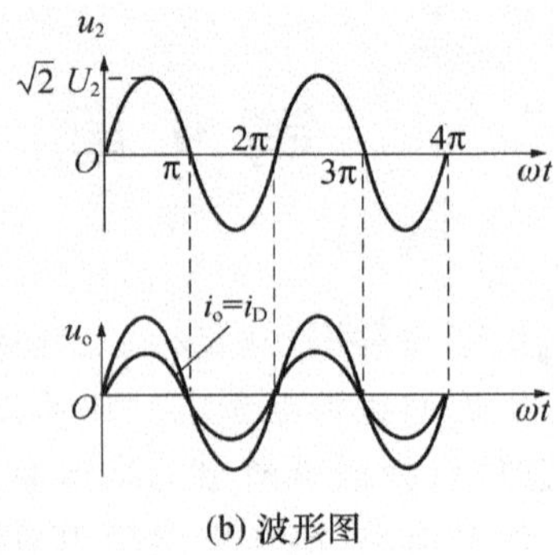

(b) 波形图

图 9-2 单相半波整流电路及波形图

9.1.2 输出电压与电流的计算

1. 负载上输出的直流电压和直流电流

输出直流电压是指一个周期内脉动电压的平均值，其式为

$$U_o = \frac{1}{2\pi}\int_0^{2\pi} u_o \mathrm{d}(\omega t) = \frac{1}{2\pi}\int_0^{\pi} \sqrt{2}U_2 \sin\omega t \,\mathrm{d}(\omega t) = \frac{2\sqrt{2}}{2\pi}U_2 \approx 0.45U_2 \tag{9-1}$$

式(9-1)表示了半波整流电路的直流分量是交流电压有效值的 0.45 倍。

流过负载 R_L上的直流电流 I_o为

$$I_o = \frac{U_o}{R_L} \approx 0.45\frac{U_2}{R_L} \tag{9-2}$$

2. 整流二极管的选择

(1) 二极管正向平均电流 I_D。由图 9-2(b)可知，流过整流二极管的平均电流 I_D与流过负载的电流相等，即

$$I_D = I_o = \frac{0.45U_2}{R_L} \tag{9-3}$$

(2) 二极管承受的最大反向电压 U_{RM}。在半波整流电路中，当二极管反向截止时，电压 u_2 的负半周将全部加在二极管两端，且为反向电压。因此，这时二极管承受的反向峰值电压 U_{RM} 就是变压器二次边电压的最大值，即

$$U_{DRM} = \sqrt{2}U_2 \tag{9-4}$$

所以，选择半波整流电路中的整流二极管时，应使二极管的最大正向电流 I_{FM}和最高反向峰值电压 U_{RM}满足：$I_{FM} > I_o$，$U_{DRM} > \sqrt{2}U_2$。

【例 9-1】 有一个 18 Ω 的负载电阻，需要用 9 V 的直流电源供电，采用单向半波整流电路。计算变压器二次边的供电电压，并选择整流二极管的型号规格。

解

$$U_2 = \frac{U_o}{0.45} = \frac{9}{0.45}\ \mathrm{V} = 20\ \mathrm{V}$$

$$I_L = \frac{U_o}{R_L} = \frac{9\ \mathrm{V}}{18\ \Omega} = 0.5\ \mathrm{A}$$

$$I_D = I_L = 0.5\ \mathrm{A}$$

$$U_{DRM} = \sqrt{2}U_2 = \sqrt{2} \times 20\ \mathrm{V} = 28.3\ \mathrm{V}$$

选择变压器时应考虑到：二极管有 0.7 V 的正向压降，因此可选变压器的二次边电压为 21 V。选择二极管时应考虑到电压条件和电流条件都留有一定的余量，查半导体手册可以选用 2CZ55B，其最大整流电流为 1 A，最高反向工作电压为 50 V。

9.2　单相桥式整流

9.2.1　桥式整流电路工作原理

单相桥式整流电路由变压器和四个同型号的二极管接成电桥形式组成，如图 9－3(a)所示。T 为整流变压器，其作用是将电网上的交流电压 u_1 变为整流电路要求的交流电压 u_2，R_L 是要求直流供电的负载电阻。VD_1、VD_2、VD_3、VD_4 是整流二极管，为计算方便，把二极管作理想器件处理，即正向导通电阻为零，反向截止电阻为无穷大。图 9－3(b)所示是桥式整流电路的简化画法，其中二极管的方向代表直流电流 I_o 的方向。

整流工作原理如下：当 u_2 为正半周时，即 a 端为正，b 端为负，这时 VD_1、VD_3 导通，VD_2、VD_4 截止，电流的通路是 $a \to VD_1 \to R_L \to VD_3 \to b \to a$，如图中实线箭头所示；当 u_2 为负半周时，VD_2、VD_4 导通，VD_1、VD_3 截止，电流的通路是 $b \to VD_2 \to R_L \to VD_4 \to a \to b$，如图中虚线所示。由此可见，无论 u_2 处于正半周还是负半周，都有电流分别流过两对二极管，并以相同方向流过负载 R_L，输出波形如图 9－3(c)所示。显然，它是单方向全波脉动的直流波形。

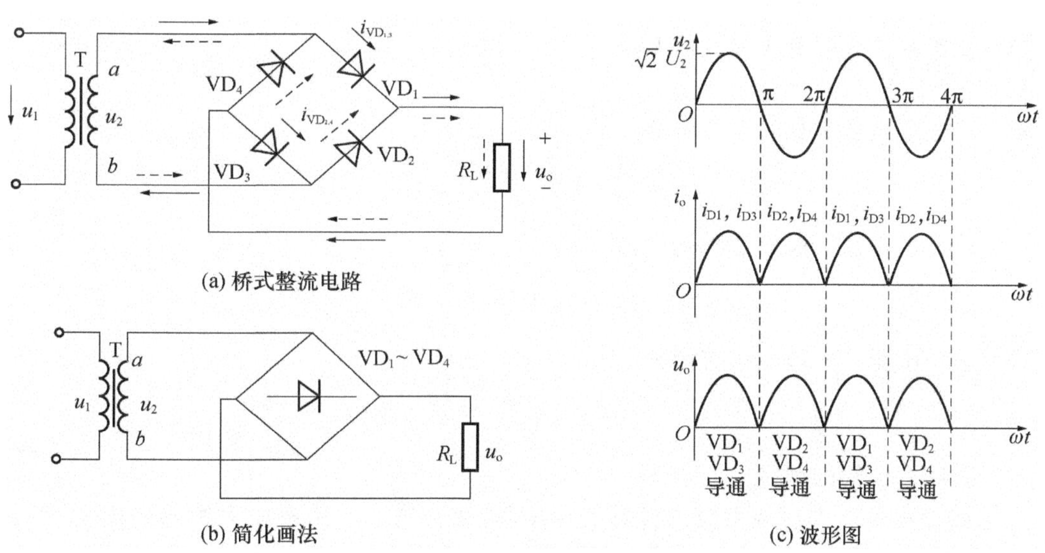

(a) 桥式整流电路

(b) 简化画法

(c) 波形图

图 9－3　单相桥式整流电路及波形

9.2.2　负载上输出直流电压和直流电流的计算

从上面的分析得知，桥式整流中负载所获得的直流电压比半波整流电路提高了一倍，即

$$U_o = 2 \times 0.45U_2 = 0.9U_2 \qquad (9-5)$$

式(9－5)表示了桥式整流电路的直流分量是交流电压有效值的 0.9 倍。流过负载 R_L 上的直流电流 I_o 为

$$I_o = \frac{0.9U_2}{R_L} \tag{9-6}$$

1. 二极管正向平均电流 I_D

在桥式整流电路中，二极管 VD_1、VD_3和 VD_2、VD_4轮流导通，分别与负载串联，因此流过每个二极管的平均电流为 I_o的一半，即

$$I_D = \frac{1}{2}I_o = \frac{0.9U_2}{2R_L} = 0.45\frac{U_2}{R_L} \tag{9-7}$$

2. 二极管承受的最大反向电压 U_{DRM}

二极管所承受的最大反向电压可以从图 9-3 中看出。在 u_2正半周时，VD_1、VD_3导通，这时 u_2直接加在 VD_2、VD_4上，因此，VD_2、VD_4 所承受的最大反向峰值电压 U_{RM}为 u_2的峰值，即

$$U_{DRM} = U_{2m} = \sqrt{2}U_2 \tag{9-8}$$

同理，u_2负半周时，VD_1、VD_3所承受的最大反向电压也是$\sqrt{2}U_2$。

所以，选择桥式整流电路中的整流二极管时，应使二极管的最大正向电流 I_{FM}和最高反向峰值电压 U_{DRM}满足：$I_{FM} > \frac{1}{2}I_o$，$U_{DRM} > \sqrt{2}U_2$。

【例 9-2】 在单向桥式整流电路中，已知负载电阻 $R_L = 80\ \Omega$，负载电压 $U_o = 110\ V$。试求：

(1) 通过负载的平均电流 I_o；

(2) 通过二极管的平均电流 I_D；

(3) 变压器二次边电压有效值 U_2；

(4) 选择二极管的型号。

解 (1) 求通过负载的平均电流

$$I_o = \frac{U_o}{R_L} = \frac{110\ V}{80\ \Omega} \approx 1.4\ A$$

(2) 求通过每只二极管的平均电流

$$I_D = \frac{1}{2}I_o = 0.7\ A$$

(3) 求变压器二次边电压有效值

$$U_2 = \frac{U_o}{0.9} = \frac{110}{0.9}\ V = 122\ V$$

(4) 选择二极管的型号

考虑到变压器二次边绕组及二极管上的压降，变压器二次边电压大约要高出 10 %，于是 $U_{DRM} = 1.11 \times \sqrt{2}U_2 = 1.11 \times \sqrt{2} \times 122\ V \approx 189\ V$。查半导体手册可选 2CZ11C 整流二极管，其最大整流电流为 1 A，最大反向工作电压峰值 $U_{DRM} = 300\ V$。

9.2.3 桥堆的检测与极性判断

为了使用方便，目前生产的桥式整流组合器件——桥堆，又称硅整流组合管。桥堆一般用在全波整流电路中，它又分为全桥-半桥。全桥是由四只整流二极管按桥式全波整流电路的形式连接并封装为一体构成的，其外形如图 9-4 所示。全桥的正向电流有 0.5 A、1 A、1.5 A、2 A、2.5 A、3 A、5 A、10 A、20 A 等多种规格，耐压值(最高反向电压)有 25 V、50 V、100 V、

200 V、300 V、400 V、500 V、600 V、800 V、1 000 V 等多种规格。常用的国产全桥有 QL 系列，进口全桥有 RB、RS 系列等。下面介绍常用桥堆的检测方法。

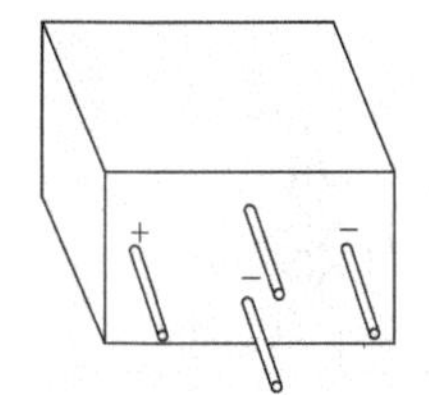

图 9－4　桥堆外形图

1. 全桥桥(硅)堆的检测

大多数的整流全桥堆上，均有"＋"、"－"、"～"符号(其中"＋"为整流后输出直流电压的正极，"－"为输出直流电压的负极，"～"为交流电压输入端)，查看标志很容易确定出各电极。但也可以用检测的方法检查全桥堆的好坏，判断出交流输入端和直流输出端，使用万用表 $R\times1$ k 或 $R\times100$ 欧姆挡，通过分别测量桥堆四只引脚间正、反向电阻值便可得出结论：合格全桥堆，交流输入端为任意两引脚间正、反向电阻值均趋于无穷大，其余两只引脚为直流输出端，且正向导通的一次红表笔(棒)所在的引脚是直流输出端的正极。否则，全桥堆内部二极管已被击穿或开路。

2. 半桥的检测

半桥是由两只整流二极管组成的，通过万用表分别测量半桥内部的两只二极管的正、反电阻值是否正常，即可判断出该半桥是否合格。

3. 高压硅堆的检测

高压硅堆内部是由多只高压整流二极管(硅粒)串联组成的。检测时，可用万用表的 $R\times10$ k 挡测量其正、反向电阻值。正常的高压硅堆，其正向电阻值大于 200 kΩ，反向电阻值为无穷大。若测得其正、反向均有一定电阻值，则说明该高压硅堆已被击穿损坏。

9.3　滤波电路

整流电路输出的直流电压脉动较大，一般不能满足平稳直流电的需要，必须用滤波电路滤除其交流分量，使输出得到较平稳的直流电压。在小功率直流电源中，常用的滤波电路有电容滤波、电感滤波、复式滤波和有源滤波等。

9.3.1　电容滤波电路

1. 电容滤波电路组成及工作原理

在整流电路输出端与负载之间并联一只大容量的电容，如图 9－5(a)所示，即可构成最简单的电容滤波器。其工作原理是利用电容充放电的作用，使输出电压趋于平稳。

输出端并联了一只电容器后，二极管导通时，一方面给负载 R_L 供电，另一方面对电容 C 充电。在忽略二极管正向压降后，充电时，充电时间常数 $\tau_{充电}=2R_DC$，其中 R_D 为二极管的正向导通电阻，值非常小，充电电压 u_C 与上升的正弦电压 u_2 一致，$u_o=u_C\approx u_2$。当 u_C 充电到 u_2 的最大值 $\sqrt{2}U_2$ 时，u_2 开始下降，且下降速率逐渐加快。当 $|u_2|<u_C$ 时，四个二极管均提前截止，电容 C 经负载 R_L 放电，放电时间常数为 $\tau_{放电}=R_LC$，因为 R_L 比 R_D 大，故放电时间较慢，一直放电到负半周。在负半周，当 $|u_2|>u_C$ 时，另外两个二极管(VD_2、VD_4)导通，再次给电容 C 充电，当 u_C 充到 u_2 的最大值 $\sqrt{2}U_2$ 时，u_2 开始下降，且下降速率逐渐加快。当 $|u_2|<u_C$ 时，四个二极管再次截止，电容 C 经负载 R_L 放电，周期性的重复上述过程，负载 R_L 上可以获得较平稳的直流输出电压。有电容滤波后，负载两端输出电压波形如图 9－5(b)所示。

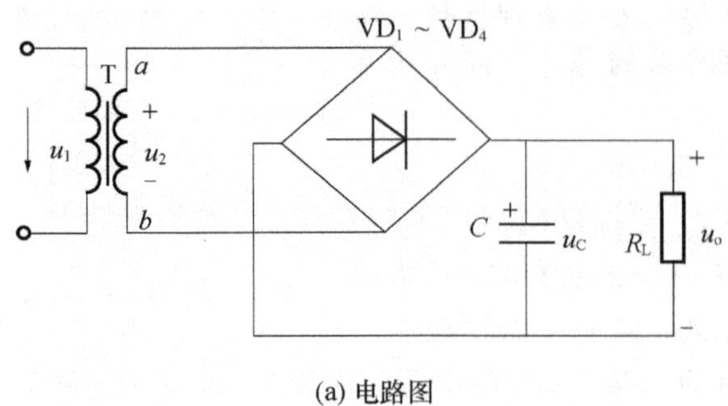

(a) 电路图

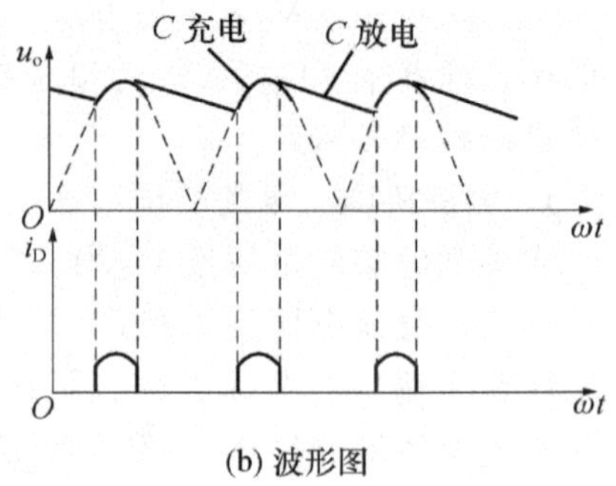

(b) 波形图

图 9-5　电容滤波电路及波形图

2. 负载上输出直流电压的计算

由上述分析可见，电容放电时间常数为 $\tau_{放电}=R_LC$，即输出电压的大小和脉动程度与负载电阻直接相关。若 R_L 开路，即输出电流为零，电容 C 无放电通路，一直保持最大充电电压 $\sqrt{2}U_2$；若 R_L 很小，放电时间常数很小，输出电压几乎与没有滤波时一样。因此，电容滤波电路的输出电压在 $0.9U_2\sim\sqrt{2}U_2$ 范围内波动，在工程上一般采用经验估算公式

$$U_o=(1\sim1.1)U_2\quad(半波)\tag{9-9}$$

$$U_o=1.2U_2\quad(桥式、全波)\tag{9-10}$$

3. 元器件选择

(1) 电容选择：滤波电容 C 的大小取决于放电回路的时间常数，R_LC 愈大，输出电压脉动就愈小，通常取 R_LC 为脉动电压中最低次谐波周期的 3～5 倍，即

$$C\geqslant\frac{(3-5)}{R_L}\frac{T}{2}=(3\sim5)\frac{I_o}{U_o}\times\frac{T}{2}\tag{9-11}$$

式(9-11)中，T 为电源电压周期，滤波电容宜采用电解电容，使用时注意极性不能接反。

(2) 整流二极管的选择

$$I_D>\frac{1}{2}I_o$$

$$U_{DRM}>\sqrt{2}U_2\tag{9-12}$$

由于电容滤波中二极管导通时间短，冲击电流较大，在选择二极管时应留有一定的余量，一般大于平均电流的 2～3 倍。

【例 9-3】 设计一个桥式整流电容滤波电路。已知负载电阻 $R_L=100\ \Omega$，负载电压 $U_o=48$ V，交流电源电压为工频 50 Hz，试选择二极管和滤波电容器。

解　二极管的平均电流　$I_D=\frac{1}{2}I_o=\frac{1}{2}\times\frac{U_o}{R_L}=\frac{1}{2}\times\frac{48\ \text{V}}{100\ \Omega}=240\ \text{mA}$

变压器二次边电压　$U_2=\frac{U_o}{1.2}=\frac{48\ \text{V}}{1.2}=40\ \text{V}$

二极管承受的最高方向电压　$U_{DRM}=\sqrt{2}U_2=1.41\times40\ \text{V}=56.4\ \text{V}$

查表可选 2CZ11B 整流二极管，它的主要参数为

$$I_{OM}=1\ \text{A},\quad U_{RM}=200\ \text{V}$$

电容 C 的选择　$C=\frac{(3\sim5)}{R_L}\frac{T}{2}=\frac{0.04}{R_L}=\frac{0.04}{100}\ \text{F}=400\ \mu\text{F}$

电容器耐压：因空载时 $U_o=\sqrt{2}U_2=57$ V，故电容器的耐压应大于 57 V，可选 400 μF、160 V的电容器。

(3) 电容滤波电路的特点：结构简单，输出电压高，脉动小。但在接通电源的瞬间，将产生很大的电容充电电流，这种电流称为“浪涌电流”。同时，因负载电流太大，电容器放电的速度加快，会使负载电压变得不够平稳，所以，电容滤波电路只适用于负载电流较小的场合。

9.3.2　电感滤波电路

电感滤波电路如图 9-6 所示。电感 L 与负载电阻串联，当负载电流变化时，电感线圈中将产生自感电动势，它将阻止电路中电流的变化。同时进行磁场能量的储存与释放。从而输出电压和电流的脉动程度减小，波形平直。当忽略电感 L 的直流电阻时，负载上输出的平均电压为

$$U_o = 0.9U_2 \tag{9-13}$$

$$I_o = \frac{U_o}{R_L} = 0.9\frac{U_2}{R_L} \tag{9-14}$$

一般来说，L 越大，滤波效果越好。但由于铁芯笨重，体积大，同时容易引起电磁干扰。一般只适合要求不太高的场合，如晶闸管滤波电路中。

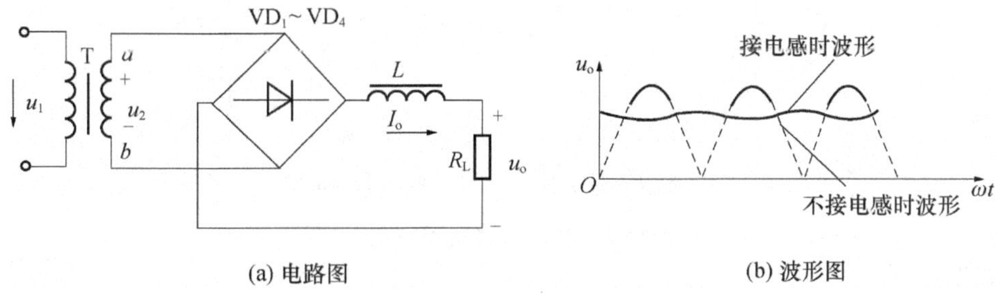

图 9-6　电感滤波电路及波形图

9.3.3　复式滤波电路

根据以上分析，当 R_L 比较小时，即使滤波电容容量很大，输出波形也有较大的脉动。为进一步减小脉动，通常采用如图 9-7 所示的 π 型 RC 滤波电路。π 型滤波电路可看成是两节电容滤波电路的并联。整流输出电压先经电容 C_1 滤除了交流成分后，再经一节 RC 组成的分压器，可进一步降低输出端的波纹电压。因此，效果比一个电容滤波效果更好，但 R 值不能太大。否则，会使直流电压损失太多。

π 型 RC 滤波电路，因 R 上存在直流压降，I_o 增大时，U_o 下降更快。因此，π 型 RC 滤波电路实用于 I_o 较小的场合。

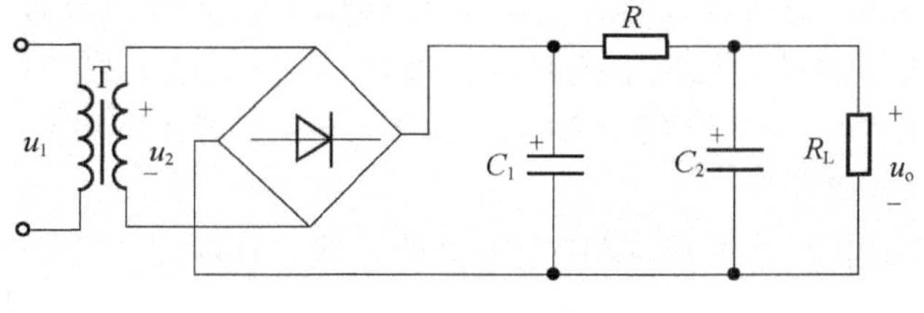

图 9-7　π 型 RC 滤波电路

9.4 稳压电路

交流电压经过整流滤波后,得到的直流电压虽然比较平直,脉动程度较小,但往往会因为负载改变或电网电压波动而发生变化。当负载变化或电网电压波动时,稳压电路可使输出电压保持稳定。为满足许多精密的电子设备对直流电源稳定性的要求,在整流滤波后必须加一级稳压电路,来获得稳定的直流电压。

9.4.1 并联硅稳压管稳压电路

并联硅稳压管稳压电路是最简单的直流稳压电路,它由一个限流电阻 R 和稳压管 VD_Z 组成,如图 9-8 所示。R 为限流电阻,稳压管 VD_Z 和负载 R_L 并联,故称并联型稳压电路。经过整流和滤波电路得到的直流电压再经 R、VD_Z 稳压电路接到负载 R_L 上,负载得到的就是一个比较稳定的直流电压 U_o。

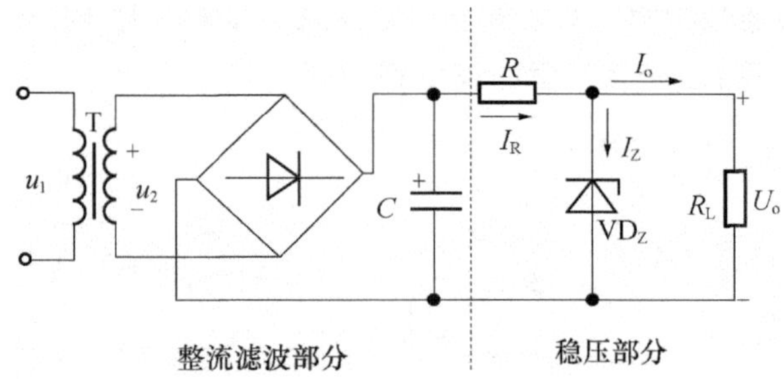

图 9-8 并联硅稳压管稳压电路

1. 工作原理

当电网电压减小或负载电阻 R_L 变小而引起输出电压 U_o 减小时,稳压管两端的电压 U_Z 下降,电流 I_Z 将迅速减小,流过 R 的电流 I_R 也减小,导致 R 上的压降 U_R 下降。因为 $U_o=U_1-U_R I_o=I_R-I_Z$,从而使输出电压 U_o 增加以至最后稳定。上述过程可表示如下:

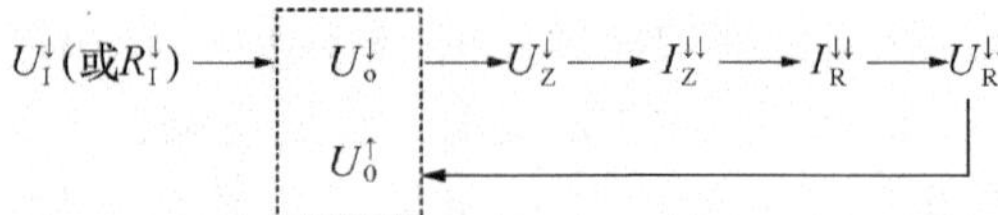

如果电网电压增加或负载电阻 R_L 增大时,其工作过程与上述相反,输出电压 U_o 仍保持基本不变。

2. 稳压元器件的选择

1) 稳压管 VD_Z 的选择

稳压管的稳压值 U_Z 就是硅稳压电路的输出电压值 U_o;选择稳压管的最大稳定电流时要留有余地,一般取稳压管的最大稳定电流是输出电流的 2~3 倍。另外,整流滤波后的直流电压 U_1 应为输出电压的 2~3 倍,即 $U_Z=U_o$,$I_{Z,\max}=(2\sim3)I_o$,$U_1=(2\sim3)U_o$。

2) 限流电阻 R 的选择

限流电阻 R 是稳压电路的关键,限流电阻值的选取必须满足两个条件:

(1) 当输入直流电压最小而负载电流最大时,流过稳压管的电流最小,这个电流应大于稳压管稳压范围内的最小工作电流 $I_{Z,\min}$,即

$$\frac{U_{1,\max}-U_o}{R_Z}-I_{o,\max}\geqslant I_{Z,\max} \tag{9-15}$$

(2) 当输入直流电压最高而负载电流最小时,流过稳压管的直流电流最大,这个电流不应超过稳压管允许的最大稳定电流,即

$$\frac{U_{1,\max}-U_o}{R_Z}I_{o,\min}\leqslant I_{Z,\max} \tag{9-16}$$

因此,R 可按下式进行选择

$$\frac{U_{1,\min}-U_o}{I_{Z,\min}+I_{o,\max}}\geqslant R_L\geqslant \frac{U_{1,\max}-U_o}{I_{Z,\max}+I_{o,\min}} \tag{9-17}$$

稳压管稳压电路结构简单,调试方便,使用元器件少;但输出电流较小,输出电压不能调节,且稳压管的电流调整范围较小。

9.4.2 串联型稳压电路

1. 电路组成

针对稳压管稳压电路输出电流小,输出电压不能调节的问题,串联型稳压电路做了改进,因而得到了广泛的应用。串联稳压电路的基本组成,包括采样电路、基准电压、比较放大器和调整管等几部分。如图 9-9 所示,是由集成运放组成的串联型稳压电路。U_I 为待稳定的直流输入电压,即整流滤波电路的输出电压;VT 为调整三极管;R_1 与 R_2 组成采样电路用来反映输出电压的变化;限流电阻 R_3 与稳压管组成基准电压源;比较放大器由运放完成。

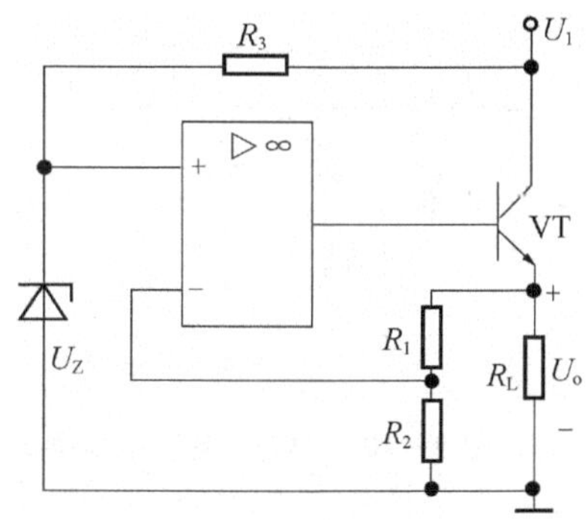

图 9-9　集成运放组成的串联型稳压电路

2. 稳压原理

当电网电压因波动而增大(或负载电流减小)时,导致输出电压 U_o 增大,取样信号将增大。该信号被反馈到比较放大器的反向输入端,因同向端接基准电压,比较放大器的输出电压 U_o 下降,接近原定值而趋于稳定。反之,若电网电压下降(或负载电流增大)和上述过程相反。

※9.4.3 集成稳压电路

集成稳压电路是利用半导体集成工艺把基准电压、取样电路、比较放大电路、调整电路等集成制作在一小硅片上,具有体积小、成本低、性能良好、使用方便等优点。目前在电子电路、电气控制电路中获得广泛应用。

集成稳压器的种类很多,按照输出电压是否可调分为固定式和可调式;按照输出电压的正、负极性分为正稳压器和负稳压器;按照输出端子分为三端和多端稳压器。而三端稳压器只有三个接线端子,安装和使用方便、简单,所以在实际中应用最多。

1. 三端固定式集成稳压器

1) 类型及型号

三端固定式集成稳压器分为正电压输出(7800 系列)、负电压输出(7900 系列)两大类。其外形引脚如图 9-10 所示。最大输出电流有八种规格:0.1 A(78L00 系列)、0.25 A(78DL00 系列)、0.3 A(78N00 系列)、0.5 A(78M00 系列)、1.5A(7800 系列)、3 A(78T00 系列)、5 A

(78H00系列)、10 A(78P00系列)。

国产的三端固定集成稳压器有正电压输出CW7800系列和负电压输出CW7900系列,其输出电压有±5 V、±6 V、±8 V、±9 V、±12 V、±15 V、±18 V、±24 V,最大输出电流有0.1 A、0.5 V、1 A、1.5 A、2.0 A等。

根据所需固定电压值确定使用稳压器型号。如+15 V的稳压电源,则选用CW7812型号的稳压器;如−6 V的稳压器则选用CW7906型号的稳压器。

2) 三端固定式集成稳压器的应用

在实际应用中,可根据所需输出电压、电流,选用符合要求的集成稳压器。CW78系列产品电路应用如图9-10所示。在图中,C_1可以防止由于输入引线较长时产生的电感而引起的自激。C_2用来减小由于负载电流瞬时变化而引起的高频干扰。

输出正、负固定电压稳压电路如图9-11所示,它是由CW78系列和CW79系列两种集成稳压器配合,可以同时输出正、负两种固定电压。C_3与C_4为容量较大的电解电容,用来进一步减小脉动输出和低频干扰。

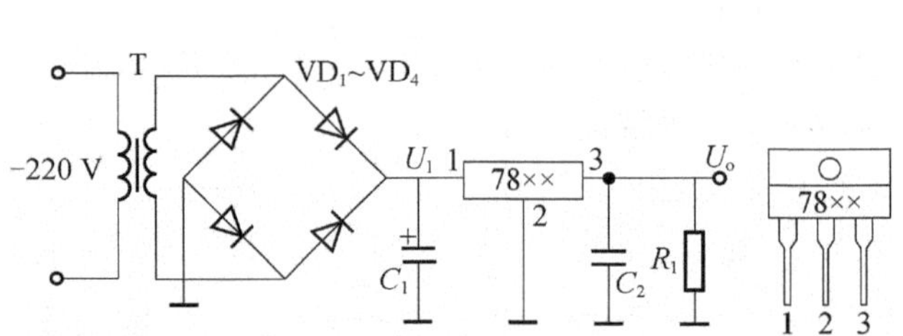

图9-10 CW78系列稳压器外形和典型应用电路　　**图9-11 输出正、负固定电压稳压电路**

2. 三端可调集成稳压器

三端可调式集成稳压器按输出电压分为正电压输出CW317(CW117、CW217)和负电压输出CW337(CW137、CW237)两大类。按输出电流大小,每个系列又分为L型和M型等。

三端可调式集成稳压器克服了固定式三端稳压器输出电压不可调的缺点,集成了三端固定式集成稳压器的诸多优点。

三端可调集成稳压器CW317和CW337是一种悬浮式串联调整稳压器,它们的应用电路基本相同。图9-12所示为CW317系列的典型稳压电路。为了使电路正常工作,一般输出电流不小于5 mA。输入电压范围在2～40 V之间,输出电压可在1.25～37 V之间调整,负载电流可达1.5 A。

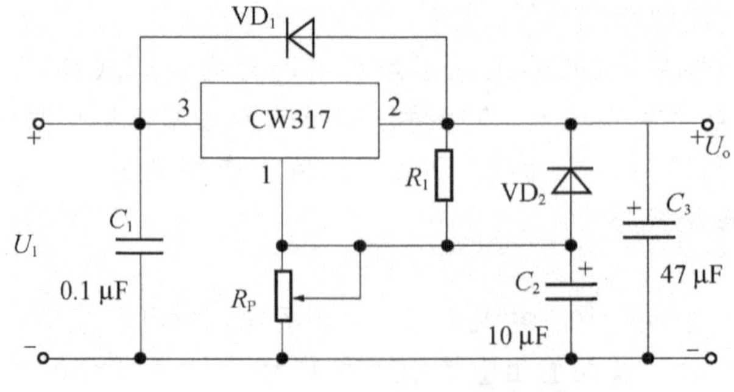

图9-12 CW317三端可调集成稳压电路

实验 9　单相整流和滤波电路

实验目的与要求

(1) 掌握单相半波和单相全波整流电路的工作原理与测试方法。

(2) 掌握通用电学实验台上的电源，交直流电流表、电压表、万用表、晶体管毫伏表等电子仪器的使用操作方法。

(3) 学会正确使用示波器和万用表，测量并分析输入输出电压波形及数量关系。

(4) 学会运用电学实验台连接电路，正确测试有关参量。

① 学会几种不同整流电路的波形测量。

② 用晶体管毫伏表测量整流滤波输出电压。

③ 分析各种滤波电路的特点及对整流波形的影响。

实验仪器与设备

通用电学实验台一套；MF－500 或 MF－30 型万用表一只；DA－16 型晶体管毫伏表一只；教学用双踪示波器一台；常用电工工具一套；电子实验线路板参数参考图 9－13；变压器 220 V/15 V；二极管 2CZ83F 四只；电容器 $C_1=C_2=100\ \mu F$；电阻 $R_1=330\ \Omega$，$R_L=1\ k\Omega$。

实验内容建议

1. 实验电路

实验电路如图 9－13 所示。

2. 整流电路测试

(1) 将实验线路接成图 9－13 电路，连接成单相半波整流，反复检查电路无误后通电。

(2) 用示波器 Y 轴输入端接 U_o 两端，观察半波整流波形，并绘图于实验表 9.1 中。

(3) 用万用表交流电压挡测量变压器一、二次边电压 u_1、u_2，再用万用表直流电压挡测量 U_3、U_o 值，记入实验表 9.1 中。

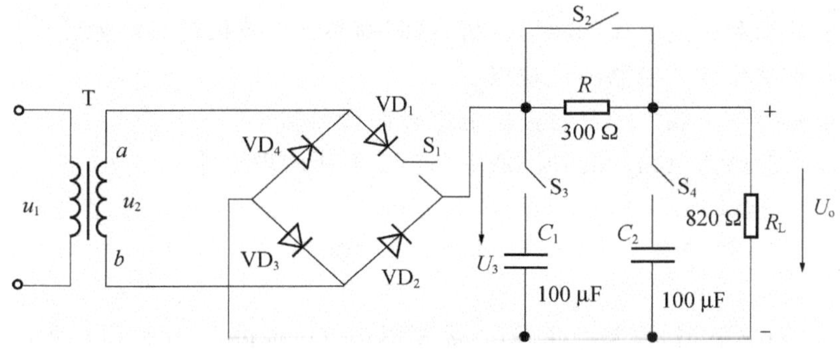

图 9－13　整流滤波电路

(4) 将实验台断电,电路改成全波整流电路,经检查无误后通电。

(5) 用示波器Y轴输入端接U_o两端,观察全波整流波形,并绘图于实验表9.1中。

(6) 用万用表分别测量u_1、u_2、U_3、U_o值,记入实验表9.1中。

3. 滤波电路测试

(1) 切断电源后将桥式整流接成C型滤波电路,通电后,用示波器观察输出电压波形,绘图于实验表9.2中,并用万用表测量输出电压U_o,记入实验表9.2中。

(2) 断电后将上述滤波电路改成Γ型滤波,然后通电,用示波器观察Γ型滤波输出电压波形,绘图于实验表9.2中,并用万用表测量输出电压U_o,记入实验表9.2中。

(3) 断电后将上述滤波电路改成π型滤波,重复观测上述内容,并比较三种滤波电路的效果。

实验表9.1 整流电路测试记录

整流电路	输出波形图	u_1	u_2	U_3	U_o
半 波	U_o O t				
全 波	U_o O t				

实验表9.2 Γ型等滤波输出电压

滤波类型	C型	Γ型	π型
测量U_o			
波形图	U_o O t	U_o O t	U_o O t

实验问题讨论

(1) 从实验数据和纹波电压的波形分析,试问哪些滤波效果较好?为什么?

(2) 说明几种整流滤波电路的优缺点?

(3) 分析电容器及负载大小及对输出电压有什么影响?

(4) 估算本实验整流电路和各种滤波电路输出电压的理论值。

单元小结

在电子设备或电气(器)控制设备中,常需要用直流电源供电,因此需要将交流电源电压转换为稳定的直流电压,所以要用直流稳压电源来实现。直流稳压电源的组成由整流、滤波和稳压电路三部分组成。

整流电路是利用二极管的单相导电性将交流电转换成单相脉动的直流电的电路。用半导体二极管可以组成各种整流电路，单相桥式整流电路是小功率整流电路中应用较多的一种电路。

滤波电路可以将单相脉动的直流电源中的交流分量滤除，保留直流分量，使输出电压的脉动减小。

稳压电路是利用稳压管或集成电路的作用，来保证当电网电压波动或负载电流变化时，输出电压基本保持稳定。

思考题与习题

9-1　填空题

(1) 小功率直流稳压电源是由(　　　　)部分组成。

(2) 整流电路是将(　　　　)电压转变成(　　　　)电压输出。

(3) 在桥式整流电路中，任意一只二极管断路时，输出电压将变为(　　　　)波形；任意一只二极管接反，将产生的后果是(　　　　)。

(4) 桥式整流电容滤波电路中，如果负载开路，输出电压将(　　　　)。

(5) 稳压电路是指在(　　　　)波动与(　　　　)变化时，输出电压保持稳定。

(6) 一个三端集成稳压器上有 CW7812，表示它的输出电压为(　　　　)V。

9-2　试画出单相半波和桥式整流的电路图，并分析它们的工作原理和整流二极管的平均电流及承受的最大反向电压的区别。

9-3　单相桥式整流电路接成图 9-14 所示的形式，分析将会出现什么后果？试改正。

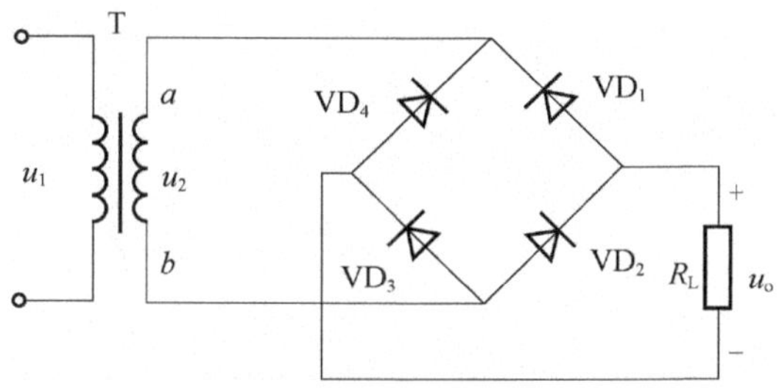

图 9-14　习题 9-3 图

9-4　桥式整流电路如图 9-15 所示，试分析产生下列故障时的后果：

(1) VD_1 正负极接反；

(2) VD_2 击穿；

(3) 负载 R_L 短路；

(4) 任一只二极管开路或脱焊。

9-5　分析桥式整流电容滤波电路中，负载大小对输出电压有什么影响？

9-6　在图 9-16 电路中，电阻 R 起什么作用？如果 $R=0$，分析该电路是否也仍起稳压作用？

9-7　稳压管在稳压电路中阳极应加什么电压？

9-8　单相整流电路如图 9-15 所示，已知 $U_2=20$ V，$R_L=40\ \Omega$。求：

(1) 电路正常时输出电压为多少？

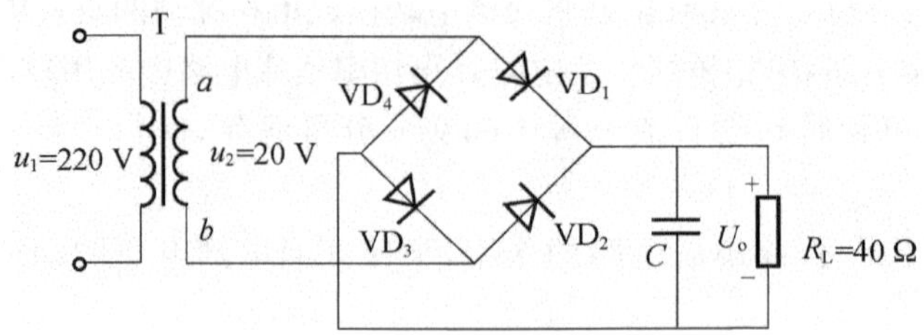

图 9-15　习题 9-4、习题 9-8 图

(2) 电容 C 开路时，VD_1 也开路时输出电压又为多少？

9-9　分析图 9-17 电路中两个二极管是导通还是截止？三个负载灯是否都发光？

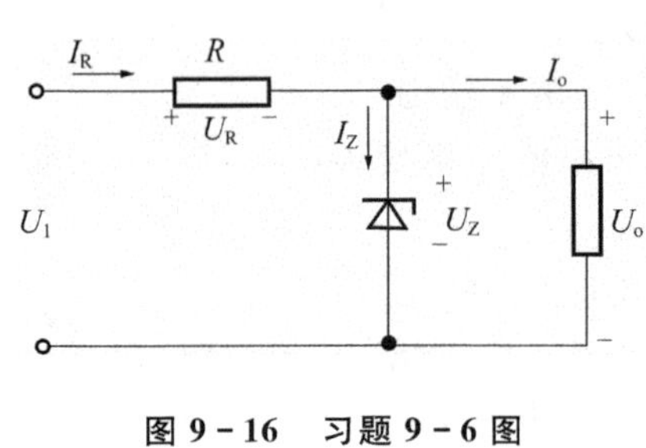

图 9-16　习题 9-6 图

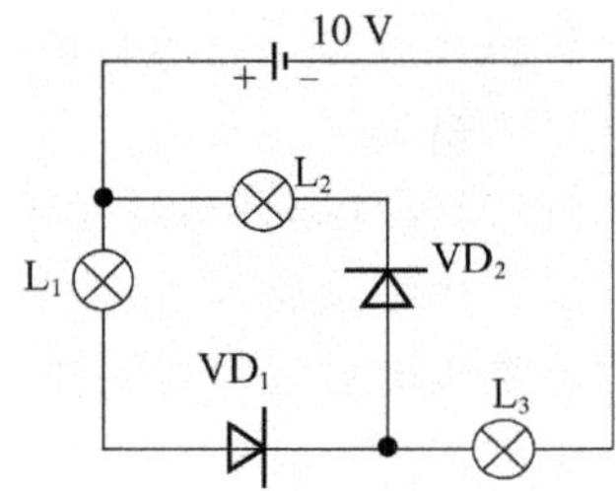

图 9-17　习题 9-9 图

第 10 章　数字电路基础及组合逻辑电路

10.1　数字信号与数字电路

10.1.1　模拟信号与数字信号

1. 模拟信号

模拟信号是指在时间上和数值上连续的信号。对模拟信号进行传输、处理的电子电路称为模拟电路。如声音、温度、速度等都是模拟信号。图 10－1 是正弦波信号，是模拟信号的典型实例。

2. 数字信号

数字信号是指在时间上和数值上不连续的(即离散的)信号。对数字信号进行传输、处理的电子电路称为数字电路。如十字路口的交通信号灯、数字式电了仪表、自动生产线上产品数量的统计等都是数字信号。图 10－2 是矩形波信号，是数字信号的典型实例。由图 10－2 可知:数字信号具有突变和不连续的特点，通常又将这种特点称为脉冲。

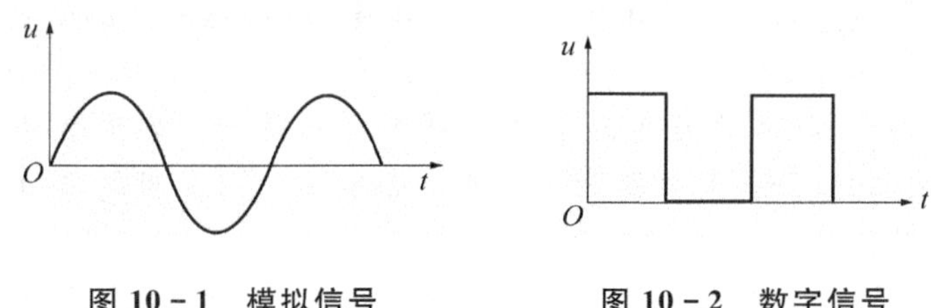

图 10－1　模拟信号　　图 10－2　数字信号

3. 描述脉冲的几个重要概念

广义上，一切非正弦的带有突变特点的电压或电流统称为脉冲。脉冲有许多种，常见的几种脉冲波形如图 10－3 所示。

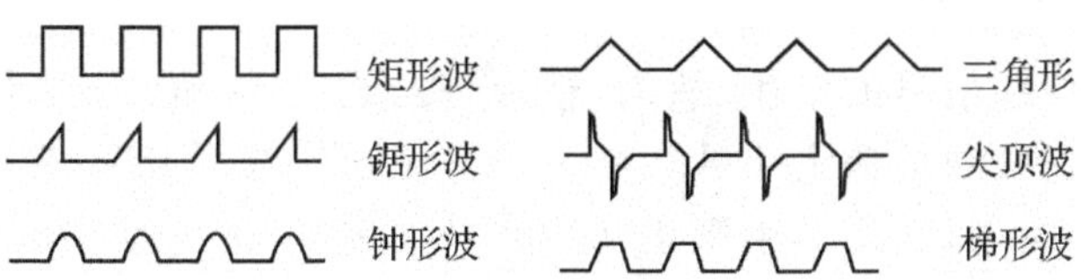

图 10－3　常见的几种脉冲波形

脉冲波的主要参数：

这里以矩形脉冲波为例，图 10－2 所示的波形是为了处理上的方便而理想化的波形。实际波形如图 10－4 所示。其上升沿和下降沿比理想波形平缓，过度处均带有圆角。这是由于电容电感的影响所致。

理想的矩形脉冲可以用 3 个参数来描述：

(1) 脉冲的幅度　脉冲的底部到脉冲的顶部之间的变化量称为脉冲的幅度,用 U_m 表示。

(2) 脉冲的宽度　从脉冲出现到脉冲消失所用的时间称为脉冲的宽度,用 t_w 表示。

(3) 脉冲的重复周期　在重复的周期信号中两个相邻脉冲对应点之间的时间间隔称为脉冲的重复周期,用 T 表示。

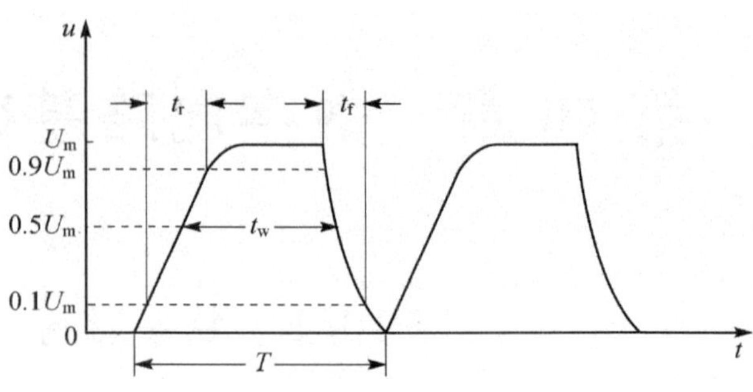

图 10-4　实际矩形脉冲的主要参数

实际的矩形脉冲可用如下的 5 个参数来描述。

(1) 脉冲的幅度 U_m　脉冲的底部到脉冲的顶部之间的变化量。

(2) 脉冲的宽度 t_w　脉冲前沿的 $0.5U_m$ 到脉冲后沿的 $0.5U_m$ 两点之间的时间间隔称为脉冲的宽度,又可以称为脉冲的持续时间。

(3) 脉冲的上升时间 t_r　指脉冲的上升沿 $0.1U_m$ 上升到 $0.9U_m$ 所用的时间。

(4) 脉冲的下降时间 t_f　指脉冲的下降沿 $0.9U_m$ 下降到 $0.1U_m$ 所用的时间。

(5) 脉冲的重复周期 T　在重复的周期信号中,两个相邻脉冲对应点之间的时间间隔称为脉冲的重复周期。

脉冲的上升、下降沿:对于脉冲的波形而言,有脉冲的上升沿(正边沿)与脉冲的下降沿(负边沿)。脉冲波形由低电位跳变到高电位称为脉冲的上升沿;脉冲波形由高电位跳变到低电位称为脉冲的下降沿。

正脉冲、负脉冲:对于脉冲的极性而言,有正脉冲与负脉冲。如果脉冲出现时的电位比脉冲出现前后的电位值高,这样的脉冲称为正脉冲。如果脉冲出现时的电位比脉冲出现前后的电位值低,这样的脉冲称为负脉冲。

脉冲的前、后沿:脉冲出现称为脉冲的前沿;脉冲消失称为脉冲的后沿。

高、低电平:电平是数字电路中电位的习惯叫法。高电位称为高电平,用 U_H 表示;低电位称为低电平,用 U_L 表示。

10.1.2　数字电路的特点

数字电路是研究数字信号的产生、放大、整形、传送、控制、记忆和计数等问题的电路。数字电路所处理的信号是反映数值大小的数字量信号和反映事物因果关系的逻辑量信号,在数字电路中用高、低电平表示,在运算中则用"0"和"1"来表示,因此数字电路具有以下特点:

(1) 数字电路所研究的是输入的高、低电平与输出的高、低电平之间的因果关系,称为逻辑关系。

(2) 研究数字电路逻辑关系的主要工具是逻辑代数。在数字电路中,输入信号称为输入变量;输出信号称为输出变量;也称逻辑函数,它们均为二值量,非"0"即"1"。逻辑函数为二值函数,逻辑代数概括了二值函数的表示方式、运算规律及变换规律。

(3) 因为数字电路的输入和输出变量都只有两种状态,所以组成数字电路的半导体器件绝大多数工作在开关状态。当它们导通时相当于开关闭合,当它们截止时相当于开关断开。

(4) 因为数字电路具有对数字信号进行逻辑运算和逻辑判断的能力，所以它能在数字计算机、数字控制、数据采集和处理及数字通信等领域中得到广泛的应用。

(5) 因为数字电路的主要研究对象是电路的输入和输出之间的逻辑关系，所以，数字电路也称为逻辑电路。它采用的是逻辑代数、真值表、特性方程、逻辑图和时序波形图等一套完整的分析方法。

10.2　基本逻辑关系

10.2.1　基本逻辑运算

在数字逻辑电路中，取值只能是“0”或“1”的变量称为逻辑变量，对逻辑变量进行的运算称为逻辑运算。逻辑运算是逻辑电路的基础。最基本的逻辑运算是“与”运算、“或”运算和“非”运算。能实现“与”运算、“或”运算和“非”运算的逻辑电路分别称为“与”门、“或”门、“非”门电路。

1. 与、或、非逻辑

表 10.1 所列给出了与逻辑、或逻辑、非逻辑的逻辑符号、逻辑状态表(真值表)、逻辑关系式、工作波形图(时序图)、运算法则和集成电路实例。

表 10.1　与、或、非逻辑符号及功能

逻辑名称	与逻辑(AND)	或逻辑(OR)	非逻辑(NOT)	定　义
逻辑符号	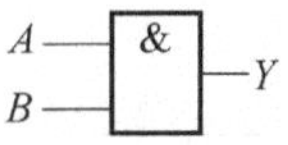 A, B — & — Y	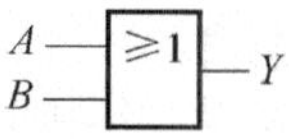 A, B — ≥1 — Y	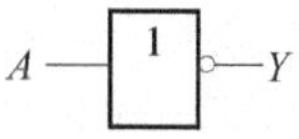 A — 1 —o Y	表示输入变量与函数逻辑关系的符号
逻辑状态表(真值表)	A B Y 0 0 0 0 1 0 1 0 0 1 1 1	A B Y 0 0 0 0 1 1 1 0 1 1 1 1	A Y 0 1 1 0	将输入变量不同取值组合与函数值间的对应关系列成表格
逻辑关系式	$Y=A\cdot B$	$Y=A+B$	$Y=\overline{A}$	按某种逻辑关系将逻辑变量连接起来，所得的函数表达式
开关逻辑关系电路	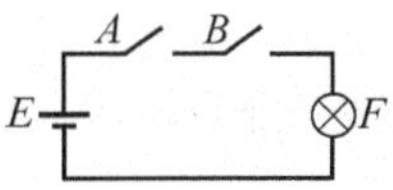 A, B, E, F	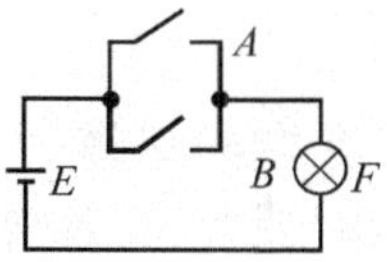 A, B, E, F	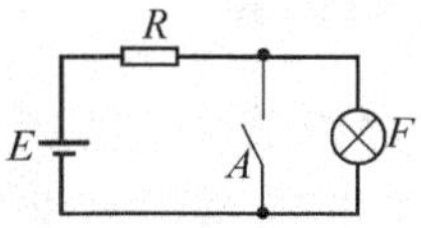 R, E, A, F	用开关说明逻辑关系的电路
工作波形图(时序图)	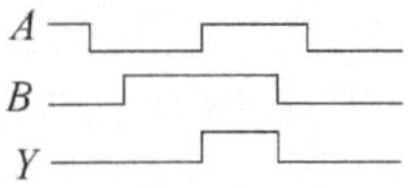 A, B, Y	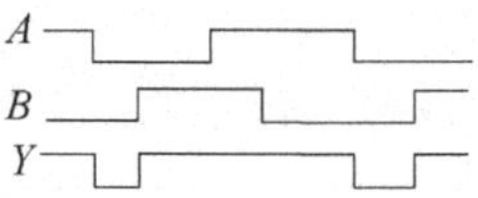 A, B, Y	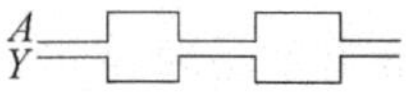 A, Y	依据逻辑关系式，反映输入和输出波形变化的图形
运算法则	$0\cdot 0=0$，　$0\cdot 1=0$ $1\cdot 0=0$，　$1\cdot 1=1$	$0+0=0$，　$0+1=1$ $1+0=1$，　$1+1=1$	$\overline{1}=0$ $\overline{0}=1$	依据逻辑关系式给出运算规律
集成电路	74LS08	74LS32	74LS04 74LS05	实　例

2. 应用分析

【例10-1】 根据图10-5(a)所示输入变量A和B的波形,画出或逻辑的输出波形。

解 已知输入波形和或逻辑关系式,可画出图10-5(b)所示输出函数Y的波形。

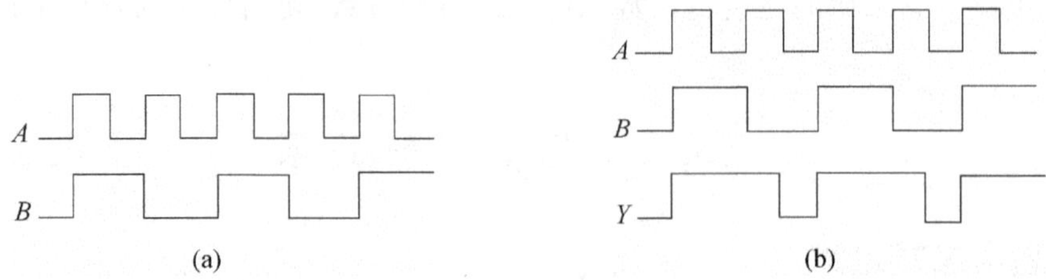

图10-5 例10-1图

【例10-2】 根据下列各逻辑式,画出逻辑图。

① $Y=(A+B)C$;

② $Y=AB+BC$;

③ $Y=(A+B)(A+C)$;

④ $Y=A+BC$;

⑤ $Y=A(B+C)+BC$。

解 根据各逻辑式画出的逻辑图如图10-6所示。

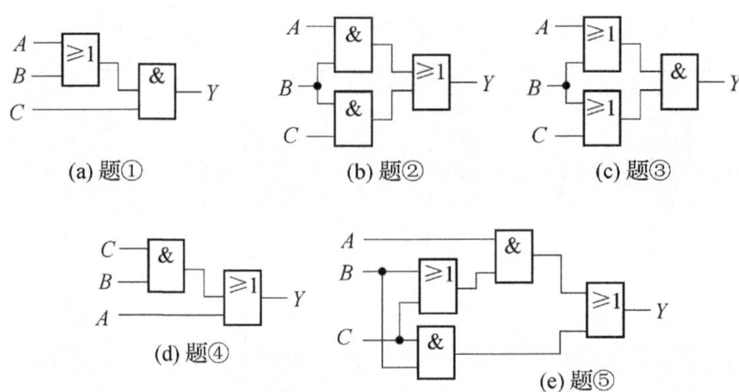

图10-6 例10-2图

10.2.2 复合逻辑运算

在数字逻辑电路中最基本的逻辑运算是"与"运算、"或"运算和"非"运算。由基本逻辑运算还可以组合成"与非"运算、"或非"运算和"异或"运算等。

1. 与非、或非、异或逻辑

表10.2所列给出了与非逻辑、或非逻辑、异或逻辑的逻辑符号、逻辑状态表、逻辑关系式、工作波形图、运算法则和集成电路实例。

2. 集成电路外引线的识别

使用集成电路前,必须认真查对、识别集成电路的引脚,确认电源、地、输入、输出、控制等端的引脚号,以免因接错而损坏器件。扁平和双列直插型集成电路引脚排列识别的一般规律:将文字、符号标记正放(一般集成电路上有一圆点或有一缺口的,将圆点或缺口置于左方),由顶部俯视，从左下引脚起，按逆时针方向数，依次为 1，2，3…如图 10－7 所示。扁平型多用于数字集成电路，双列直插型广泛用于模拟和数字集成电路。

表 10.2　与非、或非、异或逻辑符号及功能

<table>
<tr><td>逻辑名称</td><td>与非逻辑</td><td>或非逻辑</td><td>异或逻辑</td><td>定　义</td></tr>
<tr><td>逻辑符号</td><td>A, B → & → Y</td><td>A, B → ≥1 → Y</td><td>A, B → =1 → Y</td><td>表示输入变量与函数逻辑关系的符号</td></tr>
<tr><td>逻辑状态表
（真值表）</td><td>A B F
0 0 1
0 1 1
1 0 1
1 1 0</td><td>A B F
0 0 1
0 1 0
1 0 0
1 1 0</td><td>A B F
0 0 0
0 1 1
1 0 1
1 1 0</td><td>将输入变量不同取值组合与函数值间的对应关系列成表格</td></tr>
<tr><td>逻辑关系式</td><td>$Y=\overline{A\cdot B}$</td><td>$Y=\overline{A+B}$</td><td>$Y=A\oplus B=A\overline{B}+\overline{A}B$</td><td>按某种逻辑关系将逻辑变量连接起来，所得的函数表达式</td></tr>
<tr><td>工作波形图</td><td>A B Y</td><td>A B Y</td><td>A B Y</td><td>反映输入和输出波形变化的图形</td></tr>
<tr><td>集成电路</td><td>74LS00
74LS10</td><td>74LS27
74LS02</td><td>74LS86
SN74LS136</td><td>实　例</td></tr>
</table>

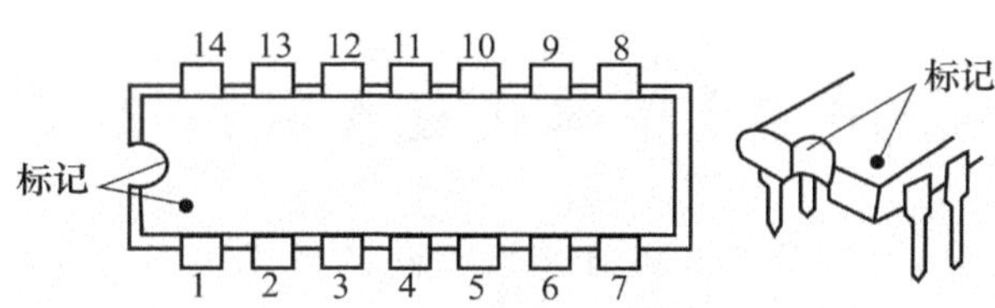

图 10－7　扁平和双列直插型

3. 应用分析

【例 10－3】　已知波形图 10－8 和给出的四个逻辑关系式，判断正确 Y 与 A,B,C 的关系为（　　）。

（1）$Y=\overline{A+B+C}$

（2）$Y=\overline{ABC}$

（3）$Y=A+B+C$

（4）$Y=A\overline{B}\overline{C}$

答案：（4）。

A
B
C
L

图 10－8　例 10－3 图

【例 10－4】　用"与非"门组成下列逻辑门，并分别画出逻辑图。

① "与"门　　$Y=ABC$

② "或"门　　$Y=A+B+C$

③ "非"门　　$Y=\overline{A}$

④ "与或"门　　$Y=ABC+DEF$

⑤ “或非”门　　$Y=\overline{A+B+C}$

解　① $Y=ABC=\overline{\overline{ABC}}$

② $Y=A+B+C=\overline{\overline{A}\cdot\overline{B}\cdot\overline{C}}$

③ $Y=\overline{A}$

④ $Y=\overline{\overline{\overline{ABC}}\cdot\overline{DEF}}$

⑤ $Y=\overline{A+B+C}=\overline{\overline{\overline{\overline{A}\cdot\overline{B}\cdot\overline{C}}}}$

根据各逻辑式画出的逻辑图如图 10－9 所示。

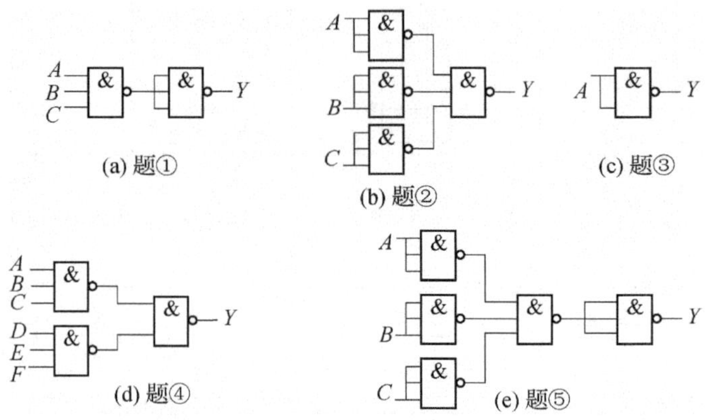

图 10－9　例 10－4 图

10.3　逻辑代数基本知识

逻辑代数又称布尔代数,是分析和设计逻辑电路的数学工具。尽管逻辑代数和普通代数一样也用字母表示变量,但是变量的取值只能是逻辑 1 和逻辑 0。这里,0 和 1 不是数值,而是代表两种相反的逻辑状态。因此,逻辑代数所表示的是逻辑关系,而不是数量关系。

10.3.1　逻辑代数的基本定律和公式

基本定律和公式是指使用逻辑代数的基本定律和常用公式或定义式。

1. 基本定律和公式

0－1 律:$A\cdot 0=0$, $A+1=1$

自等律:$A\cdot 1=A$, $A+0=A$

互补律:$A+\overline{A}=1$, $A\cdot\overline{A}=0$

交换律:$A+B=B+A$, $A\cdot B=B\cdot A$

结合律:$(A+B)+C=A+(B+C)$, $(A\cdot B)\cdot C=A\cdot(B\cdot C)$

分配律:$A\cdot(B+C)=AB+AC$, $A+(B\cdot C)=(A+B)(A+C)$

重叠律:$A\cdot A=A$, $A+A=A$

反演律:$\overline{A+B}=\overline{A}\cdot\overline{B}$, $\overline{AB}=\overline{A}+\overline{B}$

非非律:$\overline{\overline{A}}=A$

2. 常用公式

$AB+A\overline{B}=A$

$A+AB=A$

$A+\overline{A}B=A+B$

$AB+\overline{A}C+BCD=AB+\overline{A}C$

$AB+\overline{A}C+BC=AB+\overline{A}C$

$\overline{\overline{A}B+A\overline{B}}=AB+\overline{A}\overline{B}$

$\overline{AB+\overline{A}C}=A\overline{B}+\overline{A}\overline{C}$

10.3.2　逻辑函数的公式化简法

逻辑函数是逻辑电路的代数表示形式，一般来讲逻辑表达式愈简单其电路也就愈简单，所需要的器件也就愈少，这样既节省了电路的元器件又提高了电路的可靠性。通常从逻辑问题概括出来的逻辑函数不一定是最简的，所以要求对逻辑函数进行化简，找出最简的表达式。

1. 公式化简法

1）概念

利用逻辑函数的基本公式和常用公式，对逻辑函数中的逻辑变量进行简化并得到最简表达式的方法称为公式化简法。

2）标准

最简的逻辑函数表达式是指逻辑函数表达式中所含项数最少、每项中所含变量个数最少。

2. 具体方法

(1) 并项法：利用公式 $A+\overline{A}=1$ 将两项合并成一项。

(2) 吸收法：利用公式 $A+AB=A$ 和 $AB+\overline{A}C+BC=AB+\overline{A}C$ 将多余项吸收。

(3) 消去法：利用公式 $A+\overline{A}B=A+B$，消去多余因子。

(4) 配项法：利用公式 $A=A(B+\overline{B})$，使一项变两项，然后再与其他项合并化简。

3. 应用分析

【例 10-5】 化简函数 $Y=ABC+A(\overline{B}+\overline{C})$。

解　$Y=ABC+A(\overline{B}+\overline{C})=ABC+A\,\overline{BC}=A$

【例 10-6】 化简函数 $AB+AB\overline{C}+ABD$。

解　$Y=AB+AB\,\overline{C}+ABD=AB+ABD=AB$

【例 10-7】 化简函数 $F=AB+A\overline{B}+AC+\overline{A}D+BD$。

解　$Y=AB+A\overline{B}+AC+\overline{A}D+BD=A+AC+\overline{A}D+BD$

$=A+\overline{A}D+BD=A+D+BD=A+D$

【例 10-8】 某车间有 A、B、C、D 四台电动机，要求：(1) A 机必须开机；(2) 其他三台电动机中至少有两台开机。如不满足上述要求，则指示灯熄灭。设指示灯亮为“1”，灭为“0”。电动机的开机信号通过某种装置送到各自的输入端，使该输入端为“1”；否则为“0”。试用“与非”门组成指示灯亮的逻辑图。

解　据题意可列出状态表 10.3。由表可写出逻辑式

$$Y=A\overline{B}CD+AB\overline{C}D+ABC\overline{D}+ABCD$$

化简或变换,得

$$Y = ABC + ACD + ABD = \overline{\overline{ABC} \cdot \overline{ACD} \cdot \overline{ABD}}$$

由此可画出逻辑图如图10-10所示。

表10.3 状态表

A	0	1	1	1	1	1	1	1	1
B	X	0	0	0	0	1	1	1	1
C	X	0	0	1	1	0	0	1	1
D	X	0	1	0	1	0	1	0	1
Y	0	0	0	0	1	0	1	1	1

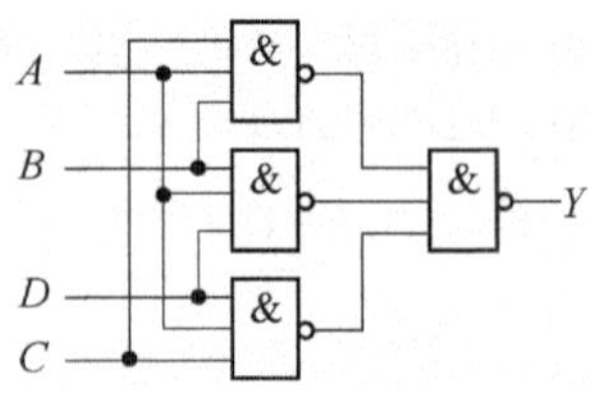

图10-10 例10-8图

说明:组合逻辑电路的设计常可看作组合逻辑电路的分析的逆过程。

【例10-9】 旅客列车分特快、直快和普快,并依此为优先通行次序。某站在同一时间只能有一趟列车从车站开出,即只能给出一个开车信号,试画出满足上述要求的逻辑电路。设A、B、C分别代表特快、直快、普快,开车信号分别为Y_A、Y_B、Y_C。

解 由题意可列出状态表10.4。由表10.4可写出逻辑式为

$$Y_A = A\bar{B}\bar{C} + A\bar{B}C + AB\bar{C} + ABC = A = \bar{\bar{A}}$$

$$Y_B = \bar{A}B\bar{C} + \bar{A}BC = \bar{A}B = \overline{\overline{\bar{A}B}}$$

$$Y_C = \bar{A}\,\bar{B}C = \overline{\overline{\bar{A}\,\bar{B}C}}$$

逻辑图如图10-11所示。

表10.4 状态表

A	0	0	0	0	1	1	1	1
B	0	0	1	1	0	0	1	1
C	0	1	0	1	0	1	0	1
Y_A	0	0	0	0	1	1	1	1
Y_B	0	0	1	1	0	0	0	0
Y_C	0	1	0	0	0	0	0	0

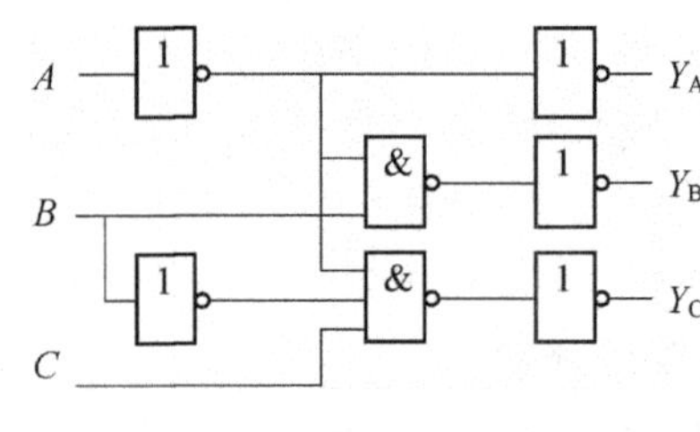

图10-11 例10-9图

10.4 组合逻辑电路

数字电路分为组合逻辑电路和时序逻辑电路。在组合逻辑电路中,任一时刻电路的输出仅与该时刻的输入有关,而与电路原来的状态无关。

10.4.1 组合逻辑电路的分析和设计方法

1. 组合逻辑电路分析

已知逻辑电路图,找出逻辑输出函数与输入变量之间逻辑关系的过程称为组合逻辑电路的分析。半加器、全加器、译码器等都是典型的组合逻辑电路。分析或研究组合逻辑电路的基

本步骤：

(1) 由给定的逻辑电路写出逻辑函数表达式；

(2) 化简逻辑函数；

(3) 计算、列出真值表；

(4) 由真值表的逻辑关系，总结逻辑功能。

2. 设计组合逻辑电路

已知逻辑输出函数与输入变量之间的逻辑关系，求出逻辑电路图的过程，称为组合逻辑电路的设计。设计组合逻辑电路的基本步骤：

(1) 由给定的逻辑关系，设计出输入、输出变量并作出逻辑规定，规定“1”、“0”的含义；

(2) 列出真值表；

(3) 写出逻辑函数表达式，并化简；

(4) 由最简逻辑表达式，作出逻辑图。

由上述分析和设计逻辑电路的步骤可以看出，化简是分析和设计逻辑电路的关键环节。因为对于分析逻辑电路而言，化简之后再计算，会减少计算量；而对于设计逻辑电路来说，逻辑表达式越简单，所用的电路元器件就越少。分析和设计逻辑电路的步骤具有可逆性。

10.4.2　加法器

1. 半加器

1) 半加器的定义

实现半加运算的逻辑电路称为半加器。半加运算是指不考虑低位的进位，只进行两个二进制数的加法运算。

2) 半加器的实现及其逻辑符号

图 10－12 所示为半加器的实现及其逻辑符号，其中 A 和 B 是相加的两个数，S 是半加和数，C 是进位数。

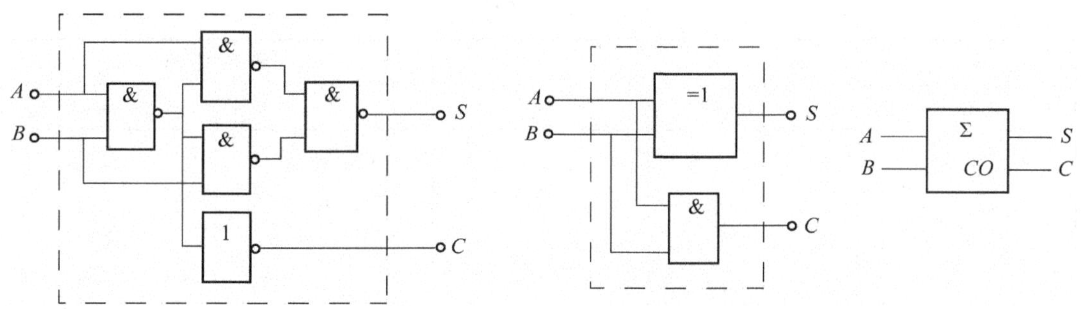

图 10－12　半加器的实现及其逻辑符号

3) 半加器逻辑状态表

表 10.5 为半加器的逻辑状态表。

4) 半加器逻辑关系式

由逻辑状态表可写出逻辑式：$S=A\overline{B}+B\overline{A}=A\oplus B$；$C=AB=\overline{\overline{AB}}$。

表 10.5　半加器逻辑状态表

输入信号		输出状态	
A	B	C	S
0	0	0	0
0	1	0	1
1	0	0	1
1	1	1	0

2. 全加器

(1) 全加器的定义:实现全加运算的逻辑电路称为全加器。全加运算是将两个二进制数和低位引入的进位一起进行加法运算。

(2) 全加器实现的逻辑图及其逻辑符号:图 10-13 所示为全加器的实现及其逻辑符号,其中 A_i 和 B_i 是相加的两个数、全加和数 S_i、低位引入的进位数 C_{i-1} 和本位的进位数 C_i。

(3) 全加器逻辑状态表:表 10.6 为全加器的逻辑状态表。

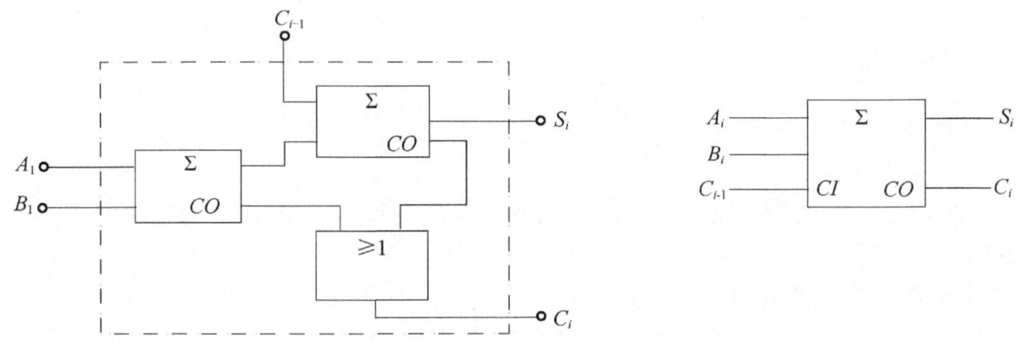

图 10-13　全加器的实现及其逻辑符号

表 10.6　逻辑状态表

输入信号			输出状态	
A_i	B_i	C_{i-1}	C_i	S_i
0	0	0	0	0
0	0	1	0	1
0	1	0	0	1
0	1	1	1	0
1	0	0	0	1
1	0	1	1	0
1	1	0	1	0
1	1	1	1	1

(4) 全加器逻辑关系式:由逻辑状态表可写出逻辑式:

$$S_i=\overline{A}_i\overline{B}_iC_{i-1}+\overline{A}_iB_i\overline{C}_{i-1}+A_i\overline{B}_i\overline{C}_{i-1}+A_iB_iC_{i-1}=A_i\oplus B_i\oplus C_{i-1}$$

$C_i=\overline{A}_iB_iC_{i-1}+A_i\overline{B}_iC_{i-1}+A_iB_i\overline{C}_{i-1}+A_iB_iC_{i-1}=(A_i\oplus B_i)C_{i-1}+A_iB_i$

（5）常用的集成全加器器件有 SN74LS183 四位全加器和 CC4008 四位二进制全加器。

10.4.3　译码器

译码是编码的逆过程，编码时，编码器任意时刻的输出组合都表示一个确定的信号或对象，把这些输出组合翻译成原来的信息就是译码。实现译码功能的组合逻辑电路称为译码器。

1. 二进制译码器

设二进制译码器的输入端为 n 个，则输出端为 2^n 个，且对应于输入代码的每一种状态，2^n 个输出中只有一个为 1（或为 0），其余全为 0（或为 1）。二进制译码器可以译出输入变量的全部状态，故又称为变量译码器。

1）二进制译码器逻辑状态表

表 10.7 是 3 位二进制译码器的逻辑状态表。

2）二进制译码器的逻辑关系式

表 10.8 为二进制译码器的逻辑关系式。

表 10.7　逻辑状态表

A_2	A_1	A_0	Y_0	Y_1	Y_2	Y_3	Y_4	Y_5	Y_6	Y_7
0	0	0	1	0	0	0	0	0	0	0
0	0	1	0	1	0	0	0	0	0	0
0	1	0	0	0	1	0	0	0	0	0
0	1	1	0	0	0	1	0	0	0	0
1	0	0	0	0	0	0	1	0	0	0
1	0	1	0	0	0	0	0	1	0	0
1	1	0	0	0	0	0	0	0	1	0
1	1	1	0	0	0	0	0	0	0	1

表 10.8　逻辑关系式

$$\begin{cases}Y_0=\overline{A}_2\overline{A}_1\overline{A}_0\\Y_1=A_2A_1A_0\\Y_2=\overline{A}_2A_1\overline{A}_0\\Y_3=\overline{A}_2A_1A_0\\Y_4=A_2\overline{A}_1\overline{A}_0\\Y_5=A_2\overline{A}_1A_0\\Y_6=A_2A_1\overline{A}_0\\Y_7=A_2A_1A_0\end{cases}$$

3）集成二进制译码器器件

74LS138 译码器常用的 TTL 集成二进制 3 线—8 线译码器。图 10-14 和图 10-15 分别是 74LS138 逻辑功能符号图和引脚排列图。其引脚功能名称分别为：$A_2A_1A_0$——二进制译码器输入端，$\overline{Y}_7\sim\overline{Y}_0$——译码输出端（低电平有效），$G_1$、$\overline{G_{2A}}$、$\overline{G_{2B}}$——选通控制端（当 $G_1=1$、$\overline{G_{2A}}+\overline{G_{2B}}=0$ 时：译码器处于工作状态；当 $G_1=0$、$\overline{G_{2A}}+\overline{G_{2B}}=1$ 时：译码器处于禁止状态）。

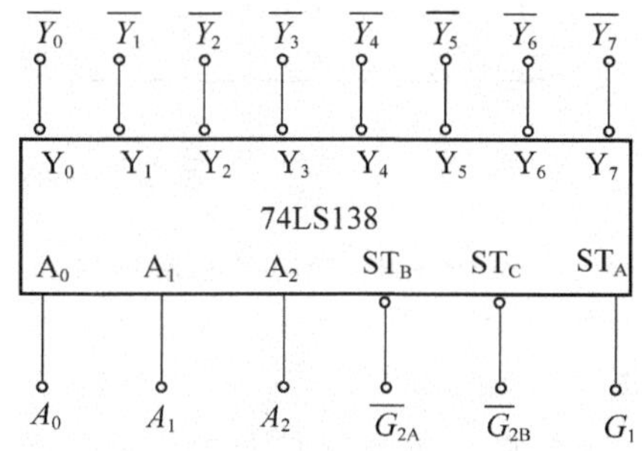

图 10-14　74LS138 逻辑功能符号图

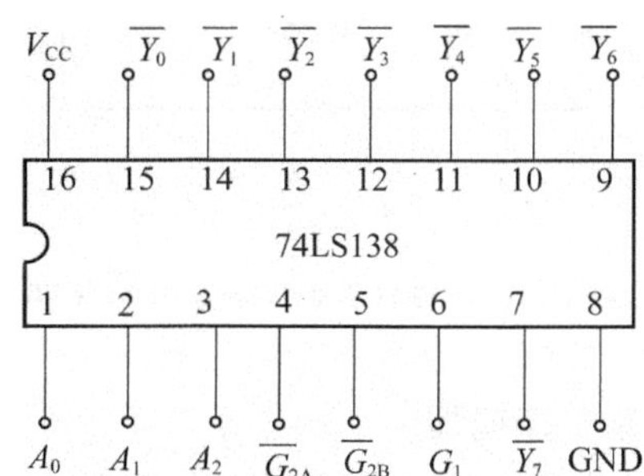

图 10-15　74LS138 引脚排列图

2. 二—十进制译码器

把二—十进制代码翻译成10个十进制数字信号的电路，称为二—十进制译码器。二—十进制译码器的输入是十进制数的4位二进制编码(BCD码)，分别用 A_3、A_2、A_1、A_0 表示；输出的是与10个十进制数字相对应的10个信号，用 $Y_9 \sim Y_0$ 表示，所以二—十进制译码器又称为8421BCD码译码器。由于二—十进制译码器有4根输入线，10根输出线，所以又称为4线—10线译码器。

1) 74LS138的级联可制作成集成8421BCD码译码器

74LS138的级联可制作成集成8421BCD码译码器，图10-16所示为级联后的二—十进制译码器。

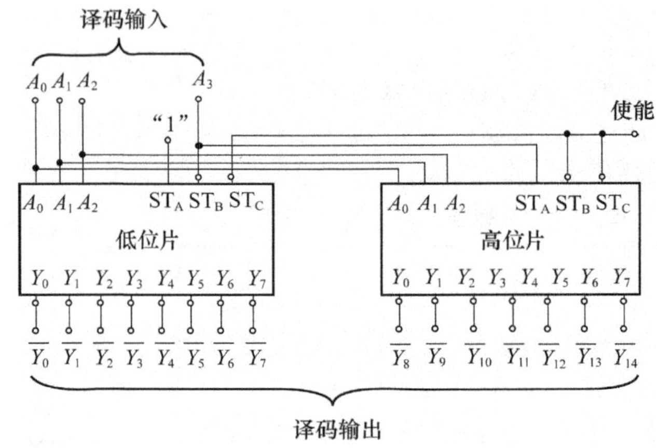

图10-16 74LS138级联后的译码器

2) 74LS42集成8421BCD码译码器

74LS42集成8421BCD码译码器是最为常用的TTL集成4线-10线译码器。图10-17和图10-18分别为它的逻辑功能符号图和引脚排列图。

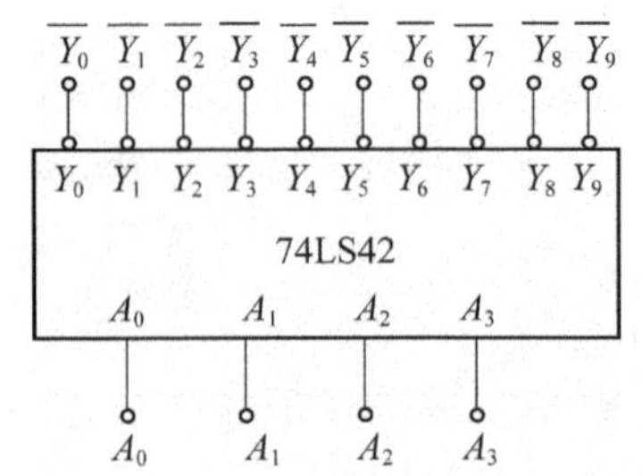

图10-17 74LS42逻辑功能符号图

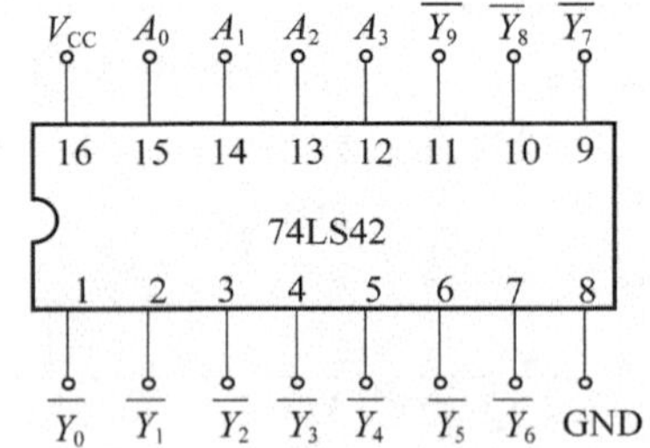

图10-18 74LS42引脚排列图

3. 显示译码器

在数字系统中计数器、定时器、数字电压表等，需要将表示数字信息的二进制数以人们习惯的十进制数形式显示出来，以便查看。因此，数字显示电路是许多数字设备不可缺少的部分。数字显示电路通常由译码器、驱动器和显示器等组成，简称显示译码器。

1）数码显示器

图 10－19(a)、图 10－19(b)和图 10－19(c)分别是数码显示器外形图、共阴极数码显示器和共阳极数码显示器。

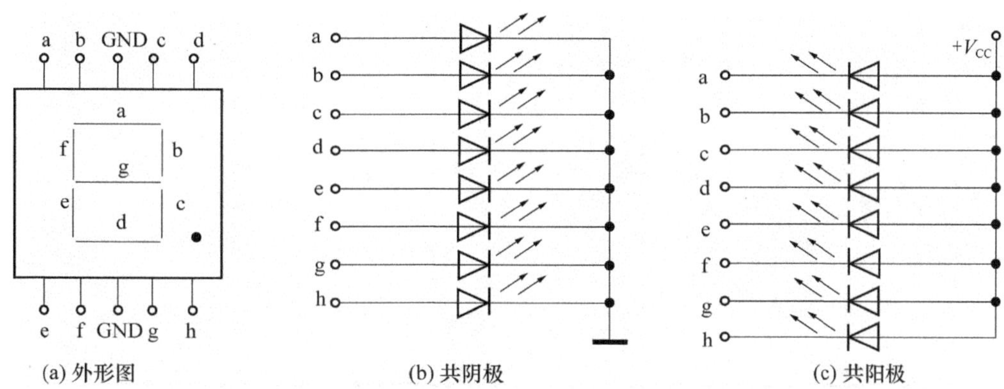

(a) 外形图　(b) 共阴极　(c) 共阳极

图 10－19　数码显示器

2）74LS48 集成显示译码器

74LS48 是最为常用的 TTL 集成显示译码器。图 10－20 是 74LS48 引脚排列图。

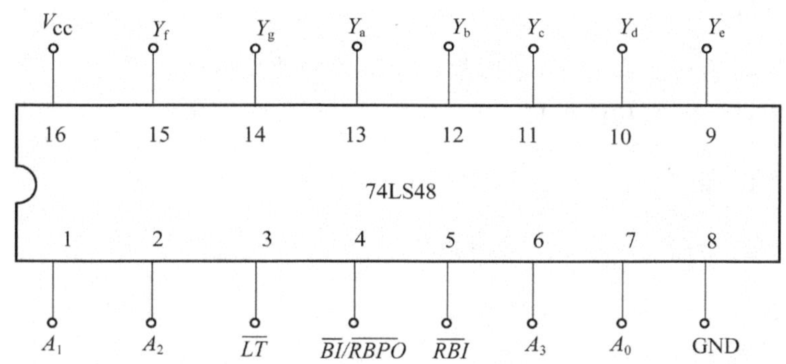

图 10－20　74LS48 引脚排列图

引脚功能名称分别为：

$\overline{LT}$——测试灯输入端。$\overline{LT}=0$(低电平有效)且$\overline{RBI}=1$ 时，$Y_a \sim Y_g$ 输出均为 1，显示器七段应全亮，否则说明显示器件有故障。正常译码显示时，$\overline{LT}$应处于高电平，即$\overline{LT}=1$。

$\overline{BI}/\overline{RBPO}$——双重功能端。此端可作为输入信号端又可以作为输出信号端。作为输入端时是熄灭信号输入端$\overline{BI}$，利用$\overline{BI}$端可按照需要控制数码管显示或不显示。当$\overline{BI}=0$ 时(低电平有效)，无论 $A_3A_2A_1A_0$ 状态如何，$Y_a \sim Y_g$ 均为 0，数码管不显示。当该端作为输出端时是灭零输出端$\overline{RBO}$，当$\overline{RBPI}=0$，且 $A_3A_2A_1A_0=0000$ 时，$\overline{RBPO}=0$。

$\overline{RBI}$——灭零输入端。该端的作用是将数码管显示的数字 0 熄灭。当$\overline{RBI}=0$(低电平有效)，$\overline{LT}=1$ 且 $A_3A_2A_1A_0=0000$ 时，$Y_a \sim Y_g$ 均输出 0，数码管不显示。

3）74LS48 七段显示译码器功能表

表 10.9 为七段显示译码器 74LS48 的功能表，它适用于共阴极 LED 的数码管。

表 10.9 74LS48 功能表

输入				输出							显示字形
A_3	A_2	A_1	A_0	Y_a	Y_b	Y_c	Y_d	Y_e	Y_f	Y_g	
0	0	0	0	1	1	1	1	1	1	0	0
0	0	0	1	0	1	1	0	0	0	0	1
0	0	1	0	1	1	0	1	1	0	1	2
0	0	1	1	1	1	1	1	0	0	1	3
0	1	0	0	0	1	1	0	0	1	1	4
0	1	0	1	1	0	1	1	0	1	1	5
0	1	1	0	0	0	1	1	1	1	1	6
0	1	1	1	1	1	1	0	0	0	0	7
1	0	0	0	1	1	1	1	1	1	1	8
1	0	0	1	1	1	1	0	0	1	1	9

实验10 译码器

实验目的与要求

(1) 熟悉译码器的功能和特点,掌握集成译码器的使用方法。

(2) 掌握集成译码器的功能扩展。

实验仪器与设备

74LS42 译码器;74LS138 译码器和 74LS20。

实验内容建议

(1) 译码器是将输入的二进制代码译成相应的信号输出的电路。译码器输入有 n 个端子,输出端有 m 个,若 $2^n=m$,则该译码器称为二进制译码器,若 $2^n>m$ 则称为非二进制译码器。

(2) 74LS42 是 4 线—10 线译码器,即有 4 个输入端,10 个输出端,图 10-21 是 74LS42 引脚图。测试 74LS42 译码器的功能,根据功能表写出输出逻辑函数表达式。

(3) 74LS138 为 3 线—8 线二进制译码器。有 3 个输入端,3 个使能端,8 个输出端。3 个使能端任何一个无效时,8 个译码输出都是无效电平,即输出全为高电平 1;3 个使能端均有效时,译码器 8 个输出中仅与地址输入对应的一个输出端为有效低电平 0,其余输出无效电平 1。在使能条件下,每个输出都是地址变量的最小项,输出低电平有效,输出函数为 $\overline{Y}_i=\overline{G_1\ \overline{G}_{2A}\overline{G}_{2B}m_i}$。实验图 10-22 是 74LS138 的引脚图。

将 74LS138 地址 $A_2A_1A_0$ 输入接信号开关,输出接 LED 指示器,使能端接固定电平(1 或 0),测试 74LS138 功能。

(4) 按实验图 10-23 连接电路,测试电路逻辑功能,列出逻辑函数 Y 的真值表。

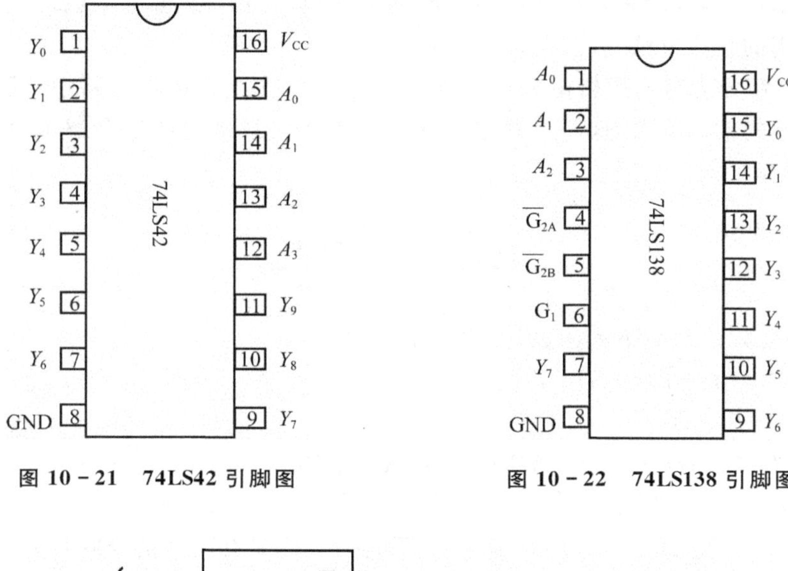

图 10-21　74LS42 引脚图　　　　图 10-22　74LS138 引脚图

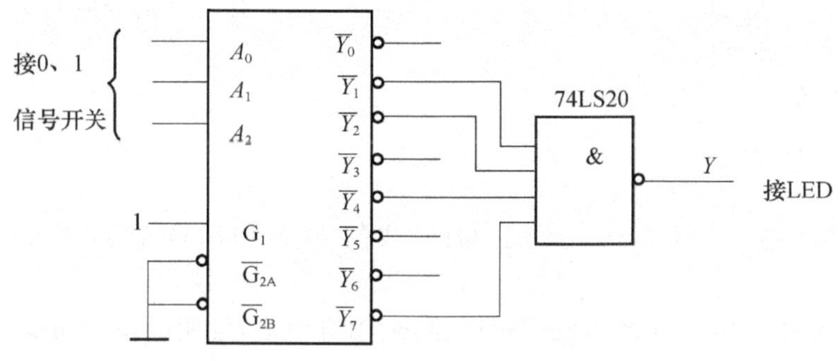

图 10-23　74LS138 译码器实现组合逻辑函数

实验问题讨论

(1) 若 74LS42 译码器输入为 1010～1111，则输出如何？

(2) 如何用 74LS138 实现 4 线—16 线数据分配。

(3) 如何用 74LS138 和与非门实现下述逻辑函数 $Y=AB\overline{C}+A\overline{B}\overline{C}+AB\overline{C}$，画出接线。

单元小结

(1) 时间上和数值上不连续的（即离散的）信号称为数字信号。对数字信号进行传输、处理的电子电路称为数字电路。在时间上和数值上连续的信号称为模拟信号。对模拟信号进行传输、处理的电子电路称为模拟电路。

(2) 在数字逻辑电路中，取值只能是 0 或 1 的变量称为逻辑变量，对逻辑变量进行的运算称为逻辑运算。逻辑运算是逻辑电路的基础。最基本的逻辑运算是“与”运算、“或”运算和“非”运算。由基本的逻辑运算还可以组合成“与非”、“或非”、“异或”等复杂的逻辑运算。实现逻辑运算的电路称为逻辑门。

(3) 逻辑函数有逻辑状态表、逻辑关系式、工作波形图等多种表示方式。逻辑函数是逻辑电路的代数表示形式，逻辑表达式愈简单电路就愈简单，需器件就愈少，提高了电路的可靠性。逻辑函数最常用的化简方法：公式化简法。

(4) 数字电路分为组合逻辑电路和时序逻辑电路。在组合逻辑电路中，任一时刻电路的输出仅与该时刻的输入有关，而与电路原来的状态无关。最常用的组合逻辑电路有：半加器、全加器、译码器等。

思考题与习题

10-1　用公式法化简下列函数，使之为最简式。

(1) $Y=AB+\overline{A}C+\overline{B}C+A\overline{B}CD$

(2) $Y=(A+B)A\overline{B}$

(3) $Y=A\,\overline{B}(C+D)+B\,\overline{C}+\overline{A}\overline{B}+\overline{A}C+BC+\overline{B}\overline{C}\overline{D}$

(4) $Y=A\overline{B}C+\overline{A}+B+\overline{C}$

10-2　有三个输入信号 A、B、C，若三个同时为0或只有两个信号同时为1时，输出 Y 为1；否则 Y 为0，列出其真值表。

10-3　用真值表证明下列等式：

(1) $A+B=A\cdot B$；

(2) $A\overline{B}+\overline{A}B=(\overline{A}+\overline{B})(A+B)$。

10-4　利用二输入与非门组成非门、与门、或门、或非门和异或门，要求列出表达式并画出最简逻辑图。

10-5　分析如图10-24所示的逻辑电路，列出真值表，说明其逻辑功能。

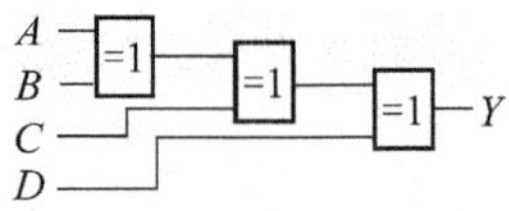

图10-24　习题10-5图

10-6　某设备有开关A、B、C，要求：只有开关A接通的条件下，开关B才能接通；开关C只有在开关B接通的条件下才能接通。违反这一规程，则发出报警信号。设计一个由与非门组成的能实现这一功能的报警控制电路。

10-7　为了正确使用74LS138译码器，G_1、G_{2A} 和 G_{2B} 必须处于什么状态？

10-8　用“与非”门实现以下逻辑关系，画出逻辑图：

(1) $Y=AB+\overline{A}C$；

(2) $Y=A+B+\overline{C}$；

(3) $Y=\overline{A}\,\overline{B}+(\overline{A}+B)\cdot\overline{C}$；

(4) $Y=A\overline{B}+A\overline{C}+\overline{A}BC$。

第 11 章 触发器与时序逻辑电路

数字电路分为组合逻辑电路和时序逻辑电路。时序逻辑电路可称为时序逻辑部件。时序逻辑电路在任一时刻的输出不仅与该时刻的输入有关,而且与电路原来的状态有关。

时序逻辑电路是构成计算机等数字电路的重要组成部分,触发器是构成时序逻辑电路的最基本的器件。触发器的种类很多,但按功能分使用最多的是 RS 触发器、JK 触发器、D 触发器、T 和 T′触发器等。

11.1 双稳态触发器

触发器是由逻辑门电路加上适当的反馈线耦合而成,它的输出端有两个稳定状态,即“0”状态和“1”状态,且在输入信号的作用下,可以从一个稳定状态翻转到另一个稳定状态,是一个具有记忆功能的二进制信息存储器件。因为触发器输出端有两个稳定状态,所以称为双稳态触发器。

图 11-1 就是由两个与非逻辑门电路加上适当的反馈线耦合构成的一种基本 RS 触发器。

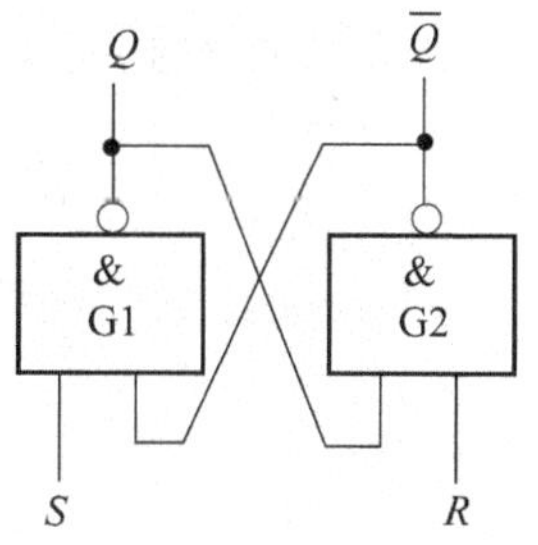

图 11-1 基本 RS 触发器

11.1.1 RS 触发器

RS 触发器是时序电路中常用的一种时序逻辑部件。在计算机等数字电路中主要用途是构成各种寄存器。

1. 基本 RS 触发器

1) 逻辑符号

图 11-2(a)、(b)所示分别是基本 RS 触发器的逻辑符号:图(a)所示为低电平有效的 RS 触发器的逻辑符号,图(b)所示为高电平有效的 RS 触发器的逻辑符号。RS 触发器有两个输入端:R 端称为复位端,S 端称为置位端;两个互补的输出端:Q 端和 $\overline{Q}$ 端。触发器具有两个稳

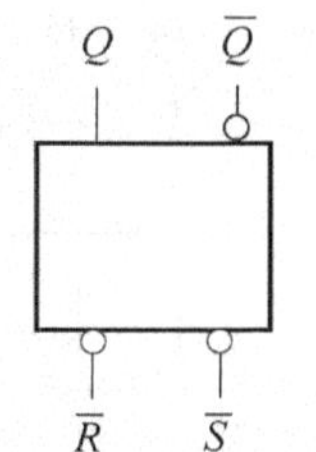

(a) 低电平有效的RS触发器

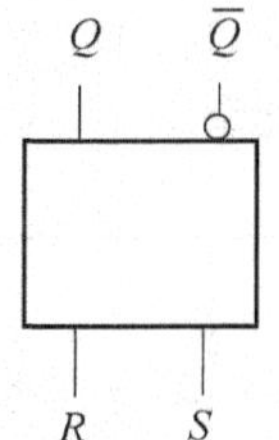

(b) 高电平有效的RS触发器

图 11-2 RS 触发器的逻辑符号

定状态:若 $Q=1$,$\bar{Q}=0$ 称为"1"态;若 $Q=0$,$\bar{Q}=1$ 称为"0"态。触发器的状态取决于 R、S 端所施加的信号状态。

2) 特性方程

RS 触发器的逻辑功能可用特性方程 $Q^{(n+1)}=S+\bar{R}Q^{(n)}$(其约束条件为:$RS=0$)来描述。

3) 真值表及功能

低、高电平有效的 RS 触发器真值表如表 11.1 和表 11.2 所列。

表 11.1 低电平有效的 RS 触发器

输入信号		输出状态		功能
$\bar{R}$	$\bar{S}$	Q	$\bar{Q}$	
1	1	不变		保持
0	1	0	1	置 0
1	0	1	0	置 1
0	0	不定		失效

表 11.2 高电平有效的 RS 触发器

输入信号		输出状态		功能
R	S	Q	$\bar{Q}$	
0	0	不变		保持
1	0	0	1	置 0
0	1	1	0	置 1
1	1	不定		失效

为防止触发器进入不定状态,R 和 S 的信号不能同时有效(或同时为 1),因而规定了 $RS=0$ 的这一约束条件。

4) 时序图

RS 触发器的时序图如图 11-3 所示。

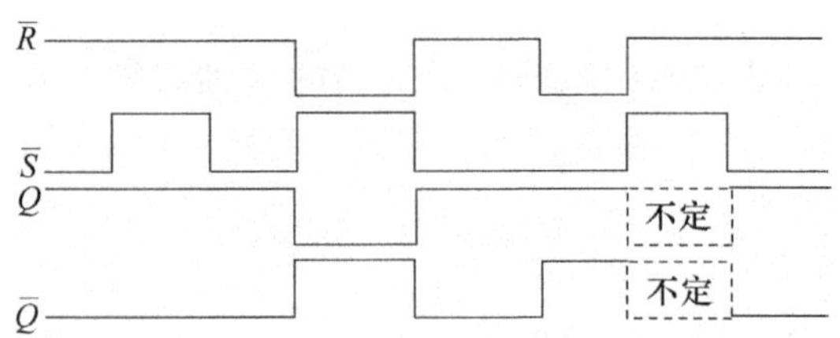

图 11-3 RS 触发器波形图举例

5) 常用的集成基本 RS 触发器器件

图 11-4 分别给出了 74LS279 和 CC4044 的引脚排列图。

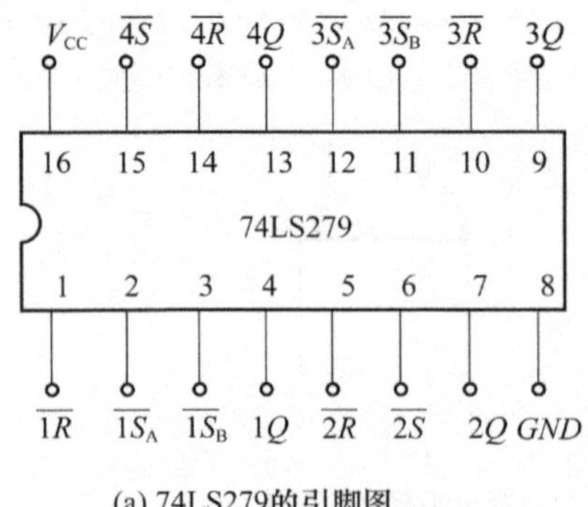

(a) 74LS279的引脚图

(b) CC4044的引脚图

图 11-4 集成基本 RS 触发器引脚图

2. 同步 RS 触发器

1）逻辑符号

图 11－5 是其逻辑符号。它有 R、S 两个输入端，一个时钟信号输入端 CP，两个互补的 Q、$\bar{Q}$ 输出端。

2）特性方程

RS 触发器的逻辑功能可用特性方程 $Q^{(n+1)}=S+\bar{R}Q^{(n)}$（其约束条件为：$RS=0$）来描述。

3）真值表及功能

对于 RS 触发器还可以引入时钟控制信号，比较典型的是同步 RS 触发器。同步 RS 触发器只有在时钟控制信号 $CP=1$ 时，触发器的状态才随 R、S 端信号变化。在 $CP=0$ 时，不论 R、S 端输入为 0 还是为 1，触发器的状态都不变。图 11－5 和表 11.3 是同步 RS 触发器的逻辑符号和真值表。

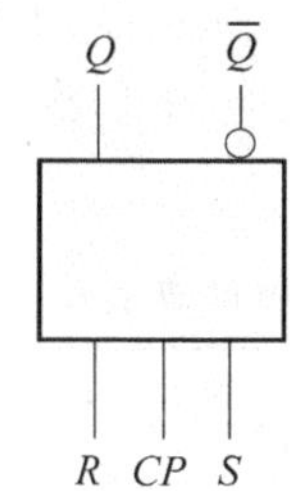

图 11－5　同步 RS 触发器逻辑符号

表 11.3　同步 RS 触发器的真值表

输入信号			输出状态	功　能
CP	R	S	Q　$\bar{Q}$	
0	×	×	不变	保持
1	0	0	不变	保持
1	0	1	1　0	置 1
1	1	0	0　1	置 0
1	1	1	不定	失效

4）波形图（举例）

触发器的逻辑功能除用上述逻辑符号和真值表描述外，还可以用时序图即波形图来描述。已知图 11－6 中的时钟信号 CP 和输入信号 R、S 的波形，又假设 RS 触发器的初态为 $Q=0$，依据 RS 触发器的真值表，便可画出同步 RS 触发器的输出状态 Q 和 $\bar{Q}$ 的波形图。

5）常用的集成同步 RS 触发器器件

图 11－7 分别给出了 74LS76 的引脚排列图。

图 11－6　同步 RS 触发器波形图举例

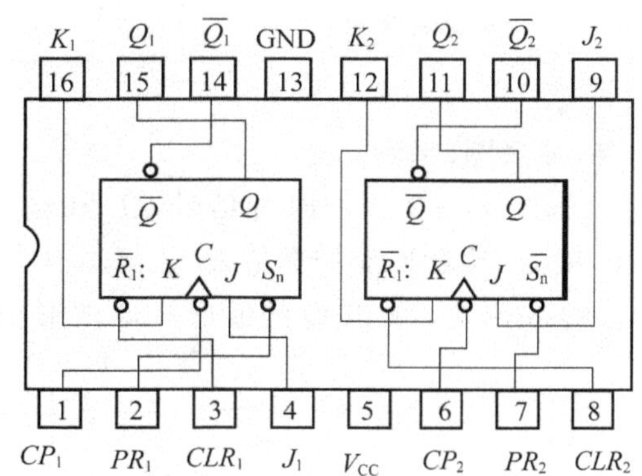

图 11－7　集成同步 RS 触发器引脚图

11.1.2　主从 JK 触发器

JK 触发器是时序电路中应用最多功能完善的一种时序逻辑部件，在计算机等数字电路中主要用途是构成各种缓冲存储器、移位寄存器和计数器。

1. 逻辑符号

图 11-8 是其逻辑符号。它有两个 J、K 输入端,一个时钟信号输入端 CP,两个互补的 Q、$\overline{Q}$ 输出端。在图中,时钟信号输入端 CP 的符号表示 JK 触发器的状态是在时钟信号的下降沿转变的。

2. 特性方程

JK 触发器的逻辑功能可用特性方程 $Q^{(n+1)}=J\overline{Q}^{(n)}+\overline{K}Q^{(n)}$ 来描述($Q^{(n+1)}$ 表示触发器在时钟信号的作用下,触发器接收输入信号之后所处的新的稳定状态,称为次态;$Q^{(n)}$ 表示触发器接收输入信号之前的状态,也就是触发器原来的稳定状态,称为现态)。

3. 真值表及功能

JK 触发器的真值表如表 11.4 所示。从真值表可知,JK 触发器只有在时钟脉冲的下降沿到来时刻,当 $J=K=0$ 时,触发器的状态保持不变;当 $J\neq K$ 时,触发器的状态与 J 相同;当 $J=K=1$ 时,触发器状态翻转,即若现态为 0,次态将翻转为 1;现态为 1,次态将翻转为 0。在时钟脉冲的其他时刻,触发器的状态均保持不变。

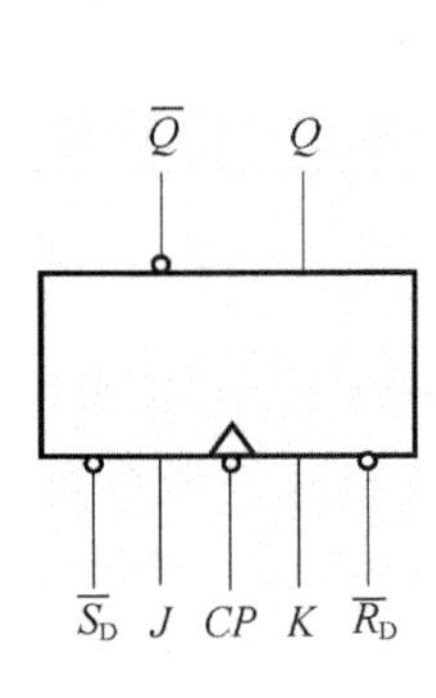

图 11-8 JK 触发器的逻辑符号

表 11.4 JK 触发器的真值表

输入信号			输出状态		功能
CP	$\overline{S}_D$ $\overline{R}_D$	J K	$Q^{(n)}$	$Q^{(n+1)}$	
下降沿	1 1 1 1	0 0 0 0	0 1	0 1	$Q^{(n+1)}=Q^{(n)}$ 保持
下降沿	1 1 1 1	0 1 0 1	0 1	0 0	$Q^{(n+1)}=0$ 置 0
下降沿	1 1 1 1	1 0 1 0	0 1	1 1	$Q^{(n+1)}=1$ 置 1
下降沿	1 1 1 1	1 1 1 1	0 1	1 0	$Q^{(n+1)}=\overline{Q}^{(n)}$ 翻转

4. 波形图(举例)

已知图 11-9 中的时钟信号 CP 和输入信号 J、K 的波形,又假设 JK 触发器的初态为 $Q=0$,依据 JK 触发器的真值表,便可画出 JK 触发器的输出状态 Q 的波形图。因为两个互补的 Q、$\overline{Q}$ 输出端,所以 $\overline{Q}$ 的波形与 Q 波形相反。

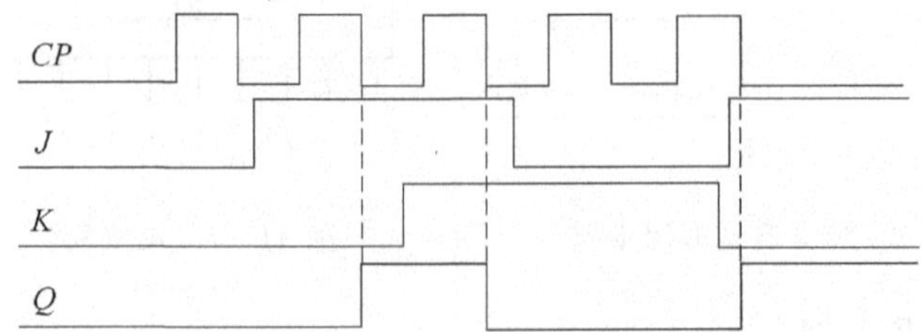

图 11-9 JK 触发器波形图举例

5. 常用的集成同步 JK 触发器器件

图 11－10 分别给出了 74LS112 和 CC4027 的引脚排列图。

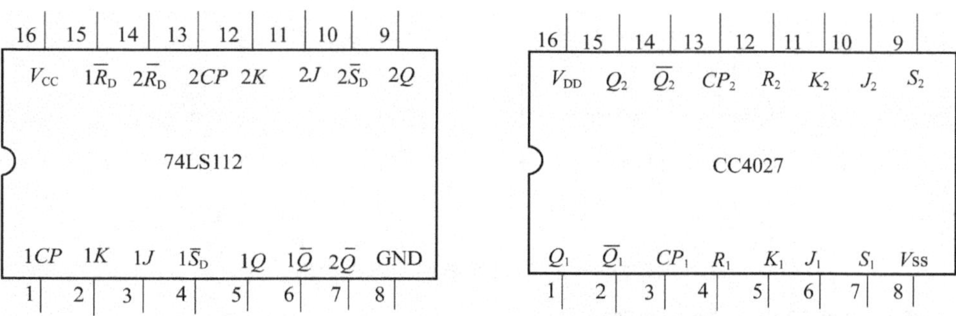

图 11－10 74LS112 和 CC4027JK 触发器的引脚排列

11.1.3 维持阻塞 D 触发器

D 触发器是时序电路中应用最多的一种时序逻辑部件。在计算机等数字电路中主要用途是构成各种寄存器、数据缓冲器、计数器。

1. 逻辑符号

图 11－11 是 D 触发器的逻辑符号。它有一个 D 输入端，一个时钟信号输入端 CP，两个互补的 Q、$\overline{Q}$ 输出端。在图中，时钟信号输入端 CP 的符号表示 D 触发器的状态是在时钟信号的上升沿转变的。

2. 特性方程

D 触发器的逻辑功能可用特性方程 $Q^{(n+1)}=D$ 来描述。

3. 真值表及功能

表 11.5 是 D 触发器的真值表。只有当触发信号 $CP=0$ 至 1 上升沿到来时，D 触发器工作：若 $D=0$，则 $Q^{(n+1)}=0$，说明触发器具有置"0"功能；若 $D=1$，则 $Q^{(n+1)}=1$，说明触发器具有置"1"功能。

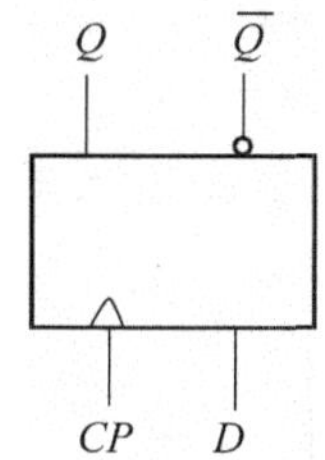

图 11－11 D 触发器的逻辑符号

表 11.5 D 触发器的真值表

输入信号		输出状态		功能
CP	D	$Q^{(n)}$	$Q^{(n+1)}$	
	0	0	0	$Q^{(n+1)}=0$
		1	0	置 0
	1	0	1	$Q^{(n+1)}=1$
		1	1	置 1

4. 波形图(举例)

已知图 11－12 中的时钟信号 CP 和输入信号 D 的波形，又假设 D 触发器的初态为 $Q=0$，依据 D 触发器的真值表，便可画出 D 触发器的输出状态 Q 和 $\overline{Q}$ 的波形图。

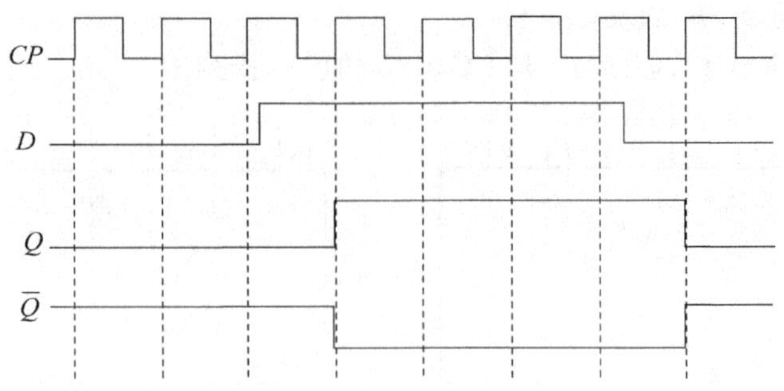

图 11-12　D 触发器的波形图举例

5. 常用的集成同步 D 触发器器件

图 11-13 分别给出了 74LS74 和 CC4013 的引脚排列图。

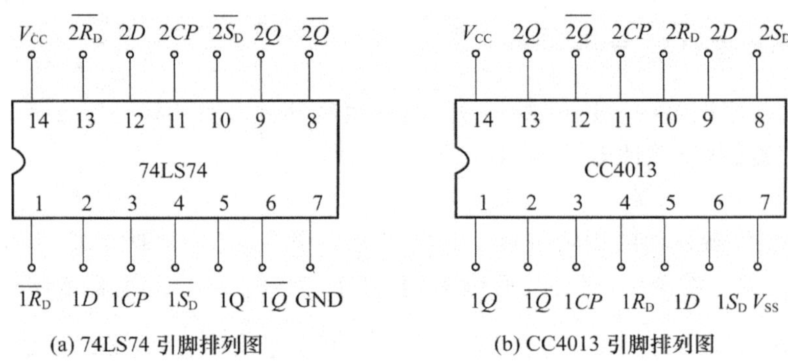

(a) 74LS74 引脚排列图　　(b) CC4013 引脚排列图

图 11-13　集成同步 D 触发器引脚排列图

11.1.4　其他触发器

T 和 T′触发器也是时序电路中应用较多的一种时序逻辑部件。在计算机等数字电路中主要用途是构成各种控制电路和计数器。

1. T 和 T′触发器的逻辑符号

图 11-14 是 T 触发器的逻辑符号。它有一个 T 输入端,一个时钟信号输入端 CP,两个互补的 Q、$\overline{Q}$ 输出端。

图 11-15 是 T′触发器逻辑符号。T′触发器只有 CP 输入端,无数据输入端,两个互补的 Q、$\overline{Q}$ 输出端。

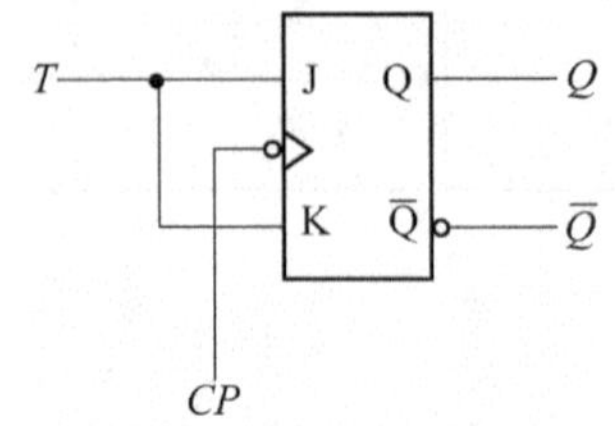

图 11-14　T 触发器的逻辑符号

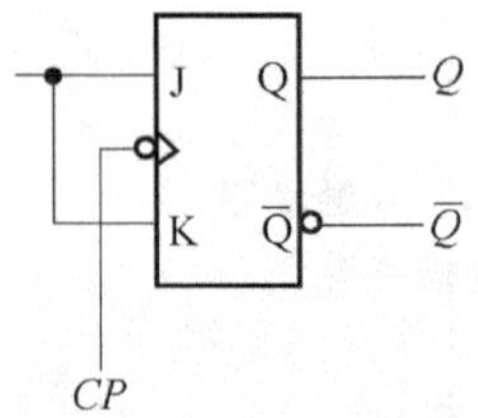

图 11-15　T′触发器的逻辑符号

2. 特性方程

T 触发器的逻辑功能可用特性方程 $Q^{(n+1)}=T\overline{Q}^{(n)}+\overline{T}Q^{(n)}$ 来描述；

T′触发器的逻辑功能可用特性方程 $Q^{(n+1)}=Q^{(n)}$ 来描述。

3. 真值表及功能

表 11.6 是 T 触发器的真值表。当 $CP=0$ 时，触发器不工作，处于保持状态；当 CP 由 1 跳变为 0 时(下降沿触发)，触发器工作，功能如下：$T=0$ 时，$Q^{(n+1)}=Q^{(n)}$(次态＝现态)；$T=1$ 时，次态 $Q^{(n+1)}$ 与现态 $Q^{(n)}$ 相反，触发器翻转。

表 11.7 是 T′触发器的真值表。当 $T=1$ 时，触发器工作，功能如下：每次时钟信号 $CP=1$ 的下降沿到来时，触发器的状态就发生一次翻转。

表 11.6　T 触发器的真值表

输入信号	输出状态	功　能
T	$Q^{(n)}$	
0	$Q^{(n)}$	保持
1	$Q^{(n+1)}$	翻转

表 11.7　T′触发器的真值表

输入信号	输出状态	功　能
T	$Q^{(n)}$	
1	$Q^{(n+1)}$	翻转

4. 波形图(举例)

已知图 11-16 中的时钟信号 CP 和输入信号 T 的波形，又假设 T 触发器的初态为 $Q=0$，依据 T 触发器的真值表，便可画出 T 触发器的输出状态 Q 的波形图。因为两个互补的 Q、$\overline{Q}$ 输出端，所以 $\overline{Q}$ 的波形与 Q 波形相反。

已知图 11-17 中的时钟信号 CP，又假设 T′触发器的初态为 $Q=0$，依据 T′触发器的真值表，便可画出 T′触发器的输出状态 Q 的波形图。因为两个互补的 Q、$\overline{Q}$ 输出端，所以 $\overline{Q}$ 的波形与 Q 波形相反。

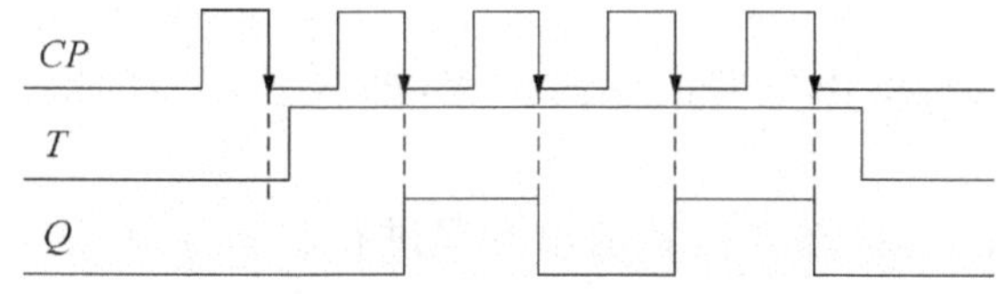

图 11-16　T 触发器波形图举例

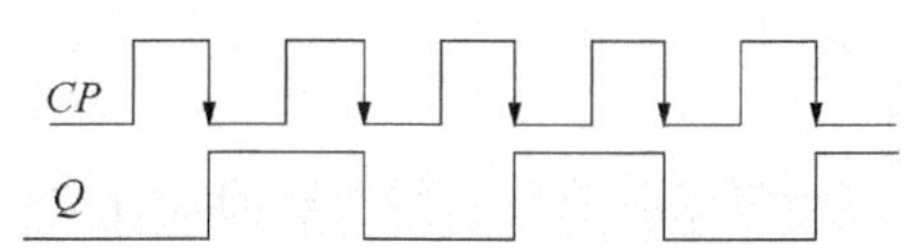

图 11-17　T′触发器波形图举例

5. 触发器之间的相互转换

在集成触发器的产品中，每一种触发器都有自己固定的逻辑功能。但可以利用转换的方法获得具有其他功能的触发器。T 或 T′触发器可由 JK 或 D 触发器自身引脚组合或通过转换电路组合产生。

(1) 如图 11-14 和图 11-15 所示，将 JK 触发器的 J、K 两端连在一起，并认它为 T 端，就得到所需的 T 触发器。JK 触发器能转换为 T 触发器，而当 T 触发器的 T 端始终为 1 时，T 触发器就变成 T′触发器。因 T′触发器的 CP 端每来一个 CP 脉冲信号，触发器的状态就翻转一次，故称之为反转触发器。

(2) 如图 11-18 所示，若将 D 触发器 $\overline{Q}$ 端与 D 端相连，便转换成 T′触发器。

(3) 如图 11-19 所示，JK 触发器也可转换为 D 触发器。

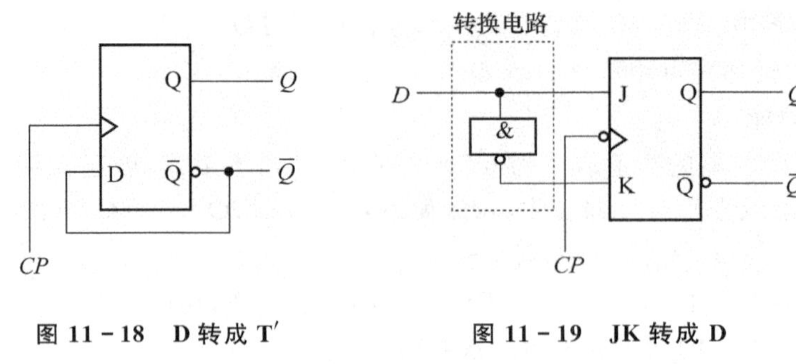

图 11-18　D 转成 T′　　　　图 11-19　JK 转成 D

11.2　时序逻辑电路分析

11.2.1　时序逻辑电路的特点

时序逻辑电路与组合逻辑电路不同。时序逻辑电路在任一时刻的输出不仅与该时刻的输入有关,还与电路原来的状态有关。所以时序逻辑电路的结构一般由组合逻辑电路和存储电路组成。其中,组合逻辑电路是由各种逻辑门组成的,而存储电路则是由具有记忆功能的触发器组成的。

11.2.2　时序逻辑电路分析方法

时序逻辑电路的分析步骤如下:

(1) 根据给定的电路写出时钟方程、驱动方程和输出方程,即时钟信号、输入信号和输出信号的逻辑表达式;

(2) 将驱动方程代入相应触发器的特性方程,求出电路的状态方程,即各触发器的次态方程;

(3) 将电路的输入和现态的各种取值组合代入状态方程和输出方程进行状态计算,求出相应的次态和输出;

(4) 根据状态计算结果,列出状态表,画出状态图或时序图,总结电路的逻辑功能。

上述4个步骤是分析时序逻辑电路的一般方法,在实际分析电路时,不一定必须经过这4个步骤,可以根据具体情况进行取舍。如在分析异步计数器时,可以不进行状态计算,列状态表,而先作时序图和状态图,会使分析过程变得简单。

11.3　集成时序逻辑部件

11.3.1　寄存器

移位寄存器也是计算机等数字设备中应用较多的时序逻辑部件。如计算机中运算器的乘、除法运算电路,串行接口电路中的串行/并行数据转换都需要移位寄存器。

1）D 触发器构成的右移位寄存器

（1）逻辑功能图。移位寄存器不仅具有存储数码的功能，而且具有移位功能。图 11－20 是由 D 触发器构成的 4 位单向右移位寄存器的逻辑功能图。

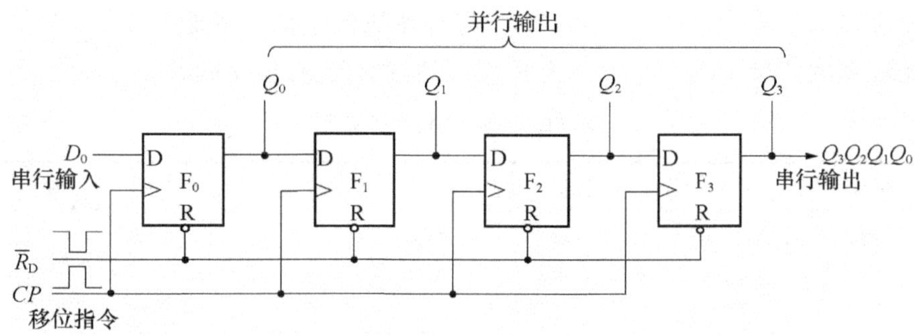

图 11－20　由 D 触发器构成的右移位寄存器

（2）数码移位的过程。以输入一组数码 1101 为例，说明 D 触发器构成的右移位寄存器数码移位的过程。

第一步，清零：利用控制信号 $\overline{R}_D$ 清 0 使寄存器的初始状态 $Q_3Q_2Q_1Q_0=0000$。

第二步，送数：从第一个触发器的输入端 D_0 依次输入数码 $D_3D_2D_1D_0=1101$。

第三步，移位：

① 当第一个 CP 上升沿到来时，触发器 F_0 的输出 Q_0 随 D_0 变为 1，寄存器的并行输出 $Q_3Q_2Q_1Q_0=0001$；

② 第二个 CP 上升沿到来时，次高位数据移入 F_0，Q_0 随 D_0 变为 1；Q_0 移入 F_1，Q_1 随 Q_0 变为 1，寄存器的并行输出为 $Q_3Q_2Q_1Q_0=0011$。

③ 第三个 CP 上升沿到来时，寄存器的并行输出为 $Q_3Q_2Q_1Q_0=0110$；

④ 第四个 CP 上升沿到来后，寄存器的并行输出为 $Q_3Q_2Q_1Q_0=1101$。

第四步，寄存：

① 经过四个 CP 脉冲后，寄存器将串行输入的数码 $D_3D_2D_1D_0=1101$ 从并行输出端 $Q_3Q_2Q_1Q_0=1101$ 输出，完成了串行数码到并行数码的转换。

② 第八个 CP 脉冲过后，寄存器将串行输入的数码 $D_3D_2D_1D_0=1101$ 从串行输出端 Q_3 依次将串行数码 1101 输出。

2）集成寄存器 74LS194 功能分析及应用

移位寄存器可分为单向移位寄存器（右移位寄存器和左移位寄存器）、双向移位寄存器。74LS194 是典型的集成 4 位双向通用移位寄存器。

（1）74LS194 引脚图。图 11－21 是 74LS194 的引脚图，其中 $\overline{CR}$ 是寄存器的清 0 端、D_0 为串行输入端、S_0 和 S_1 为并行输入使能控制端、D_{SL} 为左移串行输入端、D_{SR} 为右移串行输入端、CP 为移位脉冲信号输入端、Q_3 为串行输出端、$Q_3Q_2Q_1Q_0$ 为并行输出端。表 11.8 是 74LS194 的真值表。

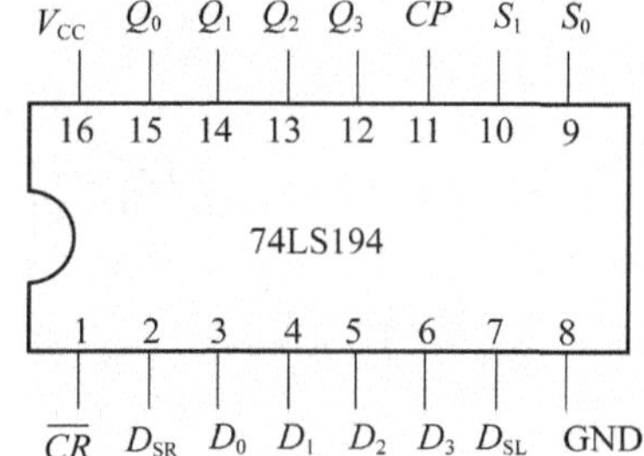

图 11－21　74LS194 引脚图

（2）逻辑功能。依据表 11.8 的 74LS194 真值表可给出其逻辑功能：

① 当寄存器的 $\overline{CR}=0$ 时,不论其他信号为何值,寄存器都直接清0;

② 当寄存器的$\overline{CR}=1, S_0=S_1=0$ 时,或 $CP=0$ 时,寄存器保持原来的数据不变;

③ 当寄存器的 $\overline{CR}=1$, $S_0=S_1=1$ 时,寄存器在 CP 脉冲的作用下执行并行输入功能;

④ 当寄存器的 $\overline{CR}=1, S_0=1, S_1=0$ 时,寄存器执行左移位功能;

⑤ 当寄存器的$\overline{CR}=1, S_0=0, S_1=1$ 时,寄存器执行右移位功能。

表 11.8 74LS194 真值表

序号	输入					输出	
	清零 $\overline{CR}$	使能 S_0 S_1	串行输入 D_{SL} D_{SR}	时钟 CP	并行输入 D_0 D_1 D_2 D_3	$Q_0 Q_1 Q_2 Q_3$	功能
1	0	× ×	× ×	×	××××	0 0 0 0	清零
2	1	× ×	× ×	0	××××	$Q_{00} Q_{10} Q_{20} Q_{30}$	保持
3	1	1 1	× ×	↑	$d_0 d_1 d_2 d_3$	d_0 d_1 d_2 d_3	并行输入
4	1	0 1	× 1	↑	××××	$1Q_{0n}Q_{1n}Q_{2n}$	右移
5	1	0 1	× 0	↑	××××	$0Q_{0n}Q_{1n}Q_{2n}$	右移
6	1	1 0	1 ×	↑	××××	$Q_{1n}Q_{2n}Q_{3n}1$	左移
7	1	1 0	0 ×	↑	××××	$Q_{1n}Q_{2n}Q_{3n}0$	左移
8	1	0 0	× ×	×	××××	$Q_{00} Q_{10} Q_{20} Q_{30}$	保持

11.3.2 计数器

计数器是能够累计输入时钟脉冲个数完成计数功能的时序逻辑部件。它的主要用途是完成定时、计数和分频等工作。当今集成计数器的品种有很多,按其功能可分为:同步和异步两类。同步计数器各触发器的状态是在时钟脉冲的作用下同时转换的,而异步计数器中各触发器的状态转换不是同时进行的。按计数器的数字编码方式,分为二进制计数器和十进制计数器。二进制计数器是按二进制编码方式进行计数的。十进制计数器是按BCD码计数的,一位十进制计数器是由四位二进制计数器组成的。

1. JK 触发器构成的同步计数器

1) 逻辑功能

图 11-22 所示是JK触发器构成的同步计数器逻辑功能图。

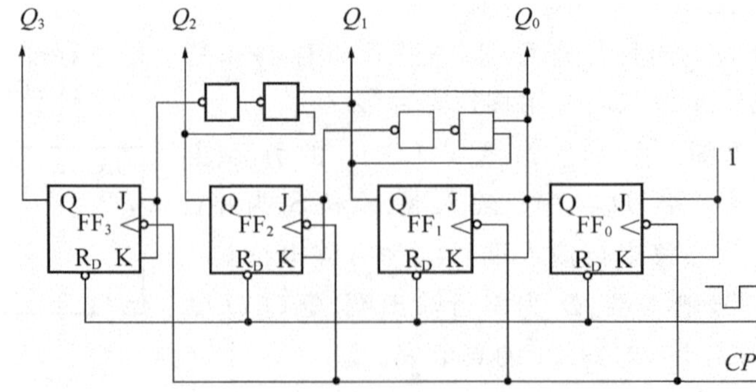

图 11-22 同步计数器逻辑功能图

2）累计计数的过程

依据图 11－22 计数器的逻辑功能图，设各触发器的初始状态 $Q_3^n Q_2^n Q_1^n Q_0^n = 0000$，可给出表 11.9 所列的状态表。

表 11.9　状态表

$Q_3^{(n)} Q_2^{(n)} Q_1^{(n)} Q_0^{(n)}$	$Q_3^{(n+1)} Q_2^{(n+1)} Q_1^{(n+1)} Q_0^{(n+1)}$	$Q_3^{(n)} Q_2^{(n)} Q_1^{(n)} Q_0^{(n)}$	$Q_3^{(n+1)} Q_2^{(n+1)} Q_1^{(n+1)} Q_0^{(n+1)}$
0 0 0 0	0 0 0 1	1 0 0 0	1 0 0 1
0 0 0 1	0 0 1 0	1 0 0 1	1 0 1 0
0 0 1 0	0 0 1 1	1 0 1 0	1 0 1 1
0 0 1 1	0 1 0 0	1 0 1 1	1 1 0 0
0 1 0 0	0 1 0 1	1 1 0 0	1 1 0 1
0 1 0 1	0 1 1 0	1 1 0 1	1 1 1 0
0 1 1 0	0 1 1 1	1 1 1 0	1 1 1 1
0 1 1 1	1 0 0 0	1 1 1 1	0 0 0 0

依据状态表可看出，图 11－22 所示的逻辑功能图电路是 4 位同步二进制递增计数器。

2. 异步集成计数器 74LS290 功能分析及应用

集成计数器是将构成计数器的所有电路元器件集成在一块半导体芯片上。虽然中规模集成计数器种类也很多，但一般都是二进制或十进制计数器。常用的异步集成计数器有：74LS161 同步集成计数器和 74LS290 异步集成计数器。

1）异步集成计数器 74LS290 引脚图

74LS290 芯片的逻辑符号和引脚排列如图 11－23 所示。其中，$S_{9(1)}$、$S_{9(2)}$ 称为置“9”端，$R_{0(1)}$、$R_{0(2)}$ 称为置“0”端；CP_0、CP_1 端为计数时钟输入端，$Q_3Q_2Q_1Q_0$ 为输出端，NC 表示空脚。

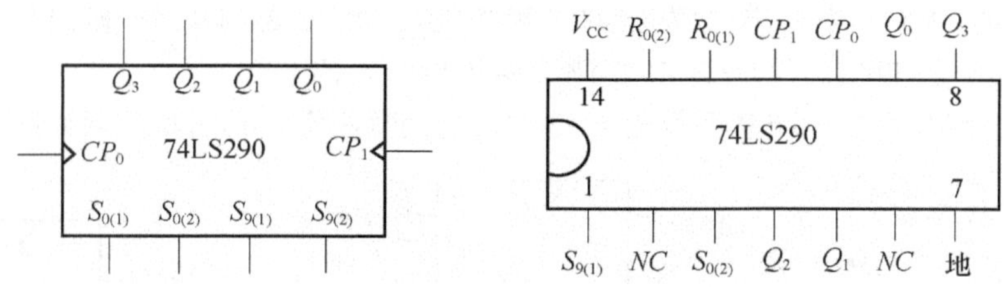

图 11－23　74LS290 的逻辑符号和引脚图

2）逻辑功能

（1）置“9”功能：当 $S_{9(1)} = S_{9(2)} = 1$ 时，不论其他输入端状态如何，计数器输出 $Q_3Q_2Q_1Q_0 = 1001$，而 $(1001)_2 = (9)_{10}$，故又称为异步置数功能。

（2）置“0”功能：当 $S_{9(1)}$ 和 $S_{9(2)}$ 不全为 1，并且 $R_{0(1)} = R_{0(2)} = 1$ 时，不论其他输入端状态如何，计数器输出 $Q_3Q_2Q_1Q_0 = 0000$，故又称为异步清零功能或复位功能。

（3）计数功能：当 $S_{9(1)}$ 和 $S_{9(2)}$ 不全为 1，并且 $R_{0(1)}$ 和 $R_{0(2)}$ 不全为 1 时，输入计数脉冲 CP，计数器开始计数。

3）集成计数器的应用

计数脉冲由 CP_0 输入，从 Q_0 输出时，则构成二进制计数器；计数脉冲由 CP_1 输入，输出为 Q_2Q_1

Q_0时，则构成五进制计数器；若将Q_0和CP_1相连，计数脉冲由CP_0输入，输出为$Q_3Q_2Q_1Q_0$时，则构成十进制(8421码)计数器；若将Q_3和CP_0相连，计数脉冲由CP_1输入，输出为$Q_3Q_2Q_1Q_0$时，则构成十进制(5421码)计数器。因此，74LS290又称为"二-五-十进制型集成计数器"。在实际应用中，应根据具体情况进行选择和设计，对于计数值更大的计数器，人们可以采用多片级联的方法来实现。

实验11　触发器

实验目的与要求

(1) 掌握集成JK触发器和D触发器的功能及使用方法。

(2) 会用JK和D触发器构成其他功能的触发器。

实验仪器与设备

与非门74LS00；触发器74LS112；触发器74LS74。

实验内容建议

1. 逻辑功能测试

基本RS触发器：基本RS触发器由两个与非门(或者两个或非门)交叉耦合组成。其逻辑电路如实验图11-24所示。其中$\overline{R}$和$\overline{S}$端为两个输入端，Q、$\overline{Q}$为两个输出端。

用74LS00四与非门按实验图11-1连接电路，$\overline{R}$、$\overline{S}$接逻辑电平，用发光二极管来显示触发器输出端的状态，记录测试结果。

JK触发器：JK触发器具有置1、置0、计数、保持等多种功能，引脚图如图11-25所示。

了解JK触发器74LS112的引出端功能，测试JK触发器异步置位端$\overline{S}$和异步复位端$\overline{R}$的功能，当$\overline{S}=\overline{R}=1$时，测试JK触发器的逻辑功能，$J$、$K$接逻辑电平，输出接发光二极管显示电路，观察输出端的状态，设计表格，将测试结果填于表内。

D触发器：D触发器的输出状态仅由D端加入的信号决定。其引脚排列如图11-26所示。

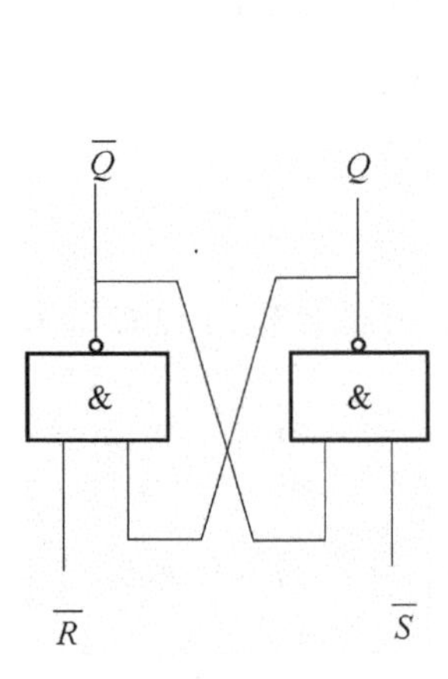

图11-24　基本RS触发器

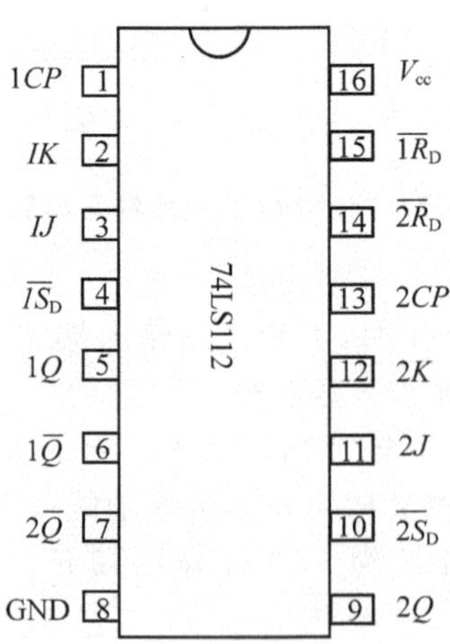

图11-25　74LS112引脚图

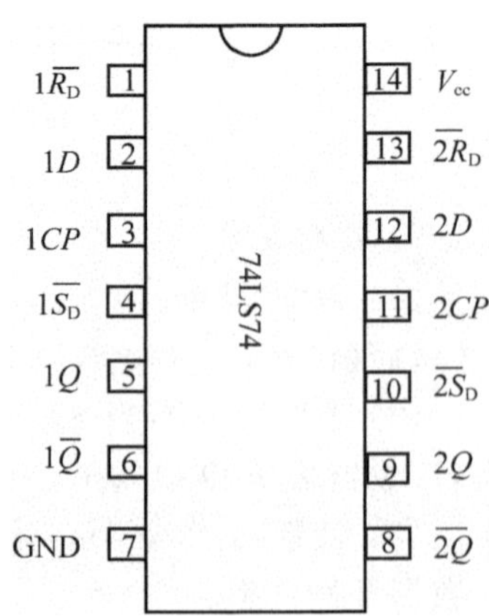

图11-26　74LS74引脚图

2. 动态测试

将 JK 触发器 74LS112 的 $\overline{S}=\overline{R}=J=K=1$，$CP$ 端接入信号的频率在 1～5 kHz，用示波器观察输入 CP 和输出 Q 的波形，并将 CP、Q 波形对应绘出。

将 D 触发器 74LS74 的 D 接 Q，$\overline{S}=\overline{R}=1$，$CP$ 输入信号的频率为 1～5 kHz，用示波器观察输入 CP 和输出 Q 的波形，并将 CP、Q 波形对应绘出。

3. 触发器间的转换

用 JK 触发器转换成 D 触发器，用 D 触发器转换成 JK 触发器，接线并测试。

实验问题讨论

总结 RS 触发器，JK 触发器和 D 触发器的逻辑功能。

实验 12　计数器

实验目的与要求

(1) 掌握计数器的功能及使用方法。

(2) 掌握用集成计数器构成任意进制的计数器。

(3) 熟悉七段字形译码器的使用方法。

实验仪器与设备

计数器 74LS290；计数器 74LS160；计数器 74LS161；计数器 74LS163；4 线七段译码器 74LS247；共阴极 LED 七段数码管。

实验内容建议

1. 74LS290 功能测试

74LS290 是一个二-五-十进制异步计数器，其引脚图如图 11－27 所示。

$R_{0(1)}$ 和 $R_{0(2)}$ 是复位输入端，$R_{0(1)}=R_{0(2)}=1$，且 $R_{9(1)}=R_{9(2)}=0$ 时，不论有无时钟脉冲，计数器输出将直接置零。

当置位输入 $R_{9(1)}=R_{9(2)}=1$ 时，无论其他输入端状态如何，计数器将直接置 9。

当 $R_{0(1)}$ 和 $R_{0(2)}$ 输入不是全 1，$R_{9(1)}$ 和 $R_{9(2)}$ 输入不是全 1 时，在计数脉冲作用下具有计数功能。

二进制计数器：计数脉冲由 CP_1 输入，输出端为 Q_A。

五进制计数器：计数脉冲由 CP_2 输入，输出端为 $Q_DQ_CQ_B$。

十进制计数器：若将 Q_A 的输出与 CP_2 相连，计数脉冲由 CP_1 输入，则 $Q_DQ_CQ_BQ_A$ 输出构成 8421 码十进制计数器。若将 Q_D 的输出与 CP_1 相连，计数脉冲由 CP_2 输入，则 $Q_AQ_DQ_CQ_B$ 输出构成 5421 码十进制计数器。

用 74LS290 实现十进制计数器，并通过 74LS247 的 4 线七段译码器输出直接推动发光二极管，显示十进制数。实验图 11－28 就是 74LS247 的外部引脚图，74LS247 的输出是低电平有效。观测并记录 CP 及 Q_D、Q_C、Q_B、Q_A 输出显示状态及数码管的显示变化情况。

用 74LS290 实现任意进制计数器,观测并记录 CP 及 Q_D、Q_C、Q_B、Q_A 输出显示状态及数码管的显示变化情况。

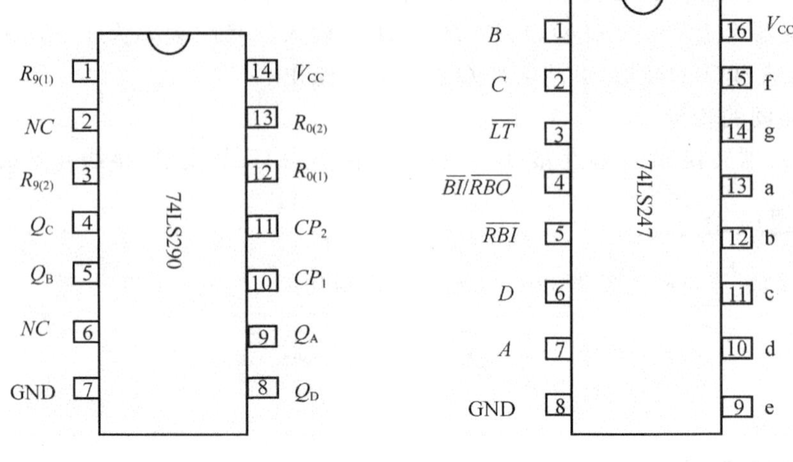

图 11-27　74LS290 引脚图　　**图 11-28　74LS247 引脚图**

2. 74LS160 功能测试

74LS160 是十进制计数器,具有异步清零端和同步置数端。74LS161、74LS163 是二进制计数器,74LS161 具有异步清零端和同步置数端,74LS163 具有同步清零端和同步置数端。

用 74LS160 实现十进制计数器,观测并记录 CP 及 Q_D、Q_C、Q_B、Q_A 输出显示状态及数码管的显示变化情况。用 74LS160 实现任意进制计数器,观测并记录 CP 及 Q_D、Q_C、Q_B、Q_A 输出显示状态及数码管的显示变化情况。

用 74LS161、74LS163 实现任意进制计数器,观测并记录 CP 及 Q_D、Q_C、Q_B、Q_A 输出显示状态及数码管的显示变化情况。

实验问题讨论

(1) 用 74LS290 实现十二进制计数器应如何连接?

(2) 用 74LS161、74LS163 实现六十进制计数器应如何连接?

【例 11-1】 当基本 RS 触发器的 D_R 和 D_S 端加上图 11-29(a)、(b)所示的波形时,试画出 Q 端的输出波形。设初始状态为"0"和"1"两种情况。

解　根据基本 RS 触发器的逻辑关系和工作特点,画出的两种情况下的输出波形如图 11-29(c),(d)所示。如果设初始状态为"0"时,输出波形为图 11-29(c);设初始状态为"1"时,输出波形为图 11-29(d)。

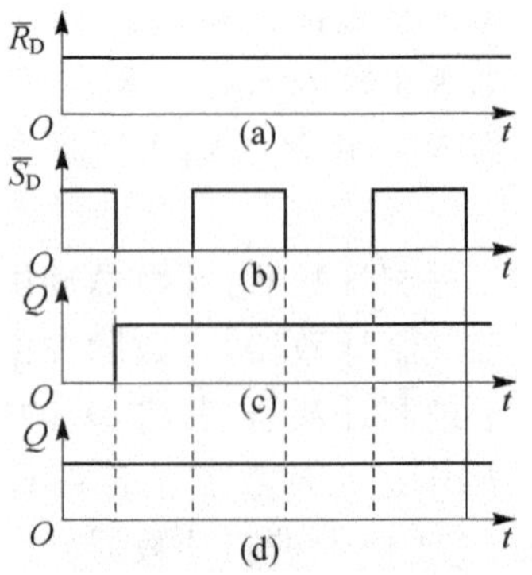

图 11-29　例 11-1 图

【例 11-2】 图 11-20 是一个四位右移寄存器,其输入信号波形和时钟脉冲波形如图 11-30(a)所示,试根据输入信号波形和时钟脉冲波形画出移位寄存器的各位输出端的波形图。设移位寄存器的初始状态 Q_3、Q_2、Q_1、Q_0 均为"0"。

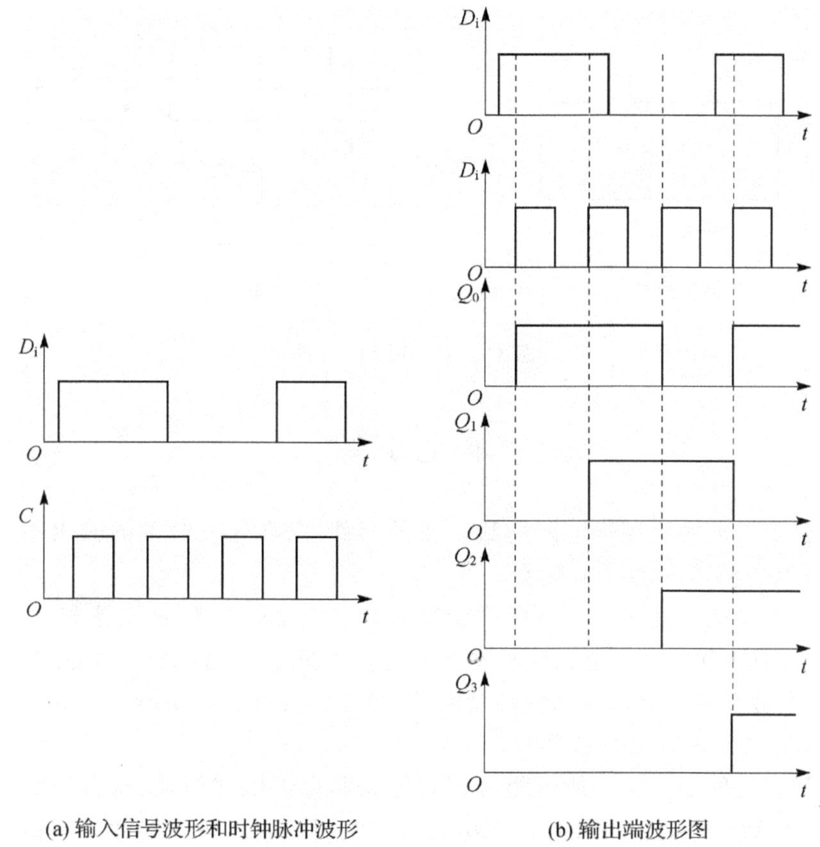

(a) 输入信号波形和时钟脉冲波形　　(b) 输出端波形图

图 11-30　例 11-2 图

解　移位寄存器的各位输出端的波形如图 11-30(b)所示。

【例 11-3】　试用集成中规模异步二-五-十进制计数器 CT74LS290 设计一个输出为对称方波的十进制计数器。

解　本例题要求输出对称方波，即要求对称方波从某一级触发器输出，该级的状态是连续 5 个 0，接着又连续 5 个 1。对于 CT74LS290 而言，若将它按 5421BCD 码连接电路，并以 Q_0 端作为对称方波的输出端，即满足设计要求。5421BCD 码的编码表见表 11.10 。CT74LS290 的接线和各触发器输出的波形图如图 11-31 所示。

表 11.10　编码表

Q_0	Q_3	Q_2	Q_1	Q_0	Q_3	Q_2	Q_1
0	0	0	0	1	0	0	0
0	0	0	1	1	0	0	1
0	0	1	0	1	0	1	0
0	0	1	1	1	0	1	1
0	1	0	0	1	1	0	0

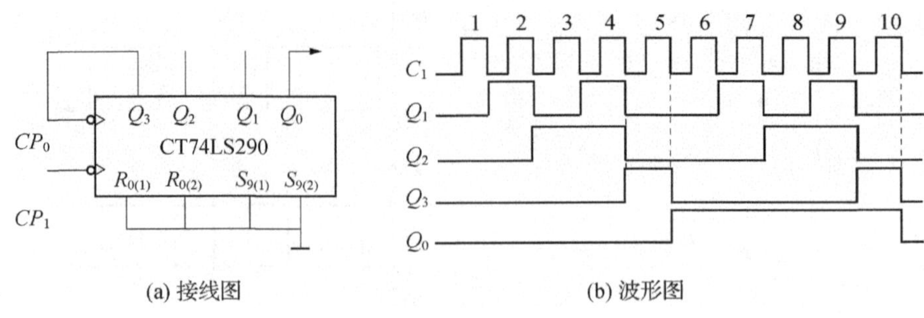

(a) 接线图　　(b) 波形图

图 11-31　例 11-3 图

单元小结

(1) 触发器是构成时序逻辑电路的最基本的器件,它在任一时刻的输出不仅与该时刻的输入有关,而且与电路原来的状态有关。

(2) 触发器按功能分使用最多的是 RS 触发器、JK 触发器、D 触发器和 T、T′触发器;RS 触发器具有置 0、置 1 和保持功能,JK 触发器具有置 0、置 1、保持和翻转功能,D 触发器具有置 0 和置 1 功能,T 触发器具有保持和翻转功能,T′触发器具有翻转功能。因它们的输出端都有两个稳定状态,所以称为双稳态触发器。

(3) 时序逻辑电路的结构一般由组合逻辑电路和存储电路组成,组合逻辑电路是由各种逻辑门组成,而存储电路则是由具有记忆功能的触发器组成。寄存器和计数器是使用最多的时序逻辑电路。

(4) 移位寄存器不仅具有存储数码的功能,而且具有移位功能的时序逻辑部件。移位寄存器可分为单向移位寄存器(右移位寄存器和左移位寄存器)和双向移位寄存器。

(5) 计数器是能够累计输入时钟脉冲个数完成计数功能的时序逻辑部件。它的主要用途是完成定时、计数、分频等工作。按功能可分为:同步计数器和异步计数器;按计数器的数字编码方式分为二进制计数器和十进制计数器。

思考题与习题

11-1　同步 RS 触发器的逻辑符号和输入波形如图 11-32 所示。设初始 $Q=0$。画出 Q,$\bar{Q}$ 端的波形。

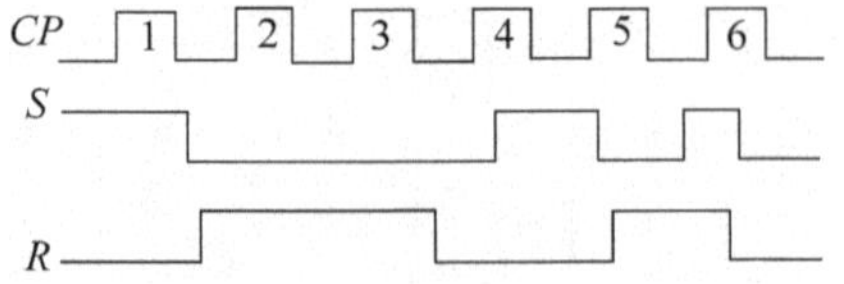

图 11-32　习题 11-1 图

11－2　主从 JK 触发器的输入波形如图 11－33 所示。设初始 $Q=0$，画出 Q 端的波形。

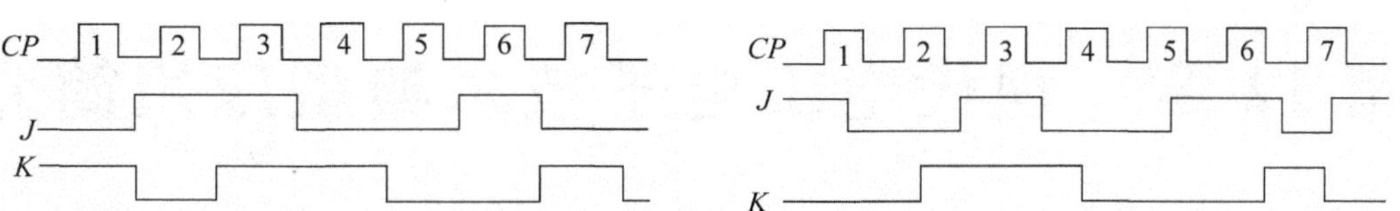

图 11－33　习题 11－2 图

11－3　维持阻塞 D 触发器的输入波形如图 11－34 所示。试画出 Q 端波形。

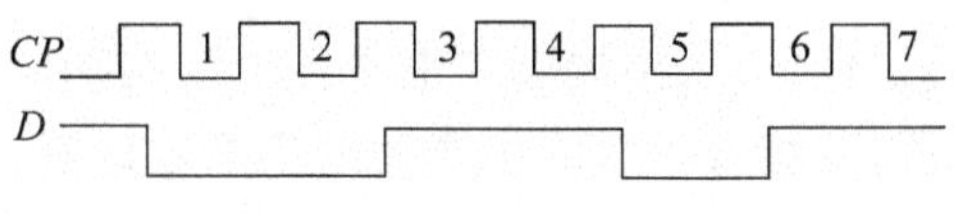

图 11－34　习题 11－3 图

第12章　现代电工电子技术典型应用简介

电工电子技术作为电气电子工程应用科学技术的基础，已经渗透到工业技术和人们社会生活的各个方面，各种各样的应用层出不穷。本章将通过555定时器、D/A转换器和A/D转换器、可编程控制器、传感器等典型器体，力求拓展电工电子技术的实际应用。但更多的应用范围将在今后的专业课程中去研究，更需要结合今后的生产实践不断地探索、积累、掌握和提高。

12.1　555定时器及其应用

555定时器是将模拟和数字电路集于一体的中规模集成电路。它的应用十分广泛，通常只要外接几个适当的阻容元件，就可以组成多谐振荡器、单稳态触发器和施密特触发器等脉冲波形的产生与整形电路，在工业自动控制、定时、延时、报警、电子玩具等方面有着广泛的应用。

555定时器的产品有双极型和单极型(CMOS)两大类。所有双极型产品型号的最后三个数码都是555，电源电压在4.5～18 V之间，输出电流可达200 mA，典型产品有NE555、5G555等。CMOS 555定时器功耗低，输出电流小，典型产品有CC7555、CC7556等，电源电压在3～18 V之间。本章将以双极型NE555为例介绍集成定时器的电路组成及应用，其余产品的逻辑功能和外部端子排列与其完全相同。

12.1.1　555定时器电路组成及功能

1.555定时器的电路组成

图12-1(a)所示电路为555集成定时器内部结构的简化原理图。它由两个电压比较器A_1和A_2、三个阻值均为5 kΩ的电阻组成的分压器、基本RS触发器、放电三极管VT等组成。NE555共有八个引出端，各个引出端的作用和名称标在框图外边。图12-1(b)是NE555的引脚排列图。

2.555定时器的功能

555定时器的主要功能取决于电压比较器A_1和A_2，而A_1和A_2的输出控制基本RS触发器和放电管VT的状态。$\bar{R}_D$为复位输入端，当$\bar{R}_D=0$时，无论其输入端的状态如何，输出u_o为低电平。因此，555定时器正常工作时，应使$\bar{R}_D=1$。

一般情况下，5端(控制电压端)悬空，u_{A1-}(即u_{1A})$=\frac{2}{3}V_{CC}$；$u_{A2+}=\frac{1}{3}V_{CC}$，即电压比较器$A_1$和$A_2$的比较电压分别是$\frac{2}{3}V_{CC}$和$\frac{1}{3}V_{CC}$。

当$u_{11}>\frac{2}{3}V_{CC}$，$u_{12}>\frac{1}{3}V_{CC}$时，A_1输出高电平，A_2输出低电平，$R=1$，$S=0$，基本RS触发器置0，三极管VT导通，输出u_o为低电平。

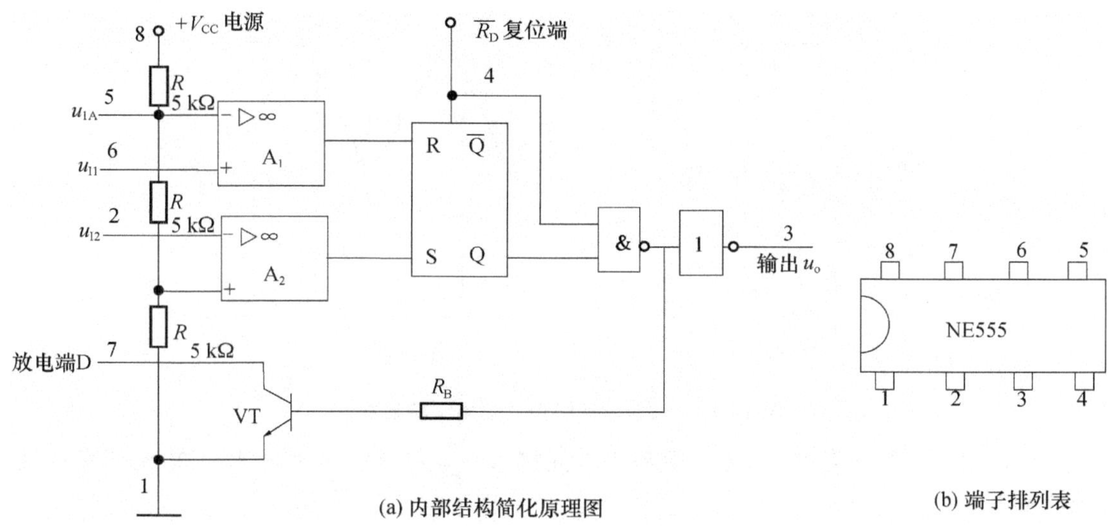

图 12－1　555 定时器

1—接地端；2—低触发端；3—输出端；4—复位端；
5—控制电压端；6—高电平触发端；7—放电端；8—电源正端

当 $u_{11}<\frac{2}{3}V_{CC}$，$u_{12}<\frac{1}{3}V_{CC}$ 时，A_1 输出低电平，A_2 输出高电平，$R=0$，$S=1$，基本 RS 触发器置 1，三极管 VT 截止，输出 u_o 为高电平。

当 $u_{11}<\frac{2}{3}V_{CC}$，$u_{12}>\frac{1}{3}V_{CC}$ 时，A_1 输出低电平，A_2 输出低电平，$R=0$，$S=0$，基本 RS 触发器状态不变，555 定时器亦保持原状态不变。

555 定时器的功能如表 12.1 所列。如果在电压控制端接一个外加电压(其值在 0～$+V_{CC}$ 之间)，比较器的参数电压将发生变化，电路的高触发端、低触发端的电平值也将随之变化，读者可自行分析此时 555 定时器的工作情况。

表 12.1　555 定时器的功能

输　入			输　出	
高触发输入 u_{11}	低触发输入 u_{12}	复位 $\overline{R}_D$	输出 u_o	放电管
×	×	0	0	导　通
$>\frac{2}{3}V_{CC}$	$>\frac{1}{3}V_{CC}$	1	0	导　通
$<\frac{2}{3}V_{CC}$	$<\frac{1}{3}V_{CC}$	1	1	截　止
$<\frac{2}{3}V_{CC}$	$>\frac{1}{3}V_{CC}$	1	不　变	原　态

12.1.2　555 定时器构成的施密特触发器

施密特触发器可以把不规则的输入波形变为良好的矩形波信号。

图 12－2(a)所示是用 555 定时器构成施密特触发器电路，图中将 6、2 端相连。输入信号 u_i 为一三角波信号，当 $u_i>2V_{CC}/3$ 时，3 端输出为 0；当 $u_i<2V_{CC}/3$ 时，3 端输出为 1。于是，从 3 端就得到一矩形波输出信号。该电路的输入、输出波形如图 12－2(b)所示。

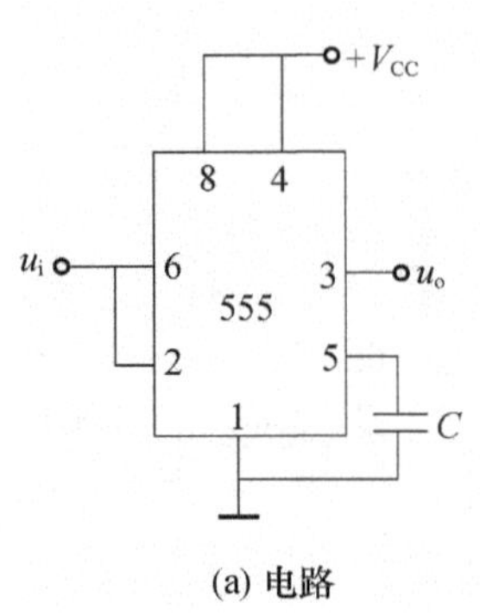

(a) 电路

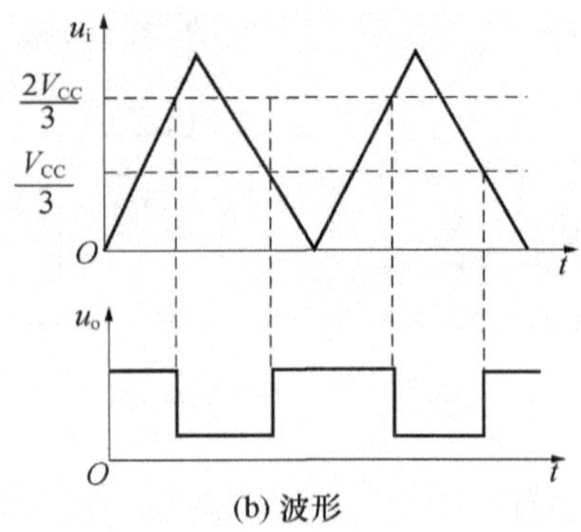

(b) 波形

图 12-2　555 定时器构成的施密特触发器

当控制电压 5 端不悬空,而在 5 端与 1 端间接入一个可调电容时,可以用来调节高低触发电压的范围。

这种施密特触发器在脉冲电路中常用做波形的变换、波形的整形和脉冲幅度的鉴别。

12.1.3　555 定时器构成的单稳态触发器

单稳态触发器是一种只有一个稳定状态的电路,如果没有外加输入信号的变化,电路将保持这一稳定状态。当受到外加触发脉冲的作用,电路能够从稳定状态翻转到一种与其相反的状态,电路将在这一状态维持一定时间,依靠电路自身的作用,电路将自动返回到稳定状态。因为与稳定状态相反的状态不能够长久保持,所以把它称为暂稳状态。

由 555 定时器构成的单稳态触发器如图 12-3(a)所示,触发脉冲 u_i 接在 2 端,6 端与 7 端相连并与 R、C 相接。

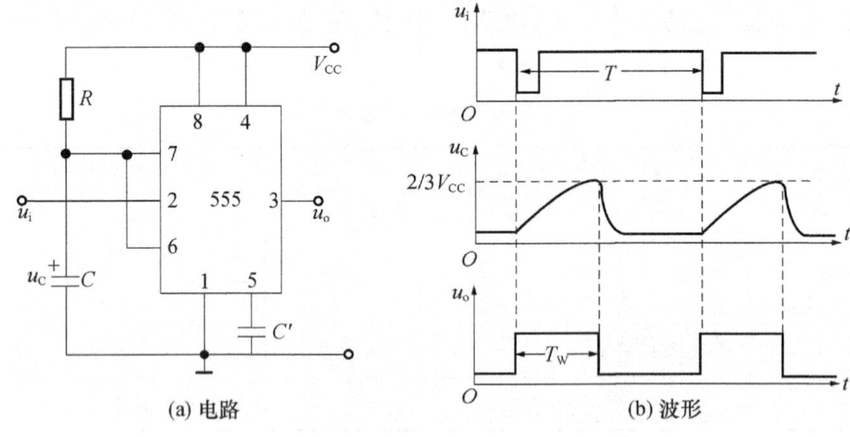

(a) 电路　　(b) 波形

图 12-3　555 定时器构成的单稳态触发器

电源接通瞬间,电路有一个进入稳定的过程,电源 $+V_{CC}$ 通过电阻 R 向电容 C 充电,当 u_C 上升到 $\frac{2}{3}V_{CC}$ 时,$u_o=0$,放电管 VT 导通,电容 C 放电,电路进入稳定状态。设在 t_1 时,外加触发信号 $u_i\left(u_i<\frac{1}{3}V_{CC}\right)$,低触发端电压 $u_{i2}<\frac{1}{3}V_{CC}$,$u_o=1$,VT 截止。此后,电容 C 充电,当充

电至 $u_C=\frac{2}{3}V_{CC}$时，即 $u_{i1}>\frac{2}{3}V_{CC}$时，电路翻转，$u_o=0$，VT 导通，电容 C 放电，电路自动地返回到稳态。由于 VT 导通电阻很小，故放电较快。u_i、u_C、u_o的波形变化情形如图 12-3(b)所示。由图 12-3(b)可以看出，暂稳态的时间就是输出 u_o为高电平的时间，它是 u_C 由 0 充电至 $\frac{2}{3}V_{CC}$的时间，把这一时间称为 u_o 的输出脉冲宽度 t_w，由电工理论进行计算，可得

$$t_w \approx 1.1RC \tag{12-1}$$

单稳态触发器被广泛地应用于脉冲波形的变换以及自动控制电路的定时与延时。

12.1.4　555 定时器构成的多谐振荡器

由 555 定时器构成的多谐振荡器电路，如图 12-4(a)所示。电路没有输入端。当 VT 截止时，$+V_{CC}$通过 R_1、R_2对 C 进行充电；当 VT 导通时，C 通过 R_2和 555 定时器内部的导通管进行放电。

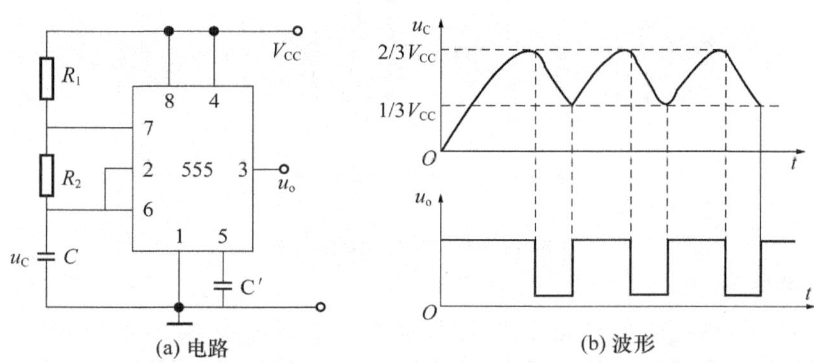

图 12-4　555 定时器构成的多谐振荡器

设电路在接通电源前，电容 C 上的电压为 0。接通电源 V_{CC}后，由于 $u_C=0$，$u_{i1}=u_{i2}=0<\frac{1}{3}V_{CC}$，$u_o=1$，VT 截止，这时电源经电阻 R_1和 R_2对电容 C 充电；当电容电压 u_C上升到$\frac{2}{3}V_{CC}$时，u_o由高电平 1 翻转为低电平 0。放电管 VT 导通，已充电至$\frac{2}{3}V_{CC}$的电容 C 通过电阻 R_2和放电管 VT 放电，电容电压 u_C下降；当 u_C下降到$\frac{1}{3}V_{CC}$时，u_o由低电平 0 翻转为高电平 1，此时放电管 VT 截止，电源又经电阻 R_1和 R_2对电容 C 充电。如此循环重复上述过程，在 555 定时器的输出端产生一连续的矩形波，波形如图 12-4(b)所示。

输出端高电平维持的时间是电容充电使其电压从$\frac{1}{3}V_{CC}$上升到$\frac{2}{3}V_{CC}$的时间；低电平维持的时间是电容放电使其电压从$\frac{2}{3}V_{CC}$下降到$\frac{1}{3}V_{CC}$的时间。前者的时间常数是$(R_1+R_2)C$，后者的时间常数是 R_2C。

由电工理论分析可得，输出端为高电平的时间约为 $0.7(R_1+R_2)C$；输出低电平的时间约为 $0.7R_2C$。则振荡波形的周期为

$$T=0.7(R_1+R_2)C+0.7R_2C=0.7(R_1+2R_2)C \tag{12-2}$$

12.1.5 555 定时器的其他应用实例

1. 模拟声响发生器

图 12-5 是用两块集成 555 定时器和外围元器件组成的模拟声响发生器。可以看出，它是由两个多谐振荡器构成的电路。

调节 R_1、R_2和 C_1使第一个振荡器的振荡频率为 1 Hz，调节 R_3、R_4和 C_2使第二个振荡器的振荡频率为 1 kHz。将第一个低频振荡器的输出端接到第二个振荡器的复位端，则当第一个振荡器输出高电平时，第二个振荡器可以振荡，输出 1 kHz 的音频信号；当第一个振荡器输出低电平时，第二个振荡器被复位而停振。这样，通过第一个振荡器调制第二个振荡器的频率，使扬声器发出"呜……呜……"的间歇声响。

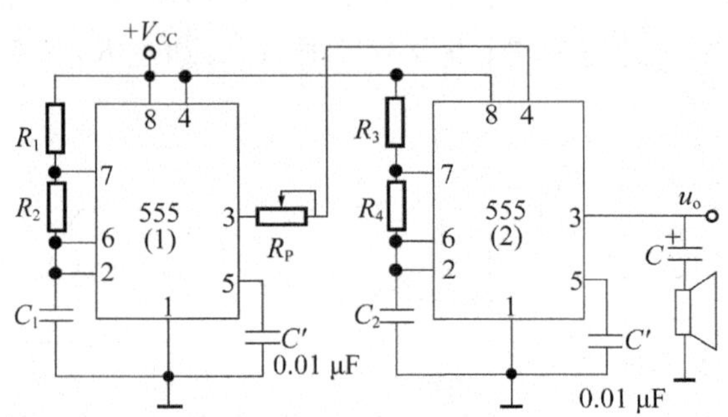

图 12-5 模拟声响发生器

2. 定时开关电路

利用 555 定时器构成的单稳态电路，可以制作一个定时器，以控制各种电器的启动和停止。一个实用的电子定时器电路如图 12-6 所示。该电路可直接驱动小功率继电器工作。

该电路有 R_1、R_2、C_1和按钮开关(简称按钮)SB 组成负脉冲电路。当电路处于稳态时，触发输入 2 端为高电平，电容 C_1两端电位相等。当按下 SB，C_1 的一端接地，由于电容两端电压不能突变，使 2 端电位在按下 SB 的瞬间突变为低电平，随着 C_1 的充电，2 端电位升高，产生一个负脉冲，555 定时器输出为高电平，继电器 KA 的线圈得电，动合触点动作，白炽灯亮。此后，C_2开始充电，当 C_2两端的电压充到$\frac{2}{3}V_{CC}$时，555 定时器输出为低电平，继电器 KA 线圈关电，动合触点恢复断开状态，白炽灯熄灭。放开 SB 后，C_1通过 R_1、R_2放电，直到 C_1上的电压为零。电路中 R_3、R_P、C_2为定时元件，决定了 555 定时器输出为高电平的时间，即白炽灯通电的时间。

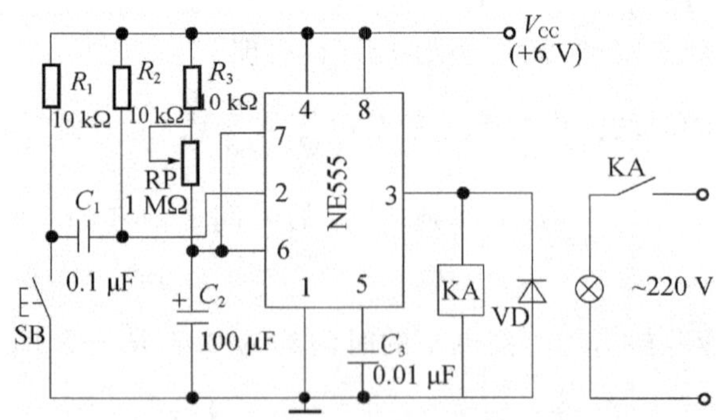

图 12-6 555 定时器构成的定时开关电路

12.2　D/A 转换器和 A/D 转换器

随着数字计算机的广泛应用，模拟量和数字量的相互转换变得十分重要。例如，用数字系统对生产过程进行控制。由于生产过程所处理的常常是反映温度、压力、流量、位移等变化的模拟量，不能被数字系统直接处理，需要先将模拟量转换为与之相应的数字量，去控制执行机构工作。将数字信号转换为相应的模拟信号称为数/模（D/A）转换，实现 D/A 转换的电路称为数/模转换器（简称 DAC）。将模拟信号转换为相应的数字信号称为模/数（A/D）转换，能实现 A/D 转换的电路称为模/数转换器（简称 ADC）。这个控制过程如图 12－7 所示。

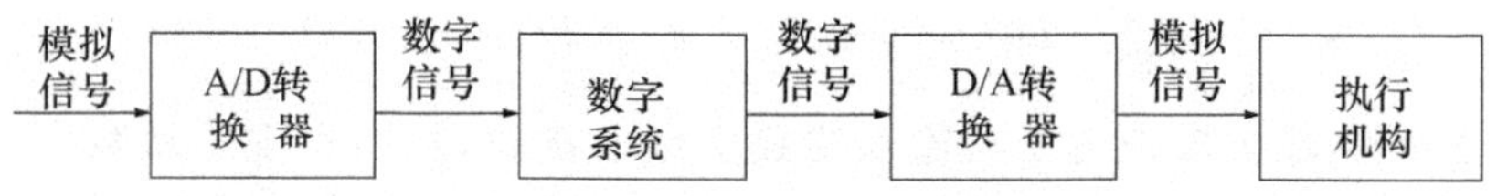

图 12－7　数字处理系统

12.2.1　D/A 转换器

1. D/A 转换器的实现方法

常用的 D/A 转换器有权电阻 D/A 转换器、$R-2R$ 的 T 形电阻D/A转换器、倒 T 形电阻 D/A 转换器等几种类型。图 12－8 是一个 4 位的倒 T 形电阻网络 D/A 转换器。它由 R、$2R$ 两种阻值的电阻网络、模拟开关（$S_0\sim S_3$）、求和运算放大器及基准电源 U_{REF} 等几个主要部分组成。

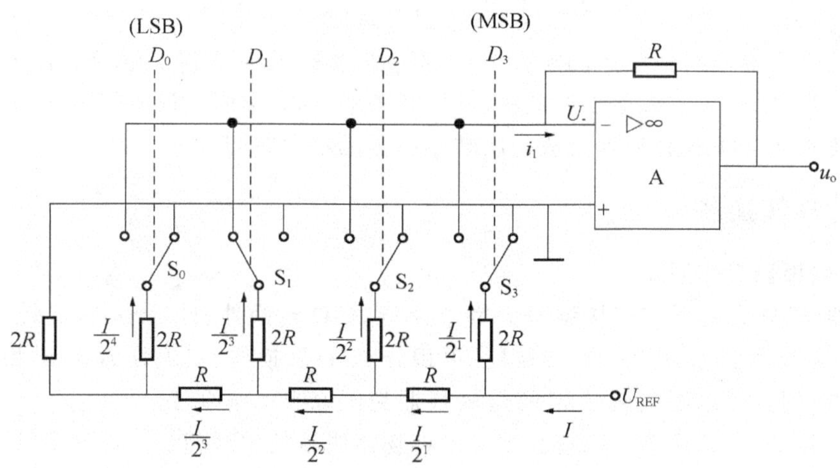

图 12－8　倒 T 形电阻网络 D/A 转换器

某位数字量 $D_i=1$ 时，相应模拟开关 S_i 倒向集成运算放大器的反向输入端；$D_i=0$ 时，相应模拟廾关 S_i 倒向集成运算放大器的同相输入端。因为同相输入端接地，故反相输入端为“虚地”。因此，由 U_{REF} 端往里看的等效电阻为 R，故 $I=\frac{U_{REF}}{R}$。$2R$ 电阻支路上的电流自右向

左从 D_3 到 D_0 依次为$\frac{1}{2^1}I,\frac{1}{2^2}I,\frac{1}{2^3}I,\frac{1}{2^4}I$。这些电流是否流向集成运算放大器的反向输入端,由相应位的数字量来决定,即

$$\begin{aligned}i_1&=\frac{1}{2^1}D_3+\frac{1}{2^2}D_2+\frac{1}{2^3}D_1+\frac{1}{2^4}D_0\\&=\frac{1}{2^4}(D_3\times 2^3+D_2\times 2^2+D_1\times 2^1+D_0\times 2^0)\\&=\frac{U_{REF}}{2^4R}(D_3\times 2^3+D_2\times 2^2+D_1\times 2^1+D_0\times 2^0)\end{aligned}$$

运算放大器的输出电压为 $u_o=-i_1R$,即

$$u_o=-\frac{U_{REF}}{2^4}(D_3\times 2^3+D_2\times 2^2+D_1\times 2^1+D_0\times 2^0) \tag{12-3}$$

式(12-3)表明,输出模拟电压与输入的数字量成正比,从而实现了从数字量向模拟量的转换。5G7520 是 10 位数字量输入的倒 T 形电阻网络集成 D/A 转换器。如图 12-8 所示,T 形电阻网络、模拟开关、求和放大器的反馈电阻都已被集成在芯片中,使用时需要外接求和用集成运算放大器与基准电源,并外接调零电位器。设 $D_0\sim D_9$ 是 5G7520 输入的 10 位数字量,U_{REF} 是基准电压,转换后的输出电压 u_o 为

$$u_o=-\frac{U_{REF}}{2^{10}}(D_9\times 2^9+D_8\times 2^8+\cdots+D_1\times 2^1+D_0\times 2^0)$$

2. D/A 转换器的主要技术指标

(1) 分辨率　是指最小输出电压和最大输出电压之比,它取决于 D/A 转换器的位数。位数越多分辨率越高,如 8 位 D/A 转换器,最小输出电压与数字 00000001 对应,而最大输出电压与数字 11111111 对应。所以,分辨率为$\frac{1}{2^8-1}=\frac{1}{255}=0.003\ 9$。

(2) 精度　指输出模拟电压的实际值和理论值之差,即最大静态误差。误差主要是由参考电压偏离标准值、运算放大器零点漂移、模拟开关的压降、电阻值误差等引起的。

(3) 转换速度　D/A 转换器完成一次转换所需的最大时间。

12.2.2　A/D 转换器

1. A/D 转换器工作原理

A/D 转换器分直接型和间接型两大类。并行 A/D 转换器、计数型 A/D 转换器、逐次逼近型 A/D 转换器属于直接型 A/D 转换器;单积分 A/D 转换器、双积分 A/D 转换器等属于间接型 A/D 转换器。先以逐次逼近型 A/D 转换器为例说明工作原理。

逐次逼近型 A/D 转换器的原理和用天平称物体质量的原理相仿。逐次逼近型 A/D 转换器的原理如图 12-9 所示。它是由数码寄存器、D/A 转换器、电压比较器和控制电路四个基本部分组成。时钟脉冲经控制电路先将数码寄存器最高位置 1,若寄存器是 8 位,则使其输出数字为 10^7。经 D/A 转换器转换成相应的模拟电压 U_t,再送比较器与输入模拟电压 U_1 相比较。如果 $U_1<U_t$,表明数字过大,于是控制电路将寄存器的最高位的 1 清除,变为 0;若 $U_1>U_t$,说明寄存器内的数字比模拟信号小,则寄存器最高位的 1 保留。然后再将寄存器的次高位置 1,同理,寄存器的输出经 D/A 转换器转换并与模拟信号比较,根据比较结果,决定次高位

是清除还是保留。这样逐位比较下去，一直比较到最低有效位为止。显然，寄存器的最后数字量就是模拟电压经 A/D 转换后的数字量结果。

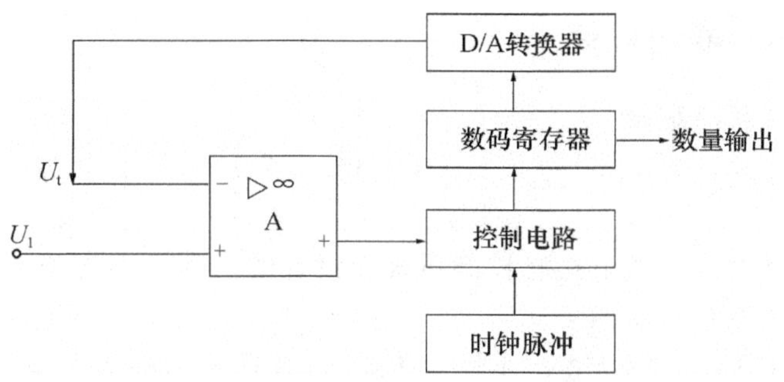

图 12-9　逐次逼近型转换器原理图

ADC0809 是常用的单片 8 位 8 路 CMOS 型 A/D 转换器，接受 8 路外加采样保持模拟信号，输出 8 位数字信号。

2. A/D 转换器的主要技术指标

(1) 分辨率：以二进制代码位数表示，位数越多，量化误差越小，分辨率越高。

(2) 相对误差：指 A/D 转换器实际输出数字量和理想输出数字量之间的差别，通常以最低有效位的倍数表示。例如，给出相对误差小于 LSB/2，这表明实际输出数字量和理论计算出数字量之间的误差不大于最低位 1 的一半。

(3) 转换速度：完成一次 A/D 转换所需的时间，一般低速为 1～30 ms，中速为 50 μs 左右，高速为 50 ns 左右。

3. A/D 转换器的应用

数字式万用表是电工、电子技术中使用非常广泛的测量仪表，其核心即是 A/D 转换器，具有自动化和智能化程度高、测量范围广、读数直观准确、过载能力强、直接显示极性和测量速度快等特点。

数字式万用表电路结构框图如图 12-10 所示。测量时，被测量(电阻、电压、电流)先转换为适当大小的直流电压，直流电压 U 经过量程选择电路加到 A/D 转换器上，将 U 转换成数字量，再经过译码显示电路显示出测量的结果。

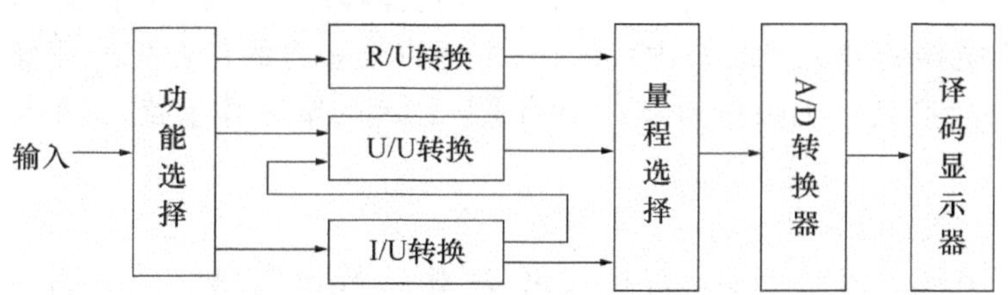

图 12-10　数字万用表电路结构图

12.3　可编程序控制器简介

随着电子技术和计算机的发展，用电子器件实现无触点控制代替电接触控制的有触点控制已成为可能。可编程序控制器(PLC)就是用计算机控制的软逻辑编程方法代替继电接触控制的硬接线逻辑关系的电子设备。

12.3.1 可编程序控制器概述

1. 可编程序控制器的定义

可编程序控制器(programmable controller,PC),但它既不是个人计算机(personal computer,PC),也不是早期的可编程序控制器。早期的可编程序逻辑控制器,即 programmable logic controller ,是仅为代替继电接触控制系统而设计的。为了不与个人计算机(PC)混淆,一般仍将可编程序控制器简称为 PLC。

现代的可编程序控制器是以微处理器为基础,结合计算机技术与自动控制技术而发展起来的新一代工业控制器。它具有逻辑判断、定时、计数、记忆和算术运算、数据处理、联网通信、PLD 回路调节、自适应控制及人工智能等功能。国际电工委员会(IEC)在 1985 年对可编程序控制器的定义:"可编程序控制器是一种数字运算操作的电子系统,专为在工业环境下应用而设计。它采用可编程序的存储器,用来在其内部存储执行逻辑运算、顺序控制、定时、计数和算术运算等操作的指令,并通过数字式和模拟式的输入和输出,控制各种类型的机械或生产过程。可编程序控制器及其有关设备都按易于使工业控制系统形成一个整体,易于扩充其功能的原则设计"。可见,PLC 实际上是一种自动控制系统专用的计算机。

PLC 从诞生到今天,发展异常迅猛,已广泛应用于自动控制的各个领域,并已成为实现工业生产自动化的主要支柱之一。

2. 可编程序控制器的特点

(1) 编程简单易学　梯形图是使用最多的 PLC 的编程语言,其电路符号和表达方式与继电接触控制原理图相似。电气技术人员容易学会、掌握,不存在计算机技术和传统电气控制技术之间的专业"鸿沟"。

(2) 抗干扰能力强,工作稳定可靠　PLC 是专为工业控制现场而设计的,它采取了各种措施来提高抗干扰能力、增强可靠性,主要措施如下:

① 在微处理器与输入、输出电路之间均采用光电隔离,提高了抗干扰能力。

② 采用循环扫描工作方式,提高了抗干扰能力。

③ 内部采用实时监控、自诊断、信息保护与恢复等程序,以保证微处理器可靠工作。

④ 采用防尘抗振的外壳封装及内部结构,可适应较恶劣的工业生产环境。

实验表明,一般产品可抗幅值为 1 kV、时间为 1 μs 的窄脉冲干扰,其平均无故障时间可达数万小时以上。

(3) 使用和维护方便

① 硬件配置方便　PLC 产品已经标准化、系列化、规模化,配备品种齐全的各种硬件装置供用户选择,用户能根据需要灵活方便地进行系统配置。

② 安装方便　PLC 用程序来实现控制,与继电器控制系统相比,大大减少了电器的安装和接线工作。

③ 使用方便　PLC 提供许多内部软继电器供编程使用,且其触点使用次数不受限制,给用户带来很大方便。用户在选用 PLC 时主要考虑输入/输出(I/O)点数,根据实际需要选择主机和扩展模块。

(4) 施工周期短　在控制系统设计完成后,PLC 的用户程序可在实验室模拟调试,同时可进行系统的安装和接线。在现场统调过程中发现问题一般可通过在线修改解决。

3. 可编程序控制器的组成

PLC 是以微处理器为核心的电子系统,它与计算机的电路相似,其内部结构如图 12-11 所示。

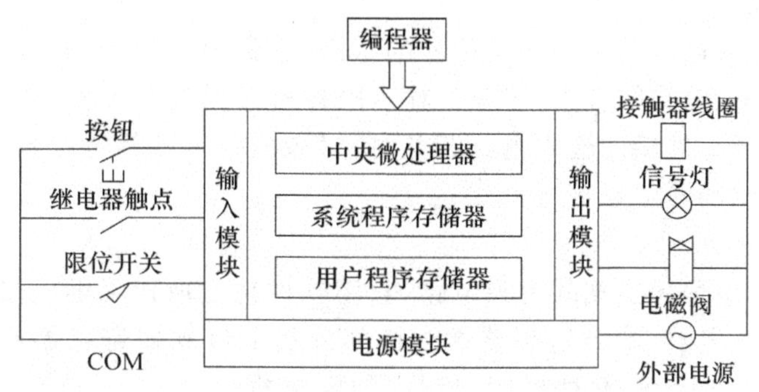

图 12-11　可编程控制系统硬件简化图

(1) CPU 模块:CPU 模块是 PLC 的"大脑",包括中央微处理器 CPU、系统程序存储器和用户程序存储器。

① 中央微处理器 CPU　它不断地采集输入信号,执行用户程序,刷新系统的输出。

② 系统程序存储器　用来存放系统的管理程序、监控程序、指令解释程序、功能子程序和系统诊断程序等。系统程序在出厂前已固化,用户不能改变。

③ 用户程序存储器:用来存放用户根据生产过程和工艺要求编制的应用控制程序。这些程序可通过编程器改写。

(2) I/O 模块:输入模块用来接收现场设备的控制信号,如限位开关、操作按钮、传感器信号等,并将这些信号转换成中央微处理器能够接收和处理的数字信号。输出模块则相反,它接收经过中央处理器处理过的输出数字信号,并把它转换成被控设备或显示设备所能接收的电压或电流信号,以驱动电磁阀、接触器等电气设备。

(3) 电源模块:电源模块的作用将交流电源转换成 PLC 内部电路所需要的直流电源。

(4) 编程器:编程器是 PLC 重要的外围设备。PLC 通过编程器输入、检查、修改、调试用户程序,也可用它来随时监视 PLC 的工作情况。

4. PLC 的生产厂家及型号

当前 PLC 的生产厂家有数百家,我国用户熟悉的主要有日本三菱公司的 F1、FX2、FX2N、A 系列等;欧姆龙(OMRON)公司生产的 C 系列;东芝公司的 EX 系列;西门子公司的 S7-200、S7-300、S5-95U、S5-135U;美国通用电气(GE)公司的 GE ONEJR、GEONE PLUS 等;A-B 公司的 SLC-500、SLC-100、PLC-3 等。

各厂家的产品从小型到大型分为许多型号,不同型号名有不同的含义。例如型号 FX2N-24MR 的含义如下:FX2N 表示系列名;24 为输入/输出的总点数;数字后的第一个字母 M 表示基本单元,若为 E 则表示扩展单元;数字后面的第二个字母表示输出类型,R 表示继电器输出,S 表示晶闸管输出,T 表示晶体管输出。

12.3.2 可编程序控制器的基本工作原理

1. 可编程序控制系统的等效电路

可编程序控制系统的等效电路可分为三部分,即输入部分、内部控制部分和输出部分。

1) 输入部分

输入部分用来收集并保存被控对象的信息或操作命令。在可编程序控制器的存储器中,设置了一片区域来存放输入信号和输出信号的状态,它们分别称为输入映像寄存器和输出映像寄存器。外接的输入电路闭合时,对应的输入映像寄存器为1状态,梯形图中对应的动合触点接通,动断触点断开。外接的输入电路断开时,对应的输入映像寄存器为0状态,梯形图中对应的动合触点断开,动断触点接通。

2) 内部控制部分

内部控制部分是由程序实现的逻辑电路,它用软件功能取代了继电接触控制系统中大量的中间继电器、时间继电器、计数器等器件。该部分从I/O映像寄存器或别的位元器件的映像寄存器中读出其0、1状态,并根据用户程序的要求执行相应的逻辑运算,运算结果写入到相应的映像寄存器中。因此,各映像寄存器的内容随着程序的执行而变化。用户程序常用梯形图语言编写,它类似继电接触控制电路的原理图,只是图中元器件的符号表示方式不同。图12-12给出了常见的几个器件与继电接触控制电路相对应的图形符号。

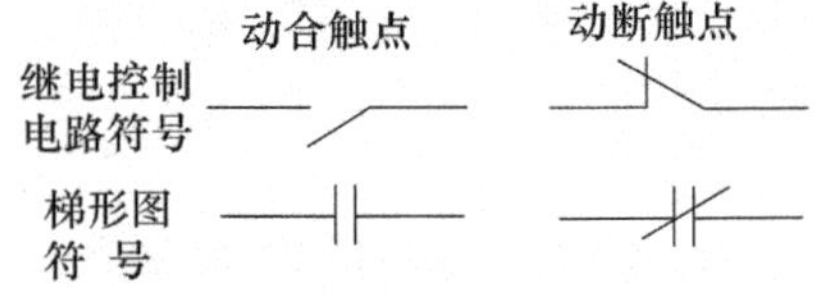

图 12-12 常用器件对应的图形符号

继电接触控制电路中,继电器的触点可以是瞬间动作,也可以是延时动作;而PLC电路中的触点是瞬时动作的,延时时限通过编程设定。PLC中还设有计数器,辅助继电器等。PLC对这些器件的逻辑控制功能,均由编程实现。

3) 输出部分

输出部分根据输出寄存器的状态驱动相应的外部负载,控制系统运行。

2. 可编程序控制器的基本工作原理

下面以笼型三相异步电动机启动、停止的控制电路为例,说明由PLC构成控制系统的基本工作过程。图12-13是该电动机的继电接触控制电路。

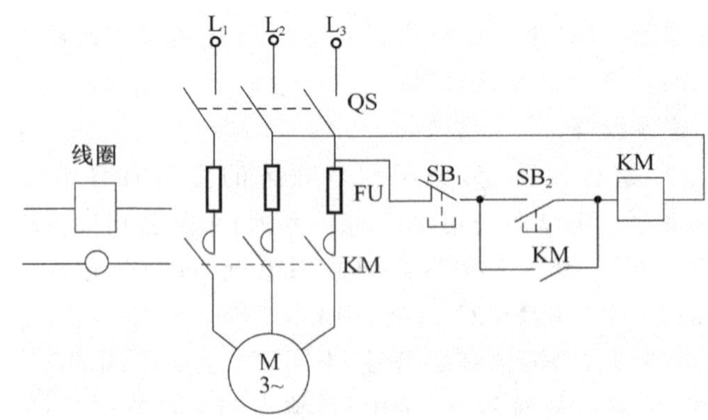

图 12-13 三相异步电动机继电控制电路

图 12－14(a)是用三菱 FX2 系列 PLC 组成的三相异步电动机启动、停止控制电路，主电路与图 12－13 中的主电路相同。控制电路由 PLC 与外部输入、输出电路组成。图 12－14(a)是 PLC 接线图，图 12－14(b)是梯形图。PLC 的输入端 X00 接启动按钮 SB_2，X01 接停止按钮 SB_1，输出端 Y30 接交流接触器的线圈 KM，输出公共端(COM)接电源。输入回路电源由 PLC 直流 24 V 提供；输出回路电源则由交流电源供给。

用编程器将图 12－14(b)的梯形图程序输入 PLC 内，PLC 就可按照设定的控制方式工作。当 SB_2 按下时，内部控制电路中的动合触点 X00 闭合，因 SB_1 未按下，动断触点 X01 仍然闭合，使输出继电器 Y30 线圈接通，并且 Y30 的动合触点闭合实现自锁，从而使接触器线圈 KM 通电，则主电路中 KM 接通，电动机运转。当 SB_1 按下时，动断触点 X01 断开，输出继电器线圈 Y30 断开，接触器 KM 线圈失电，电动机停转。

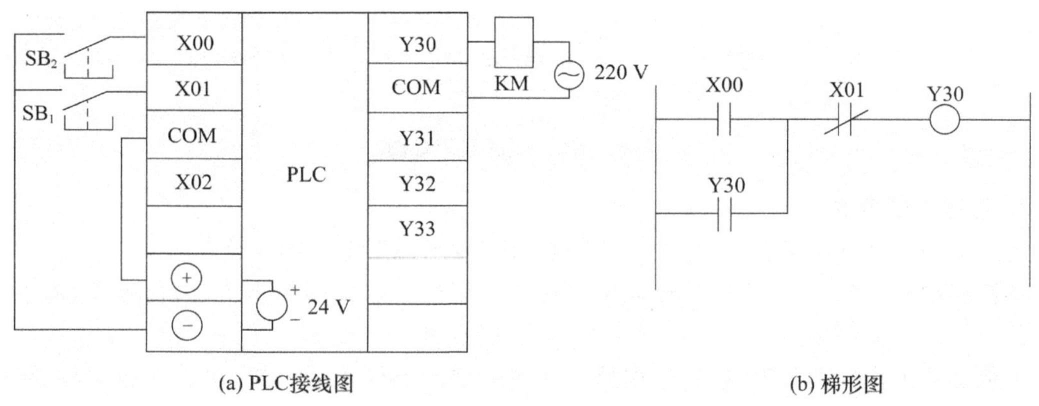

(a) PLC接线图　　(b) 梯形图

图 12－14　用 PLC 实现三相感应电动机启动与停止对比图

从以上例子可以看出，继电接触控制系统是将各个独立的器件及触点用硬接线连接来实现控制。PLC 则把这种控制用程序(软件编程)形式存放在存储器中，程序代替了继电器控制的各种线、触点和连线。当要改变控制要求时，只需改变程序即可，所以，PLC 给自动控制带来了极大的灵活性和通用性。

※12.4　传感器简介

12.4.1　传感器概述

1. 传感器

在现代工业生产中，为了检查、监督和控制某个生产过程或运动对象，使它们处于过程的最佳状态，就必须掌握描述它们特性的各种参数，因此就需要测量这些参数的大小、方向、变化和速度等。这些参数就其电学特征来分，可分为电量和非电量。电量一般指电流、电压、脉冲等；非电量一般包含物理量、化学量、工业量、感觉量四种。位移、速度、力、压力、加速度、温度等参数的测量最为常见。

传感器是一种以测量为目的，以一定的精度将被测量转换为与之有确定关系，易于处理和测量的某种物理量(主要是电学量)的测量装置或部件。各种高技术的智能设备、机电及家用电器设计水平的高低,主要取决于使用传感器的数量与质量的不同。传感器是智能化高技术的前驱和象征。

2. 传感器的组成

传感器一般由敏感元器件、传感元器件和基本转换电路组成,如图12-15所示。敏感元器件是直接感受被测量(一般是非电量),并输出与被测量有确定关系的其他量,如弹性敏感元器件将力转换为位移输出。

传感元器件将敏感元器件输出的非电量(如位移)转换为电参量(如电阻、电感、电容)。

基本转换电路是将电参量转换成便于测量的电量,如电压、电流、脉冲等。

传感器的组成并不完全一样,有的传感器只有敏感元器件;有的传感器由敏感元器件和传感元器件组成;还有的传感器由敏感元器件和基本转换电路组成。

图12-15 传感器示意图

3. 传感器的分类

传感器的分类方法很多,一般按被测物理量和传感器工作原理分类。

按被测物理量分类时,能明确地表示传感器的用途。如位移传感器、力传感器、温度传感器等。

按传感器工作原理分类时,即根据检测变换原理的不同进行分类,可分为电阻传感器、电感传感器、电容传感器、电热传感器和光电传感器等。

12.4.2 几种常用传感器简介

1. 测力传感器

在机械制造中,无论是生产过程或检测过程,常需要对各种力进行分析研究及检测。测力传感器主要有电阻应变式、电容应变式、压力应变式等形式。其中,电阻应变式传感器测量范围宽、精度高、动态性能好、寿命长、体积小、质量轻、价格便宜,可在恶劣条件(高度、振动、腐蚀等)下工作,因而应用范围最广。

在电阻应变式传感器中,首先由弹性敏感元器件把力转换成应变式位移,然后再经转换电路转换成电量输出。

1) 弹性敏感元器件

弹性敏感元器件是许多传感器的基本元器件。弹性敏感元器件根据感受的物理量不同,可分为力敏感型、压力型和温度敏感型,其中力敏感型弹性元器件是能够感受力的变化,并将其转换成位移(或应变)的弹性敏感元器件。常见的结构形式有柱式和梁式。

柱式弹性元器件可以是实心柱体或空心柱体,如图12-16所示。其主要特点是加工方便、结构简单,适用于拉力测量和称重系统,能承受较大载荷。

梁式弹性器件是一端固定、另一端自由的弹性器件,又称悬梁。按其截面形状又可分为等截面悬臂梁和变截面悬臂梁,如图12-17所示。其主要特点是结构简单、灵敏度高,适用于小载荷测量。

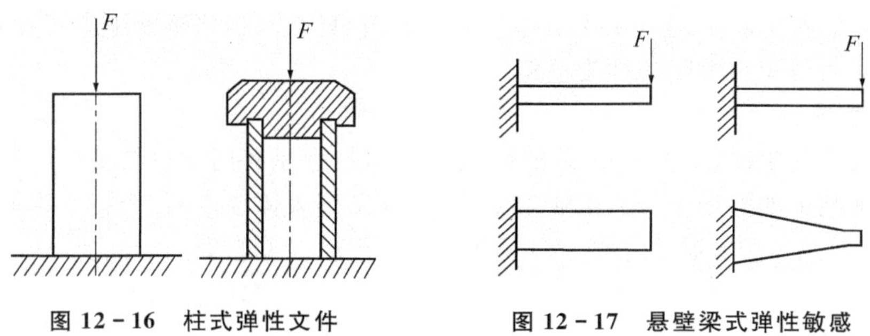

图 12－16　柱式弹性文件　　图 12－17　悬壁梁式弹性敏感

2）电阻应变式传感器

电阻应变式传感器可分为张丝式和应变式。其中应变式传感器的工作原理，是利用粘接剂将电阻应变片粘贴在被测试件表面上，并随同被测试件一起受力变形，从而使应变片的电阻值产生相应的变化。通过适当的测量电路，将电阻的变化量转换成相应的电流或电压信号，即可实现对被测试件产生形变的电测量。

电阻应变片可分为金属电阻应变片和半导体应变片。这里主要介绍金属电阻应变片。

金属电阻应变片常见的形式有金属丝式、箔式和薄膜式应变片。其工作原理是基于金属的电阻应变效应。

(1) 电阻应变效应：金属导体的电阻随着受外力作用发生机械形变的大小而变化的现象称为金属的电阻应变效应。如金属电阻丝受张力作用而变细，其电阻值增大。

设有一根长 L、截面积为 S、电阻率为 ρ 的金属丝，其电阻值为 $R=\rho\dfrac{L}{S}$。

如果该电阻丝在轴向应力作用下，长度变化 ΔL、截面积变化 ΔS，电阻率为 ρ，则电阻 R 也将随之产生一个 ΔR。

(2) 金属电阻应变片结构：金属电阻应变片式传感器基本结构有弹性元器件、应变片、测量桥路三部分。

使用应变片式传感器进行力的测量时，首先要选择合适的应变片粘贴在被测试件上。当被测试件受力产生应变和应力时，粘贴在其上的应变片也会受力产生应变，其结果是应变片的电阻值也发生变化。这样就把这个非电量转换为电阻量，而电阻的测量通常借助于电桥电路。

图 12－18 所示为电桥的基本电路。图中，R_1、R_2、R_3、R_4 为电桥的四个桥臂电阻，电桥的供电电源可以是直流电源，也可以是交流电源。

为了调整方便，通常采用四个桥臂电阻值相等的等臂电桥或用两相邻桥臂电阻值相等的对称电桥。当桥臂电阻无变化时，电桥处于平衡状态输出电压为零；当桥臂电阻有变化时输出一个与电阻变化成正比的电压值。

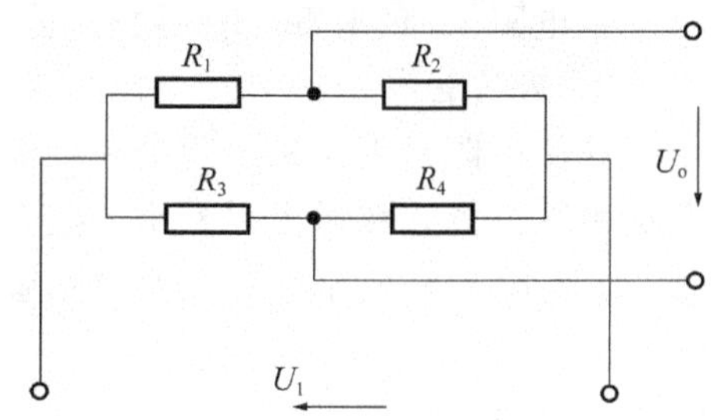

图 12－18　桥式转换电路

如果把应变片式传感器中的电阻应变片作为电桥的桥臂电阻接在电路上，那么应变片受力产生的电阻的改变，可以转换为电桥电压值的变化。被测试件受力值的测量过程可以简单示意如下：

力的变化(ΔF)→应变(ε)→应变片电阻变化(ΔR)→桥路电压的变化。

若电桥四个桥臂电阻都用应变片则称为全桥式;若只有两相邻桥臂用应变片则称半桥式;若只有一个桥臂为应变片电阻的称为单臂式。

2. 温度传感器

温度是与人类的生活、工作关系最为密切的物理量,也是各门学科与工程研究设计中经常遇到和必须精确测定的物理量。从工业炉温、环境气温到人体温度,各个技术领域都离不开测温和温控。在工业生产中,温度的测量和控制对改善产品性能与提高产品质量,对生产过程的自动检测与自动控制等具有重要意义。下面介绍几种常用的温度传感器。

1) 热电阻

热电阻主要是利用导体的电阻随温度变化这一特性来测量温度的。目前广泛应用的热电阻材料是铂和铜。

(1) 铂电阻:铂电阻的物理、化学性能在高温下和氧化介质中很稳定。它能用做工业测量元件和作为温度标准。铂的性能最稳定,采用特殊结构可制成标准铂电阻温度计。它的使用范围为−200～+600 ℃。工业用铂电阻如图12-19所示,一般是将铂丝绕在带有螺旋沟槽的玻璃或云母板上,外加不锈钢护套,也可将绕好的铂丝套入玻璃管熔炒封装。

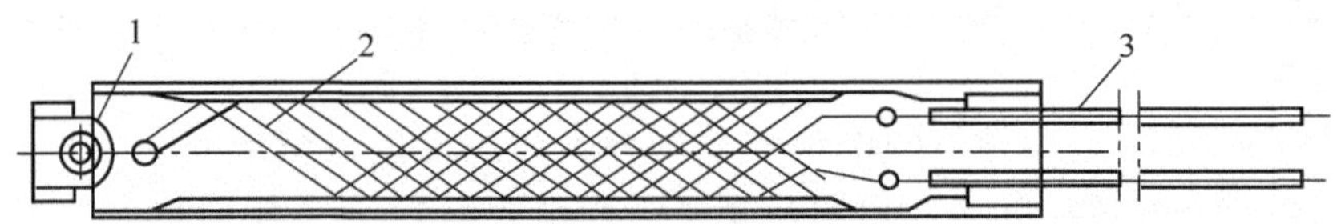

图12-19 铂电阻结构

1—测温段;2—铂丝;3—热电极

铂电阻阻值不仅与温度 t 有关,还与温度在0 ℃时的铂电阻值有关。目前,国内统一设计的工业用铂电阻的 R_0 值有10 Ω、100 Ω等几种。将 R_t 与 t 相应关系列成表格称其为铂电阻分度表,分度号分别用Pt10、Pt100表示。

(2) 铜电阻:铜电阻价廉且线性特性好,但温度高时易氧化。当测量精度要求不高,测量范围不大时,可以用铜电阻代替铂电阻使用。在−50～+150 ℃时,铜电阻呈线性关系,即:$R_t=R_0(1+at)$。

铜电阻 R_0 值有50、100两种,分度号分别用Cu50、Cu100表示。

2) 热敏电阻

热敏电阻是近年来出现的一种新型半导体测温元件,主要是利用半导体的电阻随温度变化的特性测温。热敏电阻是由一些金属氧化物,如钴、锰、镍等氧化物,采用不同比例配方等组成,如图12-20所示。它主要由热敏电阻、引线和壳体组成。

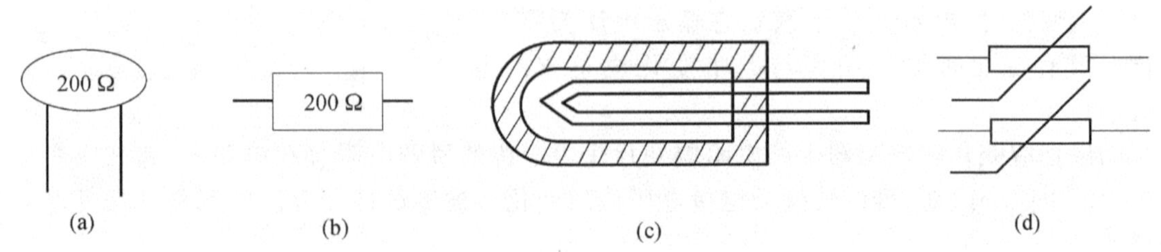

图12-20 热敏电阻结构外形用符号

热敏电阻按温度系数可分为正温度系数型(PTC)、负温度系数型(NTC)和临界温度系数型(CTR),它们的特性曲线如图 12－21 所示。其纵坐标 ρ 代表各种热敏电阻的电阻率,横坐标 t 代表温度。CTR 热敏电阻是一种具有开关特性的负温度系数热敏电阻,有一阻值急剧转变的温度,这一温度称为临界温度,当热敏电阻的温度高于临界温度时,电阻率急剧下降,呈现出很小的电阻。此特性可用于自动控温和报警电路中。

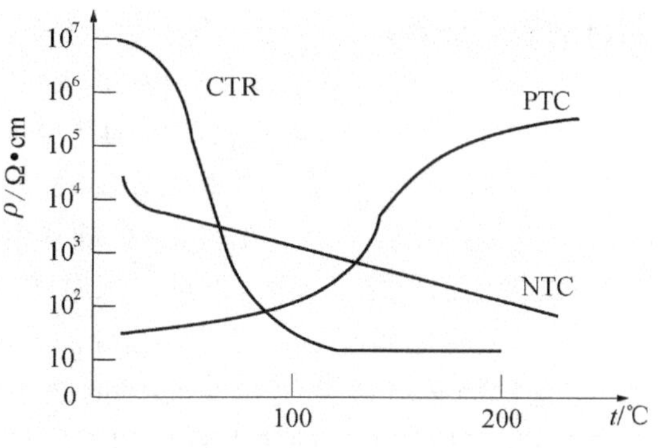

图 12－21　各种热敏电阻特性曲线

热敏电阻用于工程控制、温度补偿、家用电器控温等工程技术中。用于测温时,要求通过电流小,注意线性化处理。

热敏电阻更广泛的应用是用于工业控温或仪器的温度补偿,若温度控制范围为－20～＋60 ℃,则控制精确度可达±0.1 ℃。

3) 热电偶

热电偶是利用热电动势效应制成的温度传感器。它具有精度高、测温范围宽、结构简单、使用方便、可远距离测量等优点,广泛用于轻工、冶金等工业领域的温度测量、调节和自动控制等方面。

(1) 热电动势效应　将两种不同材料的导体构成一闭合回路,若两个连接点处温度不同,则回路中产生电动势,从而形成电流,这个物理现象称为热电动势效应,简称热电效应。在图 12－22 所示的回路中,把 A、B 两导体的组合称为热电偶,A、B 两种导体称为热电极,两个连接点在 T 端称为工作端或热端,T_0端称为自由端或冷端。

热电动势由接触电动势和温差电动势两部分组成,其大小只与两材料和两接点的温度有关。而与热电偶的尺寸形状及材料的中间温度无关。热电动势记作 $E_{AB}(t,t_0)$。

有的热电偶回路中接入第三种材料的导体,只要第三种导体的两端温度相同,则这一导体的引入将不会改变原来热电偶的热电动势大小,如图 12－23 所示。其中 C 导体两端温度相同,这一点很重要,它为热电偶测量时加入测量引线带来方便。

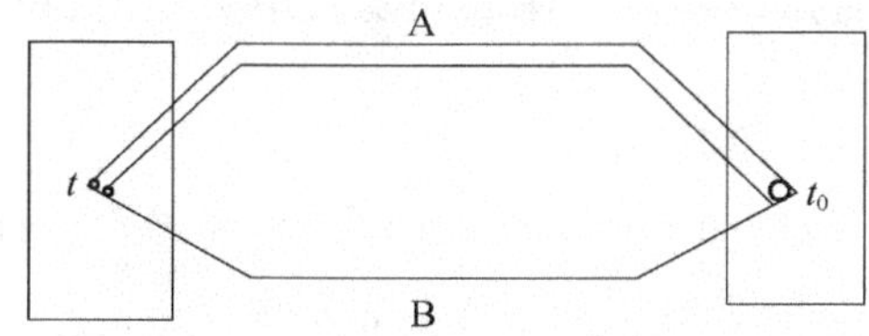

图 12－22　热电偶原理图

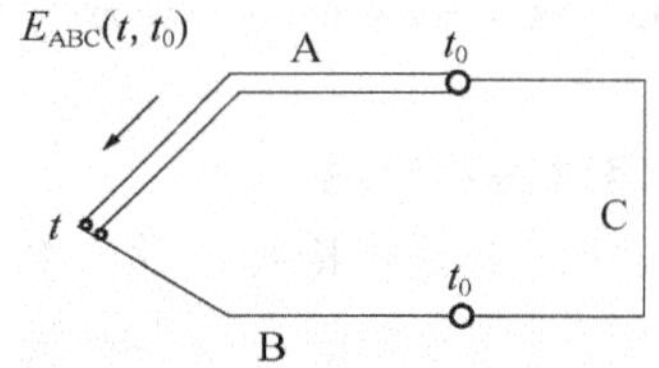

图 12－23　有中间导体的热电偶回路

热电偶的热电动势一般情况和两端点温度 t、t_0 都有关。如果保持自由端(冷端)温度恒定,取为 0 ℃,则热电动势仅为被测端温度的单值函数。热电偶的分度表(温度与热电动势关系的对应数据表格)和根据分度表刻度的显示仪表都是以热电偶的自由端温度等于 0 ℃为条件的。

实际使用中,自由端温度通常不是 0 ℃,当热电偶自由端温度 t>0 ℃,但 t_0 基本恒定时,

得到的热电动势 $E_{AB}(t,t_0)<E_{AB}(t,0\ ℃)$。根据热电偶的性质有

$$E_{AB}(t,0\ ℃)=E_{AB}(t,t_0)+E_{AB}(t_0,0\ ℃)$$

式中,$E_{AB}(t,t_0)$是毫伏表直接测到的热电动势。查热电偶的分度表得到 $E_{AB}(t_0,0\ ℃)$,根据该式求出 $E_{AB}(t,0\ ℃)$,最后再根据分度表查出被测温度 t。

热电偶冷端温度 t_0变化时,会影响热电动势值,因而要求冷端恒温。可用冰保温瓶恒定在 0 ℃,或用恒温器保证 t_0值,也可以用电子补偿电路进行恒温补偿。

为了使热电偶冷端不受高温热源的影响,冷端基本保持恒定或较小波动,可把热电偶做得很长,这样势必造成使用贵重金属的热电偶耗费加大。人们往往采用在一定范围内(0~100 ℃)与工作热电偶的热点特性相近的材料制成导线,用它将热电偶的冷端延长至需要的地方,这样一种方法称为补偿导线法,这导线称为补偿导线。使用补偿导线仅起延长热电偶的作用,不起任何温度补偿作用。

使用补偿导线必须注意两点:一是两根补偿导线与热电偶两个热电极的接点必须具有相同的温度;二是各种补偿导线只能与相应型号的热电偶配用,而且必须在规定的温度范围内使用,极性切勿接反。

(2) 热电偶的测温电路　图 12-24 所示是一个热电偶直接和仪表配用测量某点温度的电路。图中,A、B 为热电偶,A′、B′为补偿导线,C 为铜接线柱,D 为铜导线。

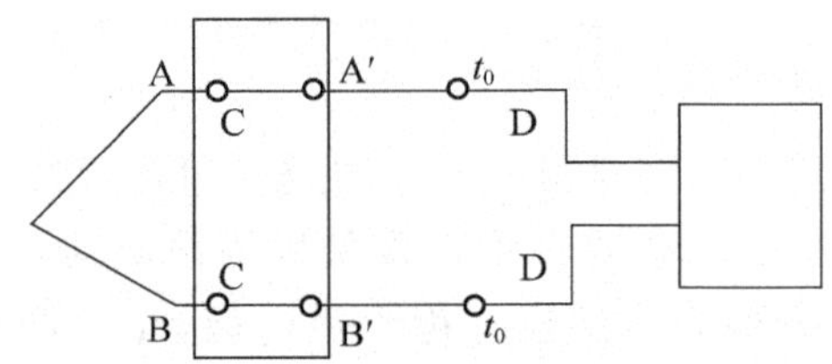

图 12-24　测量某点温度的基本电路

单元小结

本章通过对 555 定时器、D/A 转换器和 A/D 转换器、可编程序控制器、传感器等典型器件介绍,拓宽了电工电子技术的应用电路,但更多的知识要在专业课和实践中去学习、积累和提高。

1. 555 定时器及应用

(1) 555 定时器是将模拟电路和数字电路集于一体的集成电路,外接适当的阻容元件,就可组成多谐振荡器、单稳态触发器和施密特触发器等脉冲波形的产生与整形电路。

(2) 555 定时器电路是由电压比较器、三个阻值均等电阻组成的分压器、基本 RS 触发器、放电三极管等组成。典型器件为八个引出端子的 NE555;其主要功能取决于电压比较器。

(3) 施密特触发器可以把不规则的输入波形变为良好的矩形波信号,在脉冲电路中常用作波形的变换、波形的整形和脉冲幅度的鉴别等。

(4) 单稳态触发器是只有一种稳定状态的电路。在没有外加输入信号变化时,电路将保持这一稳定状态;当有外加触发脉冲作用时,电路能够从稳定状态翻转到一种与其相反的状态,电路将在这一状态维持一定(可控、较短)时间,电路依靠自身的作用又将自动返回到稳定

状态。因为与稳定状态相反的状态不能长久保持，所以把它称为暂稳状态。由于单稳态触发器有可以控制的暂稳状态，故被广泛应用在脉冲波形变换、模拟声响发生器、自动控制电路的定时和延时等电子电气设备中。

2. 转换器

（1）实现数字信号转换为相应模拟信号的电路称为 D/A 转换器，又称数/模转换器（简称 DAC）。常用的 D/A 转换器有权电阻 D/A 转换器、R—$2R$ 的 T 形电阻 D/A 转换器、倒 T 形电阻 D/A 转换器等几种类型。

（2）实现模拟信号转换为相应数字信号的电路称为 A/D 转换器，又称模/数转换器（简称 ADC）。常用的 A/D 转换器分直接型和间接型两大类：并行 A/D 转换器、计数型 A/D 转换器、逐次逼近型 A/D 转换器，这些转换器均属于直接型 A/D 转换器；单积分 A/D 转换器、双积分 A/D 转换器等属于间接型 A/D 转换器。

3. 可编程序控制器

（1）可编程序控制器（programmable controller）是一种数字运算操作的电子系统，是专为工业环境应用而设计的。它采用一类可编程的存储器，其内部用于存储程序，执行逻辑运算、顺序控制、定时、计数与算术操作等面向用户的指令，并通过数字或模拟式输入、输出来控制各种类型的机械或生产过程。

（2）可编程序控制器是以微处理器为核心的电子系统，它与计算机的电路相似，由 CPU 模块、I/O 模块、电源模块和编程器等四部分组成。

（3）可编程序控制系统的等效电路可分为输入、内部控制和输出三部分。可编程序控制器的输入部分，主要是运用存储器收集并保存被控对象的信息或操作命令；内部控制部分，主要是运用软件功能取代了继电接触控制系统中大量的中间继电器、时间继电器、计数器等器件，由程序实现的逻辑电路；输出部分，主要根据输出寄存器的状态驱动相应的外部负载，控制系统运行。

4. 传感器

能被感受或测量并按照一定的规律转换成可用输出信号的器件或装置称为传感器，通常由敏感元器件和转换元器件组成。传感器的种类很多，一般有压力（测力）传感器、温度传感器、光电传感器、霍耳传感器和超声波传感器等。

思考题与习题

12－1　试简述 555 定时器的基本电路组成，其控制电压有何作用？

12－2　在数字系统中，为什么要进行 A/D 或 D/A 转换？

12－3　试简述 A/D 转换的步骤及基本原理？

12－4　可编程序控制器有哪几部分组成，各有什么作用？

12－5　可编程序控制系统与传统的继电接触控制系统有何区别联系？

12－6　试简述传感器的基本组成和功能。

附录　思考题与习题参考答案

第1章　直流电路

1-1　图(a)消耗功率20 W；图(b) 消耗功率15 W；图(c) 发出功率24 W；图(d) 发出功率8 W

1-2　6 kW·h

1-3　1 000V，0.1 A

1-4　3 A

1-5　图(a)电压源消耗功率8 W,电流源发出功率24 W,3 Ω电阻消耗功率12 W,1 Ω电阻消耗功率4 W;图(b)电压源消耗功率8 W,5 A电流源发出功率40 W,3 A电流源发出功率3 W，2 Ω电阻消耗功率8 W,3 Ω电阻消耗功率27 W

1-6　1 A,0.5 A,0.5 A

1-7　1.2 A,1.6 V

1-8　20 V,20 A,负载1 Ω时功率最大,最大功率是100 W

1-9　4.5 A,2.5 A

1-10　2 A

1-11　图(a)6 V;图(b)8 V

1-12　5 V,$\frac{7}{3}$ Ω

1-13　2 A

1-14　6 V

1-15　5 Ω,20 W

第2章　正弦交流电路

2-1　50 Hz，0.02 s，314 rad/s，14.14 V，10 V，45°

2-2　15°,电压超前电流

2-3　2 A，440 W

2-4　10 Ω，11 A，0 W，1 210 var

2-5　100 Ω，200 V，0 W，400 var

2-6　40 Ω，47.8 mH

2-7　15 Ω，63.7 mH

2-8　16.1 Ω

2-9　44 A，176 Ω，132 V，7 744 W，5 808 var，9 680 V·A，0.8

2-10　551.6 kΩ，2 V

2-11　(8−j6) Ω，$i=10\sqrt{2}\sin(\omega t-66.9°)$ A，$u_R=80\sqrt{2}\sin(\omega t+66.9°)$ V，$u_L=60\sqrt{2}\sin(\omega t+23.1°)$ V，$u_C=120\sqrt{2}\sin(\omega t-156.9°)$ V，800 W，600 var，1 000 V·A，0.8

2-12　581.4 kHz，0.5 A，1 666.7 V，166.7

2-13　712.1 kHz

2-14　5.09 μF，0.19 A

2-15　0.454，0.831，5.467 A

2-16　0.63,20.24 A,138.7 μF

2-17　11 A，5 118.5 W

2-18　$\dot{I}_{UV}=3.8\angle-30°$ A，$\dot{I}_{VW}=3.8\angle-150°$ A，$\dot{I}_{WU}=3.8\angle 90°$ A。$\dot{I}_U=6.58\angle-60°$ A，$\dot{I}_V=6.58\angle-180°$ A，$\dot{I}_W=6.58\angle 60°$ A

2-19　3.8 A，6.58 A，2.165 kW

2-20　0.454 A,0。若V相开路,V相负载0 V,U相及W相负载承受220 V电压,V相电流0 A,U相及W相负载电流0.454 A。若V相和中线同时断开,V相负载0 V,U相及W相负载各承受190 V电压，V相电流0 A,U相及W相负载电流0.392 A。

2-21　11 A,5 808 W,19.1 A,5 808 W

第3章　磁路及铁芯线圈电路

3-1　**答:**磁场的基本物理量有磁感应强度、磁通、磁导率、磁场强度和磁位差。

3-2　**解:**由公式 $\Phi=BS$ 得

$$B=\frac{\Phi}{S}=\frac{20\times10^{-4}}{20\times10^{-4}}\text{Wb/m}^2=1\ \text{Wb/m}^2$$

再由公式　$H=\frac{B}{\mu}$得

$$H=\frac{B}{\mu}=\frac{1}{4\pi\times10^{-7}}\text{A/m}=796\ 178\ \text{A/m}$$

所以又由公式　$Hl=Nl$ 得

$$I=\frac{Hl}{N}=\frac{796\ 178\times2\pi\times15\times10^{-2}}{2\ 000}\text{A}=375\ \text{A}$$

3-3　**答:**磁性材料按其磁滞回线的形状不同,可以分为三种类型。

(1) 软磁材料　其特点是 μ_r 大,易磁化、易退磁(起始磁化率大)。饱和磁感应强度大,H_c 小,磁滞回线的面积窄而长,损耗小。常用的有纯铁、硅钢、坡莫合金(Fe,Ni)、铁氧体等。在应用中,常用于继电器、电动机以及各种高频电磁元器件的磁芯、磁棒。

(2) 硬磁材料　其特点是 H_c 大(>102 A/m),B_r 大,磁滞回线的面积大而宽,损耗大。常用的有钨钢、碳钢、铝镍钴合金等。在应用中,常用于制造永久磁铁,如磁电式电表中的永久磁铁,耳机中的永久磁铁、永磁扬声器等。

(3) 矩磁材料　其特点是 $B_r=BS$,H_c 不大,磁滞回线是矩形。常用的有锰镁铁氧体、锂锰铁氧体等。在应用中,常用于记忆元件,当正脉冲产生 $H>H_c$ 使磁心呈 $+B$ 态,则负脉冲产生 $H<-H_c$ 使磁心呈 $-B$ 态,可作为二进制的两个态。

3-4 **答:**由于铁芯的磁导率比周围空气和其他物质的磁导率高得多,因此磁通的绝大部分经过铁芯而形成一个闭合路径。这种由铁磁材料组成的磁通集中通过的路径称为磁路。

3-5 **解:**由已知条件得 $N=300$,$B=0.8\ \text{T}$,$l=0.45\ \text{m}$

(1) 当铁芯材料为铸铁时,查表得 $H=682\ \text{A/m}$

再由公式 $NI=Hl$ 得 $I=\dfrac{Hl}{N}=\dfrac{682\times0.45}{300}\text{A}=1.02\ \text{A}$

(2) 当铁芯材料为硅钢片时,查表得 $H=340\ \text{A/m}$

再由公式 $NI=Hl$ 得 $I=\dfrac{Hl}{N}=\dfrac{340\times0.45}{300}\text{A}=0.51\ \text{A}$

3-6 **解:**由已知条件得 $\Phi=0.001\ 4\ \text{Wb}$,$S=20\ \text{cm}^2$,由公式得 $B=\dfrac{\Phi}{S}=\dfrac{0.001\ 4}{20\times10^{-4}}\text{T}=0.7\ \text{T}$,再查表得 $H=584\ \text{A/m}$,又由公式 $Hl=NI$ 得 $I=\dfrac{Hl}{N}=\dfrac{584\times0.5}{1\ 000}\text{A}=0.29\ \text{A}$,所以线圈中应该通入 0.29 A 的电流。

3-7 **解:**由已知得 $l_0=0.008\ \text{m}$,$l_1=0.392\ \text{m}$,$\Phi=0.000\ 42\ \text{Wb}$,由图可知,$S=2\times3\ \text{cm}^2=6\ \text{cm}^2=0.000\ 6\ \text{m}^2$ 所以 $B=\dfrac{\Phi}{S}=\dfrac{0.000\ 42}{0.000\ 6}\ \text{T}=0.7\ \text{T}$。

在铁芯中,查表得到铁芯中的 $H_1=584\ \text{A/m}$,而在空气隙中,$H_0=\dfrac{B}{\mu}=\dfrac{0.7}{4\pi\times10^{-7}}\text{A/m}=0.56\times10^6\ \text{A/m}$。

总磁通势 $IN=\sum(H_0l_0+H_1l_1)=(0.56\times10^6\times0.008+584\times0.392)\text{A}=(4\ 480+584.4)\text{A}=4\ 708.9\ \text{A}$。

3-8 **答:**变压器铁芯结构和绕组结构如下,铁芯一般用磁性能好的材料制成,其作用是构成闭合的磁路,以增强磁感应强度,减小变压器体积和铁芯损耗。常用的铁芯的形式有芯式和壳式,线圈有两个或两个以上的绕组,其中接电源的绕组称为初级线圈,也称一次绕组或原边绕组,常用字母 N_1 表示。其余的绕组称为次级线圈,也称二次绕组或副边绕组,常用字母 N_2、N_3 等表示。

3-9 **答:**如果变压器一次绕组的匝数增加一倍,而所加电压不变,则根据公式 $\dfrac{I_1}{I_2}\approx\dfrac{U_2}{U_1}=\dfrac{N_2}{N_1}=\dfrac{1}{k}$ 可知,当 N_1 增加一倍,而 U_1 不变则励磁电流将增大一倍。

※3-10 **解:**由已知条件得到 $l=18\ \text{cm}$,$S=12\ \text{cm}^2$,$N=300$,$I=300\ \text{mA}$。

(1) 该磁路的磁通势为 $NI=300\times300\times10^{-3}\text{A}=90\ \text{A}$,

再由公式 $H=\dfrac{NI}{l}=\dfrac{90}{0.18}\ \text{A/m}=500\ \text{A/m}$,查表得 $B=0.97\ \text{T}$。

(2) 如保持磁通不变,改用铸铁作为铁芯材料,则查图得 $H=1\ 000\ \text{A/m}$,磁通势

$$Hl=1\ 000\times18\times10^{-2}\text{A}=180\ \text{A}$$

(3) 磁通势为 772 471A,励磁电流为 1 544 A。

3-11 **解:**在忽略变压器一、二次边线圈阻抗和漏磁通条件下,一次边电流 $I_1=\dfrac{10\times10^3}{3\ 300}=$

3.03 A；二次边电流 $I_2=\dfrac{10\times10^3}{220}=45.45$ A；变压器可接 $n=\dfrac{I_2}{I'}=45.45/60/220=168$ 盏白炽灯。

3-12　**答：**由于自耦变压器的一、二次之间有电的联系，当高压侧发生接地或二次绕组断线等故障时，高压将直接蹿入低压侧造成人身事故；其次，一次和二次不能接错，否则很容易造成电源被短路或烧坏自耦变压器。另外，当自耦变压器绕组接地端误接到电源相线时，即使二次电压很低，人触及二次任一端时均有触电的危险。因此，自耦变压器不允许用做安全变压器。

3-13　**答：**（多）绕组产生同向磁通时对应的电流流入端（或出端），称为绕组的同极性端（俗称同名端）。判断同名端的方法有如下两种。

（1）交流法　将两个绕组 1—2 和 3—4 的任意两端（如 2 和 4）连接在一起，在其中一个绕组两端加一个较小的交流电压，用交流电压表分别测量 1—3 和 3—4 两端的电压 V_{13} 及 V_{34}，如图 3-27(a)所示。若 $V_{13}=V_{12}+V_{14}$，则 1 和 4 同极性；若 $V_{13}=|V_{12}-V_{34}|$，则 1 和 3 同极性。

（2）直流法　直流法测绕组同极性端的电路如图 3-27(b)所示，闭合 S 之瞬间，若毫安表正摆，则 1、3 同极性；若毫安表反摆，则 1、4 同极性。

第 4 章　电　动　机

4-3　n 略小于 n_0，$n=n_0(1-s)$。

4-4　异步电动机的调速方法有三种：改变磁极对数 p（变极调速）、改变频率 f_1（变频调速）和改变 s（改变转差率）调速。

4-5　改变通入三相异步电动机定子绕组的三相电源的相序，可改变电动机的转动方向。反接制动是把电源从正序改为负序进行制动，使电动机由运转快速停止，电动机转向并没有变化。

4-6　线电压是 220 V 时，应用三角形接法；线电压是 380 V 时，应用星形接法。在这两种接法下：

（1）加在电动机每相绕组的电压相同；

（2）电动机每相绕组中通过的电流相同；

（3）电动机的额定功率不变化；

（4）电动机的线电流不同（三角形连接时的线电流是星形连接时的$\sqrt{3}$倍）。

4-7　不能。该电动机在三角形接法时，额定电压是 220 V，不能接在 380 V 的电源上。如采用星形—三角形启动，则启动时是全压启动，运转时电压就超过额定电压了，电动机会损坏。

4-8　$n_0=1\ 000$ r/min，$p=3$，$s=0.02$。

4-9　$s=0.01$。

4-10　单相交流电流产生的是脉动磁场，该磁场可分解为两个大小相等、方向相反的旋转磁场，它们在静止转子中产生的合成电磁转矩为零。

4-11　欲改变电容分相式电动机的转向，只要将任一绕组（启动绕组或工作绕组）的两端头对调即可。

4-12　几种可能：

（1）将两绕组搞错，启动绕组串电容后与工作绕组并连接到电源上，将工作绕组串了电容,结果是工作绕组电流领先启动绕组,与原来的情况相反。

(2) 重新组装时,启动绕组或工作绕组的两个端头搞错,也相当于将两个绕组中电流相位领先落后的情况颠倒了。

4-13 由于电动机内是脉动磁场,没有启动转矩,不能启动。

4-14 还可以继续运转(但停下来后不能启动)。

4-17 改变交流伺服电动机的转动方向有两种方法:

(1) 改变控制绕组极性或控制电压极性;

(2) 改变励磁绕组极性。

4-19 采用四相单四拍或四相双四拍通电方式时,步距角为 $\theta=1.8°$;采用四相八拍通电方式时,步距角为 $\theta=0.9°$。

4-20 该步进电动机转子齿数为 $z_r=100$;其转速 $n=120$ r/min。

第6章 常用半导体器件

6-1 (1) N P (2) 小 大 单向导电 (3) 0.6~0.7 V 0.2~0.3 V
(4) 正向 反向 (5) β

6-2 $R\times100$ 挡或 $R\times1$k 挡,测量二极管的正向电阻较小,反向电阻很大。(1) 若正向电阻导通时,黑表棒所在端为正极性。(2) 若正反向电阻值相差越大,表明单向导电性能越好;若正反向电阻相近,则管子已坏;若正反向电阻不稳定,则质量差;若正反向电阻很小或无穷大,则被击穿。

6-3 反向特性不同,稳压管工作在反向击穿区。

6-4 (a) 二极管截止,(b) 二极管导通。

6-5 三极管有三个工作区域,放大区:发射结加正向偏压,集电结加反向偏压。截止区:发射结、集电结都加反向偏压。饱和区:发射结、集电结都加正向偏压。

6-6 不可以。

6-7 三极管是电流控制器件,场效应管是电压控制器件。

6-8 参见习题参考答案6-8图。

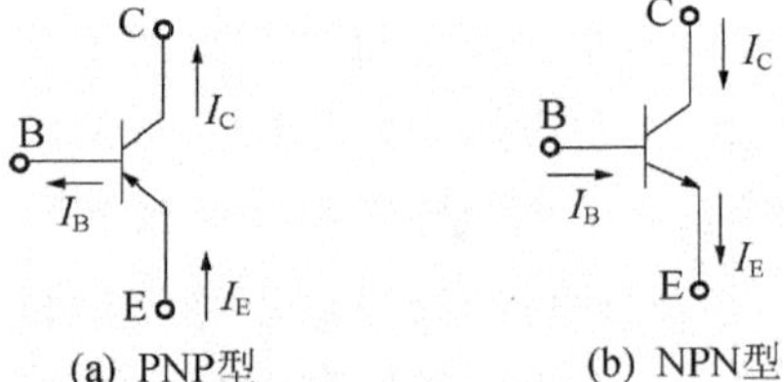

习题参考答案6-8图

6-9 (1) NPN型管 (3) $\beta=60$。

6-10 15 mA。

第7章 放大电路基础

7-1 (1) 直流 交流; (2) 饱和; (3) 近似为1; (4) I_B I_C U_{CE} U_{BE};
(5) 耦合 直接耦合 变压器耦合 阻容耦合 光电耦合;
(6) 过低 基极电阻调小; (7) 电压控制 栅极 源极 漏极。

7-2　功率放大器是在大信号下工作，主要任务是输出较大功率。

7-3　因三极管有死区电压存在，导致两管轮流工作时产生交越失真，采用甲乙类功率放大器可以克服。

7-4　(a)(×)　(b)(×)。

7-5　饱和失真，静态工作点偏高造成的，调节 R_P 增大可降低工作点。

7-6　(2) $I_C=2$ mA，$I_B=0.05$ mA，$U_{CE}=4$ V；(3) $A_U=-50$；(4) $R_i\approx r_{be}$；(5) $R_o\approx R_C$。

第 8 章　集成运算放大器及基本应用

8-1　(1) 数字集成电路　模拟集成电路　(2) 高增益的　(3)"虚地"
　　(4) 静态工作点　放大倍数　输入输出电阻　通频带　非线性失真
　　(5) 负　正　(6) 无穷　无穷　零

8-2　目的是引入负反馈

8-3　$A_u=-2$

8-4　$R_f=21$ kΩ

8-5　(a)串联电压负反馈　(b)并联电流负反馈

8-6　-5 V

8-7　$R_f=90$ kΩ

第 9 章　直流稳压电源

9-1　(1) 变压、整流、滤波、稳压；(2) 交流，脉动直流；(3) 半波，短路；(4) 升高；(5) 电压电压，负载；(6) 12。

9-2　参考图 9-2 半波整流，参考图 9-3 桥式整流。

9-3　VD_1 接反，负载短路，烧坏元器件。

9-4　(1) R_L 短路，(2) 半波，(3) 烧坏元器件，(4) 半波。

9-5　负载正常时，$U_o=(1.1\sim1.2)U_2$；负载开路时，$U_o=\sqrt{2}U_2$。

9-6　R 是调整电阻，它可以根据稳压管电流的变化来调节输出电压，使输出电压保持不变。调整电阻为零不能起稳压作用。

9-7　反向电压。

9-8　(1) $U_o=24$ V　(2) $U_o=9$ V。

9-9　VD_1 导通、VD_2 截止，L_1L_3 发光。

第 10 章　数字电路基础及组合逻辑电路

10-1　(1) $F=AB+C$；(2) $F=A\overline{B}$；(3) $F=1$；(4) $Y=1$。

10-2　**答案:**

A	B	C	F
0	0	0	1
0	0	1	0
0	1	0	0
0	1	1	1
1	0	0	0
1	0	1	1
1	1	0	1
1	1	1	0

10-3　**答案:**(1)令 $F_1=\overline{A+B}$　　$F_2=\overline{A}\cdot\overline{B}$

A	B	F_1	F_2
0	0	1	1
0	1	0	0
1	0	0	0
1	1	0	0

(2) 令 $F_1=A\overline{B}+\overline{A}B$，　$F_2=(\overline{A}+\overline{B})\ (A+B)$

A	B	F_1	F_2
0	0	0	0
0	1	1	1
1	0	1	1
1	1	0	0

10-4　**答案:**非门 $\overline{A}=\overline{A\cdot A}$

与门　$AB=\overline{\overline{AB}\cdot\overline{AB}}$

或门　$A+B=\overline{\overline{A}\cdot\overline{B}}$

或非门　$\overline{A+B}=\overline{\overline{\overline{A}\cdot\overline{B}}}$

异或门　$A\oplus B=\overline{\overline{A\overline{B}}\cdot\overline{\overline{A}B}}$

10-5　**答案:**$Y=A\oplus B\oplus C\oplus D$

10-6　**答案:**状态说明—A、B、C 开关接通为 1;不接通为 0,输出报警为 1;不报警为 0。$F=A\,\overline{B}+\overline{A}C+\overline{B}C$。

10-7　**答案:**$ST_A=1$，$\overline{ST}_B=\overline{ST}_C=0$。

10-8　**解:** (1) $Y=AB+\overline{A}C=\overline{\overline{AB+\overline{A}C}}=\overline{\overline{AB}\cdot\overline{\overline{A}C}}$

(2) $Y=A+B+\overline{C}=\overline{\overline{A}\,\overline{B}\cdot C}$

(3) $Y=\overline{A}\,\overline{B}+(\overline{A}+B)\cdot\overline{C}=\overline{A}\,\overline{B}+B\overline{C}+\overline{A}\,\overline{C}(B+\overline{B})=\overline{A}\,\overline{B}(\overline{C}+1)+$

$B\overline{C}(\overline{A}+1)=\overline{A}\,\overline{B}+B\overline{C}=\overline{\overline{\overline{A}\,\overline{B}}\cdot\overline{B\overline{C}}}$

(4) $Y=A\overline{B}+A\overline{C}+\overline{A}BC=A(\overline{B}+\overline{C})+\overline{A}BC=A\,\overline{BC}+\overline{A}BC=\overline{\overline{A\,\overline{BC}}\cdot\overline{\overline{A}BC}}$

根据各逻辑式画出的逻辑图分别如图(1),(2),(3),(4)所示。

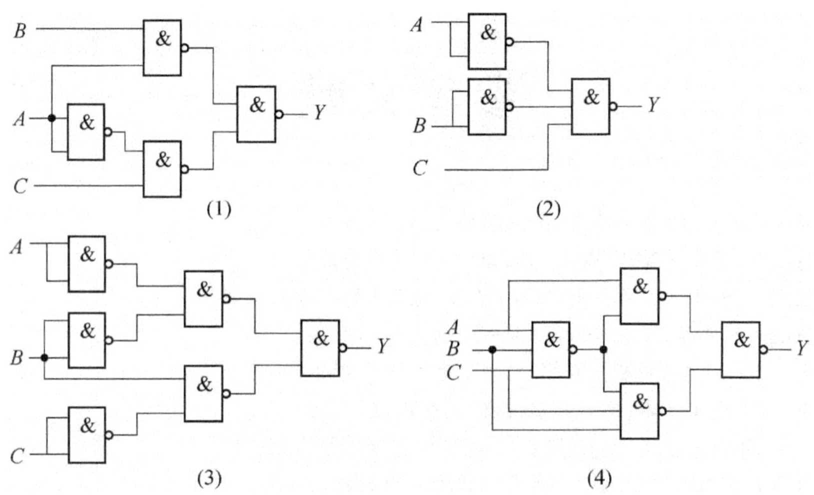

第 11 章　触发器与时序逻辑电路

11－1

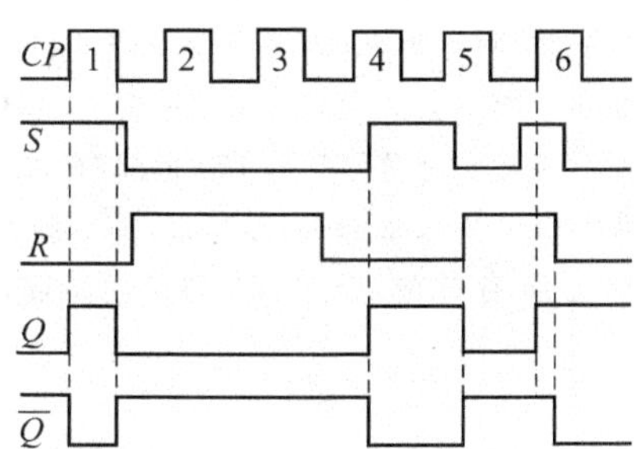

11－2　**答案：**

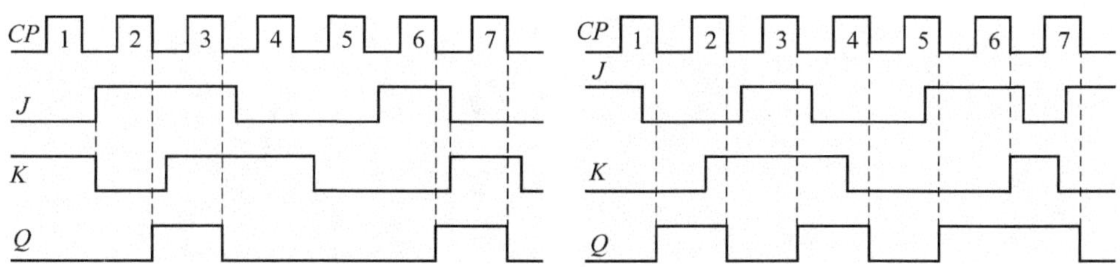

11－3　**答案：**

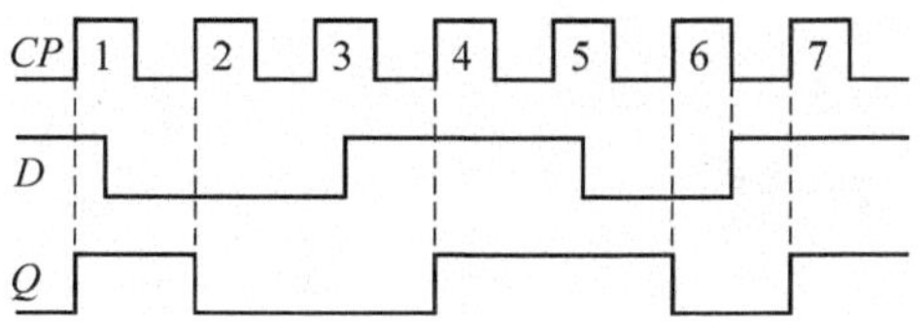

参考文献

[1] 李守成.电工电子技术[M].成都:西南交通大学出版社,2002.
[2] 秦曾煌.电工学:Ⅰ电工技术[M].5版.北京:高等教育出版社,1999.
[3] 秦曾煌.电工学:Ⅱ电子技术[M].5版.北京:高等教育出版社,1999.
[4] 王英.模拟电子技术基础[M].成都:西南交通大学出版社,2000.
[5] 孙建.数字电子技术基础[M].成都:西南交通大学出版社,2000.
[6] 王卫.电工学:Ⅰ电工技术[M].北京:机械工业出版社,2003.
[7] 王卫.电工学:Ⅱ电子技术[M].北京:机械工业出版社,2003.
[8] 李益民.电路分析基础[M].成都:西南交通大学出版社,2000.
[9] 吴建强.现代传动及其控制技术[M].北京:机械工业出版社,2003.
[10] JOSEPH E,MAHMOOD N.电路[M].韩光胜,许怡生,译.北京:科学出版社,2002.
[11] JAMES W,NILSSON, SUSAN A. Riedel. Introduction to Pspice Manual for Electric Circuits[M].北京:科学出版社,2003.
[12] 唐介.电工学(少学时)[M].北京:高等教育出版社,1999.
[13] 王鸿明.电工技术与电子技术:下册[M].北京:清华大学出版社,1990.
[14] 康华光,邹寿彬.电子技术基础——模拟部分[M].4版.北京:高等教育出版社,2003.
[15] 康华光,陈大钦.电子技术基础——数字部分[M].4版.北京:高等教育出版社,2001.
[16] 侯建军,熊华钢,路而红,等.数字电子技术基础[M].北京:高等教育出版社,2003.
[17] JOGER L T.数字原理[M].陈文楷,徐萍萍,译.北京:科学出版社,2002.